R&D INNOVATION &
INTELLECTUAL PROPERTY STRATEGY

제2판

R&D 이노베이션과 지식재산전략

| 손봉균 지음 |

R&D이노베이션과 **지식재산전략** **제2판**

발행일 2023년 06월 30일 초판 1쇄
지은이 손봉균
펴낸이 김준호
펴낸곳 한티미디어 | 서울시 마포구 동교로 23길 67 Y빌딩 3층
등 록 제15-571호 2006년 5월 15일
전 화 02)332-7993~4 | 팩 스 02)332-7995
ISBN 978-89-6421-463-3
가 격 29,000원
마케팅 노호근 박재인 최상욱 김원국 김택성
편 집 김은수 유채원
관 리 김지영 문지희
본 문 김은수
표 지 유채원

이 책에 대한 의견이나 잘못된 내용에 대한 수정 정보는 한티미디어 홈페이지나 이메일로 알려주십시오.
독자님의 의견을 충분히 반영하도록 늘 노력하겠습니다.
홈페이지 www.hanteemedia.co.kr | 이메일 hantee@hanteemedia.co.kr

머리글

우리의 삶을 풍요롭게 하는 이노베이션을 사회 구성원들로 하여금 창출을 독려하고 지식재산 제도로서 이를 보호하며 활용을 강화하는 일은 글로벌 경쟁 사회에서 개인과 조직의 성장발전은 물론 일자리 창출과 국가경쟁력 확보에 있어서 무엇보다도 중요한 사안으로 대두되고 있다.

이러한 관점에서 오늘날 대학(원)에서는 창의적 문제해결 능력함양을 바탕으로 합리적으로 소통하며 실패를 두려워하지 않는 도전적인 인재로서 양성하기 위하여 이노베이션 역량 강화와 지식재산에 관한 실무교육의 중요성이 강조되고 있으며 저자는 이러한 취지에서 이 책을 집필하였으며, 독자들의 성원에 힘입어 제2판을 출간하게 되었다.

다양한 이노베이션의 분야와 주제들로부터 지식재산의 관점에서 공통으로 이해해야 할 개념들과 이슈들을 발굴하고 이를 피력함에 있어서 저자의 주관적 관점에 치우쳐 있거나 또는 세부 주제를 논의함에 있어서도 착오로 기재되거나 저자도 모르게 숨겨진 오류들에 관해 우려하지 않을 수 없다.

그럼에도 불구하고 'R&D이노베이션과 지식재산전략'이라는 광범위한 스펙트럼을 다루고자 함은 다소 주제가 넘는 일일 수도 있겠지만 그간 저자가 대학 · 공공연 등 다양한 섹터에서 R&D이노베이션을 고민하고 지식재산을 탐구하며 학생을 교육한 실무경험을 바탕으로 연관된 주제들을 이 책을 통해 정리해 보고자 노력하였다.

본 저서가 R&D이노베이션의 창출과 확산을 위해 노력하는 연구자는 물론 사회 각계각층의 이노베이션 창출자들에게 미력이나마 조언이 되고 보탬이 될 수 있고, 특히 사회로 진출하는 대학(원)생이 이 책을 통해 지식재산에 관한 혜안을 넓히며 아울러 이노베이션 역량강화를 위한 지식과 지혜로써 이 책이 도움이 될 수 있기를 소망하면서 글을 줄이고자 한다.

저자

손봉균

차례

CHAPTER II-1 산업재산(특허/실용신안)의 이해

CHAPTER II-2 산업재산(디자인)의 이해

CHAPTER II-3 상표(산업재산)제도의 이해

CHAPTER II-4 저작권제도의 이해

CHAPTER III 연구실의 R&D특허전략

CHAPTER IV IP(특허)정보 관점의 R&D전략

CHAPTER V 지식재산의 활용전략

CHAPTER I

이노베이션과 지식재산의 역동성

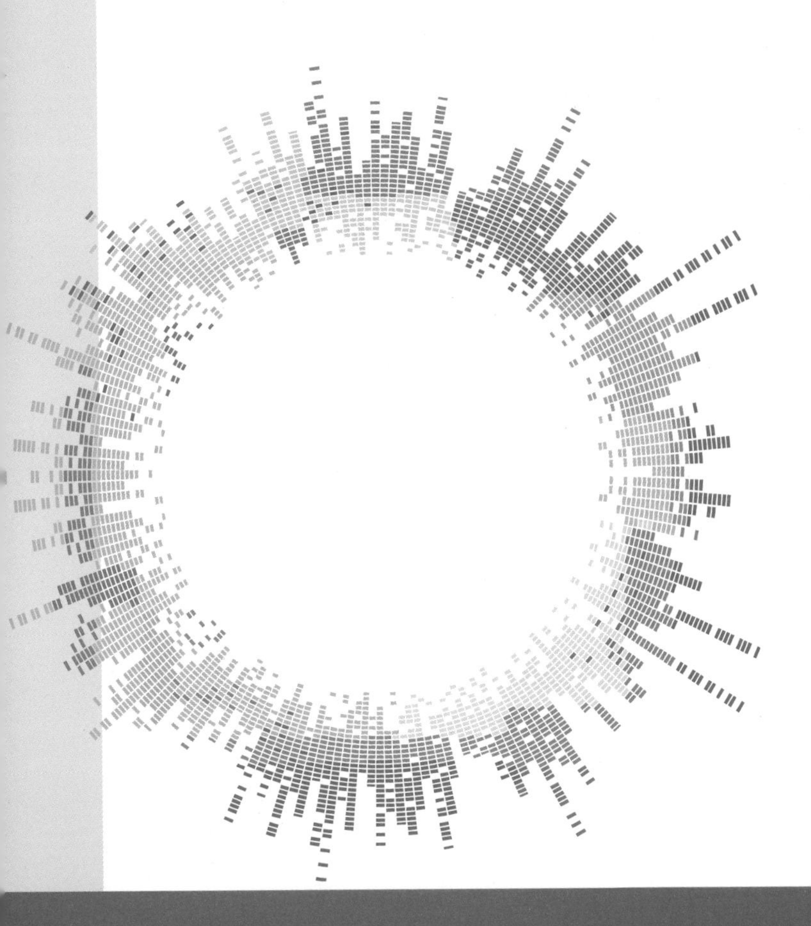

1. R&D이노베이션을 위한 R&D관점

이노베이션Innovation이란 우리말의 사전적 의미로서 '혁신'이라고 번역하며 이는 기존의 가치 또는 관성 등을 타파하고 새롭고 유용한 가치를 가져오는 큰 변화라고 이해할 수 있다. 그러므로 이 책을 통해 중요한 개념으로 다루어질 'R&DResearch & Development이노베이션'이라 함은 연구원 또는 창작자가 자신이 수행하는 연구개발R&D 과정을 통해서 종래의 시스템에서의 모순이나 문제를 해결함으로써 창출되는 새롭고 유용한 창의적 결과물이라고 할 수 있다.

'R&D이노베이션'이란 연구개발을 통한 혁신적 성과물로서 이는 인간이 과학기술 또는 문화예술 분야 등에서 자신의 창의성과 보유 지식을 바탕으로 연구개발 수행과정을 통해 종래의 관습이나 지속된 관성 또는 타성이 된 기존의 가치를 허물고 새롭게 창출된 유용한 가치

즉 'R&D이노베이션'이란 연구개발R&D을 통해 확보한 혁신적 성과물로서 이는 인간이 과학기술 또는 문화예술 분야 등에서 자신의 창의성과 보유 지식을 바탕으로 연구개발 수행과정을 통해 종래의 관습이나 지속된 관성 또는 타성이 된 기존의 가치를 허물고 새롭게 창출된 유용한 가치를 말한다.

기존의 낡은 가치를 뒤로 하고 새롭게 탄생한 이노베이션이라도 이는 영원할 수 없으며 언젠가는 또 다른 새로운 가치로써 창출된 유용한 이노베이션에 의해 대체된다는 사실을 우리는 잘 알고 있다. 즉 우리 인류역사를 돌이켜 보면 이노베이션을 지속적으로 창출하고 이를 영위함에 있어 실패하는 조직이나 집단들은 새로운 이노베이션을 창출하고 이를 활용하는 자들에 의해 항상 정복되어 왔음을 알 수 있다. 이러한 관점에서 오늘날 우리 사회에서 연구개발R&D 수행을 통한 지속적인 이노베이션 창출과 확산은 사회의 구성원으로서 개인은 물론 기업 그리고 나아가 국가 차원에서도 생존과 지속적 번영을 위한 필수적인 과제로서 대두되어 있다.

우리는 자신의 삶을 풍요롭게 하고 스스로의 경쟁력을 확보하기 위해 지속적으로 이노베이션을 추구하고 있다. 오늘날 지식경제 시대에서는 새로운 가치의 R&D이노베이션 창출을 위해 세분화되고 특화된 과학기술의 전문분야는 물론 인문사회 또는 문화예술 분야와의 융 · 복합 영역에 이르기까지 많은 자원의 투자와 함께 다양한 방법론적으로 이노베이션 창출을 위한 연구개발R&D 과제들을 수행하고 있다.

연구개발의 궁극적인 목표는 미해결 과제에 대한 솔루션을 찾아서 이를 사회에 유용한 가치로서 종래의 제품 또는 서비스를 대체하거나 새로운 공익적 가치 또는 시장 가치로써 창출하는 것이다. '연구개발 성과물'이 사회에 보다 유용한 이노베이션의 가치로 자리매김할 수 있는가는 연구개발의 성공에 직결되는 중요한 사안이라 하겠다. 그러므로 성공적인 연구개발R&D을 위해서는 연구자는 R&D이노베이션 창출 관점에서 R&D를 기획하고 수행하여야 하며 이를 위한 효율적이고 성공적인 방법들은 이 책을 통해 다루게 될 지식재산전략과 불가분의 연관성이 있다는 사실을 학습하게 될 것이다.

가. R&D수행 관점의 구분

R&D수행 관점을 2분법으로 구분하여 고찰한다면 **표 Ⅰ-1**과 같이 크게 '가설기반의 R&D'와 '비가설 기반의 R&D'로 나누어 생각해 볼 수 있다.

표 Ⅰ-1 가설기반 R&D와 비가설기반 R&D의 특성 비교

	가설기반 R&D	비가설기반 R&D
R&D결과물	원천특허/논문 (기술성숙도 낮음)	개량특허/논문 (기술성숙도 높음)
기술 유형	급진적 기술, 플랫폼 기술	점진적 기술, 스케일-업 기술
TRIZ[1] 관점	물리적 모순해결 접근법	기술적 모순해결 접근법
사업화 관점	스타트업의 사업화	기존 기업의 사업화
	Tech-Push (기술밀기)	Market-Pull (시장끌기)
고객 시장	블루오션 (시장 경쟁자 적음)	레드오션 (시장 경쟁자 많음)
R&D 접근방법	개념도출 (기초과학기술 기반)	개념검증 (응용공학기술 기반)

1 트리즈(TRIZ)는 창의적 문제해결 이론Theory of Inventive Problem Solving이라고 하며 러시아의 '알츠 슐러'에 의해 창안된 이노베이션 창출에 관한 이론으로서 발명은 모순해결을 통해 이루어진다고 보았다. 모순을 물리적 모순과 기술적 모순으로 구분하고 물리적 모순해결을 위한 방법으로써 공간분리, 시간분리 및 조건분리 등 분리원리를 제시하였으며 아울러 기술적 모순해결을 위해 39가지 공학적 변수와 40가지 발명원리로서 작성된 모순행렬표를 제안하였다. 가설기반과 비가설기반의 R&D라는 2분법적 관점에서 TRIZ를 고찰한다면, 모순해결의 결과가 원천기술 또는 개량기술로 도출되는 그 구분에 따라 도표와 같이 물리적 모순해결 접근법 또는 기술적 모순해결 접근법으로 분류해 볼 수 있다.

가설기반 R&D

가설기반의 연구개발R&D은 연구자가 가설을 세우고 이를 기초로 다양한 실험과 검증을 거쳐서 가설 입증을 통해서 원천기술 또는 플랫폼Platform 기술 확보를 위해 적용하는 방식으로서 주로 기초과학 기술 분야에서 새로운 개념도출을 위한 R&D에 적용하는 방식이며 연구결과의 실패 분석에도 중요한 의미를 가지는 연구개발 접근법이라 할 수 있다.

가설기반의 R&D결과물은 주로 연구논문의 형식으로 보고되며 가설 검증에 성공한 결과물들은 원천성이 높은 원천특허로서 활용되지만 기술성숙도 관점에서는 낮은 수준에 있다.

그러므로 가설기반의 R&D결과물은 주로 연구논문의 형식으로 보고되며 가설 검증에 성공한 결과물들은 다양한 분야로 활용성이 높은 원천특허로서 창출되지만 기술성숙도 관점에서는 낮은 수준에 있다. 또한 R&D성과물은 다양한 분야로 응용 활용이 가능한 플랫폼 기술로서 기술의 속성 관점에서 보면 파급력이 큰 급진적 기술로서 스타트업 설립을 통한 기술밀기Tech Push 방식으로 기술사업화가 이루어진다. 주로 시장 경쟁자가 없는 블루오션Blue Ocean 영역에서 새로운 시장을 만들어가야 하므로 사업화 리스크가 상대적으로 크다고 할 수 있으며, 가설기반의 R&D를 이노베이션 창출에 관한 알고리즘인 TRIZ의 관점에서 본다면 물리적 모순해결을 위한 R&D접근법에 상응한다고 할 수 있다.

비가설기반 R&D

비가설기반의 연구개발R&D는 실험실Lab.수준에서 이미 검증이 완료된 기본원리에 기반를 두고 효율성, 안전성 또는 재현성 등에 관한 관점에서 상용화 또는 양산화Scale up을 추진하는 연구개발 방식이다.

비가설기반의 연구개발R&D은 실험실Lab.수준에서 이미 가설 검증이 완료된 기본원리에 기초하여 효율성, 안전성 또는 재현성 등에 관한 관점에서 상용화 또는 양산화Scale up을 추진하는 연구개발 방식이다. 주로 응용과학 또는 공학기술 분야에서 응용 개념의 상용화 검증을 위한 R&D에 적용하는 방식으로서 연구 결과가 성공으로 판명되어야 중요한 의미를 가지는 연구개발 방식이라 할 수 있다.

그러므로 비가설기반의 R&D결과물은 주로 특허출원 형식으로 보고된다. 비가설 검증에 성공한 결과물들은 개량특허로써 보호되며 기술성숙도는 높은 수준에 있다. 이는 점진적 개량기술이자 스케일업Scale up을 위한 상용화 기술로서 기존 기업의 고객 시장이 중심이 되는 시장끌기Market Pull의 방식으로 기술사업화가 이루어진다. 주로 시장경쟁이 치열한 레드오션Red Ocean 영역이지만 기존시장에서 고객이 이미 존재함으로 상대적으로 사업화 리스크가 적다고 볼 수 있다. 비가설기반의 R&D를 이노베이션 창출에 관한 알고리즘인 트리즈TRIZ의 관점에서 본다면 기술적 모순해결을 위한 R&D접근법이라 할 수 있다.

현실적으로 연구개발R&D 과제의 속성을 가설기반 R&D와 비가설기반의 R&D라는 2분법으로 나누기에는 모호한 사안들이 많을 수 있다. 왜냐하면 지식산업 사회에서 고도화된 R&D의 과제물은 가설기반 R&D와 비가설기반 R&D가 융합되어 있어 가설기반과 비가설기반 R&D를 복합적으로 수행해야 하거나 또는 가설기반과 비가설기반의 R&D유형의 2분법으로 구분하기에는 아주 모호한 경계선상에서 이루어지는 연구개발 과정도 많이 현존하기 때문이다.

그러므로 연구자는 자신이 추구하는 R&D수행 목적과 R&D결과물에 관한 속성을 R&D수행 과정 중에서 수시로 보다 명확하게 정의할 필요성이 있다.

추가적인 개념도출이나 가설검증이 필요한지 만일 필요하다면 어떠한 시점 또는 단계에서 어떠한 방법으로 추진할 것인지 등에 관해 점검하고 피드백Feed Back을 통해 R&D의 성공 가능성을 제고해야 할 것이다.

만일 이미 검증된 개념으로 추가적인 가설검증이 필요하지 않다면 재현성, 효용성 또는 안전성에 관한 실증데이터 확보와 스케일업(양산)을 위한 시제품Pilot 또는 시연Demo.을 어떠한 시점 또는 단계에서 R&D를 추진할 것인지에 관해 지속적인 점검과 피드백을 통해 R&D이노베이션을 추구해야 할 것이다.

나. R&D수행 패러다임의 변화

오늘날 우리 사회는 큰 변동성Volatile과 불확실성Uncertainty 그리고 복잡성Complexity과 모호성Ambiguity으로 묘사되는 뷰카VUCA 시대를 살아가고 있으며, 이러한 4차산업 혁명에 의한 디지털 경제 시대에서는 종래의 산업화 경제시대의 이노베이션 창출을 위한 R&D수행 패러다임Paradigm이 급속히 변화해 가며 이에 따른 다양한 실험들이 현재 진행 중에 있다. 전통적으로 과거 산업화 경제체제에서의 R&D과정은 문제해결을 위한 아이디어를 제안하고 이를 분석하고 검증을 통해 솔루션을 찾고 이를 기반으로 시제품 개발과 고객 피드백을 통해 최종 완제품 개발과 시장 출시로 진행되겠지만 4차산업 디지털 경제시대에서는 표 I -2와 같이 이러한 전통적인 R&D수행 과정들은 아주 단순하고 신속한 과정으로 단축될 가능성이 매우 높아져 있다.

오늘날 우리 사회는 큰 변동성Volatile과 불확실성Uncertainty 그리고 복잡성Complexity과 모호성Ambiguity으로 묘사되는 뷰카 VUCA 시대를 살아가고 있으며, 이러한 4차산업 혁명에 의한 디지털 경제 시대에서는 종래의 산업화 경제시대의 이노베이션 창출을 위한 R&D수행 패러다임Paradigm이 급속히 변화해 가며 이에 따른 다양한 실험들이 현재 진행 중에 있다.

표 I-2 4차산업 디지털 경제에서의 R&D패러다임의 변화[2]

	산업화 경제 (과거 산업)	디지털 경제 (4차산업)
R&D 결정방식	• 직관과 경험에 의한 결정	• 실험과 실증에 의한 결정
	• 소수 전문가에 의한 수시적 검증	• 다수 소비자에 의한 지속적 검증
R&D 추진과정	• 고비용, 장시간이며 과정이 복잡함	• 저비용, 신속하며 과정이 단순함
	• 실패는 반드시 회피토록 추진	• 실패를 조기에 저비용으로 학습
R&D 추진목표	• 올바른 해답(솔루션)을 찾고자 함	• 올바른(맞는) 문제를 해결하고자 함
	• 최종 완제품 개발출시가 목표	• MVP[3]의 평가 및 피드백이 목표

R&D 결정방식의 변화

과거 산업화 경제시대에서 R&D 의사결정 방식은 연구자들의 직관과 경험에 의해 R&D기획이 이루어지고 또한 의사결정도 함께 이루어졌다.

과거 산업화 경제시대에서 R&D 의사결정 방식은 연구자들의 직관과 경험에 의해 R&D기획이 이루어지고 또한 의사결정도 함께 이루어졌다. R&D수행 검증은 주로 관련된 소수 전문가 위원회 검증에 의해 이러한 R&D 의사결정이 뒷받침되었다. 하지만 디지털 정보화시대의 R&D결정 방식은 이와는 다르게 진화하고 있다.

사물인터넷, 인공지능 그리고 정보통신 기술발달로 인한 디지털 채널의 다양화와 R&D정보 접근성 강화는 R&D기획이나 의사결정 과정에도 다수 소비자 고객에 의해 지속적인 검증과 피드백을 다양화된 디지털 채널을 통해 실시간으로 가능하게 하고 있다. 과거 소수 전문가 또는 연구자에 의한 R&D 의사결정 시스템이 디지털네트워크 채널에 존재하는 다수 소비자 고객들에 의한 지속적 검증과 실증에 의해 R&D 의사결정이 이루어지는 과정으로 변화하고 있다.

R&D 추진과정의 변화

디지털시대 이전의 R&D 추진과정은 고비용 장시간이 소요되는 방식으로 R&D 실패는 반드시 회피토록 설계 추진되어져 왔고 그 추진과정도 복잡했다. 하지만 4차산업혁명이 이루어지는 초연결Hyper Connection 네트워크 환경에서는 데이터 분석론과 클라우드 서비스 기반의 인공지능AI 플랫폼을 저비용으로 활용함으로써 R&D 추진과정이 상대적으로 단순 그리고 신속하게 추진되어진다. 특히 R&D 추진과정에서의 실패란 필연적으로 경험하게 되는 절차로써 이는 피드백

2 David L. Rogers (2016), The digital transformation play book
3 MVP (Minimum Viable Product)는 '최소기능 시제품'을 의미함

을 통해 조기에 저비용으로 학습하고 디지털 시대의 핵심 가치인 민첩성Agile이 강화된 R&D방식으로 변화하고 있다.

R&D 추진목표의 변화

산업화시대에서의 R&D 추진목표가 최종 완제품 개발과 시장출시가 목표라고 한다면 디지털정보화시대에서 목표는 '최소기능을 가진 시제품'MVP: Minimum Viable Product을 출시하고 이를 다수 소비자 고객을 통해 피드백하며 지속적으로 보완하는 과정이 곧바로 R&D 추진목표가 되는 것이다. 즉 과거 산업화시대에서는 궁극적으로 R&D목표는 문제해결을 위한 다양한 솔루션 중에서 가장 올바른 정답을 찾고자 하는 '솔루션 접근법'이라고 할 수 있다. 하지만 디지털시대에서의 R&D 추진방식은 다양한 문제들 중에서 진짜 올바른 문제가 무엇인지를 R&D목표로 설정하고 이를 해결하고자 하는 '문제 접근법'이라 할 수가 있다.

디지털시대에서의 R&D 추진방식은 다양한 문제들 중에서 진짜 올바른 문제가 무엇인지를 R&D목표로 설정하고 이를 해결하고자 하는 '문제 접근법'이라 할 수가 있다.

4차 산업시대에서의 연구개발 방식은 조직의 내부절차에 의한 아이디어 검증, 기술개발 및 디자인개발 또는 제품개발 과정 등 불필요한 개발과정이 없어질 가능성이 상당히 크다. 즉 문제해결을 위한 아이디어 제안으로부터 내부에서 이루어지는 복잡한 개발절차들이 생략되고 곧바로 최소기능제품의 시장출시를 통해 고객 반응을 신속하게 피드백 함으로써 조기에 이노베이션의 성공여부 확인과 함께 다양한 실패들의 경험할 수 있게 한다.

인공지능AI 기술이 선도하는 디지털 경쟁시대에는 대기업도 조직내부의 장벽을 허물고 스타트업과 같이 자사제품 또는 서비스 제공에 있어서 새로운 고객경험의 가치를 최우선으로 하는 '애자일Agile & 린Lean' 방식의 이노베이션 전략[4]으로 경쟁력을 강화하며 생존하고자 할 것이다.

디지털 시대의 R&D전략과 패러다임은 산업화 경제 시대와는 상기 표 I-2와 같이 확연하게 달라질 것으로 보인다. 현 시점에서는 산업화 경제시대와 디지털 경제시대라고 하는 2분법적인 구분이 비록 모호하다고 할지라도 향후 지속되는 디지털 전환에 의해 디지털 기술의 성숙도가 심화되는 도메인 산업 분야를 중심으

4 에릭 리스Eric Ries에 의해 주창된 스타트업 사업화전략으로서 MVP(최소기능제품)의 고객 피드백과 평가를 통해 신속하고 민첩하게 대응하고 필요시 이노베이션을 피봇팅(사업방향전환)함으로써 시장에서 이노베이션의 사업화 성공 가능성을 강화하고자 하는 전략임

로 R&D 의사결정과 추진과정 그리고 목표 설정이 변화할 수밖에 없는 환경에 직면하게 될 것이다.

인공지능AI 기반의 R&D플랫폼

디지털 4차산업혁명의 핵심기술들인 사물인터넷IoT, 인공지능AI 및 데이터 정보통신 기술 발전에 힘입어 다양한 데이터 정보들이 체계적으로 확보되는 클라우드Cloud 인프라와 빅데이터Big Data 분석론을 활용함으로써 사이버 공간에서 인공지능AI 기반의 R&D가 실시간으로 가능하게 되었다.

현실 물리적 공간에서 진행되어온 R&D는 디지털 4차산업혁명의 핵심기술들인 사물인터넷IoT, 인공지능AI 및 데이터 정보통신 기술 발전에 힘입어 다양한 데이터 정보들이 체계적으로 확보되는 클라우드Cloud 인프라와 빅데이터Big Data 분석론을 활용함으로써 사이버 공간에서 인공지능AI 기반의 R&D가 실시간으로 가능하게 되었으며, 물리적으로 현실공간에서 실존하는 시스템을 디지털 기술로써 사이버 공간에서 똑같이 구현토록 하는 사이버물리시스템CPS: Cyber Physical System은 기존의 R&D 패러다임을 바꾸고 있다.

머신러닝Machine Learning 기반의 강화 학습 프로그램을 적용한 사이버 물리시스템 CPS 지원 플랫폼은 R&D기획 단계에서 논문 또는 특허 빅데이터를 기반으로 분석하여 R&D주제의 정합성을 검증함에 있어서 신속하게 결론을 도출해 줄 뿐만 아니라 물리적인 연구실Lab. 환경을 가상공간에서 구축하여 가능한 조건의 실험과 실증을 통해 신속한 R&D결과를 도출함으로써 R&D생산성을 획기적으로 높일 수 있도록 하고 있다.

- **사이버물리시스템CPS의 예시**

바스프BASF는 옥수수 내성을 강화하는 박테리아 연구에 머신러닝에 기반한 문헌탐색 기술을 개발하고 이를 가상현실 공간에서 실존하는 R&D시스템으로 활용하고 있다. 문헌의 연구내용을 컴퓨터가 학습하고 R&D주제와 정합성이 높은 선행연구 문헌을 빠른 시간 내에 탐색함으로써 연구과제 성공 가능성을 비약적으로 개선할 수 있었다. 이러한 인공지능AI 학습에 의한 문헌탐색 기술은 해당 분야의 R&D주제 탐색에만 국한되지 않고 관련이 있는 다른 도메인지식Domain Knowledge과의 융합을 촉진하는 중요한 역할도 지원할 수 있다. 즉 R&D 주제 이슈를 입력하면 컴퓨터가 입력한 내용을 이해한 후 보유하고 있는 많은 문헌의 내용을 학습하고 입력한 내용과 가장 적합도가 높은 문헌을 빠르게 분석 도출하는 R&D시스템을 구축하였다.

한편, 히다치Hitachi사는 복잡한 모델 기반이 아닌 빅데이터 기반으로 현실의 시스템을 비슷하게 가상현실 공간에서 구현해내는 디지털R&D를 위한 사이버

물리시스템인 CPS 플랫폼을 자체적으로 개발하고 전문화된 도메인 지식Domain Knowledge이 필요한 7개 분야 24개 Case에 적용하였는데, 해당 전문분야에 대한 사전 도메인지식이 없이도 훌륭하게 미션을 수행하여 CPS 구축 플랫폼의 유용성을 확인한 바가 있다.[5]

- **디지털 트윈Digital Twin 플랫폼**

사이버물리시스템CPS에 의한 R&D는 디지털 트윈Digital Twin이라는 디지털 플랫폼의 등장으로 새로운 국면을 맞이하고 있다. 과거에도 존재했던 현실공간에서의 R&D시행착오와 비용감소를 위해 활용한 가상공간에서의 시뮬레이션 기술과는 확연히 다르게 디지털 트윈에 의한 아키텍처Architecture는 사물인터넷IoT, 인공지능AI 및 빅데이터Big Data와 클라우드Cloud기술 등과 같은 디지털 테크놀로지를 기반으로 현실공간에서의 실체적 정보들이 가상공간에서 동일하게 연동되어 상호 실시간 피드백하도록 설계되어 있으며, 가상공간에서 다양한 디지털R&D 수행을 통해 확보한 결과물을 실시간으로 현실공간에서 피드백 받아 신속히 검증에 활용함으로써 R&D생산성을 획기적으로 높일 수 있다.[6]

사이버물리시스템 CPS에 의한 R&D는 디지털 트윈 Digital Twin이라는 디지털 플랫폼 기술의 등장으로 새로운 국면을 맞이하고 있다.

쌍방향 CPS 가상물리시스템 플랫폼으로서 디지털 트윈 기술은 스마트 공장, 도시공학, 의료 서비스, 에너지 관리, 해양 선박 등 다양한 산업분야로 확산되고 있다. 디지털 트윈에 의한 R&D플랫폼은 기존 R&D에 의한 시행착오를 줄이고자 물리적 현실공간에서 이루어지는 다양한 R&D환경을 디지털 가상공간에 구축하고 이를 실시간 쌍방향 정보 피드백과 함께 AI-데이터 분석 기반의 디지털R&D를 할 수 있는 플랫폼을 제공하고 있다.

- **인공지능AI 기반의 데이터 분석 플랫폼**

우리는 이미 정보처리를 위한 프로세스 최적화 문제를 해결하기 위해서 인공신경망Artificial Neural Network 알고리즘이 적용되고 있는 것을 보고 있다. 인간의 뇌 구조에 영감을 받은 신경망 모델은 데이터로부터 배우게 하고 훈련토록 할 수 있는 능력을 가질 수 있게 되었다. 즉, 이제는 더 이상 전체적인 오퍼레이션 규칙을 사전에 코드화하거나 명시화시킬 필요가 없으며, 인공지능AI 엔진이 실제 현실

---

5 Norihiko Moriwaki et. al.,, 'R&D strategy for using AI and analytics to accelerate system evolution', Hitachi Review, Vol. 66, No.6.

6 Aron Parrot & Lane Warshaw, 인더스트리 4.0과 디지털 트윈, Deloitte Anjin Review No.9.

의 시나리오를 지속해서 학습하면서 새로운 규칙들을 만들고 수정하며 진화하도록 할 수 있게 되었다.

오늘날 AI 기반의 데이터 분석 플랫폼은 AI 알고리즘 엔진에 요구되는 데이터라는 연료 공급을 위해 사물인터넷IoT과 클라우드Cloud 인프라와 연계되어 복합적인 디지털 데이터 생태계를 처리하며 실시간으로 전송되는 데이터를 분석함으로써 AI는 우리에게 통찰력을 제시하는 추천 시스템이나 초개인화 서비스 제공은 물론, AI 스스로가 실시간으로 자율적인 의사 결정을 구현할 수 있을 뿐만 아니라 데이터 학습에 기반한 문제 해결을 통해 독창적인 창작물 또는 새로운 발명을 창안할 수 있게 되었다.[7]

기존 학제에 의한 전공분야에서 축적된 전문지식은 CPS 또는 Digital Twin 등과 같은 인공지능AI 데이터 분석 기반의 디지털플랫폼을 활용하여 다변화된 산업현장의 전문영역들과 융합을 이루어 다양한 이노베이션과 새로운 도메인지식 영역을 창출하고 있다.

기존 학제에 의한 전공분야에서 축적된 전문지식은 CPS 또는 Digital Twin 등과 같은 인공지능AI 데이터 분석 기반의 디지털플랫폼을 활용하여 다변화된 산업현장의 전문영역들과 융합을 이루어 다양한 이노베이션과 새로운 도메인지식 영역을 창출하고 있다. 특히 대학, 공공연과 기업 R&D 부서들은 물론 R&D컨소시움과 글로벌 이니셔티브 등 다양한 민관 또는 산학연 R&D주체들이 기존 R&D 방식에서 디지털시대 환경에 필요한 연구역량을 강화하고 이를 융합하기 위해 다양한 노력하고 있다.

서로 다른 전문영역 즉 다학제 간 또는 이업종 간의 연구가 새로운 이노베이션 창출의 시발점이라는 것을 알면서도 기존의 도메인 지식으로 존재하는 전문영역이라는 사일로Silo화된 장벽 때문에 이는 쉽지 않았는데 디지털 시대에 인공지능AI이 선도하는 디지털 테크놀로지가 이러한 장벽을 낮추고 무너뜨리면서 다학제 간 또는 이업종 간의 융복합 연구가 활성화되며 이노베이션의 창출과 확산이 더욱 역동적으로 진행될 것으로 예상된다.

7 니틴세스, 손봉균(역), (2022), 디지털시대 승리하기(Wining in the Digital Age), 한티미디어

2. 이노베이션 vs 창의성 Innovation vs Creativity

인간이 이노베이션을 창출함에 있어서 밀접한 연계성을 가진 특성으로서 인간에 내재한 창의성은 어디서 오는지 그리고 어떻게 올 수 있는지에 관한 근본적 질문에 답을 구하는 것은 이노베이션 창출을 위해 우리가 어떠한 노력을 해야 하는가에 관해 많은 점을 시사해 준다.

인간의 창의성이 유발되는 동기는 이노베이션 창출의 원동력이 된다. 인간의 창의성은 인센티브에 의해 제고되며 이를 통해 경쟁 사회에서 자신의 능력을 인정받고 경제적인 부와 명예를 확보하거나 또는 권력 욕망 등을 위해서 인간은 이노베이션 창출을 위하여 다양한 노력을 경주할 수 있다. 또한, 우리 인간은 반드시 인센티브의 수혜 관점이 아니라도 봉사정신이나 호기심에 의한 본능적 욕구에 의해 이노베이션을 창출할 수 있으며 이는 충분한 동기가 될 수 있다.

인간의 창의성이 유발되는 동기는 이노베이션 창출의 원동력이 된다.

가. 이노베이션과 창의성의 연관성

표 I-3 이노베이션과 창의성의 연관성

	창의성에 기초한 이노베이션 창출	
유추 개념	이노베이션	창의성
	발명Invention	발견Discovery
	발견(자연법칙)을 이용한 발명(기술적 사상) 창출	
공통점	신규성, 독창성 또는 유용성	

표 I-3에서 정리한 바와 같이 이노베이션과 창의성의 공통점과 차이점은 무엇이며 인간에 내재한 창의성의 본질은 무엇인지에 관해 많은 연구가 다양한 관점에서 이루어져 왔다.[8] 다양한 연구 결과에 의하면 지식재산의 모태가 되는 창의성과 이노베이션에 있어서 공통적인 특성은 신규성, 독창성 또는 유용성과 같은 창의적 속성

8 Kaufman, J.C. (2016), Creativity 101(2nd ed.), New York, NY: Springer

들이 함께 내재되어 있는 것으로 본다.

인간이 '발견(자연법칙)'을 이용(기초)해서 발명(기술적 사상)을 창출하듯이 인간은 창의성Creativity을 기초(활용)하여 이노베이션Innovation 을 창출한다고 유추할 수 있다.

한편, '창의성'과 '이노베이션'에 관한 차별성을 이해하기 위해서는 '발명'과 '발견'에 대한 개념적 차이점을 인식하고 이를 유추함으로써 그 차별성을 이해할 수 있다. 특허의 보호대상은 자연법칙(발견)을 이용한 기술적 사상(발명)이라고 정의된다. 즉 인간이 '발견(자연법칙)'을 이용(기초)해서 발명(기술적 사상)을 창출하듯이 인간은 창의성Creativity을 기초(활용)하여 이노베이션Innovation을 창출한다고 유추할 수 있다.[9] 그러므로 '이노베이션' 창출을 위한 R&D수행과정에 있어서 '창의성'은 연구자에게 필수적으로 요구되는 핵심 요소로써 창의적 관점에 기초하고 이를 활용할 수 있어야 소기의 R&D이노베이션 창출에 관한 목표를 달성할 수 있을 것이다.

나. 창의성의 2분법 (아이디어 vs 표현)

창의성을 발현하는 인간의 대뇌 활동은 좌뇌와 우뇌의 역할로 구분해 볼 수 있으며 좌우로 구분된 두뇌는 차별적인 기능에 의해 서로 다른 중추적인 창의 사고력을 담당하고 있는 것으로 알려져 있다.

인간의 좌뇌는 논리적이고 체계적인 사고의 중추적 역할을 함으로써 과학기술 분야에서 필요한 '신규성 있는 아이디어'가 창의성 발현의 기초가 되지만 우뇌는 보다 감성적이고 직관적인 사고의 중추 역할을 하는 문화예술분야에서 필요한 '독창성 있는 표현'이 창의성 발현을 위한 기초가 된다.

인간의 좌뇌는 논리적이고 체계적인 사고의 중추적 역할을 함으로써 과학기술 분야의 이노베이션 창출에 필요한 '신규성 있는 아이디어'가 창의성 발현의 기초가 되지만 우뇌는 보다 감성적이고 직관적인 사고의 중추 역할을 함으로써 문화예술 분야의 이노베이션 창출에 필요한 '독창성 있는 표현'이 창의성 발현을 위한 기초가 된다.

인간의 창의사고Creative Thinking 결과를 표 I-4와 같이 '아이디어'와 '표현'으로 구분하여 보호하는 2분법적인 보호 관점에 의하면 인간의 지적 활동의 성과물을 보호함에 있어서 신규성이 있는 '아이디어'Idea로 잉태된 창작물은 저작권의 보호대상이 아니라 특허의 보호대상이며, 독창적인 '표현'Expression에 의해 창작된 저작물만을 저작권의 보호대상으로 한정하는 원칙이다.[10]

---

9 Jonathan A. Pluker (2017), Creativity & Innovation, Theory Research and Practices, Prufrock Press Inc.
10 미국 대법원 판례 1879 Baker v. Seldon 및 한국 대법원 판례 1993.6.8. 선고 93다 3073 '저작권은 아이

표 I-4 아이디어와 표현의 주요 개념 비교

구분	창의성Creativity의 2분법 관점	
	아이디어Idea	표현Expression
창의 특성	신규성Novelty	독창성Originality
창의 사고	수리력, 분석력	통찰력, 직관력
대뇌 활동	좌뇌	우뇌
산업 분야	과학기술	문화예술
지식재산 보호	특허법 체계	저작권법 체계

과학기술 분야에서 창출되는 이노베이션의 가치는 '신규성 있는 아이디어Idea'로서 아이디어가 자연법칙을 이용한 기술적 사상으로 구체화되면 발명이라는 이노베이션으로 창출된다. 발명은 특허에 의해 보호받게 되는데 여기에는 수리적 사고력과 논리적 분석력을 관장하는 좌뇌가 이노베이션 창출을 위한 창의성 발현에 중추적인 역할을 맡게 된다.

하지만 문화예술 분야에서 창출되는 이노베이션의 모태가 되는 것은 인간의 사상이나 감정으로서 '독창적인 표현Expression'이라 할 수 있다. 독창적 표현이 저작물 이노베이션으로 구체화되면 이는 저작권에 의해 보호받게 되는데 여기에는 통찰력과 직관적 사고력을 관장하는 우뇌가 이노베이션 창출을 위한 창의성 발현에 중추적인 역할을 하게 된다.

인간의 지적 활동의 성과물을 보호하는 2분법 체계에 의하면 우뇌 영역의 두뇌 활동이 중심이 되어 창출되는 독창적 표현이 내재된 이노베이션의 가치를 보호하고자 하는 지식재산 제도는 저작권법 체계를 이루게 하였고 이와 반면에 좌뇌 영역의 두뇌 활동이 중심이 되어 창출되는 새로운 아이디어가 잉태된 이노베이션의 가치를 보호하고자 하는 지식재산 제도는 특허법 체계를 만들었다.

인간의 지적 활동의 성과물을 보호하는 2분법 체계에 의하면 우뇌 영역의 두뇌 활동이 중심이 되어 창출되는 독창적 표현이 내재된 이노베이션의 가치를 보호하고자 하는 지식재산 제도는 저작권법 체계를 이루게 하였고 이와 반면에 좌뇌 영역의 두뇌 활동이 중심이 되어 창출되는 새로운 아이디어가 잉태된 이노베이션의 가치를 보호하고자 하는 지식재산 제도는 특허법 체계를 만들었다.

연구개발R&D의 결과물이자 성과물로서 지식재산에 의해 보호대상이 되는 이노베이션의 본질적 특성에 관한 관점은 우리 사회의 경제발전과 기업의 생존전략과도 밀접한 연관성이 있는 주제로서 경영학 또는 경제학 관점에서 많이 논의되고 연구되어 왔으며, 다음 장에서 이와 관련하여 간략히 살펴보기로 한다.

디어가 아닌 표현'을 보호한다.

3. 이노베이션에 관한 다양한 관점

인간이 부와 명예 그리고 행복을 추구하는 과정에서 자기 자신에 내재하고 있는 창의성을 발휘하여 새로운 가치창출을 추구함에 있어서 관련된 인센티브에 의해 동기부여되는 것 이외에도 과학자 또는 예술가로서 스스로의 호기심이나 인간 본성에 의한 탐구열정 등에 의해서도 이노베이션을 창출하게 된다.

이노베이션에 관한 다양한 관점을 주요 학자들이 보는 시각에 관해 먼저 알아보고 이들이 주장하는 이노베이션의 핵심개념과 함께 이노베이션 창출을 위한 지식 접근성의 관점과 지식재산과의 상관성 관점에 대하여 살펴보기로 한다.

표 I-5 이노베이션에 관한 주요 학자의 관점

<table>
<tr><th></th><th>죠셉 슘피터</th><th>피터 드러커</th><th>마이클 포터</th><th>제럴드
다이어몬드</th><th>마이클 골린</th></tr>
<tr><td rowspan="2">핵심
개념</td><td rowspan="2">창조적 파괴
(혁신리더
중요성-영웅
이론에 기초)</td><td>창의적 모방</td><td>클러스터 경쟁</td><td>지식의 축적과
현저한 개선</td><td rowspan="2">지식재산과의
상관성
(이노베이션
사이클)</td></tr>
<tr><td colspan="3">영웅이론의 부정
(지식의 접근성과 경쟁이론 중시)</td></tr>
</table>

가. 경영·경제학자의 관점

이노베이션의 본질적 특성에 관한 이해를 돕기 위해서 우선 근대 산업화 과정에서 우리 사회에 요구되어온 지속 가능한 이노베이션 창출과 관련하여 표 I-5와 같이 경영 · 경제학자 중심의 다양한 관점에 관해 간략히 정리하면 다음과 같다.

죠셉 슘피터는 역동적인 자본주의 체제에서는 지속적으로 오래된 것을 파괴함으로써 새로운 것을 창출하게 된다고 역설하고 이노베이션 창출을 위해 '창조적 파괴' 관점에서 이노베이션을 추진하고 이를 이끌어갈 수 있는 기업가 정신을 강조하였다.

죠셉 슘피터

죠셉 슘피터는 역동적인 자본주의 체제에서는 지속적으로 오래된 것을 파괴함으로써 새로운 것이 창출된다고 역설하고 이노베이션 창출을 위해 '창조적 파괴' Creative Destruction 관점에서 추진하고 이를 이끌어갈 수 있는 기업가 정신을 강조하였다. 특히 이노베이션을 주도하는 혁신 리더의 중요성을 강조하며 이노베이션이 특별한 영웅에 의해 주도된다는 영웅이론에 기초를 두고 있다.

피터 드러커

피터 드러커는 '창의적 모방'Creative Imitation을 통한 이노베이션 창출을 강조하며 창의적인 토론이나 선행 이노베이션에 접근하여 탐구하지 않고 우연히 창출된 기발한 아이디어야말로 이노베이션의 후보군 중에 가장 중요도가 낮은 자원이라고 하였다. 특히, 이노베이션 창출을 위해서는 기존의 이노베이션이나 공지기술에 접근성을 강화하여 창의적인 모방을 통해 새로운 이노베이션이 창출된다고 주장하며 지식 접근성의 중요성에 관해 역설하였다.

피터 드러커는 이노베이션 창출을 위해서는 기존의 이노베이션이나 공지기술에 접근성을 강화하여 창의적인 모방을 통해 새로운 이노베이션이 창출된다고 역설하였다.

마이클 포터

마이클 포터는 그의 저서 '경쟁론'On Competition으로 널리 알려져 있으며, 특히 국가의 경쟁우위 확보를 위해 '클러스터 경쟁이론'Cluster Theory of Competition을 기반으로 하는 이노베이션 창출의 중요성을 강조하고 있다. 특정 지역 또는 산업분야에서 클러스터를 이루고 네트워킹 협업과 상호 경쟁을 통해 이노베이션 구현을 지속 가능하게 한다는 관점이며 실제로 실리콘벨리 등과 같이 지역의 특화산업 분야를 육성하는 테크노파크 클러스터 구축이 좋은 예이다.

기타, 경영학자 관점

토니 다빌라는 그의 저서 '혁신의 유혹'Making Innovation Work을 통해 이노베이션의 유형을 '비즈니스 모델'Biz Model 이노베이션과 '테크놀로지 이노베이션'으로 구분하고 각각의 이노베이션의 속성에 따른 다양한 관점들을 피력하고 두가지 이노베이션을 동시에 추구함으로써 시장을 선도하는 기업이 될 수 있음을 강조하였다.[11] 한편, 크리스텐슨은 그의 저서 '혁신가의 딜레마'Innovator's Dilemma를 통해 '점진적 이노베이션'Incremental Innovation과 '급진적 이노베이션'Explosive Innovation의 역동성에 관해 설명하고 신생기업Start-up이 새로운 시장을 창출하거나 기존 시장을 새롭게 바꾸는 파괴적 이노베이션Disruptive Innovation의 중요성에 관해 역설하였다.

---

11 Tony Davila etal., Making Innovation work: How to manage it, Measure It, and Profit from it (Wharton School Publishing, 2005).

나. 지식접근성에 관한 관점

이노베이션의 본질적 특성을 이해하는 시각을 2분법적인 관점으로 접근한다면, 이노베이션의 창출은 조직이나 사회의 혁신 리더에 의해 주도되는 영웅이론에 기초한다는 관점과 이러한 영웅이론을 부정하고 사회 구성원들의 지식접근성과 상호경쟁에 의해 이노베이션이 주도된다는 관점으로 구분해 볼 수 있다.

한편, 여기서의 영웅이론이란 인간이 자신의 행복추구를 위한 인센티브로서 부와 명예 또는 권력을 확보를 위하거나 또는 원초적인 호기심 본성 등에 의해 자신의 창의성을 스스로 발휘하는 특별한 영웅에 의해 이노베이션이 창출되고 주도된다는 관점이다.

죠셉 슘피터가 주장하는 창조적 파괴를 통한 이노베이션 창출은 혁신 리더의 중요성을 강조하며 이는 영웅이론에 기초하고 있다. 하지만 피터 드러커, 마이클 포터 그리고 인류 생태학자인 제럴드 다이어몬드 등에 의하면 이노베이션은 특별한 영웅에 의해 주도되는 것보다도 해당 커뮤니티에 축적된 공유 지식에 구성원들의 접근성을 더욱 중요한 요인으로 보았다.

제럴드 다이어몬드

이노베이션이란 특별한 영웅에 의해 주도되지 않으며 해당 커뮤니티 구성원들에 의해 축적된 공유지식과 상호 경쟁체제 구축이 이노베이션 창출과 확산에 필요한 핵심요인으로 보았다.

생태인류학자인 그는 저서 '총균쇠'Guns, Germs and Steel를 통해 이러한 이노베이션에 관한 영웅이론을 정면으로 반박하고, 인류 문명의 진화 과정에서 특정 인종의 선천적 우월성을 정면으로 부정하였으며 **그림 Ⅰ-1**과 같이 성장과 발전을 견인하는 이노베이션은 커뮤니티에 축적된 지식과 현저한 개선을 통해 창출되며, 만일 이노베이션을 창출한 발명자가 스스로 자신의 발명이라고 적극적으로 주장하지 않았다면 다른 사람이 그 발명을 가져갔을 것이라고 했다.

즉 이노베이션이란 특별한 영웅에 의해 주도되지 않으며 해당 커뮤니티 구성원들에 의해 축적된 공유지식과 상호 경쟁체제 구축이 이노베이션 창출과 확산에 필요한 핵심요인으로 보았다.

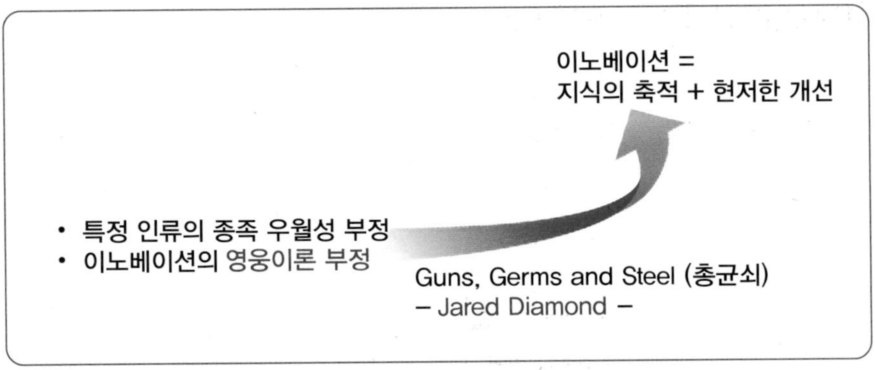

이노베이션 =
지식의 축적 + 현저한 개선

- 특정 인류의 종족 우월성 부정
- 이노베이션의 영웅이론 부정

Guns, Germs and Steel (총균쇠)
– Jared Diamond –

그림 I-1 제럴드 다이어몬드의 이노베이션에 관한 관점

뉴턴과 에디슨의 관점

뉴턴은 위대한 만유인력 법칙을 발견하고도 자신은 '거인의 어깨 위에서 좀 더 멀리 볼 수 있었을 뿐이다.'라고 했다. 여기서 거인의 어깨란 기존에 축적된 방대한 지식의 정상을 의미하며 이노베이션 창출을 위해서는 기존 공공영역에 존재하는 다양한 지식에 대한 선행학습과 정보접근의 중요성을 강조하였다.

우리가 잘 알고 있는 **에디슨**의 명언에 의하면 '천재는 99%의 노력과 1%의 영감'으로 이루어진다고 했다. 여기서 천재The genius의 의미는 연구개발의 결과물로서 이노베이션을 주도하는 창의적인 연구자로 생각될 수 있다. 연구자의 99%의 노력이란 기존의 지식에 대한 접근성 강화와 축적된 지식 탐구를 위한 지속적인 노력이며 단지 1%라는 창의성이 필요할 따름이라고 한다.

이들은 연구자에게 R&D 이노베이션을 위해서 무엇보다도 연구분야에 축적된 종래의 연구결과물과 기존지식에 접근성을 강화하여 기존 이노베이션에 대한 창의적 모방과 당업자들과의 상호경쟁을 통한 이노베이션 창출 전략의 중요성을 강조하고 있다.

R&D이노베이션을 창출하고자 연구 과제를 수행하는 연구자들에게 중요한 관점을 시사하고 있다. 기존 지식과 종래 R&D성과물에 대해 접근성을 강화하고 현실의 문제점에서 출발하라는 조언이다. 이러한 관점은 특히 과학기술 분야에서 R&D를 수행하고자 하는 연구자들은 R&D수행 이전에 관련 연구논문에 대한 심층학습과 특허문헌에 대한 선행기술정보조사 및 분석 등과 같이 접근 가능한 공지영역에서의 지식탐구에 대한 중요성을 강조하고 있다.

특히 피터 드러커와 제럴드 다이어몬드의 이노베이션에 관한 본질적 이해는 R&D를 수행하는 연구자들에게 많은 점을 시사해 주고 있다. 이들은 연구자에게 R&D이노베이션을 위해서 무엇보다도 연구분야에 축적된 종래의 연구결과물과 기존지식에 접근성을 강화하여 기존 이노베이션에 대한 창의적 모방과 당업자들과의 상호경쟁을 통한 이노베이션 창출 전략의 중요성을 강조하고 있다.

다. 지식재산과의 상관성 관점

이노베이션은 지식재산에 의해 보호받는 자산 가치로서만 인식되어 왔지만 구체적으로 지식재산권 또는 지식재산 제도와 이노베이션의 상관성에 관해 적극적으로 강조된 바가 없었다. 하지만 마이클 골린은 그의 저서[12] Driving Innovation에서 지식재산 제도와 이노베이션의 상관성에 관한 심도있는 논의를 통해 지속가능한 이노베이션의 창출과 확산을 위해서 지식재산 제도의 역할과 균형이 중요하다는 것을 체계적으로 강조한 바 있다.

이노베이션 사이클

마이클 골린은 공공지식에 접근성을 강화하여 아이디어를 창출하고 창출된 아이디어는 사회에 필요한 이노베이션으로 성장하며 궁극적으로 사회에 확산된 이노베이션은 언젠가는 소멸하여 공공지식의 영역으로 다시 돌아가 새로운 이노베이션 창출을 위한 밑거름이 된다는 '이노베이션 사이클'을 정의하고 이러한 사회 이노베이션 사이클을 구동시키는 엔진의 역할로써 지식재산 제도의 필요성을 역설하였다.

> 마이클 골린은 공공지식에 접근성을 강화하여 아이디어를 창출하고 창출된 아이디어는 사회에 필요한 이노베이션으로 성장하며 궁극적으로 사회에 확산된 이노베이션은 언젠가는 소멸하여 공공지식의 영역으로 다시 돌아가 새로운 이노베이션 창출을 위한 밑거름이 된다는 '이노베이션 사이클'을 정의하고 이러한 사회 이노베이션 사이클을 구동시키는 엔진의 역할로서 지식재산 제도의 필요성을 역설하였다.

지식재산 제도는 사회 구성원의 창의성과 사익성을 보호하는 관점에서 지식의 공공영역으로부터 잉태된 아이디어가 신규성 있는 발명 또는 독창성 있는 표현이라는 이노베이션으로 성장 확산시키기 위해 배타적 특허권리 또는 저작권으로서 인센티브를 제공하며 이노베이션에 관한 투자를 장려토록 한다. 한편 지식재산 제도는 공익성을 강화하는 관점에서도 사회에 확산된 이노베이션을 가능한 조속히 누구나 접근활용 가능한 공공 지식영역으로 돌아가도록 함으로써 이노베이션 사이클을 지속적으로 구동시키는 역할을 하고 있다.

이노베이션의 변환

신규성, 독창성, 기밀성 또는 식별성 등과 같은 창의적 특성에 의해 공공 지식과는 다르게 지식재산으로 포착 보호되는 다양한 이노베이션은 시간적 변화와 공간적

12 Michale A. Gollin (2008), Driving Innovation, Cambridge University Press.

확산에 의해 변환과정을 거치게 된다. 이러한 이노베이션을 보호하고 있는 지식재산도 이노베이션 변환에 의해 유기적인 변환과정을 거치게 된다.

이에 관한 예로써, 연구자 또는 스타트업이 창출한 R&D이노베이션이 기업 또는 조직에서 기밀성이 유지된다면 이는 영업비밀Trade Secret이라는 지식재산에 의해 포착되어 보호가 이루어진다. 하지만 이노베이션의 본질적 특성상 지속적인 기밀유지가 어렵기 때문에 신규성이 확보되어 있는 한 발명으로 공표되어 특허Patent출원을 통해 보호받게 되며, 만일 해당 이노베이션을 독창성 있는 저작물로 변환하게 되면 이는 저작권Copyright으로 변환되어 보호받게 된다. 일반적으로 지식재산 변환 과정을 거친 이노베이션은 시간의 경과와 공간적 확산에 의해 궁극적으로 '출처표시' 또는 '품질보증' 기능 등을 담보할 수 있는 자타 식별성 있는 이노베이션으로 성장하게 되며 상표Trademark라는 지식재산에 의해 특정되어 갱신등록 가능한 반영구적인 권리로서 보호된다.

상기에서 간략히 언급한 이노베이션과 지식재산의 상관성에 관한 이슈는 본 저서에서 강조하는 핵심적인 개념과 전략이므로 다음 장(Chap. I 의 5장 및 9장)에서 별도의 주제로서 상호차별적 특성과 함께 다양한 관점에서 보다 상세히 다루기로 한다.

4. 이노베이션과 지식재산의 차별성

이노베이션은 지식재산의 보호대상이며 지식재산은 이노베이션을 보호하는 주체로서 서로 확연히 상이한 특성이 있음을 알 수 있었다.

지식재산Intellectual Property과 이노베이션Innovation은 양자 모두가 인간 정신활동에 의한 창의적 가치에 기반하고 있으며, 사회 통념적으로 무형의 자산가치라는 개념으로 공통 인식되어 있기 때문에 우리는 종종 이를 동일한 개념으로 사용하거나 또는 혼동해서 활용하기도 한다. 하지만 앞장의 이노베이션과 지식재산의 상관성 관점에서 살펴본 바와 같이 이노베이션은 지식재산의 보호대상이며 지식재산은 이노베이션을 보호하는 주체로서 서로 확연히 상이한 특성이 있음을 알 수 있었다.

가. 차별적 특성의 비교

표 Ⅰ-6 이노베이션과 지식재산의 차별성 비교

	이노베이션 - Innovation	IP - 지식재산
유형 (예시)	노하우, 신기술, 발명, SW 저작물, 혁신서비스, 신제품 등	특허, 저작권, 상표, 영업비밀 등
상호 연관성	IP의 보호대상 모순(문제) 해결의 결과	이노베이션을 보호하는 체계, 법적 구속력
본질적 특성	기술이전의 대상? ↓ × 역동적으로 변화 확산 **[시간적 변화와 공간적 확산]**	IP 거래의 대상? ↓ ○ 자산으로 특정 가능 **[시간 및 공간 제한, 권리 강도]**

이노베이션과 지식재산에 관한 차별성과 함께 상호연관성을 명확하게 이해함으로써 우리는 R&D이노베이션을 창출하고 이를 지식재산으로 보호하고 활용함에 있어서 보다 앞서가는 경쟁력을 확보할 수 있을 것이다.

상기 표 Ⅰ-6의 이노베이션과 지식재산에 관한 차별성과 함께 상호연관성을 명확하게 이해함으로써 우리는 R&D이노베이션을 창출하고 이를 지식재산으로 보호하고 활용함에 있어서 보다 앞서가는 경쟁력을 확보할 수 있을 것이다.

이노베이션Innovation

이노베이션이란 인간의 창의적 활동을 기반으로 기존의 관성이 된 가치나 타성을 허물고 새롭고 유용한 가치를 가져오는 큰 변화라고 할 수 있다. 그러므로 이노베이션에는 신규성, 독창성 또는 유용성 등 창의적 가치가 내재화되어 있으며 이는 지식재산에 의해 특정되어 보호되는 창의 성과물로 구현된다. 즉 이노베이션이란 지식재산인 특허, 영업비밀, 상표 및 저작권 등에 의해 포착되어 보호될 수 있는 창의적인 가치가 있는 것을 말하며 그 대표적인 대상 유형으로서는 노하우, 발명, 신기술, 소프트웨어, 서비스 표장 또는 저작물 등이 있다.

이노베이션은 모순 또는 문제를 해결한 솔루션(해법)이자 주로 R&D수행의 결과물로서 지식재산의 보호 대상이 된다. 하지만 이노베이션은 마치 유기생명체와 같이 시간적 변화와 공간적 확산을 하는 역동적인 특성을 가지고 있다. 그러므로 이노베이션이란 특정 시점에서 이노베이션 그 자체를 거래하거나 또는 양도의 대상으로 할 수 없다. 이노베이션은 인간의 창의성을 기반으로 사회에 유용하고 중요한 가치로서 창출이 되지만 자체적인 속성에 의해 시간적인 변화와 공간적인 경로를 통해 지속적이고 역동적인 확산이 이루어지기 때문에 이를 이노베이션 창출자가 그 자체로서 소유하기 위한 무형자산으로서 활용할 수가 없음에 유의해야 한다.

IP – 지식재산

지식재산이란 인간의 창의 활동을 통해 창출된 이노베이션을 특허, 저작권, 상표 또는 영업비밀 등과 같은 법적 체계를 통해 포착하여 배타적 권리로 보호함으로써 법적 효력을 가지는 무형의 자산적 가치를 말한다. 예를 들어, 기술(이노베이션) 거래에 있어서 기술이전Technolgy Transfer한다는 의미는 기술을 자산으로 특정하여 보호할 수 있는 지식재산인 특허 또는 영업비밀 등으로 이전한다는 것을 말하며, 지식재산으로서 보호되지 않은 기술은 공공기술로서 누구나 활용 가능한 공공 지식영역에 존재하는 공지기술에 불과할 따름이다.

지식재산이란 인간의 창의 활동을 통해 창출된 이노베이션을 특허, 저작권, 상표 또는 영업비밀 등과 같은 법적 체계를 통해 포착하여 배타적 권리로 보호함으로써 법적 효력을 가지는 무형의 자산적 가치를 말한다.

그러므로 기술 노하우 또는 신기술 등 R&D이노베이션을 창출한 연구자 또는 발명가는 자신이 창출한 이노베이션을 영업비밀 또는 특허 등 지식재산으로서 포착하고 이를 특정함으로써 해당 이노베이션을 자산적 가치로서 확보할 수 있다. 영업비밀 또는 특허로서 포착하는 경우에는 앞서 언급한 바와 같이 해당 이노베이션은 공공의 지식영역으로부터 구분 지을 수 있는 기밀성 또는 신규성과 같은 창의적 특성을 내포하고 있어야 할 것이다.

나. 가치평가의 관점

자산적 가치가 있는 이노베이션은 지식재산에 의해 반드시 특정되어야만 해당 이노베이션은 무형자산으로서 보호 가능하며, 아울러 지식재산에 의해 포착된 이노베이션은 시간적 관점과 공간적인 관점 그리고 권리강도 측면에서의 가치평가를 통해 지식재산이라는 무형적인 자산가치로서 산정될 수 있으며 이를 기반으로 라이선스 또는 양도를 통한 지식재산 거래가 이루어질 수 있다.

표 Ⅰ-7 지식재산의 가치평가 관점

IP가치평가의 관점		지식재산 제도			
		특허	상표	저작권	영업비밀
시간적 관점	IP의 (시간) 존속기간	출원일 20년	등록일 10년 갱신	저작자생존 +사후 50년[13]	영구적임 단, 비밀유지
공간적 관점	IP의 (지역) 효력범위	속지주의 권리		국제주의 권리	
IP 권리 강도 (정성평가)	기술성/예술성 (전공 관점)	개별 IP의 자산실사 과정은 IP가 특정하고 있는 이노베이션의 유형과 특성에 따라 달라지며 통상적으로 기술성(예술성), 시장성, 권리성 관점에서 IP권리 강도를 정성적으로 확인할 수 있으며, IP가치평가를 위한 실무 방법론으로는 비용접근법, 수익접근법 및 시장사례법 등이 있다.			
	시장성 (경영 관점)				
	권리성 (법적 관점)				

개별 IP의 자산실사 과정은 IP가 특정하고 있는 이노베이션의 유형과 특성에 따라 달라지며 통상적으로 기술성(예술성), 시장성, 권리성 관점에서 IP권리 강도를 확인할 수 있다.

상기 **표 Ⅰ-7**은 이노베이션을 포착하고 있는 지식재산의 가치평가에 관한 관점을 개괄적으로 도식화한 도표이다. 지식재산의 가치는 시간과 공간적인 관점(X-Y 축) 그리로 권리강도(Z-축)이라는 3차원의 좌표 공간에서 특정되어 평가될 수 있다. 즉 이노베이션을 보호하고 있는 지식재산 권리의 존속기간과 지역적인 효력범위에 의한 정량적인 가치평가에 더불어 IP권리 강도라는 정성적인 IP 가치가 추가적으로 고려되어 가치평가가 이루어진다(Chap. V의 **그림 V-2** 참조). 이노베이션의 유형과 특성에 따라 지식재산 자체가 보유하고 있는 배타적인 권리인 클레임의 강도에 의해 지식재산의 가치는 달라질 수 있기 때문이다.

상기한 지식재산 가치평가는 Chap. V 지식재산의 활용전략 편에서 보다 구체적으로 가치평가 방법론 관점과 지식재산의 유형별 관점에서 살펴보기로 한다.

13 한국 및 미국에서의 저작재산권은 저작자 생존기간과 사후 70년까지 보호된다.

5. 이노베이션과 지식재산의 상관성

다양한 이노베이션을 보호하는 지식재산 제도는 TRIPs[14]가이드라인에 의해 아래 도표와 같이 크게 4가지 유형으로 정리해 볼 수 있다. 지식재산 제도는 그 지역적 보호범위에 따라 국제적인 보호가 이루어지는 저작권과 영업비밀 그리고 속지주의 보호가 이루어지는 특허와 상표로 크게 구분해 볼 수 있다. 이노베이션의 유형에 관한 지식재산 보호제도는 Chap. II 지식재산 제도의 이해부문에서 보다 상세히 다루기로 하며 여기서는 개괄적인 내용을 중심으로 살펴보기로 한다.

지식재산 제도는 그 지역적 보호범위에 따라 국제적인 보호가 이루어지는 저작권과 영업비밀 그리고 속지주의 보호가 이루어지는 특허와 상표로 크게 구분해 볼 수 있다.

표 I-8 주요 지식재산 제도가 보호하는 이노베이션 유형

	주요 지식재산 제도			
	Copyright (저작권)	Trade Secret (영업비밀)	Patent (특허)	Trademark (상표)
이노베이션 유형	서적, 논문, 강의 음악, 영화, 그림, PC 프로그램, 데이터베이스..	노하우, 제법, 고객 리스트, 금융 정보..	발명(기술적사상), 신기술, 실용신안, 외관 디자인(물품)	표장Visible Sign 기호, 문자, 도형, 색채, 소리, 냄새..
	국제적인International 권리보호		속지주의Domestic 권리보호	

가. 속지주의 보호 (특허와 상표)

TRIPs 가이드라인에 제시된 속지주의 보호권리로서 Patent(특허)와 Design(디자인)의 국내 제도화를 위해서 우리나라는 별도로 특허법, 실용신안법 및 디자인보호법 제도로서 입법화하였으며 이를 상표제도와 함께 산업재산(권) 제도라고 하며, 이는 개별국가의 관할관청(특허청)에서 출원과 등록에 관한 심사 절차를 통해 관련된 이노베이션을 개별국가 차원에서 보호 관리하고 있다.

우리나라(한국)에서는 신규성 있는 이노베이션을 보호하는 Patent(특허) 관점

14 Trade Related Intellectual Properties를 의미하며 이는 무역 관련 지식재산에 관한 협정으로서 모든 WTO 회원국에 적용되는 지식재산 규범이다.

에서 발명(기술적 사상)과 관련된 제법, 구성 또는 기능 등을 보호하기 위해 특허법이 제정되었으며, 실용신안이라는 소발명으로서 특허 발명의 고도성 기준에 도달하지 못한 기술수명이 짧은 고안(물건 발명)을 단기간 동안 보호하기 위한 실용신안법이 있다. 아울러, 신규성 있는 이노베이션을 보호하는 또 다른 관점은 물품의 외관 디자인이며 심미성이 있는 물품의 외관 형태는 별도의 디자인보호법을 통해 보호한다.

Patent(특허)와 함께 속지주의 권리로서 보호되는 Trademark(상표)는 개별국가 관할관청에서 출원 및 등록 심사 절차를 통해 자타 식별성 있는 표장을 보호하며 여기에 해당되는 이노베이션은 시장에서 인식된 제품 또는 서비스 표장과 대비하여 식별성의 가치가 있는 기호, 문자, 도형 또는 그 결합에 의한 표장을 보호하고 상표의 보호 대상이 되는 특수 유형의 표장으로는 색채, 소리 또는 냄새, 홀로그램 및 입체형상이 있다. 상표는 기업의 브랜드 가치를 형성함에 있어서 핵심적인 역할을 하는 지식재산으로서 영업비밀, 저작권, 특허(실용신안, 디자인) 등 지식재산 변환과정을 통해 보호되어온 이노베이션의 궁극적인 종착지로서 반영구적(10년 갱신등록)으로 보호 가능한 중요한 지식재산이라 할 수 있다.

나. 국제적인 보호 (저작권과 영업비밀)

한편 개별 국가 내에서 별도의 출원, 심사 및 등록과 같은 행정 절차가 없이도 이노베이션의 독창성 또는 기밀성 관점에서 국제적 보호를 주장할 수 있는 저작권과 영업비밀이 있다.

한편 개별 국가 내에서 별도의 출원, 심사 및 등록과 같은 행정 절차가 없이도 이노베이션의 독창성 또는 기밀성 관점에서 국제적 보호를 주장할 수 있는 저작권과 영업비밀이 있다.

우리 인간이 자신의 사상 또는 감정을 독창적 표현으로서 저작물[15]을 창작하면 창출과 동시에 '권리의 다발'이라고 불리우는 저작권으로 보호받을 수 있는데 저작권은 크게 저작재산권,[16] 저작인격권 및 저작 인접권으로 구분해 볼 수 있다. 저작재산권은 TRIPs 협약국 내에서 저작자 생존기간과 최소 사후 50년[17] 보호

15 저작물 유형에는 어문저작물, 음악저작물, 연극저작물, 영상저작물, 도형저작물, 미술저작물, 건축저작물, 사진저작물, 컴퓨터프로그램 저작물, 편집저작물, 2차저작물 등이 있다.

16 저작재산권으로는 공연권, 공중송신권(방송권, 전송권 및 디지털 전송권), 복제권, 배포권, 2차저작물 작성권, 대여권 및 전시권이 있다.

17 TRIPs 가이드라인에 의하면 회원국에 생존기간에 추가하여 사후 50년까지 보호되나 한국과 미국은 저작자의 생존기간 및 사후 70년까지 보호하고 있다.

가 가능하며 저작인격권인 동일성유지권, 공표권 및 성명표시권에 의해 창작자 사망시까지 보호받을 수 있다. 한편 저작인접권은 엄격히 창작자는 아니지만 저작물의 창출 또는 유통산업과 관련된 분야에서 종사하는 자들인 실연자, 음반제작자, 방송사업자 또는 데이터베이스 제작자 등에 부여되는 배타적인 권리로서 창작산업을 보호하고 관련 이노베이션의 창출 확산을 위해 해당 저작인접권자별로 별도의 저작권리로서 규정하여 보호하고 있다.

특히 R&D 성과물로서 논문, 저서 등은 어문저작물로서 보호되며 소프트웨어 알고리즘으로서 소스코드 또는 목적코드는 컴퓨터프로그램 저작물로 분류되어 저작권으로 보호받을 수 있으며, 오늘날 AI와 데이터 분석론이 주도하는 디지털 시대의 이노베이션과 함께 디지털 콘텐츠의 보호는 저작권 분야에서 중요한 이슈가 되고 있다.

영업비밀과 관련된 이노베이션은 우리나라에서는 '부정경쟁방지 및 영업비밀 보호에 관한 법률'로서 보호하고 있다. 관련 이노베이션이 영업비밀로서 보호받기 위해서는 **그림 Ⅰ-3**과 같이 공공연히 알려져 있지 아니하여야 하며, 기술상 또는 경영상 경제적인 가치가 있는 기밀 정보로서 비밀유지를 위해 합리적인 노력이 있어야 한다. 특히 연구자가 R&D수행을 위해 연구실Lab.에서 실험사실과 연구과정 등을 기록하고 기밀정보로서 관리하기 위해 작성하는 연구노트는 R&D를 통해 확보한 기술 노하우 또는 관련 연구성과물을 영업비밀이라는 지식재산으로 보호함에 있어서 중요한 수단이 된다(참조: Chap. III- 연구실의 논문 특허전략).

저작권과 영업비밀은 이노베이션에 관한 보호범위가 보호받고자 하는 개별 국가에 별도 권리화를 위해 관할 관청의 심사나 등록과정을 거치지 아니하여도 일정한 요건만을 충족되면 권리주장을 할 수 있기 때문에 이해 관계자 간에 분쟁의 소지가 많으며 권리의 실효성 측면이나 권리소유자의 진위성을 입증함에 있어 다툼의 소지가 많이 상존하고 있다.

저작권과 영업비밀은 이노베이션에 관한 보호범위가 보호받고자 하는 개별 국가에 별도 권리화를 위해 관할 관청의 심사나 등록과정을 거치지 아니하여도 일정한 요건만을 충족되면 권리주장을 할 수 있기 때문에 이해 관계자 간에 분쟁의 소지가 많으며 권리의 실효성 측면이나 권리소유자의 진위성을 입증함에 있어 다툼의 소지가 많이 상존하고 있다.

저작권과 영업비밀은 지식재산 권리라는 배타적 효력 관점에서 볼 때 특허와 상표와는 달리 해당 국가의 관할 관청에서 심사과정을 통해 부여되는 배타적 권리가 아니라 보호요건을 충족하게 되면 모든 회원국가에 효력이 발생되므로 권리범위는 지리적인 관점에서 상대적으로 넓게 확보되지만 해당 권리의 강도는 해당 관할관청에서 심사등록 절차를 통해 부여되는 특허 또는 상표에 비하여 배타적 권리의 강도 또는 권리구제 측면에서 상대적으로 취약하다는 단점이 있다.

한국의 권리보완 제도 – 저작권과 영업비밀

해당 국가관청에서 별도의 출원, 심사 및 등록 등의 행정절차가 없어도 창작 행위 또는 기밀유지 등에 의해서 저작권 또는 영업비밀 권리가 발생한다. 하지만 권리 창출과정에서 특허 또는 상표와는 달리 등록에 의한 공시가 이루어지지 않기 때문에 영업비밀이나 저작권 권리는 침해받기 쉬우며 일반공중으로부터 보호받기가 어렵기 때문에 이를 보완하여 권리를 강화하는 방안으로 법정추정력과 대항력을 확보토록 하는 제도가 있다.

- 저작권 등록제도

창작자가 자신이 창작한 저작물 내용과 저작권의 권리변동 사항을 저작권 등록부라는 장부에 등재하고 이를 대중이 열람할 수 있도록 함으로써 해당 저작물에 대한 법정추정력과 제3자에 대한 대항력을 확보할 수 있도록 하는 제도를 운영하고 있다.

한국저작권위원회 저작권 등록 사이트에서는 인간의 사상 또는 감정을 독창적으로 표현한 저작물에 관한 저작권, 실연자, 방송사업자 및 음반제작자의 저작인접권, 데이터베이스제작자에 의한 권리 및 출판권 등에 관해 창작자가 자신이 창작한 저작물 내용과 저작권의 권리변동 사항을 저작권 등록부라는 장부에 등재하고 이를 대중이 열람할 수 있도록 함으로써 해당 저작물에 대한 법정추정력[18]과 제3자에 대한 대항력[19]을 확보할 수 있도록 하는 제도를 운영하고 있다.

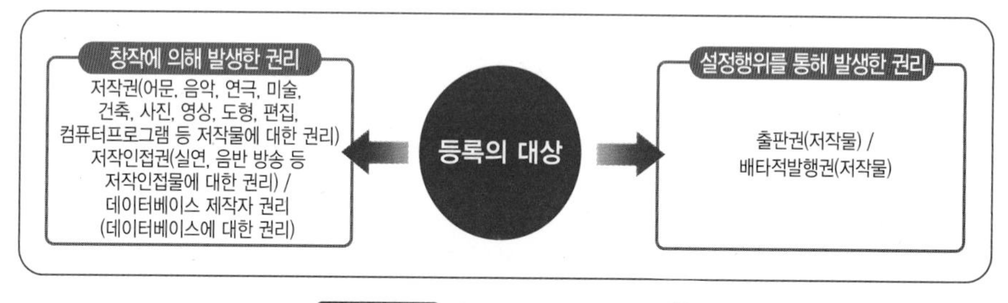

그림 Ⅰ-2 저작권 등록제도 소개[20]

18 저작자로 성명이 등록된 자는 등록저작물의 진정 저작권자로서 추정받고 등록된 저작권을 침해한자는 침해 행위에 과실이 있는 것으로 추정받게 된다. 즉 저작물을 등록하지 않으면 침해분쟁 시 저작권자는 본인이 해당 주장 사실을 직접 입증해야 하지만 저작물 등록이 된 경우에는 입증책임을 면하게 되며 추정사실을 부인하려는 자가 법률상 추정을 번복할 증거를 제시하여야 한다(입증책임의 전환).

19 권리 변동사실을 등록하지 않아도 당사자 사이에는 변동 효력이 발생하지만 당사자가 아닌 제3자가 권리 변동사실을 인정하지 않는 경우에는 이를 주장할 수 없다. 그러므로 저작권과 관련된 권리로서 저작재산권, 저작인접권 또는 데이터베이스 제작자 권리 변동사실이나 출판권 설정 등을 등록 공시하면 이러한 사실에 대해 제3자에게 대항을 할 수 있다.

20 출처: 한국저작권위원회 저작권등록 사이트(https://www.cros.or.kr)에 기재된 등록대상물 참고

• 영업비밀 원본증명제도

영업비밀이란 "비밀로 관리되고 있는 기술상 또는 경영상 정보"로 비밀로 관리하는 특성상 정보의 보유 여부 및 보유시점 입증이 곤란하며 기업에서는 정보를 전자문서 형태로 보유하는 것이 일반적이며, 전자문서는 복제 · 유출이 용이하고 보유시점 입증이 곤란하다. 그러므로 영업비밀 보호를 위해 "누가 언제부터 어떤 정보를 보유"하고 있었다는 사실을 손쉽게 입증할 수 있는 제도가 필요하다. 영업비밀 보유사실과 보유시점 추정을 위해 영업비밀이 포함된 전자문서의 전자지문을 원본증명기관에 등록하면 등록 당시에 해당 전자문서의 기재 내용대로 기밀성 정보를 보유한 것으로 추정력을 확보할 수 있다.

영업비밀 보유사실과 시점 추정을 위해 영업비밀이 포함된 전자문서의 전자 지문을 원본증명기관에 등록하면 등록 당시에 해당 전자문서의 기재 내용대로 기밀정보를 보유한 것으로 추정력을 확보할 수 있다.

그림 I-3 영업비밀 보호요건[21]

다. 이노베이션 사이클과 지식재산 제도

이노베이션 사이클Innovation Cycle이란 아이디어(씨앗)가 공공영역의 지식(토양의 자양분)으로부터 잉태되어 가치 있는 이노베이션(과일)으로 성장하고 언젠가는 다시 누구나 활용할 수 있는 공공영역의 지식(토양의 자양분)으로 다시 돌아가도록 하는 혁신의 순환 생태계를 말한다.

21 출처: 영업비밀 원본증명기관인 한국지식재산보호원의 영업비밀보호센터(https://www.tradesecret.or.kr) 등록제도 참고

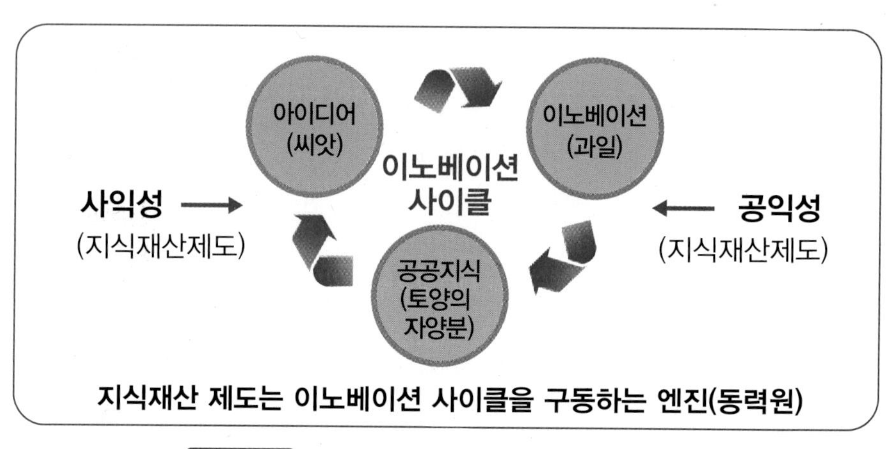

그림 Ⅰ-4 이노베이션 사이클을 가동하는 지식재산 제도

그림 Ⅰ-4와 같이 이노베이션 사이클이란 공공영역의 지식으로부터 도출된 창의적인 아이디어가 사회에서 필요로 하는 이노베이션으로 성장하여 확산이 이루어진 후에 다시 지식의 공공영역으로 돌아가는 지식의 순환과정 또는 지식순환시스템을 말한다. 창의적 아이디어로부터 구체화되어 사회가 필요로 하는 유용한 가치로서 성장이 된 이노베이션은 이를 위해 노력한 창출자 또는 투자자에게 지식재산의 가치로서 포착되어 보호될 수 있다.

모든 이노베이션은 언젠가는 공공지식으로 돌아가며 이노베이션이 죽음을 맞이하는 곳은 지식의 공공지식의 영역이라고 할 수 있다.

하지만 이러한 이노베이션은 마치 유기적인 생명체와도 같은 특성을 가지고 지속적으로 시간과 공간의 관점에서 확산하고 변화하며, 이는 지식재산 변환과정의 근원이 된다. 그러므로 지식재산이 보호하는 모든 이노베이션은 언젠가는 공공의 지식으로 돌아가며 이노베이션이 죽음을 맞이하는 곳은 지식의 공공영역이라고 할 수 있다.

공공영역의 지식으로부터 도출된 창의적인 아이디어가 이노베이션으로 성장토록 하고 사회에 유용한 가치로서 활용되도록 하기 위해서는 아이디어를 도출한 자에게는 **그림 Ⅰ-4**의 좌측 표기와 같이 지식재산 제도를 통해 배타적 권리와 인센티브를 제공함으로써 보다 사익성을 강화토록 해야 할 것이다. 아울러 사익적 관점에서 지식재산 보호를 통해 창출되고 사회에 유용한 가치로서 성장하여 확산이 된 이노베이션은 누구라도 이노베이션의 가치를 공유하거나 또는 이를 새로운 가치창출의 밑거름으로 접근 활용할 수 있도록 **그림 Ⅰ-4**의 우측 표기와 같이 공익성의 관점에서 해당 이노베이션에 접근성을 강화할 수 있는 균형있는 지식재산 제도화가 필요하다.

이노베이션 사이클이 지식재산 제도에 의해 작동하는 지식순환시스템은 **그림 I-5**와 같이 구체적으로 3단계로 구분하여 생각해 볼 수 있다.

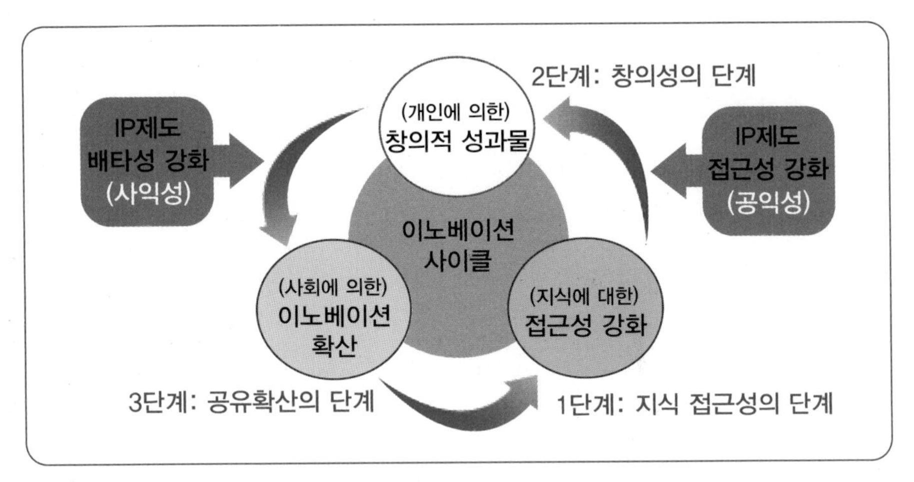

그림 I-5 이노베이션 사이클의 3단계

먼저 1단계는 공공영역 또는 IP접근영역에 대한 지식 접근성 강화단계로서, 사회 구성원들이 창의성을 기반으로 새로운 성과물 창출하거나 또는 기존의 지식의 창의적 활용을 위해 공공영역의 존재하는 지식정보에 접근성을 강화하는 단계이다.

2단계는 창의성단계라고 명명할 수 있으며, 이는 사회 구성원인 개인에 의해 창의 성과물이 창출되고 공유되는 단계로서 창의사상이 생성되어 창의적 성과물이 구현되고 성과물 보호를 위한 인센티브로서 해당 성과물에 지식재산권과 함께 배타적인 권리영역[22]이 형성되는 단계이다.

마지막 3단계는 창의 성과물(이노베이션)이 사회적으로 공유되고 확산하는 단계라고 명명할 수 있다. 개인의 성과물로서 창출된 이노베이션은 사회 구성원들의 가치공유와 활용을 통해 기존 공공영역의 지식과 융합하여 새로운 지식 생태계에 밑거름이 되는 역할을 하는 단계이다.

이노베이션 사이클의 순환과정에서 지식의 접근성 강화라는 공익성의 관점과 이

22 지식재산 관점에서 지식정보 영역을 고찰하여 보면 '접근영역'과 지식재산권IP에 의해 접근이 불가한 '배타 영역' 크게 2가지로 구분할 수 있으며, 상기 '접근영역'은 아무런 제한 없이 지식정보에 관해 접근 활용이 가능한 '공공영역'과 IP에 의해 제한을 받는 'IP접근영역'으로 구분해 볼 수 있다.

> 이노베이션 사이클의 순환과정에서 지식의 접근성 강화라는 공익의 관점과 이노베이션의 배타적 권리보호라는 사익성 관점에서 균형있는 지식재산 제도화는 우리 사회가 필요로 하는 이노베이션 사이클을 원활히 그리고 활발하게 작동토록 함으로써 보다 역동적이며 경쟁력 있는 지식경제시스템을 구현토록 할 수 있다.

노베이션의 배타적 권리보호라는 사익성 관점에서 균형있는 지식재산 제도화는 우리 사회가 필요로 하는 이노베이션 사이클을 원활히 그리고 활발하게 작동토록 함으로써 보다 역동적이며 경쟁력 있는 지식경제시스템을 구현토록 할 수 있다.

즉 오늘날 지식재산 제도는 사회에 필요한 이노베이션 사이클을 원활하게 구동함에 있어서 반드시 필요한 동력원으로써 엔진의 역할을 수행하며 사익성과 공익성의 관점에서 보다 균형있는 지식재산 시스템 구축은 이노베이션 사이클을 역동적으로 작동시키기 위한 핵심 사안이라 할 수 있다.

특히 오늘날 지식경제사회에서 이노베이션 사이클을 가동하는 엔진(동력원)으로서의 지식재산 제도는 사회 구성원인 개인의 창의성을 보다 강화토록 하고 이로부터 창출되는 이노베이션의 가치들을 사회에 적극적으로 확산 공유토록 함으로써 우리 사회를 더욱 풍요롭게 하는 사회적 제도로서 매우 중요한 역할을 수행하고 있다.

그러므로 앞서 언급한 이노베이션 사이클이 작동하는 단계별 과정을 보다 면밀하게 살펴봄으로써 우리 사회에 유용한 이노베이션을 창출하고, 이를 보호하며 활용하기 위해서 우리가 함께 보완하고 지켜가야 할 지식재산 제도의 유형과 그 역할에 관해 통찰력 있는 혜안을 얻을 수 있을 것이다.

라. 이노베이션 보호를 위한 지식재산권

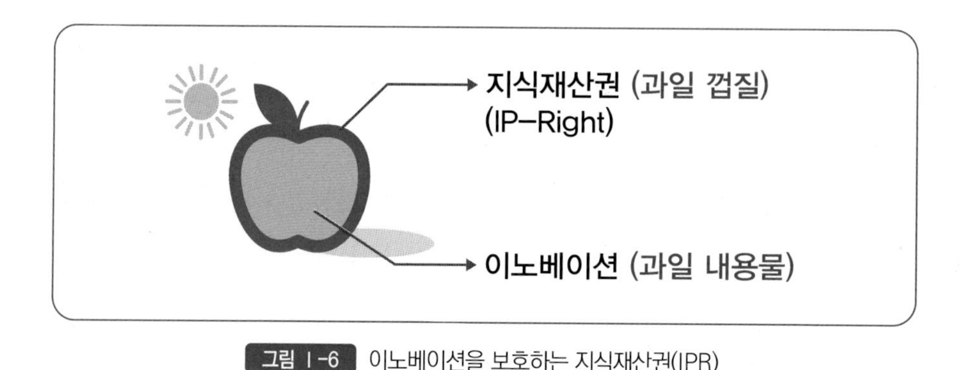

그림 Ⅰ-6 이노베이션을 보호하는 지식재산권(IPR)

그림 Ⅰ-6과 같이 이노베이션(과일 내용물)에 외부 접근이나 침략으로부터 보호하는 지식재산권(과일 껍질)이 부착되어 있지 않는다면 이노베이션 가치를 쉽게 상실하거나 누구나 활용될 수 있는 공공영역의 지식(토양의 자양분)으로 흡수될 것이다.

공공영역의 지식으로부터 잉태된 아이디어가 사회에 유용한 이노베이션으로 성장함에 있어서 지식재산권으로 보호되어야 할 창의적인 핵심가치들은 어떠한 것이 있는지 파악하고 이와 관련된 이노베이션이 원활하게 창출되도록 전략적 접근과 다양한 노력을 하는 것은 R&D 수행자에게는 무엇보다도 중요한 사안이 된다.

무형 자산으로 보호가치가 있는 이노베이션이 공공영역의 지식으로부터 구분되어 지식재산권에 의해 포착되어 보호받을 수 있는 핵심가치는 무엇인가? 즉 **표 Ⅰ-9**에 정리된 바와 같이 배타적 지식재산IP 영역과 지식의 공공영역을 구분 짓게 하는 경계조건Boundary Condition이 무엇인지를 명확히 파악하는 것이 중요하다. 제시된 경계조건들은 역동적이고 다양한 형태로 존재하는 이노베이션을 지식재산권으로서 보호해야 할 창의성에 관한 핵심가치가 무엇인지에 관해 보여주고 있기 때문이다.

배타적 지식재산 영역과 지식의 공공영역을 구분 짓게 하는 경계조건 Boundary Condition이 무엇인지를 명확히 파악하는 것이 중요하다.

표 Ⅰ-9 지식재산 제도와 이노베이션의 보호요건

지식재산 권리	지식재산 제도			
	Copyright 저작권	Trade Secret 영업비밀	Patent 특허	Trademark 상표
보호요건 (경계조건)[23]	**독창성**Originality	**기밀성**Secrecy	**신규성**Novelty	**식별성**Distinctive-ness
	공공영역 vs IP영역			

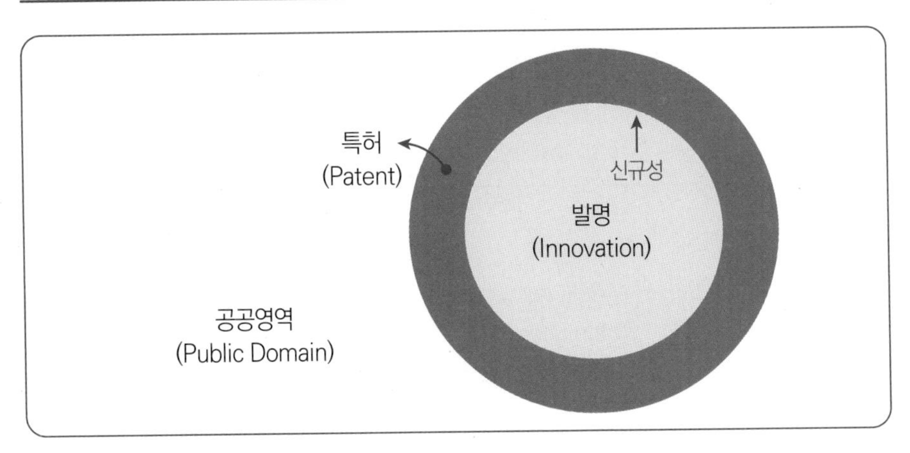

그림 Ⅰ-7 신규성 있는 이노베이션(발명)을 보호하는 특허제도

23 이노베이션 보호요건으로서의 경계조건이란 공공영역의 지식으로부터 창의적 자산 가치가 있은 이노베이션을 구분하고 이를 특정할 수 있는 무형적인 핵심가치를 말하며 해당 지식재산을 창출하고 이를 보호를 위한 기본적인 특성이라 할 수 있다.

신규성Novelty은 여러 가지 형태의 이노베이션을 특정화함에 있어서 중요한 가치판단의 기준이 된다. 신규성은 아이디어를 지식재산으로 보호하기 위한 핵심가치로서 특허법은 물론 실용신안법 또는 디자인보호법과 같은 특허 제도에서 배타적 권리 허여를 위해 공통적으로 요구되는 실체적 심사요건이 된다.

그림 Ⅰ-7과 같이 지식의 공공영역과 IP영역을 구분하는 경계조건으로서 신규성Novelty은 여러 가지 형태의 이노베이션을 특정화함에 있어서 중요한 가치판단의 기준이 된다. 신규성은 아이디어를 지식재산으로 보호하기 위한 핵심가치로서 특허법은 물론 실용신안법 또는 디자인보호법과 같은 특허 제도에서 배타적 권리 허여를 위해 공통적으로 요구되는 실체적 심사요건이 된다.

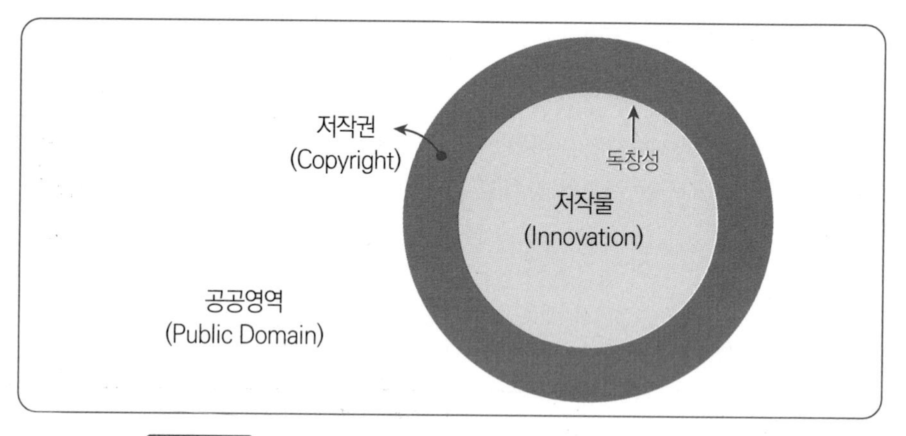

그림 Ⅰ-8 독창성 있는 이노베이션(저작물)을 보호하는 저작권제도

독창성Originality은 인간의 창의적 표현에 의해 창출되는 저작물에 배타적 권리로써 보호하기 위해 요구되는 핵심적 가치

독창성Originality은 인간의 창의적 표현에 의해 창출되는 저작물에 배타적 권리로써 보호하기 위해 요구되는 핵심적 가치로서 **그림 Ⅰ-8**과 같이 저작권에 의한 배타적 IP영역과 공공영역에 존재하는 지식정보를 구분하는 경계조건이다. 즉 저작권은 인간의 독창적인 표현이 내재된 저작물을 보호하지만 특허제도는 신규성 있는 아이디어의 산물로서 발명을 보호하고자 함이다.

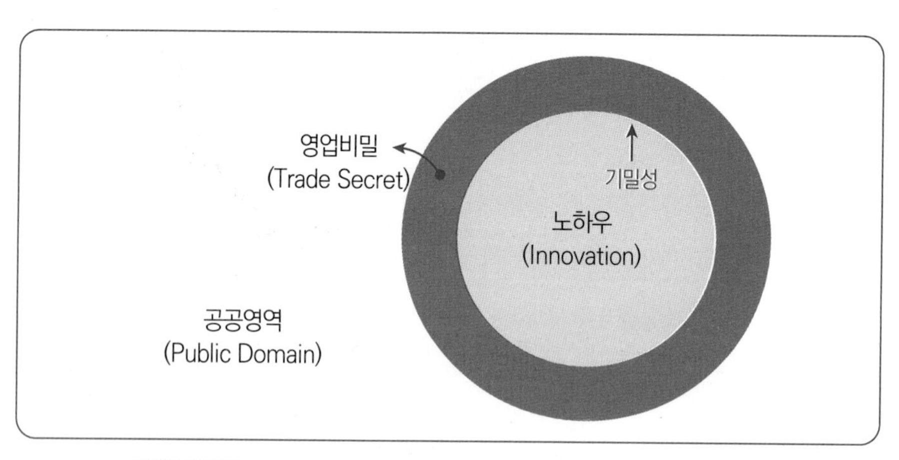

그림 Ⅰ-9 기밀성 있는 이노베이션(노하우)을 보호하는 영업비밀제도

그림 Ⅰ-9와 같이 영업비밀에 의해 창출되는 지식재산은 기술상 또는 경영상 경제적 가치가 있는 정보로서 기밀성Secrecy이 핵심적인 보호 가치이다. 예를 들어 공공영역에서 일반 공중에게 공지된 지식 정보와 구분 짓는 경계조건으로 기밀성이 유지되는 노하우는 영업비밀로서 보호되는 핵심 이노베이션이 된다. 공공영역에 정보가 공지되어 비밀유지가 되지 않은 이노베이션은 더 이상 영업비밀로서 보호받지 못하게 된다.

영업비밀에 의해 창출되는 지식재산은 기술상 또는 경영상 경제적 가치가 있는 정보로서 기밀성Secrecy이 핵심적인 보호 가치이다.

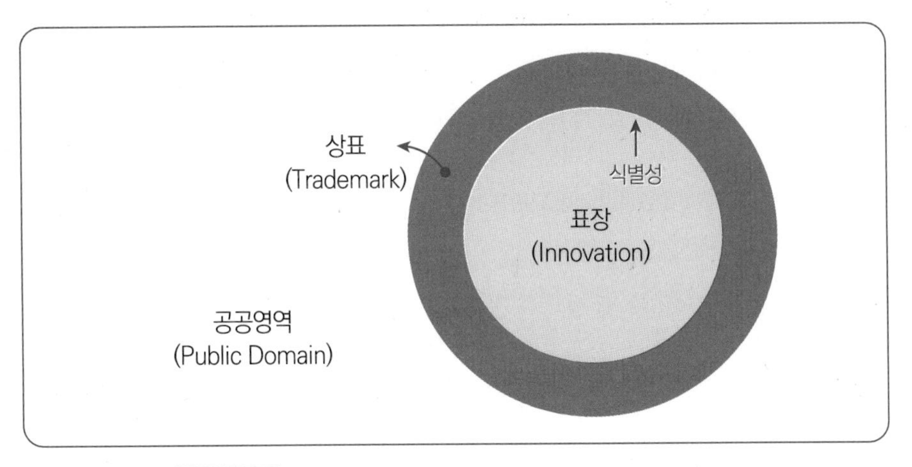

그림 Ⅰ-10 식별성 있는 이노베이션(표장)을 보호하는 상표제도

상표제도에 의해 자신의 상품(서비스)과 타인의 상품(서비스)을 구분 짓는 표장이 보호받기 위해서는 **그림 Ⅰ-10**과 같이 자타 식별성이 핵심적인 가치이다. 기존 상거래 영역에 동일 · 유사 표장으로 존재하거나 또는 타사 서비스 또는 상품과 연관되어 오인 혼동을 초래할 수 있는 상품 또는 서비스 표장은 이노베이션으로서 보호할 가치가 없기 때문이다.

상표제도에 의해 자신의 상품(서비스)과 타인의 상품(서비스)을 구분 짓는 표장이 보호받기 위해서는 자타 식별성이 핵심적인 가치이다.

마. 이노베이션 보호와 지식재산 제도 요약

앞 절에서 우리는 인간의 창의적 사고활동을 이성적인 사고를 관장하는 좌뇌 영역과 감성적 사고를 관장하는 우뇌 영역으로 구분하고, 좌뇌는 과학기술 분야에서 논리적이고 이성적이며 합리적인 사고를 바탕으로 창출되는 창의 결과물로서 신규성 있는 이노베이션을 관장한다면 우뇌는 문화예술 분야에서 감성적이고 직관적인 사고를 바탕으로 창출되는 창의 결과물로서 독창성 있는 이노베이션을 관장한다는 2분법적인 관점으로 살펴보았다.

아이디어와 표현이라는 2분법적인 구분에 의해 발현되는 인간의 창의적인 이노베이션을 보호하고자 하는 지식재산 보호취지로써 기본이 되는 특허 또는 저작권제도 이외에도 글로벌 지식경쟁 사회에서 개인은 물론 기업과 국가의 지속적인 성장을 위해 우리 사회가 필요로 하는 다양한 이노베이션 보호를 위한 취지로서 영업비밀제도와 상표제도가 TRIPs협약에 의해 전세계 국가에 입법화되어 있으며, 상기 4가지 지식재산 제도는 R&D이노베이션의 관점에서 연구자가 숙지해야 할 지식재산 제도로써 본 저서에서 다루고자 하는 지식재산의 창출, 보호 및 활용 전략 탐구를 위한 핵심 주제에 해당된다.

표 Ⅰ-10 지식재산의 유형과 권리비교 (예시)

	Copyright 저작권	Trade Secret 영업비밀	Patent 특허	Trademark 상표
보호시점	**창출**	**창출 & 보호노력**	**창출 & 출원**	**창출 & 출원**
보호대상	독창적 표현 (저작물)	영업상 기밀정보 (노하우 등)	기술적 사상 (발명)	기호, 문자 및 도형 등 (표장)
보호요건	독창성Originality	기밀성Secrecy	신규성Novelty	식별성Distinctive-ness
이노베이션 유형	*서적, 논문, 강의* *음악, 영화, 그림,* *PC 프로그램,* *데이터베이스..*	*노하우, 제법,* *고객 리스트,* *금융 정보..*	*발명(기술적사상),* *신기술, 실용신안,* *외관 디자인(물품)..*	*표장*Visible Sign *(기호, 문자, 도형,* *색채, 소리, 냄새..)*
최소 보호 기간	저작자 생존기간 + 사후 50년[24]	기밀 유지되는 한 영구보호	출원일로부터 20년 보호	등록일로부터 10년 (갱신보호가능)
보호범위	국제주의 (글로벌)		속지주의 (국내)	

인류 문명과 산업발전과 함께 진화하며, 오늘날 무역관련 지식재산권협약TRIPs에 의해 글로벌 이노베이션을 보호하는 핵심 지식재산 제도로써 정착한 4가지 지식재산 유형에 관해 상기 **표 Ⅰ-10**에서 비교 정리한 내용을 중심으로 간략히 살펴보면 다음과 같다.

24 이는 TRIPs 가이드라인에 의한 저작권 보호기간이며 한국에서는 저작자 생존기간 및 사후 70년까지 보호하고 있다.

특허

특허제도를 통해 보호받을 수 있는 이노베이션의 핵심 가치는 신규성이 있는 아이디어이다. 특허로서 보호대상이 되는 이노베이션 유형에는 발명, 고안(실용신안), 물품의 외관(디자인)이 있으며, 이는 실용신안과 디자인을 포함한 광의적 의미로서 특허제도를 말한다. 특허는 개별 국가에서 절차적 요건 및 실체적 심사를 통해 해당 국가내에서만 보호되는 속지주의 권리로서 특허로 보호받기 위해서는 해당 국가의 관할 관청(특허청)에 별도의 출원 및 등록 절차를 거쳐야 하며 통상적으로 특허 출원일로부터 20년간 보호(단, 한국의 실용신안 10년)된다.

저작권

저작권제도는 인간의 창의성을 기반으로 한 독창적 표현이 내재된 이노베이션(저작물)을 보호한다. 저작권이 보호하는 이노베이션 유형으로는 어문저작물과 음악, 연극, 미술, 건축, 사진, 영화, 도형, 컴퓨터프로그램 등과 같은 창작 저작물이 보호대상이 되며 저작권으로서 보호받기 위해서는 개별국가의 관할관청에 출원 또는 등록과 같은 일체의 행정절차가 필요하지 않으며 독창적인 저작물의 창출과 동시에 글로벌 권리로서 보호받을 수 있다. 창작자의 저작재산권은 일반적으로 저작자 생존기간과 사후 50년(한국과 미국은 70년)간 보호가 이루어지며, 아울러 저작인격권으로서 공표권, 동일성유지권 및 성명표시권은 창작자가 사망하면 소멸하게 된다.

영업비밀

영업비밀제도로서 보호하고자 하는 이노베이션의 핵심적 가치는 기밀성을 유지 관리하는 합리적인 노력이라 할 수 있다. 영업비밀의 보호대상이 되는 이노베이션 유형에는 영업상의 비밀로서 기술 노하우, 제조방법, 고객리스트, 금융정보 등이 있다. 법적인 보호기간에는 제한이 없으며 기밀이 유지되는 한 영구적으로 보호될 수 있다는 점이 장점이다. 영업비밀로서 해당국가에서 보호받기 위한 별도의 요식행위 또는 행정절차가 필요 없이 저작권과 마찬가지로 TRIPs협약에 가입된 글로벌 국가영역에서 국제주의적 보호가 이루어진다.

상표

한편 상표제도가 사회에 유용한 이노베이션을 보호하고자 하는 무형적인 자산

가치는 타인 상품 또는 서비스 제공과 구분 짓게 하는 식별성이라는 브랜드 가치를 보호하고자 함이다. 상표는 개별 국가에서 상품 또는 서비스 제공과 연관되어 식별력이 있는 표장으로서 기호, 문자, 도형, 색채, 소리, 냄새 등을 특정하여 해당 국가 관청에서 출원 심사 등 행정절차를 통해 등록되어야 상표 또는 서비스 표장의 사용과 관련하여 해당 국가에서만 효력이 발생되는 속지주의 권리이다. 상표등록일로부터 10년 보호가 가능하며 기간만료 시에는 지속적인 상표 갱신 등록출원을 통해 반영구적으로 보호받을 수 있다.

6. 지식재산 제도의 기원과 유래

인류의 이노베이션 역사는 지식재산 제도의 기원과 그 유래를 함께 하고 있다. 논란의 여지는 있을 수 있겠지만 인류의 이노베이션을 보호하는 지식재산 제도가 유래된 순서는 기원전 2000년경 영업비밀 제도가 그 효시로 볼 수 있으며, 이후 기원전 500년경에 상표(브랜드) 보호와 표절행위로부터 창작물을 보호하는 저작권보호가 유래되었다. 가장 늦게 유래된 특허제도는 중세유럽의 르네상스 시대 부흥을 이끈 유럽 도시국가 베니스에서 유래되었다.

인류의 이노베이션을 보호하는 지식재산 제도가 유래된 순서는 기원전 2000년경 영업비밀 제도가 그 효시로 볼 수 있으며, 이후 기원전 500년경에 상표(브랜드) 보호와 표절행위로부터 창작물을 보호하는 저작권보호가 유래되었다. 가장 늦게 유래된 특허제도는 중세유럽의 르네상스시대 부흥을 이끈 유럽 도시국가 베니스에서 유래되었다.

표 I-11 지식재산 제도의 기원과 유래

	영업비밀	상표(브랜드)	저작권	특허
시점	BC 2000년	BC 500년 ~ AD 1000년		1474년
순서	→			
사회	이집트 왕 / 파라오	이집트인/로마인 /중국인	로마인/유대인	베니스인
내용	잉크제조 /건축방법 얼티션(C-14) 상형문자	이집트-소 중국인-도자기 로마인-램프 등	로마시대-표절행위 -마샬(시인) 유대교법-도적 행위금지	중세유럽 -대학(개방지식) ↔ 길드(수공업 도제)

상기 **표 I-11**은 지식재산 제도의 기원과 유래 과정을 간략히 정리한 것으로써 구체적인 역사적 근거는 다음과 같다.

영업비밀

인류 역사상 가장 먼저 출현된 지식재산 제도는 영업비밀에 관한 것으로서 기원전 약 2000년경 이집트 시대의 왕 파라오에 의해 제작되어 전래되어온 얼티션 돌기둥Irtisen Stele (C-14)의 상형문자 기록을 해독함으로써 당 시대의 잉크제조, 무게측정 및 건축 방법 등을 파라오와 그의 장남 이외에는 아무도 모르는 기밀 기술로서 규율하고, 이를 왕권 통치 수단의 일환으로 영업비밀로서 보호했음을 알 수 있다.[25]

상표

상표 개념 또한 기원전 약 500년 전 고대 시대로부터 시작이 되었다. 고대 이집트인들은 자기 소유의 가축의 소를 브랜딩(낙인) 표식을 통해 타인 소유의 가축과 식별하고자 했다. 고대 로마인들은 자신들의 상점이나 상품인 램프 등에 그들의 소유임을 나타내는 로고 또는 브랜드 명칭을 사용하였으며, 또한 고대 중국인들도 그들이 만든 도자기에 자신들의 제품이라고 식별표식을 사용했다.

저작권

고대 로마시대 시인 마샬(Martial: AD 40~102)은 시구를 무단 사용하는 행위를 당시 어린 아이를 납치하여 노예로 팔아넘기는 침탈행위와 같다는 모욕적 표현으로 '표절Plagiarism'이라는 말로써 비난하였고, 이는 지적자산에 대한 절도행위를 의미하는 용어로 유래되었다.[26] 고대 유대교법에서도 창작 아이디어에 대한 도적행위를 금지하였으며 아울러 자신의 저작권을 남용하여 주장하는 것도 경고하였다. 하지만 근대적 의미의 저작권법의 기원은 인쇄·출판업자가 아닌 창작자인 저자에게 독점권을 인정한 1710년 영국 앤 여왕법으로 본다.

특허

특허제도의 효시는 중세유럽 도시국가인 베니스에서 1474년에 제정한 베니스 특허법으로서 이는 지식재산 법률로서 공식화된 최초의 성문법이며 오늘날 특허법과 유사한 특징들을 많이 가지고 있다.[27] 당시로서 특허제도가 가지는 창의적인 아이디어는 베니스 상인들을 통해 유럽 국가들로 전파가 되었으며 영국에서 특허제도로서 1623년에 전매조례Statues of Monopoly를 제정하여 최초의 발명가에게 14년간의 독점권을 허여하였다. 이는 산업혁명의 원동력이 되었으며 이후 프랑스에서는 1790년 그리고 미국에서는 1760년에 특허법을 제정하게 되었다.

25 Michale A. Gollin (2008), Driving Innovation, Cambridge University Press, Chapter 2.
26 "Plagiarism", http://en.wikipedia.org./wiki/plagiarism, Accessed April 30, 2023.
27 베니스 특허법은 공식화된 최초의 지식재산 법률이다. 이는 아주 놀랍게도 현대의 특허 제도와 아주 유사함을 알 수 있다. 베니스 특허법은 발명의 공개를 사회적 이익으로 인식하였으며, 제한된 10년이라는 기간에 독점배타권이라는 인센티브를 부여하는 대가로서 해당 발명의 내용을 일반 공중에게 공개하도록 하였다. 특허권을 취득하기 위한 행정 절차를 시행하였고, 그 당시에 특허 침해 방지 및 침해에 의한 손해배상 제도를 집행하였으며 아울러 시 당국이 공익적 목적으로 발명이 자유롭게 실시되어야 할 상황에서는 강제실시권 행사를 할 수 있는 권리를 보유하였다. 특히 그 당시의 베니스 특허법은 이미 오늘날 파리조약의 기본 취지인 내외국인 동등 대우의 원칙을 적용하고 있음을 알 수 있다. 자국의 베니스 시민과 다른 도시 국가의 외국인을 차별하지 않았으며 이러한 모든 사안은 법률로써 입법화하였다.

7. 주요 지식재산 제도와 R&D전략 관점

앞서 표 I-10에서 살펴본 바와 같이 TRIPs협약[28]에 의한 지식재산 제도를 크게 속지주의 보호와 국제주의 보호라는 2가지 속성으로 구분하였다. 지식재산으로서 권리효력을 발생시키기 위해서 해당국가에서 직접 출원, 심사 및 등록과정의 행정적 절차가 필요한 속지주의 권리로서 '특허'와 '상표' 제도가 있으며 아울러 이와는 다르게 별도로 해당 국가 관할관청에 출원 또는 등록의 행정절차가 필요 없는 글로벌(국제주의) 영역에서 보호되는 권리로서 창출과 동시에 회원국가에 권리가 발생하는 '저작권'과 '영업비밀'로 구분할 수 있었다.

속지주의 권리로서 '특허'와 '상표' 제도가 있으며 아울러 이와는 다르게 별도로 해당 국가 관할관청에 출원 또는 등록의 행정절차가 필요 없는 글로벌(국제주의) 영역에서 보호되는 권리로서 창출과 동시에 회원국가에 권리가 발생하는 '저작권'과 '영업비밀'로 구분할 수 있었다.

상기 4가지 핵심 지식재산 제도를 중심으로 보호대상이 되는 R&D이노베이션의 유형과 보호범위 등에 관해 정리하고 R&D전략의 관점에서 독자들이 숙지해야 할 핵심이슈에 관해 개괄적으로 살펴보기로 한다.

가. 저작권

표 I-12 TRIPs 가이드라인에 의한 저작권제도

저작권Copyright	
보호대상	저작물로서 서적, 간행물, 논문, 사진, 그림, 음악, 영화, 도형, 기록 소프트웨어 등과 같이 미디어에 의한 실체적 표현물
등록절차	실체적 표현물 자체로서 별도 등록이 요구되지 않음
권리범위	타인이 저작물을 재생산 또는 복제하여 배포함을 금지 (복제권, 공연권, 공중 송신권, 전시권, 배포권, 대여권, 2차저작물작성권, 저작인격권-공표권, 성명표시권, 동일성유지권)
보호기간	저작자의 생존기간과 사망 후 50년 (한국, 미국 - 사후 70년)
법적근거	TRIPs Part Ⅱ Section 1장 9조~14조에 따른 내국법 (저작권법)

28 TRIPs: Trade Related Intellectual Properties '무역관련지식재산권 협정'은 WTO의 주도에 의해 164개 국가가 회원국으로 가입되어 있으며 회원국은 자국 내 지식재산권 보호를 위한 최소한의 법률 체제를 갖추도록 강제하고 있다.

제도 요약

저작권 보호대상으로서의 저작물의 유형은 간행물, 디지털 콘텐츠, 논문, 사진, 음악, 그림, 영화, 도형, 컴퓨터 소프트웨어 등과 같이 외부로 표현되어 인지할 수 있는 실체적 표현물이 대상이 된다.

문화예술 창작산업 분야에 있어서도 R&D수행의 결과물로서 이노베이션이 다양하게 창출될 수 있으며, 표 Ⅰ-12와 같이 TRIPs 가이드라인에 저작권 보호대상으로서의 저작물의 유형은 간행물, 디지털 콘텐츠, 논문, 사진, 음악, 그림, 영화, 도형, 컴퓨터 소프트웨어 등과 같이 외부로 표현되어 인지할 수 있는 실체적 표현물이 보호대상이 된다.

저작권은 저작재산권과 저작인격권으로 분류되며 저작재산권은 저작자 생존기간과 사망 후 최소 50년이 부여되며[29] 저작인격권은 창작자 사망 시 소멸하는 일신 전속적인 권리로서 저작물을 공표하거나 하지 않을 수 있는 권리인 '공표권'과 저작자가 실명 또는 이명 등으로 표시할 권리로서 '성명표시권' 그리고 자신의 저작물의 내용, 형식 및 제호의 동일성을 유지할 수 있는 '동일성유지권'이 있다.

저작권의 효력이 발생되기 위해서는 별도의 공시 또는 등록절차가 요구되지 않지만 만일 저작권위원회에 저작물을 등록하게 되면 해당 저작물의 권리자로서의 추정력을 확보하게 되며 아울러 권리내용이나 변동사항 등에 관해 제3자 대항력[30]을 가지게 된다.

R&D전략 관점

과학기술 또는 사회과학 분야에서도 R&D이노베이션과 관련되어 저작권의 보호 이슈가 될 수 있는 사안은 의외로 많이 있으며 이는 간과하기 쉬운 부문이다. 연구개발R&D 결과물로서 독창적인 논문Paper은 매우 중요하게 지식재산으로 평가받는 부분이다. 등재 논문의 영향력 지수Impact factor는 해당 R&D이노베이션의 우수성을 평가받을 수 있는 좋은 지표가 되며 논문의 피인용도 지수 또한 R&D 이노베이션의 평가지표로써 활용된다.

디지털 시대의 다양한 이노베이션을 선도하고 있는 인공지능AI 알고리즘과 소프트웨어 프로그램에 관한 R&D결과물은 저작권에 의한 보호가 필수적인 분야로

29 한국과 미국에서는 저작재산권은 저자 생존기간과 사망 이후 70년까지이다.

30 권리변동 사실을 등록하지 않아도 당사자 사이에는 변동 효력이 발생하지만 당사자가 아닌 제3자가 권리 변동 사실을 인정하지 않는 경우에는 이를 주장할 수 없다. 그러므로 저작권과 관련된 권리로서 저작 재산권, 저작 인접권 또는 데이터베이스제작자 권리 변동사실이나 출판권 설정 등을 등록 공시하면 이러한 사실에 대해 제 3자에게 대항을 할 수 있다.

소스코드와 목적코드는 소프트웨어 저작물로서 보호받을 수 있다. 또한 인공지능AI 또는 머신러닝ML 학습에 활용되는 데이터베이스가 데이터 소재의 배열과 구성에 있어서 체계성과 독창성을 모두를 갖추고 있다면 이는 편집저작물로서 온전한 저작권에 의해 보호받을 수도 있겠지만, 통상적으로 데이터베이스는 저작권법에 의한 데이터베이스제작자의 권리에 의해 5년간 보호받을 수 있다.

한편, 응용예술 분야에서 도출되는 R&D결과물로서 공예품 또는 응용미술 창작물들은 저작권에 의해 보호되며 해당 제품들은 디자인권 보호를 통해서도 사회에 유용한 이노베이션으로 확산될 수 있다. 또한 각종 지도, 도형, 모형 또는 건축 설계도 등은 과학기술 분야의 R&D결과물로서 창출되어지겠지만 저작권의 영역에서 보호된다.

또한, 디지털 융복합 기술의 발전과 함께 새로운 지식경제 생태계를 형성할 수 있는 메타버스Metaverse 플랫폼이 떠오르고 있으며, 이는 게임, 교육, 미디어, 금융, e-커머스 등 다양한 산업 분야에서 새로운 시장을 창출하고 있다. 하지만 관련된 디지털 콘텐츠를 보호하고 활용하기 위한 다양한 기술적, 법적 문제들이 제기될 수 있으며 이는 기존의 저작권 및 지식재산권 보호 방식에 대한 새로운 관점과 함께 디지털 시대에 부합하는 창의적인 R&D전략을 요구하고 있다.

이 장의 서두에서 살펴본 바와 같이, 디지털 4차 산업혁명을 선도하고 있는 디지털R&D라는 새로운 패러다임으로 인해 R&D 수행방식과 R&D전략이 변화하고 있다. 이러한 변화는 디지털R&D 결과물로 창출되는 R&D이노베이션의 보호와 활용에 대한 새로운 고민과 함께, 연구자들은 기존의 저작권과 지식재산 제도를 이해하고 이를 기반으로 자신의 R&D 전문 분야에 적합한 다양한 R&D전략을 스스로 확보할 수 있어야 할 것이다.

나. 영업비밀

표 Ⅰ-13 TRIPs 가이드라인에 의한 영업비밀 제도

영업비밀Trade Secrets	
보호대상	상업적 가치가 있는 정보로서 일반적으로 알려져 있지 않으며 정보접근이 용이하지 않는 것으로 영업비밀로 보호하려는 노력이 있는 것 (기술 노하우, 제품 규격, 성분, 조성, 치수 공차, 고객리스트, 공급자 정보, 금융정보 등)
등록절차	등록 가능하지 않으며 등록되지 않아도 됨
권리범위	정보공개 방지, 부당한 편취 제재 또는 무단 사용금지
보호기간	정보가 비밀로 유지되는 한 보호 가능 (영구적임)
법적근거	TRIPs Section 8장 39조에 따른 내국법 (부정경쟁 방지 및 영업비밀에 관한 법률)

제도 요약

영업비밀로서 보호받을 수 있는 이노베이션은 상업적 가치가 있는 정보로서 일반적으로 알려져 있지 않으며 정보접근이 용이하지 않는 것으로 영업비밀로 보호하려는 합리적 노력이 있는 것을 말한다.

통상적으로 영업비밀로서 보호받을 수 있는 이노베이션은 표 Ⅰ-13과 같이 기술 노하우, 제품 규격, 성분, 조성, 치수 공차, 고객리스트, 공급자 정보, 금융정보 등 상업적 가치가 있는 정보로서 일반적으로 알려져 있지 않으며 정보접근이 용이하지 않는 것으로 영업비밀로 보호하려는 합리적 노력이 있는 것을 말한다.

영업비밀의 내용은 외부에 공시등록 가능하지도 않고 등록되지 않아도 되지만 해당 정보가 영업비밀로서 존재한다는 사실을 앞서 언급한 바와 같이 '영업비밀 원본증명제도'를 통해서 영업비밀 정보가 포함된 전자지문을 등록하게 되면 진정 권리자로서 추정력을 확보할 수 있다.

R&D의 결과로써 이노베이션의 핵심요체가 파악되는 시점에서 노하우 또는 여타의 기밀정보로서 보호 가능한지를 먼저 검토하고 만일 비밀유지가 어렵다면 어떠한 부분과 관점들을 영업비밀이 아닌 다른 지식재산으로 보호할 것인지 그리고 어느 시점에서 R&D성과물을 지식재산 확보를 위해 출원 또는 공표할 것인지를 결정해야 한다.

영업비밀로서 보호받을 수 있는 권리는 국내에서는 "부정경쟁방지 및 영업비밀"에 관한 법률로서 해당 정보가 공개되는 것을 방지할 수 있고 부당 편취에 대한 제재는 물론 무단 사용하는 것을 금지할 수 있으며 아울러 해당 영업비밀의 정보가 기밀로서 유지되는 한 영구적으로 보호 가능하다.

R&D전략 관점

R&D수행과정에 있어서 영업비밀 전략은 다른 지식재산 전략에 비해서 가장 먼저 고려해야 할 최우선적인 사안이다. R&D의 결과로써 이노베이션의 핵심요체가 파악되는 시점에서 노하우 또는 여타의 기밀정보로서 보호 가능한지를 먼저 검토하고 만일 비밀유지가 어렵다면 어떠한 부분과 관점들을 영업비밀이 아닌

다른 지식재산으로 보호할 것인지 그리고 어느 시점에서 R&D성과물을 지식재산 확보를 위해 출원 또는 공표할 것인지를 결정해야 한다.

연구실Lab.에서 비밀유지 의무가 있는 내부 연구자 또는 연구자 그룹을 대상으로 R&D 보안유지 관련해서 정기적인 교육을 실시해야 한다. R&D결과물에 대한 보안관리 지침을 마련하고 연구노트 등 관련 서류와 R&D결과물을 보안 등급화 관리함으로써 R&D성과물에 대해 지속적 기밀유지 노력과 함께 지식재산으로서의 영업비밀 관리를 체계적으로 시행해야 할 것이다.

연구노트는 연구자가 R&D성과물의 지식재산권으로서 보호하기 위해서 반드시 작성하고 관리해야 하는 중요한 증빙자료이다. 연구노트의 양식이나 작성방법에 관해서 연구자에게 법적으로 강제된 요식행위는 없지만 정부 R&D연구성과 관리 지침서에는 연구노트 작성에 관한 가이드라인[31]에 관해 제시하고 있다.

연구노트를 통해 R&D결과물이 영업비밀로서 보호받기 위해서는 비밀유지를 위한 합리적인 노력이 연구노트 관리를 통하여 입증되어야 한다. 그러므로 연구노트는 해당 연구실에서 허가되어 해당 R&D과제를 수행하는 연구원들만 접근할 수 있는 "기밀문서"로서 다루어져야 하며 이를 위한 체계적인 관리가 필요하다.

영업비밀과 관련하여 보다 구체적인 R&D전략은 Chap.Ⅲ(1장)의 세부주제로서 '연구노트와 영업비밀'을 참고하기로 한다.

다. 특허

표 Ⅰ-14 TRIPs 가이드라인에 의한 특허 제도

특허Patents	
보호대상	산업상 이용성, 신규성 및 진보성이 있는 물질, 제조 방법, 공정 또는 물건 등 (소재, 제품, 부품, 화합물, 공정, 제조 방법, 식물, 미생물, 비즈니스 방법BM 등)
등록절차	발명자가 개별국가 특허청에 발명 명세서를 출원하면 이를 심사하여 특허권을 부여함
권리범위	특정국가에서 부여된 특허청구범위 기재된 발명을 권한 없이 생산, 사용, 양도, 대여 및 수입함을 금지
보호기간	특허 등록일부터 유효하며, 출원일로부터 20년 보호
법적근거	TRIPs Section 5장 27조~34조에 따른 내국법 (특허법)

31 국가연구개발사업 연구노트작성매뉴얼(2022). 〈http://e-note.or.kr. Accessed April 30, 2023〉

제도 요약

특허로서 보호되는 R&D 이노베이션은 산업상 이용가능성, 신규성 및 진보성이 있는 물질, 제조 방법, 공정 또는 물건 등이 있다.

특허로서 보호되는 R&D이노베이션은 표 Ⅰ-14와 같이 산업상 이용가능성, 신규성 및 진보성이 있는 물질Materials, 제조 방법Method, 공정Process 또는 물건Product 등에 관한 것으로, 소재, 부품, 제품, 비즈니스 방법, 화합물, 복합물, 제조공법 등이 있다.

특허는 상표와 함께 개별 국가의 관청에서 출원, 심사 및 등록 절차를 거쳐서 특허권이 발생되는 속지주의 권리로서 특허등록된 해당 국가에서만 배타적 효력이 발생하게 되며, 특허청구범위에 기재된 발명을 정당한 권한 없이 업으로써 생산, 사용, 양도, 대여 및 수입 등의 실시행위를 하게 되면 특허권을 침해하는 행위로서 제재를 받게 된다. 특허는 출원일로부터 20년간 보호되며 특허 등록일로부터 배타적인 권리로서 특허 효력이 발생하게 된다. 소발명(고안)을 보호하는 실용신안제도와 물품의 외관 디자인을 보호하는 디자인 제도는 특허제도와 동일하게 이노베이션에 내재된 신규성을 핵심적인 보호요건으로 한다.

R&D전략 관점

R&D결과물을 특허로서 배타적인 권리를 확보함에 있어서 바람직한 방향은 강한 특허로서 이노베이션이 보호활용되도록 특허청구범위를 가능한 넓은 권리범위로 확보해야 한다. 왜냐하면 R&D특허를 획득하더라도 특허권리범위가 협소하여 타인의 특허를 이용하고 있거나 또는 다른 지식재산 권리와 이용 또는 저촉관계에 있다면 해당 권리자로부터 라이선스를 받지 않고는 자신의 특허발명을 활용할 수 없기 때문이다. 그러므로 연구자는 반드시 강한 특허 창출을 위해서 특허청구범위(클레임) 작성을 위한 방법론[32]으로 Chap.Ⅲ에서 상술된 내용을 이해할 필요성이 있다.

R&D이노베이션의 핵심요체를 다양한 특허 클레임 작성 관점에서 파악하고 독립청구항과 이에 따른 종속청구항의 설계를 통해서 클레임차트를 만들어 선행특허기술과 비교검토하는 작업이 필요하다.

R&D수행과정에서 창출되는 R&D이노베이션의 핵심요체를 다양한 특허 클레임 작성 관점에서 파악하고 독립청구항과 이에 따른 종속청구항의 설계를 통해서 클레임차트를 만들어 선행특허기술과 비교검토하는 작업이 필요하다. R&D이노베이션의 핵심요체를 각각 방법, 구성, 물질, 기능, 제법, 디자인, 물건, 공정

32 Chap. Ⅲ 〈연구실의 R&D특허전략〉의 2장 – 특허침해와 권리 보호범위 (pp.249~264) 참고

등의 특허 관점에서 포트폴리오를 구성함에 있어서 추가R&D 또는 보완R&D 할 수 있는 유연성 있는 R&D전략수립이 필요할 것이다. 아울러 R&D 全주기과정에서 특허관점의 R&D전략이 필요하며 이를 R&D기획, R&D수행 및 R&D성과 단계로 구분하여 다음에서 개괄적으로 살펴보기로 한다.

먼저 R&D기획단계에서는 특허 데이터베이스 정보로부터 시장성, 권리성 및 기술성 분석을 통해 권리 원천성이 강한 분야이거나 또는 개량기술 분야로서 시장성이 큰 분야를 대상으로 R&D이노베이션 확보전략과 함께 적합한 특허전략을 사전에 수립하는 것이 중요하다. 해결해야 할 기술과제들과 해결 가능한 수단들을 특허정보조사를 통해 파악하고, OS-매트릭스 분석 등을 통해 공백기술 또는 틈새시장 정보를 분석함으로써 효율적인 R&D목표를 설정하는 것은 R&D전략 수립에 있어 중요한 의미를 가진다.

다음 R&D수행단계에서는 기획단계에서 수립한 특허전략에 기반하여 선출원된 특허들을 중심으로 특허 포트폴리오 구축, 심사청구, 분할 또는 변경출원, 우선권주장출원 또는 특허청구범위의 자진 보정 등을 통해 R&D목표를 피보팅(방향전환)하거나 특허동향조사 및 분석에 따른 명세서 또는 특허청구범위 보정 등이 필요할 것이며 R&D결과물에 따른 유연성 있는 특허출원전략이 필요하다.

끝으로 R&D성과단계에서는 특허 라이선싱전략 또는 이노베이션 방어전략이 수립되어야 하며 아울러 특허만이 아니라 영업비밀, 저작권, 디자인권, 상표 등 여타 다양한 지식재산보호 관점에서 R&D성과물을 확산 및 활용 가능토록 보호할 수 있는 IP포트폴리오Intellectual Property Portfolio 전략을 수립해야 할 것이다. 예를 들어 R&D이노베이션 성과물에 특별한 시장 파급효과가 있다면 해당 성과물의 효능 또는 성능과 연관해서 자타 식별력 있는 표장을 만들어 상표 또는 서비스 표장으로 사전에 출원 등록함으로써 이노베이션의 브랜드가치를 선점할 수 있을 것이다.

이와 연관하여 구체적인 내용은 Chap.Ⅳ장의 세부주제로서 'IP-R&D관점의 R&D특허전략'에서 살펴보기로 한다.

라. 상표

상표란 자신의 상품 출처를 표시하고 소비자의 품질오인 등을 막기 위해 식별성 있는 문자, 기호, 도형 등으로 구성된 표장 보호를 통해 상품 또는 서비스 제공과 관련하여 내재된 고객 흡입력, 자타 식별성 및 품질보증 등 무형의 자산 가치를 보호하는 지식재산 제도이다.

표 Ⅰ-15 TRIPs 가이드라인에 의한 상표 제도

상표Trademark	
보호대상	자신의 상품 출처를 표시하고 소비자의 품질오인 등을 막기 위해 독점적으로 문자, 기호, 도형 등을 보호해 주는 것 (유사개념: 브랜드, 트레이드 드레스, 상호)
등록절차	관할관청에 상표를 상품 또는 서비스업종을 지정하여 출원하면 심사하여 상표등록 받음
권리범위	소비자의 오인혼동을 가져오는 상표의 사용을 금지하며 저명상표는 희석방지를 위해 지정상품이 상이해도 금지함
보호기간	상표등록일로부터10년이며 갱신등록 가능함
법적근거	TRIPs Part Ⅱ Section 2장 15조~21조에 따른 내국법 (상표법)

제도 요약

상표란 표 Ⅰ-15와 같이 자신의 상품 출처를 표시하고 소비자의 품질오인 등을 방지하기 위해 식별성 있는 문자, 기호, 도형 등으로 구성된 표장 보호를 통해 상품 또는 서비스 제공과 관련하여 내재된 고객 흡입력, 자타 식별성 및 품질보증 등 무형의 자산 가치를 보호하는 지식재산 제도이다.

상표는 특허와 마찬가지로 개별 국가의 관할관청에 상표를 상품 또는 서비스업종을 지정하여 출원하면 심사하여 상표 등록받아 해당 국가에서만 배타적인 효력이 발생되는 속지주의 권리로서 권리 존속기간은 상표등록일로부터 10년이며 이는 갱신등록 가능하기 때문에 반영구적으로 상표권이 존속될 수 있다.

상표의 고유 기능으로서 품질보증 기능은 라이선스전략에 있어서 중요한 관점이며, 출처표시 기능은 창업전략에 있어서 핵심사안이 된다. 그러므로 R&D결과물이 창출되면 '품질보증'과 '출처표시' 기능을 효과적으로 담보할 수 있도록 해당 R&D이노베이션의 용도, 특성 또는 효능을 파악하고 이노베이션과 연계된 상표 브랜드가치를 선점하는 전략이 중요하다.

R&D전략 관점

R&D결과물을 상표로서 보호하고 이를 활용하는 전략은 R&D이노베이션의 종국적인 활용단계에서 필요하며 창업전략 또는 라이선스전략과 연계하여 중요한 의의를 가진다. 상표의 고유 기능으로서 품질보증 기능은 라이선스전략에 있어서 중요한 관점이며, 출처표시 기능은 창업전략에 있어서 핵심사안이 된다. 그러므로 R&D결과물이 창출되면 '품질보증'과 '출처표시' 기능을 효과적으로 담보할 수 있도록 해당 R&D이노베이션의 용도, 특성 또는 효능을 파악하고 상표등록출원을 통해 이노베이션과 연계된 상표 브랜드가치를 선점하는 전략이 중요하다.

특히 상표가 보호하는 지식재산의 핵심가치는 시장고객에게 인식되는 이노베이션의 자타 식별성임에 주목하고 R&D기획, R&D수행 및 R&D성과물의 창출단계에서 경쟁사 또는 기존시장에 존재하는 종래의 이노베이션과는 신규성, 독창성 또는 유용성 등의 창의적 특성의 관점에서 고려하여 특히 자타 식별성이 확보된 R&D이노베이션이 창출될 수 있도록 해야 할 것이다.

이노베이션의 자타 식별성을 보호하는 표장의 패러다임 영역도 과거에는 단순히 기호, 문자 또는 도형 등의 표장을 상품 또는 서비스 업종에 사용하는 전통적 상표 방식이 과학기술 발전에 따라 표장의 영역도 다양하게 변화하고 있다. 시장상품 또는 서비스 업종에 맞춤형으로 자타 식별성이 확보되도록 연구개발된 특수 음향소리, 홀로그램 표장 또는 아로마 향기 그리고 입체상표 등은 실체적 R&D결과물로서 도출되며 영업비밀, 디자인 또는 특허로서 보호될 뿐만 아니라 시장 제품 또는 서비스와 연계하여 특수 유형의 상표로서 보호받을 수 있다.

아울러 R&D이노베이션의 사업화 등 종국적 활용 단계에서 이노베이션의 식별성 가치를 보호하는 또 다른 지식재산 유형으로써 도메인이름, 상호, 브랜드, 캐릭터, 트레이드 드레스Trade dress 등과 상표제도와의 차별성을 파악하고(Chap. II-3의 8장 참조) 특히 본 Chap. I 의 9장에서 별도 주제로 학습하게 될 '지식재산과 이노베이션의 변환과정'에 관해 이해함으로써 연구자가 창출하는 R&D이노베이션의 종착지로서 상표라는 지식재산의 관점에서 R&D전략을 고찰할 수 있어야 할 것이다.

8. 기타 이노베이션과 지식재산 제도

하기 표 Ⅰ-16은 기타 이노베이션의 유형과 이를 보호하는 지식재산 제도에 관해 요약한 내용이다. 이외에 오늘날 디지털 시대를 이끄는 4차산업혁명 이노베이션과 그 보호 관점에 대해서는 본 Chap. I 의 마지막 부분에서 다루도록 한다.

표 Ⅰ-16 기타 이노베이션 보호를 위한 지식재산 제도

기타, 지식재산	이노베이션 (예시)	유사 보호 권리의 개념 비교	
도메인이름 Domain Name	인터넷 주소(www.google.com)	식별성 가치의 보호	• 상표 vs 도메인이름 • 상표 vs 지리적 표시 • 상표 vs 상호
지리적 표시 PGI	상품의 원산지 명칭 (테킬라-샴페인, 바스마티)		
상호 Company Name	회사 명칭(삼성전자(주), LG전자(주))		
데이터베이스 Database	데이터 자체와 데이터 처리 (데이터 배열 및 구성의 체계성)	창작물 (표현)의 보호	• 저작권 vs 데이터베이스 • 소프트웨어sw 보호 관점 (저작권, 특허, 영업비밀, 상표)
소프트웨어 Software	소스코드, 목적코드, 순서도, 플로우챠트, 미공개 코드, sw브랜드 등		
생물자원 Biological Materials	유전체, 미생물, 식물, 동물 및 유전적 기원이 되는 물질 등	유전자원 및 전통지식 보호 (개발 도상국)	TRIPs(선진국) vs CBD(개도국) 〈생물다양성협약(CBD)〉 – 전통지식보호(CBD 8조) – 유전자원 이용 이익의 공유 – 생물다양성 보존 등
전통지식 Traditional Knowledge	고전음악, 민속 표현물, 전래 기술, 종교의식, 민간요법, 전통 의약 등		

도메인이름Domain Name

도메인이름이란 하이퍼링크 또는 인터넷 주소로도 알려져 있으며 개념적으로 출처표시 기능을 하는 상표의 표장과도 유사하지만 보호체계가 상이하다. 상표는 지정상품 또는 서비스의 제공 유형에 자타 식별력 있는 표장을 개별국의 관할 관청에 심사 등록 (유사 표장은 등록 불가)을 통해 보호하지만, 도메인이름은 인터넷 주소를 관리하는 관할 국제기관인 'ICANN'[33]에 등록하고 연차등록료를 납부

도메인이름이란 하이퍼링크 또는 인터넷 주소로도 알려져 있으며 개념적으로 출처표시 기능을 하는 상표의 표장과도 유사하지만 보호체계가 상이하다.

를 통해 타 기관 또는 기업의 인터넷 주소와는 다른 (유사 도메인이 있어도 등록 가능) 도메인이름을 지속적으로 사용할 수 있다.

지리적표시Protected Geographical Indication

현저한 지리적명칭이나 약어 또는 지도만으로 된 표장은 식별력이 없으므로 누구나 사용 가능하고 상표로서 어느 특정인에게 배타적인 사용권리를 부여할 수 없도록 국내 상표법에 의해 규정하고 있다. 하지만 이와는 별개로 TRIPs협약에 가입한 회원 국가에서는 상품의 원산지명칭으로서 지리적 출처표시를 자국법에 의해 보호토록 하고 있으며, 우리나라도 농수산물 품질관리법에서 지리적표시PGI제도를 입법화하였다. 이는 특정지역의 생산업자들이 지리적 특산품이 해당 지역에서 생산 및 가공되었음을 표시하고 이를 등록을 통해 보호하는 제도이다. 한편, 우리나라 상표법에서도 지리적표시단체표장[34] 제도를 통해 지역 특산품의 상품 명칭을 해당 상품을 생산, 제조 또는 가공하는 자가 공동 설립한 법인의 명의로 상표권을 확보할 수 있다.

TRIPs협약에 가입한 회원 국가에서는 상품의 원산지명칭으로서 지리적 출처표시를 자국법에 의해 보호토록 하고 있으며, 우리나라도 농수산물 품질관리법에서 지리적표시PGI 제도를 입법화하였다.

상호Company Name

상표는 상표법 체계에서 보호되며 기호, 문자, 도형, 색채 또는 이들의 결합으로 구성된 식별력 있는 표장(상표)의 보호를 통해 상품 또는 서비스의 출처표시와 품질보증 등이 주된 목적인 물적표시이지만, 표 Ⅰ-17과 같이 상호는 국내 상법에 의해 영업주체를 식별하는 인적표지로서 상표와는 달리 문자로만 식별이 가능하며 행정 관할 등기소에 동일한 상호가 등재되지 않은 경우에 등기를 통해 관할 행정구역 내에서만 보호된다.

상호는 국내 상법에 의해 영업주체를 식별하는 인적표지로서 상표와는 달리 문자로만 식별이 가능하며 행정 관할 등기소에 동일한 상호가 등재되지 않은 경우에 등기를 통해 관할 행정구역 내에서만 보호된다.

33 ICANNInternet Corporation for Assigned Names and Numbers: 국제인터넷주소관리기구

34 지리적표시단체표장과는 달리 단체표장이란 진영단감, 안동찜닭, 순창고추장 등과 같이 동종업자들이 설립한 조합 등의 법인으로서 직접 사용하거나 또는 그 감독 하에 있는 소속 단체원이 자기 영업에 관한 상품 또는 서비스업에 사용하기 위한 표장을 말한다.

표 Ⅰ-17 기타 이노베이션의 자타 식별력 보호에 관한 비교

	상거래 표장	도메인이름	지리적 표시	상호
보호 근거	상표법	ICANN	TRIPs 협약	국내 상법
보호 대상	상표 (서비스표장)	인터넷주소 명칭	상품의 원산지 명	등기된 상호 명칭
보호 가치	자타 식별성			

데이터베이스Database

데이터베이스는 이를 구축함에 있어서 많은 노동력의 투입과 시간적인 노력은 물론 유, 무형적인 재정적 투자가 요구되므로 이를 지식재산 제도의 틀에서 보호할 필요성이 있다.

데이터 마이닝Data-mining, 데이터 전송 및 클라우드 컴퓨팅Cloud-computing 등 디지털 데이터 정보 처리 기술의 발달로 인해 데이터베이스 보호와 그 활용에 대한 중요성이 대두되고 있다. 데이터베이스는 이를 구축함에 있어서 많은 노동력의 투입과 시간적인 노력은 물론 유, 무형적인 재정적 투자가 요구되므로 이를 지식재산 제도의 틀에서 보호할 필요성이 있다.

우리나라는 저작권법 체계에서 데이터베이스제작자 보호에 관한 특별 규정으로 데이터베이스를 보호하고 있다. 표 Ⅰ-8과 같이 데이터 소재의 선택이나 배열 또는 구성에 있어서 창작성(독창성)이 결여된 데이터베이스의 경우라 하더라도 체계적인 선택 · 배열 또는 구성을 하였다면 데이터베이스 제작자의 권리는 제작 또는 갱신 등을 한 때로부터 발생하며, 그 다음해부터 5년 동안 보호된다.

만일 데이터베이스가 저작물로서 요구되는 데이터베이스 소재의 선택 · 배열 및 구성에 있어서 독창성(창작성)이 내재되어 있다면 이는 독자적인 편집저작물로서 저작권법에 의해 보호된다. 데이터베이스가 편집저작물로서 인정되면 창작자의 생존 기간은 물론 창작자 사후 70년까지 보호된다.

표 Ⅰ-18 데이터베이스와 편집저작물의 구분과 보호 비교

	DB 소재의 선택 · 배열 및 구성	보호기간
데이터베이스	창작성 (독창성) → × (없음)	5년 보호(단, 단순 수집물은 보호 불가)
편집저작물	창작성 (독창성) → ○ (있음)	저작자 생존기간 + 사후 70년

생물자원Biological Resources

생물자원(유전물질) 보호는 생물다양성협약CBD[35]에 의해 개별 협약국가에서 주

권적 차원에서 보호하고 있다. 아울러 생명공학과 유전공학 기술의 발전으로 인한 R&D의 결과물로서 미생물, 유전물질, 유전자 변형 생물 또는 식물 신품종 등 새로운 유형의 생물자원(유전물질)을 어떻게 현행 지식재산 관점에서 보호할 수 있는지도 중요한 관점이 된다.

R&D결과물로서의 생물자원 또는 생물학적 물질은 해당 물질정보에 대한 접근성을 제한함으로써 영업비밀로서 보호 가능할 것이며 생물학적 물질의 추출물에 대한 변형 가공성은 특허로서도 보호 가능할 것이다. 즉 유전공학 기술의 발전으로 인해 곰팡이, 바이러스 균주 등이 발명되면 미생물 특허[36]로서 보호받을 수 있고, 바이오 의약품 개발 분야에서 유전자 또는 유전자가 코딩하는 단백질에 관한 발명이 장려되고 있으며 유성 또는 무성적으로 반복 생식할 수 있는 변종식물에 대해도 식물발명으로서 보호받을 수 있다.[37]

전통지식Traditional Knowledge

전통지식의 보호 대상 유형으로는 전래기술, 민간요법, 민속 표현물, 고전음악, 종교의식 등이 있다. 이는 금전적인 자산가치보다 사회 문화적인 자산가치가 더욱 크기 때문에 세계화의 조류 속에 급격히 사라질 수 있는 무형적 자산가치를 보호하고자 생물다양성협약CBD 8조에 의해 회원국의 생물자원 뿐만 아니라 전통지식을 적극적으로 발굴 장려하고 보호를 권장하고 있다. 우리나라도 '한국전통지식포탈' 사이트[38]에서 한국의 전통지식 자원을 체계적으로 분류하고 전통지식 논문, 전통의료와 관련된 한방약재, 처방 및 전통의료 요법, 향토음식과 식품, 전통공예와 전통문양, 무형문화재 및 전래기술은 물론 아울러 한국의 생물유전자원으로서 농림자원, 산림자원, 식물품종 등에 관한 지식정보를 제공하고 있다.

우리나라도 '한국전통지식포탈' 사이트에서 한국의 전통지식 자원을 체계적으로 분류하고 전통지식 논문, 전통의료와 관련된 한방약재, 처방 및 전통의료 요법, 향토음식과 식품, 전통공예와 전통문양, 무형문화재 및 전래기술은 물론 아울러 한국의 생물유전자원으로서 농림자원, 산림자원, 식물품종 등에 관한 정보를 제공하고 있다.

소프트웨어Software

소프트웨어란 '컴퓨터, 통신, 자동화 등의 장비와 그 주변장치에 대하여 명령, 제

---

35 CBDConvention on Biological Diversity 협약
36 부다페스트 국제협약에 의한 미생물 기탁
37 우리나라는 특허법 제31조 삭제로 인해 무성번식과는 상관없이 특허요건을 갖춘 유 · 무성 변종식물에 해당되어 반복 재현성이 인정된다면 특허법 또는 '식물신품종보호법'에 의해 보호 가능하다.
38 한국전통지식포탈 http://www.koreantk.com/에서 한국의 전통지식 자원 분류와 보호 대상이 되는 유전자원 및 전통지식에 관해 확인할 수 있다.

어, 입력, 처리, 저장, 출력 및 상호작용이 가능하게 하는 지시 또는 명령(음성이나 영상 정보를 포함)의 집합과 이를 작성하기 위해서 사용된 기술서나 그밖에 관련 자료'[39]를 말하는데 이를 보호하기 위한 다양한 관점에서 살펴보면 **표 Ⅰ-19**와 같다.

표 Ⅰ-19 소프트웨어 이노베이션 보호를 위한 지식재산 관점

	저작권	특허	영업비밀	상표
소프트웨어 이노베이션	소스코드 또는 목적코드	순서도 또는 플로우차트	미공개 (기밀) 소프트웨어 코드	소프트웨어의 브랜드
기타, 등록	소프트웨어 등록 (추정력, 대항력)	영업방법 특허 HW와 연동 SW	영업비밀 원본 증명 (추정력)	상표 등록

• **저작권**Copyright

원시코드Source Code와 목적코드Objective Code는 컴퓨터 언어로서 독창적인 표현이라는 저작물 관점에서 등록 절차 없이도 보호받을 수 있지만, 권리보호 강화를 위해 한국저작권위원회에 등록함으로써 추정력과 제3자 대항력을 확보할 수 있다. 있으며, 아울러 소프트웨어 개발자의 저작권을 보호하고 사용자는 저렴한 비용으로 소프트웨어를 안정적으로 사용하며 유지 보수를 제공받을 수 있도록 하기 위해서 소스 프로그램과 기술 정보 등을 제 3의 기관에 보관하는 소프트웨어 임치SW Escrow 제도도 운영되고 있다. 한편, 저작권에 의해서 소프트웨어의 복제 또는 배포 행위로부터 보호받을 수 있지만 이를 변형하여 신규 프로그램으로 활용 시에는 침해 입증의 어려움 등에 의해 특허법에 의한 소프트웨어 보호 논의가 지속적으로 제기되어 왔다.

• **특허**

소프트웨어 알고리즘이 하드웨어와 연동되어 구체적으로 실현이 되는 경우 또는 소프트웨어 프로그램을 통한 전자상거래 또는 비즈니스방법 특허로서 보호받을 수 있다.

우리나라 특허법에 의한 소프트웨어 보호는 데이터 입력, 처리 및 데이터 출력에 관한 순서도 또는 플로우차트Flowchart에 의해 도식화된 시계열적인 구성요소들을 컴퓨터와 응용기기 등에 연관하여 보호할 수 있으며 소프트웨어 작동 알고리즘에 관한 특허는 자연법칙을 이용한 기술적 사상이라는 정의에 부합하지 않음으로 보호대상에서 제외된다. 하지만 소프트웨어 알고리즘에 의한 정

39 소프트웨어 정의 (소프트웨어 산업진흥법 제2조 1호)

보처리가 하드웨어Hardware와 연동되어 구체적으로 실현되는 경우에는 기술적 사상의 창작으로서 발명에 해당될 수 있다. 또한 소프트웨어 정보처리를 기반으로 컴퓨터와 네트워크 통신망을 이용한 인터넷 관련 발명이 전자상거래에 응용이 된다면 영업방법Business Method 특허로서 보호 가능하다.

- 기타 지식재산에 의한 보호

영업비밀Trade Secret에 의해서 소스(원시) 코드 및 오브젝티브(목적) 코드는 기밀성이 유지되는 한 보호될 수 있으며 영업비밀에 관한 진정 권리자로서의 추정력을 확보하기 위해 특허청의 영업비밀 원본증명서비스 등록 제도를 통해 영업비밀에 해당하는 소프트웨어 프로그램의 원본 존재 및 시점을 확인할 수 있다. 상표등록 제도에 의해 소프트웨어 프로그램의 명칭을 상표등록 또는 서비스 표장을 상표등록함으로 소프트웨어 브랜드를 보호할 수 있으며 개방형 접근 라이선스 방식에 의해 소스코드를 사용자 커뮤니티에 무상으로 공개하고 소프트웨어 복제 수정 및 재배포를 연쇄적으로 가능케 함으로써 해당 소프트웨어의 확산을 도모하고 원천 플랫폼 기술로서 자리 매김하는 오픈 이노베이션 전략을 구사할 수 있을 것이다.

9. 지식재산과 이노베이션의 변환

변화와 확산의 특징을 가지는 이노베이션을 특정 시점과 지역 공간에서 이를 포착하고 보호하는 지식재산도 그림 Ⅰ-11과 같이 이노베이션의 변화와 확산에 따라 필연적으로 변환이 필요하게 된다.

앞서 이노베이션과 지식재산의 차별성에 관한 주제에서도 논의한 바와 같이 이노베이션은 시간적 변화와 공간적 확산을 하는 역동적인 특성이 있음을 알았다. 변화와 확산의 특징을 가지는 이노베이션을 특정 시점과 지역 공간에서 이를 포착하고 보호하는 지식재산도 **그림 Ⅰ-11**과 같이 이노베이션의 변화와 확산에 따라 필연적으로 변환 과정을 거치게 된다. 이러한 이노베이션의 변화 과정에 따라서 변환이 필요한 지식재산의 포트폴리오 전략은 기업이나 조직의 이노베이션 보호와 활용에 있어서 핵심적인 사안이 된다.

가. 이노베이션과 지식재산의 변환작용

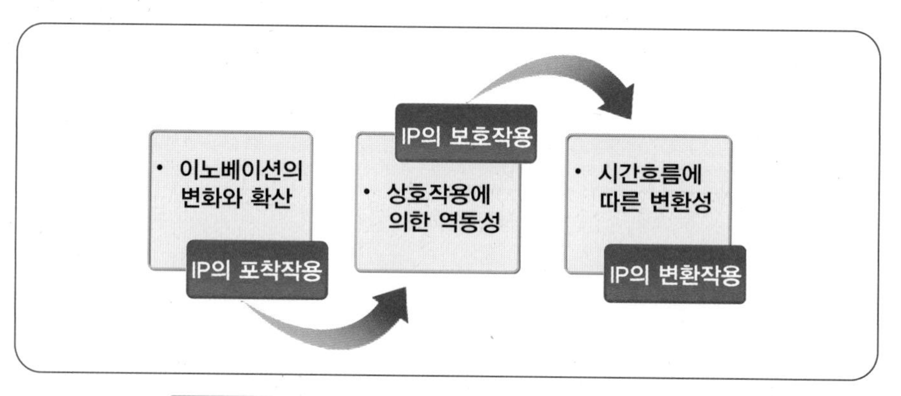

그림 Ⅰ-11 이노베이션의 역동성에 의한 지식재산의 변환작용

이노베이션의 포착

지식재산과 이노베이션은 다양한 관점에서 불가분의 상관관계가 있음을 확인하였다. 특히 이노베이션은 스스로 '창의성'이라는 핵심 특성을 내포하고 있어야 하며 이러한 특성은 이노베이션의 무형적인 자산가치인 지식재산으로서 포착 보호되는 합리적 근거가 된다.

이노베이션에 내포되어 있어 지식재산이 포착하는 창의성이란 어떠한 특성인가에 관해 앞서 논의한 바 있다. 이노베이션의 창의성이란 누구나 접근활용이 가능한 공공영역과 배타적 권리에 의해 보호되는 지식재산 영역을 구분 짓는 핵심적 가치라는 것을 이해한 바가 있다.

지식재산으로서 특허, 디자인, 실용신안이 포착하는 이노베이션에 내재된 창의성의 핵심가치는 신규성이며, 저작권이 이노베이션에서 보호하고자 하는 창의성이란 독창성을 의미한다. 아울러 상표, 상호, 도메인이름 등에 요구되는 창의성은 식별성의 가치이며, 아울러 영업비밀로서 보호받기 위해서 이노베이션이 갖추어야 할 창의성 관점에서의 특성은 기밀성이라 할 수 있다.

이노베이션의 변화와 확산

창의성을 가진 아이디어가 구체화되어 우리 사회에서 재산적 가치가 있는 이노베이션으로 구현되면 시간과 공간의 관점에서 지속적으로 역동적 변화와 확산을 한다. 그러므로 하나의 이노베이션이 하나의 지식재산의 보호에 의해서만 머물러 있지 않고 다양한 지식재산들의 복합적 상호작용으로 연계되어 보호 활용될 수 있음을 인식할 수 있다.

지식재산의 변환작용

이노베이션의 역동적인 변화는 지식재산의 변환작용으로 인해 외부로 표출될 것이며 궁극적으로 이노베이션은 시간 경과와 공간적 확산에 의해 다양한 지식재산의 형태로 변환작용이 이루어진다. 그러므로 조직의 이노베이션을 효율적으로 보호하고 활용하기 위한 지식재산 포트폴리오전략을 수립할 때 이러한 지식재산의 복합적인 변환과정에 관한 이해가 선행되어야 할 것이다.

지식재산의 복합적인 변환작용의 중심에는 지식재산이 독자적인 이노베이션을 보호 활용하는 수단으로서만 존재하거나 또는 단순 소멸하는 것이 아니라 상호작용을 통해서 새로운 지식재산으로 변환하여 보호하거나 또는 다양한 창의성의 관점에서 이노베이션을 포착하고 보호하며 변환한다는 것이다.

지식재산의 복합적인 변환작용의 중심에는 지식재산이 독자적인 이노베이션을 보호 활용하는 수단으로서만 존재하거나 또는 단순 소멸하는 것이 아니라 상호작용을 통해서 새로운 지식재산으로 변환하여 보호하거나 또는 다양한 창의성의 관점에서 이노베이션을 포착하고 보호하며 변환한다는 것이다.

나. 이노베이션과 지식재산 포트폴리오전략

이노베이션과 지식재산의 역동성을 변환작용 관점에서의 심도 있는 이해는 조직의 이노베이션 관리자 또는 주도자가 자신의 조직 미션에 부합되는 이노베이션을 어떻게 창출해야 하며 또한 이러한 이노베이션을 어떠한 지식재산으로 특정하여 관리하며 이를 지식재산 포트폴리오Portfolio로서 보호 활용할 것인가를 계획하고 실행함에 있어서 요구되는 중요한 접근방법이라 할 수 있다.

지식재산 포트폴리오 행렬도표

연구자는 자신의 연구실 또는 조직이 보유하고 있는 지식재산에 관한 포트폴리오를 파악하고 다양한 아이디어(이노베이션)와 연관되어 구성된 상기 행렬도표로서 작성하여 도식화함으로써 R&D이노베이션과 관련된 지식재산 포트폴리오전략을 구체적으로 수립할 수 있으며 역동적으로 변화하는 이노베이션을 효율적으로 관리할 수 있을 것이다.

그림 Ⅰ-12에서와 같이 이노베이션 보호를 위한 지식재산 포트폴리오전략 예시에서 확인되는 바와 같이 이노베이션의 보호는 지식재산의 복합적인 관점에서 보호 필요성을 직관적으로 이해할 수 있다. 조직에서 필요한 이노베이션을 신규 Idea, Idea 1, Idea 2, Idea 3, … 등으로부터 기인한 것이므로 이를 가로축에 표시할 수 있을 것이며, 세로축에는 이러한 이노베이션을 특정하여 보호하는 지식재산 유형으로서 영업비밀, 특허, 저작권, … 등으로 표기하고 이를 행렬도표로서 구성해 볼 수 있다. 도표에서 보듯이 이종 IP포트폴리오와 동종 IP포트폴리오를 확인할 수 있으며, 이노베이션은 신규 이노베이션이 추가되거나 변화하여 다른 지식재산에 의해 포착되거나 아울러 필연적으로 폐기되는 이노베이션을 확인할 수 있다.

특히, 연구자는 자신의 연구실 또는 조직이 보유하고 있는 지식재산에 관한 포트폴리오를 파악하고 다양한 아이디어(이노베이션)와 연관되어 구성된 상기 행렬도표로서 작성하여 도식화함으로써 R&D이노베이션과 관련된 지식재산 포트폴리오전략을 구체적으로 수립할 수 있으며 역동적으로 변화하는 이노베이션을 효율적으로 관리할 수 있을 것이다.

이종 IP(지식재산)포트폴리오

조직의 이노베이션을 보호하고 있는 지식재산을 구체화한 것으로써, 예를 들어 **그림 Ⅰ-12**에서 이노베이션 Idea 1의 경우에는 영업비밀, 특허, 저작권, 상표 및 기타 IP로서 복합적으로 보호가 이루어지며 또 다른 이노베이션 Idea 2의 경우에는 저작권이 제외된 영업비밀, 특허, 상표와 기타 IP로서 보호가 이루어져 있다.

이러한 이종 IP(지식재산) 포트폴리오에 관한 검토는 특정 이노베이션을 기준으로 다양한 지식재산 권리들에 의해 어떻게 보호되고 있는지를 확인하는 실사과정Due diligence이라 할 수 있다. 이러한 지식재산의 실사과정은 이노베이션의 역동성에 의해 보호되는 Idea(이노베이션)는 시간적 변화와 공간적 확산이 쉽게 이루어지기 때문에 반드시 주기적으로 지속하며 관리하는 것이 바람직하다.

동종 IP(지식재산)포트폴리오

서로 다른 유형의 지식재산 즉 이종 IP포트폴리오에 의해 각각의 Idea(이노베이션) 보호가 이루어질 수 있을 뿐만 아니라 **그림 Ⅰ-12**와 같이 저작권이란 동종의 IP(지식재산)에 의해 서로 다른 이노베이션인 Idea 1, Idea 3, Idea 4, Idea 5 및 신규 Idea가 함께 복합적으로 보호될 수 있으며 이를 동종 IP포트폴리오에 의한 IP 보호전략이라 할 수 있다.

동종 IP포트폴리오에 관한 검토는 특정 지식재산 권리를 기준으로 보호 가능한 다양한 Idea 또는 이노베이션들을 실사하는 과정이라 할 수 있다. 앞서 이종 IP포트폴리오 실사와 함께 주기적으로 '크로스 확인'Cross-Check 검토를 지속함으로써 연구실Lab. 또는 조직의 경쟁력 확보를 위한 보다 강력한 지식재산 포트폴리오를 구축할 수 있을 것이다.

동종 IP포트폴리오에 관한 검토는 특정 지식재산 권리를 기준으로 보호 가능한 다양한 Idea 또는 이노베이션들을 실사하는 과정이라 할 수 있다.

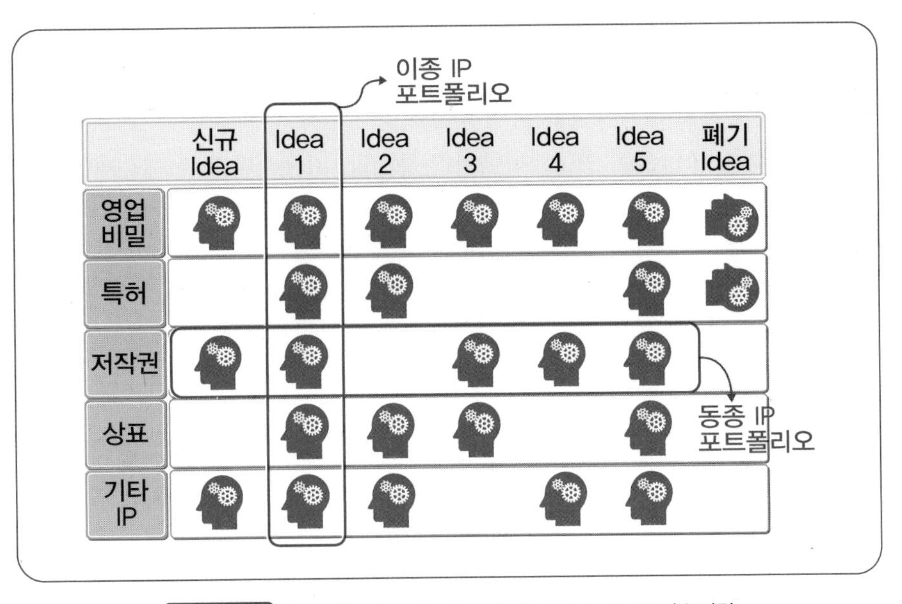

그림 Ⅰ-12 이노베이션의 보호를 위한 지식재산 포트폴리오전략

다. 이노베이션과 지식재산 변환전략

그림 Ⅰ-13에서 제시된 지식재산변환에 관한 예시는 연구자가 R&D이노베이션을 창출하고 이를 사업화하기 위해 스타트업을 설립하거나 기존 기업으로의 기

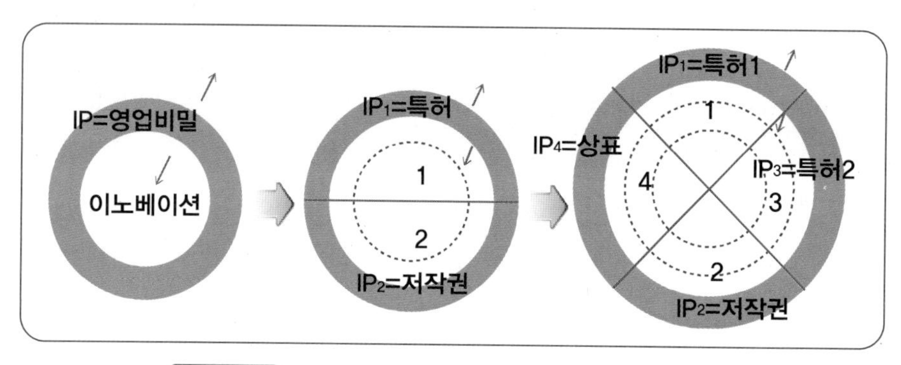

그림 Ⅰ-13 이노베이션의 역동성에 의한 지식재산의 변환 예시

술이전을 통한 기술사업화 과정을 거쳐서 조직의 매출과 이윤을 창출하며 이노베이션 시장이 성장하는 일련의 과정에 있어서 지식재산이 변환되는 과정을 일부 예시로써 도식화한 것이다. 이에 관한 구체적인 지식재산의 변환과정에 상응하는 전략은 다음과 같다.

영업비밀 확보전략

연구자가 주로 자신 또는 연구그룹에서 연구개발, 기술개발 또는 제품개발 과정을 통해 최초로 확보하는 '노하우'라는 이노베이션은 주로 '기밀성'을 요건으로 하는 지식재산인 '영업비밀'로서 확보하게 된다.

연구자가 주로 자신 또는 연구그룹에서 연구개발, 기술개발 또는 제품개발 과정을 통해 최초로 확보하는 '노하우'라는 이노베이션은 주로 '기밀성'을 요건으로 하는 지식재산인 '영업비밀'로서 확보하게 된다.

영업비밀이라는 지식재산은 이노베이션 보호를 위해 합리적인 노력을 한 경우에만 보호되며 이는 기밀성 유지가 핵심가치로서 노하우, 제조방법 등이 이노베이션으로서 확보하게 된다. 특히, 연구자는 아이디어가 구체화되어 창출된 이노베이션을 영업비밀이라는 지식재산으로 보호하기 위해서는 실험 데이터 등 연구실의 실험결과들을 연구노트에 기록 관리함은 물론 관련 서류를 기밀문서로서 등급화하고 대외비로서 관리하는 등 기밀유지에 합리적인 노력을 기울여야 할 것이다.

하지만 조직이 성장함에 따라 연구개발, 기술개발 또는 제품개발 과정을 통한 사업화 과정에서 영업비밀로서 지속적으로 보호하기에는 한계가 있다. 그러므로 **그림 Ⅰ-13** 예시에서와 같이 최초 이노베이션을 보호하는 지식재산으로서의 영업비밀 IP는 이노베이션의 역동성에 의해 1차적인 지식재산의 변환작용을 통해 지식재산인 특허 IP_1(특허 출원)과 저작권 IP_2(저작물 공표)로서 변환이 이루어질 수 있음을 알 수 있다.

저작권 변환전략

노하우 이노베이션과 관련된 실험 데이터를 '독창성' 관점에서 파악하고 이를 학술 논문 또는 저널Journal에 어문저작물로서 보호받고자 하는 경우 지식재산–IP_2인 '저작권'으로서 이노베이션이 변환하게 된다. 그림 Ⅰ-13의 예시로써 기술사업화 과정에 있는 스타트업은 이노베이션에 내재된 독창성을 핵심적 보호가치로 하는 저작권의 보호대상[40]은 어문저작물에는 논문 자료뿐만 아니라 비즈니스 케이스,[41] 제품 브로슈어 또는 기술홍보자료SMK: Sales Material Kits 등 R&D이노베이션의 사업화와 관련하여 공표되는 경우에도 저작권으로서 보호 관리될 수 있다. 아울러 영업비밀로서 확보한 이노베이션을 디지털 공간에서 독창적인 콘텐츠로 변환할 수 있다면 블록체인을 기반으로 하는 NFTnon-fungible token를 활용하여 저작권 또는 소유권을 입증함으로써 디지털 자산으로 확보할 수 있을 것이다. 저작물로서 보호되는 이노베이션은 이러한 컴퓨터프로그램, 데이터베이스, 디지털 콘텐츠 또는 어문저작물 이외에도 음악, 연극, 미술, 사진, 영상, 도형, 건축저작물 등 문화예술 및 창작 산업분야에서 보호되는 다양한 창작물이 있으며, 노하우 이노베이션이 이러한 저작물과도 연계되어 변환 보호될 수 있도록 함으로써 디지털 시대에 유용한 자산적 가치를 확보토록 하는 창의적인 저작권 변환전략이 필요할 것이다.

저작권의 보호대상은 어문저작물에는 논문 자료뿐만 아니라 비즈니스 케이스, 제품 브로슈어 또는 판매 홍보자료 등 R&D이노베이션의 사업화와 관련하여 공표되는 경우에도 저작권으로서 보호 관리될 수 있다.

특허 변환전략

'기밀성'이 유지된 영업비밀의 이노베이션에 만일 신규성과 진보성이 있다면 '발명'이라는 특허가 보호하는 이노베이션으로 파악하고 이를 포착하여 그림 Ⅰ-13과 같이 지식재산–IP_1인 특허로서 변환하여 보호할 수 있다. 발명 또는 기술에 관한 이노베이션을 보호하는 경우 특허는 다른 지식재산 제도와 비교하여 효과적이며 강력한 보호체계를 제공하고 있다. 발명의 핵심 아이디어를 다양한 관점으

발명의 핵심요체를 구조특허, 물질특허, 방법특허, 용도특허, 제품특허, 기능특허 등 다양한 클레임으로 구성하여 특허출원하거나 또는 이를 적용한 물품의 외관 형상을 디자인특허로서 보호할 수 있을 것이다.

---

40 우리나라 저작권법에서 보호하는 저작물은 인간의 사상과 감정을 표현한 독창성이 있는 이노베이션으로서 어문저작물, 음악저작물, 연극저작물, 미술저작물, 건축저작물, 사진저작물, 영화저작물, 도형저작물 및 편집저작물 등에서 디지털저작물, 컴퓨터프로그램 저작물 및 데이터베이스 등으로 그 보호영역이 확대되어 왔다.

41 비즈니스 케이스Business Case란 스타트업이 초기단계에 경영인 유치 또는 투자자 자금유치 등을 위해 스타트업이 보유하고 있는 이노베이션과 관련하여 주로 창업주가 만드는 기술 시장성에 관한 홍보용 자료로서 향후 수익모델Business Model과 사업계획서Business Plan 작성에 기초 자료로도 활용된다.

로 배타적인 권리 확보를 위한 특허출원을 함으로써 특허 포트폴리오를 구축하여 보호함이 바람직하다.

예를 들어 **그림 Ⅰ-14**와 같이 발명의 핵심요체를 구조특허, 물질특허, 방법특허, 용도특허, 제품특허, 기능특허 등 다양한 클레임으로 구성하여 특허출원하거나 또는 이를 적용한 물품의 외관 형상을 디자인특허로서 보호할 수 있을 것이다.

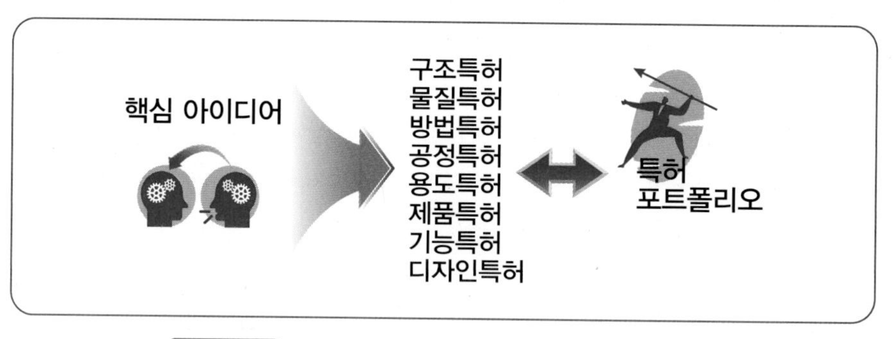

그림 Ⅰ-14 이노베이션의 보호를 위한 특허 포트폴리오 예시

그러므로 이노베이션의 역동성에 의한 지식재산의 변환 예시로써 **그림 Ⅰ-13**과 같이 1단계의 지식재산 변환단계에서 저작권과 함께 확보된 핵심요체인 특허는 2단계 지식재산의 변환과정을 통해 제품특허-IP_1과 디자인특허-IP_3로서 될 수 있고 이와 더불어 이노베이션이 시장 확산을 통해 소비자로부터 '자타 식별성'이라는 관점에서 창의성이 확보되어 포착된 이노베이션은 또 다른 지식재산 상표-IP_4로서 변환되어 보호될 수 있을 것이다.

상표(브랜드)권리화전략

> 자사의 이노베이션들을 시장에서 자타 식별력이 있는 상표와 연관하여 보호함으로써 품질 경쟁력과 신뢰성을 확보하고 시장에서 고객흡입력을 강화함으로써 이를 브랜드 자산가치로서 성장시키며 아울러 기업의 자산가치로서 확보할 수 있기 때문이다.

지식재산 변환단계를 거쳐 이노베이션이 제품 또는 서비스 출시단계에 이르게 되었다면 자사의 이노베이션과 연관하여 식별성이 있는 표장[42]을 창안하여 상표로 출원 및 등록함으로써 유사 서비스 또는 제품으로부터 자사 이노베이션의 시장가치를 보호해야 함을 알 수 있다. 왜냐하면 자사의 이노베이션들을 시장에서 자타 식별력이 있는 상표와 연관하여 보호함으로써 품질 경쟁력과 신뢰성을 확

42 상표법상의 보호 대상이 되는 표장은 일반 상표와 특수 상표로 구분할 수 있으며 일반 상표는 기호, 문자, 도형 또는 이들의 결합으로 이루어진 상표를 말하며 특수 상표로는 홀로그램, 동작, 입체, 소리, 냄새, 색채 상표가 있다.

보하고 시장에서 고객흡입력을 강화함으로써 이를 브랜드 자산가치로서 성장시키며 아울러 기업의 자산가치로서 확보할 수 있기 때문이다.

상표로서 보호[43]되는 이노베이션의 중요성은 특허 또는 저작권의 보호[44]와는 달리 반영구적으로 보호 가능하다는 특별한 장점이 있다. 아울러 상표가 보호하고 있는 이노베이션의 특징은 기업 또는 조직의 무형적인 브랜드 자산가치에 지대한 영향을 미치는 자타식별, 출처표시, 품질보증, 광고기능 등 고객흡입력과 연관된 핵심적인 자산가치이다. 궁극적으로 상표는 연구자 또는 스타트업이 R&D 이노베이션을 창출하여 영업비밀, 특허 또는 저작권의 변환과정과 연계시켜 새로운 시장 창출과 고객 확보를 통해 확산시켜온 이노베이션 변환과정의 마지막 종착지이며 아울러 상표는 지식재산 변환과정의 마지막 단계라고 할 수 있다.

그러므로 스타트업의 사업화 이노베이션은 창출 당시에는 통상적으로 '영업비밀'에서 출발하여 다양한 '특허' 포트폴리오에 의한 보호 또는 권리의 다발이라는 '저작권'의 보호를 거쳐서 궁극적으로 상표 권리화와 갱신등록을 통해 권리존속기간에 제한이 없는 '상표(브랜드)'로서 귀결이 이루진다는 관점에 우리는 상표의 중요성에 주목할 필요가 있다.[45]

스타트업의 사업화 이노베이션은 창출 당시에는 통상적으로 '영업비밀'에서 출발하여 다양한 '특허' 포트폴리오에 의한 보호 또는 권리의 다발이라는 '저작권'의 보호를 거쳐서 궁극적으로 상표 권리화와 갱신등록을 통해 권리존속기간에 제한이 없는 '상표(브랜드)'로서 귀결이 이루진다는 관점에 우리는 상표의 중요성에 주목할 필요가 있다.

자사의 이노베이션에 내재되어 보호 활용될 수 있는 핵심적 가치들은 어떠한 것이 있는지 또한 이들을 지식재산의 관점에서 어떻게 지속적으로 창출, 보호 및 활용할 것인가를 전략적으로 판단해야 함은 조직의 이노베이션의 주도자는 물론 이노베이션 관리자가 반드시 숙지해야 할 사안이며 아울러 이 책을 통해 다루게 될 구체적인 지식재산 실무 제도와 함께 지식재산관점의 R&D전략에 대해 학습함으로써 이러한 전략적 관점은 보다 강화될 수 있을 것이다.

---

43 이노베이션이 상표로서의 보호되는 기간은 등록일로부터 10년이지만 상표 등록은 10년 만료 시마다 반복적인 갱신 절차를 통해 반영구적으로 이노베이션 보호가 가능하다는 점에서 갱신등록이 불가한 특허 또는 저작권과는 다르다.

44 특허의 존속기간은 출원일로부터 20년이며 저작권의 보호기간은 저작자 생존기간과 사후 70년까지 보호되며 이들은 특정 기간이 지나면 해당 배타적 권리는 만료되어 이를 보호하고 있는 이노베이션은 누구나 활용할 수 있는 공공 영역으로 돌아가게 된다.

45 스타트업의 지식재산 변환 과정 (영업비밀 → 특허 ↔ 저작권 → 상표) vs 인류의 지식재산 기원 과정 (영업비밀 → 상표 ↔ 저작권 → 특허)

10. 지식재산 제도의 찬반론과 균형[46]

지식재산은 보호 그 자체가 목적이 아니다. 지식재산 제도를 통해 이루어야 할 목표로서 창의적 활동의 활성화, 기술의 산업화, 투자의 활성화 그리고 공정한 무역 거래 등이 있으며 지식재산 제도는 이러한 것들을 달성하기 위한 중요한 수단이다.

세계지식재산기구WIPO의 홈페이지에는 지식재산에 관해 다음과 같이 서술하고 있다. "지식재산은 보호 그 자체가 목적이 아니다. 지식재산 제도를 통해 이루어야 할 목표로서 창의적 활동의 활성화, 기술의 산업화, 투자의 활성화 그리고 공정한 무역 거래 등이 있으며 지식재산 제도는 이러한 것들을 달성하기 위한 중요한 수단이다. 인간이 삶을 영위함에 있어서 더 안전하게 편안하게 그리고 빈곤하지 않고 더욱 풍요로운 생활을 할 수 있도록 지식재산 제도가 조화롭게 운영되어야 한다."

상기 WIPO의 선언문과 같이 지식재산 제도가 조화롭게 운영되기 위해서는 지식재산 제도가 가지는 긍정적 측면과 부정적 관점을 파악하는 것이 중요하다. 하지만 지식재산 제도의 찬반론적인 관점은 사회 구성원 또는 조직 형태 그리고 산업 유형별 등 이해 관점에 의해 서로 다른 시각들이 존재할 수 있다.

그러므로 보다 객관적인 관점에서 지식재산 제도가 오늘날 지식경제 사회에 미치는 다양한 파급 효과를 긍정적 측면과 부정적 측면에 관해 알아보고, 지식재산 제도가 사회에서 필요로 하는 지속 가능한 이노베이션의 창출과 확산을 위해 추구해야 할 조화와 균형적인 관점을 살펴보는 것은 지식재산 제도를 이해함에 있어서 중요한 출발점이 될 수 있을 것이다.

가. 지식재산 제도 찬성론

인간이 스스로 창의성을 발휘하여 이노베이션을 구현함으로서 행복을 추구하는 욕구는 인간의 본질적 특성이자 기본권리로서 발명자와 창작자의 권리는 헌법에 의해 보장되어 있으며 이는 지식재산 제도가 우리 사회에 필요한 가장 강력한 이유이다.

인간이 스스로 창의성을 발휘하여 이노베이션을 구현함으로서 행복을 추구하는 욕구는 인간의 본질적 특성이자 기본권리로서 발명자와 창작자의 권리는 헌법에 의해 보장되어 있으며 이는 지식재산 제도가 우리 사회에 필요한 가장 강력한 이유이다. 표 Ⅰ-20에 요약된 바와 같이 지식재산 제도의 긍정적인 측면은 창의적 성과물 창출에 대한 보상으로 배타적 권리를 부여하고 사회 구성원의 창의성을

46 마이클 골린, 손봉균(역) (2012), 글로벌 지식재산전략, 한티미디어

표 I-20 지식재산 제도에 대한 찬성론자의 관점

	주요 관점	비고
1	이노베이션 창출 위한 인센티브	발명자 또는 저작권자 (사익 보호)
2	창의적 성과물에 대한 보상기능	
3	창의적 성과물에 대한 권리 부여	
4	이노베이션 활용과 거래를 촉진	
5	창의적 성과물에 대한 공유 촉진	국가 또는 사회 (공익 보호)
6	자연법리와 윤리적 규범에 부합	
7	이노베이션 창출 위한 투자 촉진	
8	국가의 산업발전 정책을 구현함	

장려하며 이노베이션 창출을 위한 인센티브 역할로써 지식재산 제도가 필요하다는 관점이다. 아울러 지식재산 제도는 이노베이션의 활용과 거래를 촉진토록 함으로써 우리 인간의 삶을 풍요롭게 하는 제도이기 때문이다.

이와 더불어 국가 또는 사회의 공익적 관점에서 지식재산 제도의 긍정적인 측면도 많이 있다. 지식재산 제도는 이노베이션에 관한 경제적인 가치나 물질적 자산가치 보호를 넘어서 발명자 또는 창작자의 인격권을 보호함으로써 지식재산 제도는 자연법리와 윤리적 규범에 부합토록 한다. 아울러 개인의 창의적 성과물을 공익적 관점에서 사회 공유를 촉진토록 하는 기능을 하고 있으며 국가 또는 사회 공익적 관점에서 이노베이션 창출을 위한 거래와 투자를 보호하고 산업발전 정책의 중요한 제도적 수단으로서 역할을 하기 때문이다.

개인의 창의적 성과물을 공익적 관점에서 사회 공유를 촉진토록 하는 기능을 하고 있으며 국가 또는 사회 공익적 관점에서 이노베이션 창출을 위한 거래와 투자를 보호하고 산업발전 정책의 중요한 제도적 수단으로서 역할을 하기 때문이다.

나. 지식재산 제도 반대론

표 Ⅰ-21 지식재산 제도에 관한 반대론자의 관점

	주요 관점	비고
1	이노베이션을 공공영역 밖에서 구현	취약계층, 국가 또는 사회 (공익보호)
2	기술개발에 대한 원가 비용을 상승함	
3	독점시장 체제를 형성시키고 가속화	
4	공공분야보다 IP 보호 산업만 육성됨	
5	사회를 협력보다도 경쟁 체제화 시킴	
6	상대적 IP 취약계층 빈익빈 현상가속	
7	고도의 IP 체계와 운영 조직이 필요함	
8	공익적 관점에서 재산 사유화에 반대	

지식재산 제도는 독과점 시장 체제를 형성시키고 상대적으로 지식재산에 취약한 계층을 만들며 빈익빈 부익부라는 시장 불균형 현상을 가속화한다는 것이다.

지식재산 제도의 사회 부작용으로서 가장 먼저 대두되는 관점은 이노베이션에 대한 지식재산의 과잉 보호에 주로 기인하고 있다. 지식재산 제도는 독과점 시장 체제를 형성시키고 상대적으로 지식재산에 취약한 계층을 만들며 빈익빈 부익부라는 시장 불균형 현상을 가속화한다는 것이다. 사례로써 운동화 시장은 나이키NIKE 또는 리복Reebok 등 소수업체들의 수많은 특허로서 독과점 시장으로 보호되어 신생기업들의 시장진입은 거의 불가능할 수 있다. 또한 지식재산 제도는 표 Ⅰ-21에 정리된 바와 같이 지식재산 보호에 소요되는 비용이 궁극적으로 기술개발에 대한 원가비용으로 전가되어 제품 또는 서비스 비용을 상승시킨다.

이와 더불어 지식재산 제도는 공공분야에서 요구되는 공익적 이노베이션보다 지식재산의 보호산업 분야 또는 사익성이 보호되는 이노베이션을 강화 구현토록 한다는 부작용이 있다. 즉, 주로 공공영역의 외부에서 이노베이션 구현이 지속되도록 함으로써 사회를 협력보다도 경쟁체제로 가속화 시킬 수 있다. 또한 창의적 가치로서 지식재산을 독점 사유화하는 것은 공익적 관점에서 사회윤리에 반한다는 주장도 있으며, 상당한 국가적 비용이 투입되는 고도의 지식재산 운영체계와 운영 조직이 필요하다는 것도 반대론자의 관점에서 찾아볼 수 있다.

다. 지식재산 제도의 균형

공유지의 비극Tragedy of Common

지식재산 보호체계가 이루어지지 않거나 미약하여 새로운 지식과 이노베이션 창출에 대한 사회적 동기가 저하된 사회에서 나타나는 현상이다. 지식재산과 같은 각종 자산들이 사익성 보호를 위한 개별 소유 재산으로 원활하게 보호되지 않는 상황을 말한다. 이러한 사회에서는 공유재산이나 공용자산들이 과도하게 활용되면서 누구도 이를 보호하고 관리할 이유가 없는 상황에 처하게 됨으로써 황폐화되는 것을 말하며 가레트 하딘Garret Hardin이 1968년 그의 논문 '공유지의 비극'에서 이를 주장하였다.

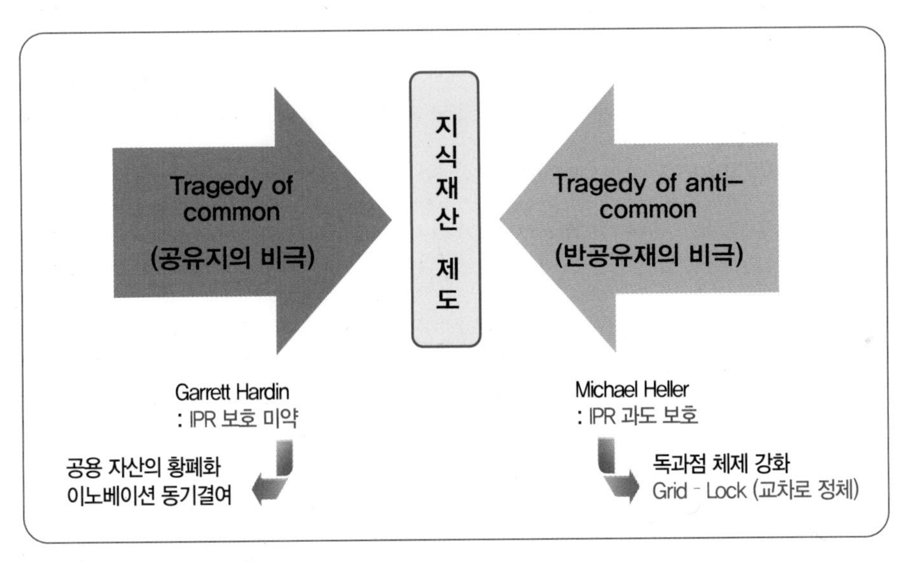

그림 I-15 지식재산 보호 미약과 과도 보호에 의한 사회적 비극

반공유재의 비극Tragedy of Anti-Common

마이클 헬러와 레베카 아이젠베르그는 공유지의 비극에 상대적인 의미로서 반공유재의 비극이라는 사회적 현상에 관해 논하였다. 반공유재의 비극이란 사회에서 우리 사회에 지식재산권이 과도하게 보호되거나 세분화 양산됨으로써 독과점 체제가 강화되어 사회경쟁력을 상실하는 현상을 말한다. 마치 도로에 차량이 아주 많아지면 교차로정체 현상이 나타나서 움직일 수 없는 상황에 이르게 되는데 이러한 현상을 그리드락Grid Lock이라 한다. 즉 지식재산 권리들이 사회에 너무

많이 세분화되어 존재함으로써 오히려 이노베이션 창출과 활용을 저해하고 이노베이션 사이클을 교착시키는 사회적 현상을 말한다.

지식재산 제도의 균형

지식재산 제도의 균형은 특허, 저작권, 영업비밀 또는 상표 등 각각 지식재산 제도가 가지는 특성에 따라 다를 수 있겠지만 공통적으로 지식재산 제도는 배타성과 접근성에 관한 균형과 함께 사익권과 공익성에 관한 균형이 중요한 관점이 된다.

이러한 극단적인 상황은 지식재산 제도의 사회적 순기능을 저해하는 것으로서 이를 방지하기 위해서는 하기 **그림 Ⅰ-16**에서와 같이 지식재산 제도가 균형을 이루게 하는 것이 중요하다. 지식재산 제도의 균형은 특허, 저작권, 영업비밀 또는 상표 등 각각 지식재산 제도가 가지는 특성에 따라 다를 수 있겠지만 공통적으로 지식재산 제도는 배타성과 접근성에 관한 균형과 함께 사익권과 공익권에 관한 균형이 중요한 관점이 된다.

배타성과 접근성에 관한 균형은 사익권과 공익권에 관한 균형과 긴밀한 상호관련성을 가지고 있다. 배타성이란 지식재산 소유자가 자신이 창출한 이노베이션에 관하여 지식재산 보호 권리를 확보하여 시장에서 독점적인 지위를 가지는 권리로서 사익권을 보호하기 위한 권리이다.

만일 지식재산 제도에 배타성을 과도하게 강화 보호한다면 일반대중들이 해당 이노베이션에 접근하여 이를 활용할 수 있는 접근성은 현저하게 제한될 수밖에 없다.

만일 지식재산 제도에 배타성을 과도하게 강화 보호한다면 일반대중들이 해당 이노베이션에 접근하여 이를 활용할 수 있는 접근성은 현저하게 제한될 수밖에 없다. 이러한 지식재산(이노베이션)에 대한 접근성의 저하는 결국은 사익권 강화 보호로 인한 공익권을 제한하기 위함이다.

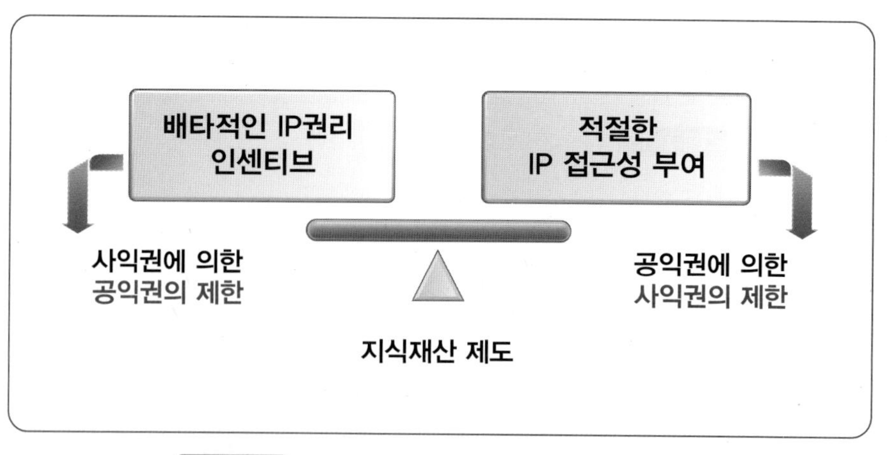

그림 Ⅰ-16 지식재산의 접근성과 배타성에 의한 제도 균형

만일 우리 사회가 지식재산 제도를 통해 이노베이션에 대한 접근성을 과도하게

강화하여 보호한다면 이노베이션을 창출하고자 하는 투자자 또는 연구자의 인센티브와 사익권은 현저하게 제한될 수밖에 없다. 이러한 일반대중들에 대한 이노베이션 접근성 강화는 결국은 공익권의 강화 보호로 인한 사익권의 제한이 된다.

그러므로 궁극적으로 앞서 p.24의 **그림 Ⅰ-4**에서 살펴본 바와 같이 사회 구성원의 창의성에 기반한 풍요로운 사회에서 효율적이고 원활하게 작동하는 이노베이션 사이클을 위해 우리가 추구하는 지식재산 제도는 이를 가동시키는 엔진의 역할로서 공익권(접근성)과 사익권(배타성)의 관점에서 조화와 균형이 잘 이루어지도록 해야 할 것이다.

11. 글로벌 지식재산 변천과 신규 이노베이션

최초로 성문화된 1474년 베니스 특허법은 유럽 지역 내로 전파되었으며 1623년에 이르러 영국 의회는 자국의 최초 특허법으로 전매조례Statue of Monopolies를 제정함으로써 유럽 각지에 있는 발명자들과 기술 전문가들을 유입하게 되었고 이는 산업혁명의 원동력이 된 것으로 알려져 있다.

18세기 영국에서 유발된 산업혁명은 인근 독일, 프랑스, 미국, 일본 등 전 세계적으로 확산되면서 발전되어 갔다. 이들 신흥 국가들은 자국의 산업화 과정에 있어서 신산업을 육성하고 보호하기 위한 중요한 수단으로써 지식재산 제도를 인식하게 되었다. 당시 산업화를 추진하는 신흥 국가들의 주도하에 세계 각국들은 특허, 상표 및 저작권과 같은 지식재산 법률을 자국 내에 제도화하기 시작하였고 국가 간 무역거래, 투자 촉진 및 교류 협력 증진 등을 위해 지식재산 분야에서 조율과 협력이 필요하게 되었다.

세계 각국의 지식재산 제도와 글로벌 관점에서의 각종 규범들이 선진국과 개발도상국의 입장 그리고 각 국가별 산업정책, 경제수준, 문화적 배경 등이 서로 상이한 상황을 고려하여 최대한 균형과 조화를 이루어 합리적으로 공통의 지식재산 규범을 찾고자 하는 일은 국제협약의 체결과정에 있어서 중요한 의제가 되었다.

세계 각국의 지식재산 제도와 글로벌 관점에서의 각종 규범들이 선진국과 개발도상국의 입장 그리고 각 국가별 산업정책, 경제수준, 문화적 배경 등이 서로 상이한 상황을 고려하여 최대한 균형과 조화를 이루어 합리적으로 공통의 지식재산 규범을 찾고자 하는 일은 국제협약의 체결과정에 있어서 중요한 의제가 되었다.

표 Ⅰ-22 지식재산 관련 주요 국제협약 요약

국제협약		주요 협약 내용
Paris	1883	산업재산권 (특허/디자인/상표-우선권주장 출원)
Berne	1886	저작권 (무방식주의-효력발생, 공정이용-효력제한)
Madrid	1891	상표 (국제상표출원제도)
WIPO	1893	세계지식재산기구 설립
Hague	1934	디자인 (국제디자인출원제도)
PCT	1970	특허협력조약 (PCT 국제특허출원 제도)
CBD	1993	생물다양성협약 (생물 유전자원 및 전통지식 보호)
TRIPs	1995	무역관련 지식재산 보호 (특허/저작권/영업비밀/상표)

1883년에 체결된 파리협약은 산업재산권인 특허, 디자인 및 상표에 관해 국제적인 보호를 위해 상호주의와 속지주의 원칙을 준수하며 동맹국 내에서 우선권 주장출원을 인정하기로 합의한 최초의 국제 지식재산 협약이다. 이후 1886년에는 문학 및 예술 저작물을 국제적으로 보호하는 저작권 관련한 베른협약이 체결됨으로써 출원 또는 등록 등과 같은 일체의 요식행위가 필요 없는 무방식에 의한 저작권 발생에 합의하였고 이후 공정이용에 한하여 저작권의 효력이 제한되는 사항들에 관해 합의하였다.

협약 동맹국 내에서 하나의 국제상표 출원을 통해 다수 국가에 상표 등록출원토록 국제협약으로서 1891년 마드리드협약이 체결되었으며 이와 유사한 취지로서 협약 가입국 내에서 다수 국가들을 한 번에 지정 출원함으로써 디자인 출원이 회원 국가에 동시에 이루어지도록 한 헤이그협약이 1934년에 체결되었다.

이후 국제특허출원을 위한 1970년 PCT협약이 이루어지고 1883년에 WIPO 세계지식재산기구가 발족하면서 지식재산의 범주가 개발도상국가들의 요구에 의해 확대되면서 1993년에 전통지식과 생물자원 보호를 위한 생물다양성 협약이 체결되었고, 1995년에는 WTO가 주도하는 '무역관련지식재산보호협약'TRIPs이 본격적으로 추진이 되면서 미국 유럽의 선진국 중심의 특허, 상표, 영업비밀 및 저작권 등에 관한 지식재산 법률 제도들이 세계무역기구WTO 회원국가 내에 제도화 정착되었다.

이러한 지식재산 관련 국제협약은 현재에도 역동적인 산업 환경변화와 함께 지속적으로 진화 중에 있으며 각 국가 간 지재권 관련 규범의 조화를 통해 국적이 다르더라도 지식재산권의 소유자와 사용자 사이에서 가이드라인을 제시하고 예측 가능한 규범을 제공하고 있다. 글로벌 지식재산 협약은 선진국과 개도국, 자원의 제공국가와 사용국가, 투자국과 유치국을 포함한 세계 국가들 간의 이해관계를 조정하고 지식재산권 관련 법률과 시스템, 그리고 이를 매개로 한 무역 거래, 기술교류와 각종 자본투자를 촉진한다는 데 큰 의미가 있다.

이러한 지식재산 관련 국제협약은 현재에도 역동적인 산업 환경변화와 함께 지속적으로 진화 중에 있으며 각 국가 간 지재권 관련 규범의 조화를 통해 국적이 다르더라도 지식재산권의 소유자와 사용자 사이에서 가이드라인을 제시하고 예측 가능한 규범을 제공하고 있다.

우리나라도 표 I-22에 명시된 지식재산 관련 국제협약에 모두 가입되어 있으며 지식재산 제도의 국제적 환경변화에 적극적으로 대응하고 있다. 또한 이러한 글로벌 지식재산 환경에 선제적으로 대처하고 국가의 경쟁력 및 지식재산 창출, 보호 및 활용 강화를 위해 2011년에 지식재산기본법[47]을 제정하여 대통령 소속 국가지식재산위원회를 운영 중에 있다.

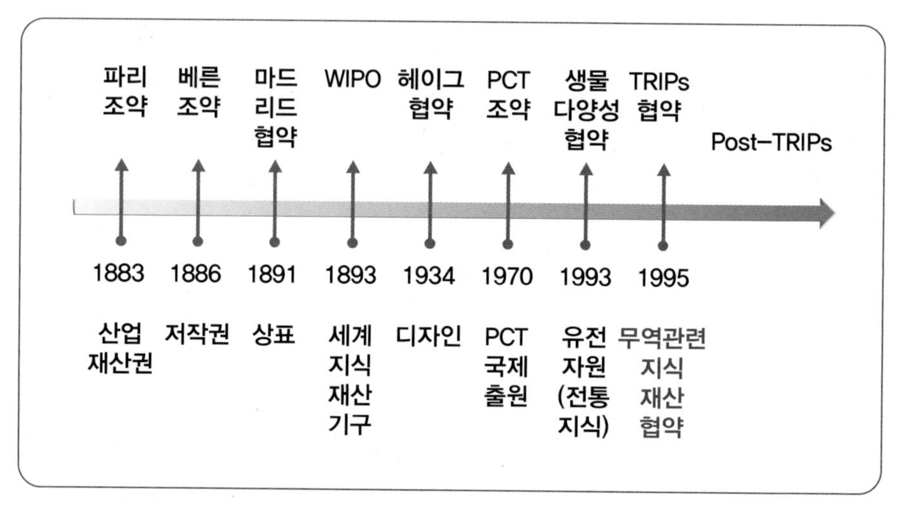

그림 Ⅰ-17 지식재산 관련 주요 국제협약 변천과정

파리Paris조약[48]

1883년에 프랑스 파리에서 세계 최초로 체결된 산업 재산권에 관한 협정으로 가입 국가는 약 184개국에 달하며 조약에 가입한 동맹국가의 시민이라면 특허, 실용신안, 디자인 및 상표권에 관해 상호주의에 의한 내 · 외국민 동등 대우의 원칙에 의해 산업재산권의 취득을 통해 보호받을 수 있도록 협정한 조약이다.

1883년에 프랑스 파리에서 세계 최초로 체결된 산업재산권에 관한 협정으로 가입 국가는 약 184개국에 달하며 조약에 가입한 동맹국가의 시민이라면 특허, 실용신안, 디자인 및 상표권에 관해 상호주의에 의한 내 · 외국민 동등대우의 원칙에 의해 산업재산권의 취득을 통해 보호받을 수 있도록 협정한 조약이다.

파리조약은 '우선권주장출원' 제도를 인정토록 하고 있는데 이는 산업재산권의 해외 등록을 위해 동맹국가 내에 최초(기초) 출원된 출원일로부터 특정기간[49] 내에 다른 동맹 국가에 동일 내용으로 출원 시에 우선권주장을 인정한다는 취지이다. 즉, 우선권주장의 인정이란 동맹국가 내에 최초(기초)출원에 기반으로 후속 출원된 우선권주장출원의 등록요건을 판단함에 있어서 최초(기초) 동맹 국가에 출원한 날짜를 소급 인정토록 함으로써 동맹국에서 특허 또는 상표의 심사 시에 등록요건으로서 신규성 등에 관한 우선적인 권리를 인정하고 있다.

47 우리나라는 동법에 의해 5년마다 지식재산에 관한 중장기 정책목표 및 기본 방향을 설정하는 국가 지식재산 기본 계획을 수립하고 있으며, 지식재산에 관한 정부의 주요 정책과 계획을 심의 조정하고 추진상황을 점검 평가하기 위한 대통령 소속의 국가지식재산 위원회(http://www.ipkorea.go.kr)를 두고 있다.

48 산업재산권 보호를 위한 파리협약Paris Convention for the Protection of Industrial Property

49 우선권 주장 출원의 기간은 동맹국내 최초 특허 또는 실용신안 출원일로부터 1년 이내 우선권주장 출원하여야 하며, 디자인 또는 상표 출원인 경우에는 동맹국 내 최초 출원일로부터 6개월 이내로 우선권 주장 출원한 경우에 인정이 된다.

아울러 무방식주의에 의해 권리가 발생하고 별도의 등록절차 없이도 효력이 미치는 저작권 또는 영업비밀 보호와는 달리 파리조약의 보호대상이 되는 특허, 실용신안, 디자인 및 상표권과 같은 산업재산권은 해당 동맹국가의 고유한 속지주의 권리로 등록된 국가 내에서만 배타적 권리효력이 발생한다.

즉, 산업재산권에 관한 출원, 심사 및 등록은 해당 동맹국가의 독립적인 행정절차를 통해서만 배타적 지식재산권이 발생하는 속지주의 권리임을 천명한 국제조약으로서, 자국의 등록여부와는 별도로 해당 동맹국에 개별출원 또는 우선권주장출원 제도를 통해 심사등록이 되어야 해당 동맹국가에 효력이 발생한다는 산업재산권 독립의 원칙을 포함하고 있다.

베른Berne조약[50]

1886년에 체결된 최초의 저작권 관련 국제조약으로서 약 189개국이 가입되어 있으며 조약 가입국가들은 상호주의에 의해 자국인에 부여하는 대우보다 외국인의 대우를 불리하게 하지 않는 '내국민 동등대우의 원칙'을 준수토록 하고 아울러 무방식주의 원칙에 의해 저작권 효력이 발생토록 하였다. 저작권의 권리발생은 저작물의 창작과 동시에 발생하며 권리 효력발생 요건으로서 어떠한 요식적인 절차 또는 방식이 필요하지 않음을 천명한 협약이다.

1886년에 체결된 최초의 저작권 관련 국제조약으로서 약 189개국이 가입되어 있으며 조약 가입국가 상호주의에 의해 자국인에 부여하는 대우보다 외국인의 대우를 불리하게 하지 않는 '내국민 동등대우의 원칙'을 준수토록 하고 아울러 무방식주의 원칙에 의해 저작권 효력이 발생토록 하였다.

베른조약은 저작권에 의해 확장된 권리를 어떻게 정의하며 저작권법 적용의 예외 대상으로서 공정이용Fair Use에 관한 사항들에 관해 협약하고 있으며 아울러 저작권의 최소보호기간을 저작자 생존기간과 저작자 사망 후 50년을 인정하고 동맹국은 최소보호기간을 초과하여 보호기간을 인정할 수 있도록 하고 있다.

저작권과 관련된 국제협약은 베른조약 이후 세계저작권조약, 로마조약, WIPO 저작권조약 등 저작물 관련 국제협약들이 체결이 되어왔으며 보다 상세한 내용은 별도 저작권제도 관련 Chap. II에서 다루기로 한다.

---

50 문학 및 예술저작물의 보호에 관한 베른협약Berne Convention for the Protection of Literary and Artistic Works

마드리드Madrid 의정서[51]

마드리드의정서란 '표장의 국제등록에 관한 마드리드 협정에 관한 의정서'를 말하며 1891년에 체결된 마드리드 협약 이후 문제점을 개선한 의정서가 1989년에 준비되어 1995년에 발효되었으며, 현재 가입국은 약 121개 국가이다. 자국 내에 출원(등록)된 상표를 기반(기초)으로 의정서 가입국을 복수로 지정하는 하나의 국제상표출원을 통해 다수 회원 국가에 상표등록출원토록 하는 제도이다.

마드리드 국제상표등록출원을 위해서는 반드시 국내 기초출원 또는 상표등록이 존재하여야 하며 기초출원이 2 이상 있어도 무방하며 만일 자국 내에 기초출원(등록) 상표가 거절, 취소, 무효 등으로 인해 소멸하는 경우 선출원된 마드리드 국제상표출원에 영향이 있으므로 유의해야 한다.

세계지식재산기구: WIPOWorld Intellectual Property Organization

WIPO는 파리조약과 베른조약의 사무국을 겸하고 있으며 아울러 PCT국제특허출원의 국제사무국 역할 등 세계 지식재산 관련 26개 조약을 관장하고 있으며 회원국의 유전자원과 전통지식보호에 관한 조약, 디자인법조약, 방송사업자보호조약, 디지털저작물보호조약 등 국제 지식재산 규범 제정과 함께 지식재산 데이터베이스 운영을 통한 정보제공 및 글로벌 지식재산 교육 등 지식재산과 관련된 다양한 일들을 하고 있다.

세계지식재산기구인 WIPO는 1893년에 전신인 지식재산보호 국제연합 사무국United International Bureaux for the Protection of Intellectual Property으로 설립이 되었으며 1974년에 UN 산하에 설립된 특별기구로서 정식 출범하여 약 189개국이 현재 가입되어 있다.

WIPO는 파리조약과 베른조약의 사무국을 겸하고 있으며 아울러 PCT국제특허출원의 국제사무국 역할 등 세계 지식재산 관련 26개 조약을 관장하고 있으며 회원국의 유전자원과 전통지식보호에 관한 조약, 디자인법조약, 방송사업자보호조약, 디지털저작물보호조약 등 국제 지식재산 규범 제정과 함께 지식재산 데이터베이스 운영을 통한 정보제공[52] 및 글로벌 지식재산 교육 등 지식재산과 관련된 다양한 일들을 하고 있다.

헤이그Hague 협약[53]

해외 디자인권을 효율적으로 확보하기 위한 다자간 협약으로서 보호받고자 하는

---

51 표장의 국제등록에 관한 마드리드 협정에 관한 의정서Protocol relating to the Madrid Agreement Concerning the International Registration of Marks

52 WIPO는 특허검색 데이터베이스 https://patentscope.wipo.int를 통해 PCT 공개 공보를 포함해서 약 78백만 건의 세계 각국의 특허문헌을 제공하고 있다.

53 헤이그 디자인 국제출원 협정은 1934년 협정, 1960년 협정 및 1999년 협정 가입국가로 구분할 수 있다. 한국은 약 77개국이 가입되어 있는 1999년 헤이그협정에 의한 디자인 국제출원 절차를 따른다.

다수 국가들을 한 번에 지정 출원함으로써 디자인 출원이 회원국가에 동시에 이루어지도록 한 협약이다. 특허협력조약Patent Cooperation Treaty에 의한 특허출원이나 또는 마드리드 의정서 가입국가에 상표출원과 마찬가지로 한 번의 출원을 통해 협약가입 회원국가인 다수 국가에 출원이 동시에 이루어진다는 점에서 공통점이 있다. 하지만 헤이그조약은 마드리드 상표등록출원 제도와는 달리 자국 내에 기초출원이 없어도 다수 국가에 동시에 지정출원이 가능하며 이러한 관점에서 보면 PCT국제출원과도 일부 유사한 제도라 할 수 있다.

헤이그조약은 마드리드 상표등록출원 제도와는 달리 자국 내에 기초출원이 없어도 다수 국가에 동시에 지정출원이 가능하며 이러한 관점에서 보면 PCT 국제특허출원과도 일부 유사한제도라 할수있다.

Chapter I

헤이그시스템에 의한 디자인 국제출원은 하나의 출원에 있어서 동일 물품류에 속하는 디자인을 100개까지 포함하는 복수디자인 출원이 가능하다. 하지만 국제 디자인 출원단계에서는 신규성 등과 같은 실체적 심사는 진행하지 않고 형식적 요건만이 만족되면 국제 등록부에 기재되고 WIPO웹사이트에 국제디자인 공보에 출원디자인이 공개된다.

헤이그협약에 의한 디자인출원이 국제디자인공보에 공개되면 디자인출원하고자 특정한 지정관청(개별 국가)에서는 자국법에 의해 실체적 심사를 진행하고 자체 심사결과에 의해 디자인 보호를 거절할 수 있으며 이때 국제사무국에 국제디자인 공보가 공개된 날로부터 6개월 이내에 통지토록 하고 거절통지가 없을 때에는 당연히 보호토록 한 제도이다.

특허협력조약: PCTPatent Cooperation Treaty

특허협력조약은 협약 가입국가들에 동일발명에 관해 특허를 받고자 하는 경우 출원비용의 경감과 권리화 시점의 유연성 확보 등을 위해서 국제특허출원 절차에 관해 협정한 조약으로서 WIPO에서 관련 사무를 관장하고 있으며 1970년에 체결되어 현재 약 153개국이 가입되어 있다.

PCT에 의한 국제출원을 진행하는 경우 주목해야 할 사안은 PCT 국제단계에서 제공하는 정보문헌으로서 국제조사보고서ISR, 국제공개공보PCT-Gazette 및 국제예비심사보고서(견해서)IPRP로 3가지 유형의 문헌자료이다.

PCT에 의한 국제특허출원을 진행하는 경우 주목해야 할 사안은 PCT 국제단계에서 제공하는 중요한 정보문헌으로서 국제조사보고서ISR: International Search Report, 국제공개공보PCT-Gazette 및 국제예비심사보고서(견해서)IPRP: International Preliminary Report on Patentability로 3가지 유형의 문헌자료가 있다.

상기 PCT 정보문헌들은 WIPO웹사이트www.patentscope.wipo.int에서 공개되는 특허정보들로서 특허를 획득하고자 지정한 개별국가에서 자국법에 의한 실체적 심사를 진행하기 이전인 국제단계에서 정보제공이 이루어진다. 그러므로 출원인은 특허받고자 하는 개별국가에 국내단계로의 진입 시에 특허성 확보 또는 사전 권리보호를 위한 수단[54]으로서 활용 가능하다. 보다 상세한 PCT특허협력조약에 의한 국제출원 절차에 관한 사안은 Chap. Ⅱ장에서 별도로 다루기로 한다.

생물다양성협약: CBDConvention on Biological Diversity

생물다양성협약은 개발도상국들의 생물 유전자원의 지속보존 필요성과 함께 이를 활용하는 선진국들의 이익을 생물자원 제공국과 함께 공유하자는 취지로 1993년에 발효되었으며 현재 우리나라를 포함한 약 193개국이 가입되어 있다. 주로 생물자원이 풍부한 국가들은 개발도상국임에 반해 이러한 생물자원을 경제력과 기술력을 바탕으로 활용과 이익을 독점하고자 하는 국가들은 선진국들이기 때문이다.

생물다양성협약 제 8조에 의하면 생물자원뿐만 아니라 아울러 전통지식을 지식재산에 준하는 권리로서 규정하며, 회원국가들은 전통지식의 보존과 생물다양성 지속유지를 위해 지역의 집단이 보유하고 있는 민속물, 종교의식, 민간요법, 전래기술 등 전통지식을 존중하며 유지보호토록 하고 있다.

생물다양성협약 제8조에 의하면 생물자원뿐만 아니라 아울러 전통지식을 지식재산에 준하는 권리로서 규정하며, 회원국가들은 전통지식의 보존과 생물다양성 지속유지를 위해 지역의 집단이 보유하고 있는 민속물, 종교의식, 민간요법, 전래기술 등 전통지식을 존중하며 유지보호토록 하고 있다.

최초 CBD협약은 가이드라인의 성격으로서 실효성의 문제가 제기되어 왔으며 이를 해결하기 위해 2010년 제10차 CBD 총회에서 나고야의정서Nagoya Protocol가 채택이 됨으로써 보다 회원 국가에서 법적구속력을 강제토록 하였다. 특히 유전자원 사용자가 생물자원에 접근하여 활용하고자 하는 경우 자원 보유국가에서 정해진 절차에 의해 사전 통보와 승인을 받아야 하며 또한 자원 제공국과 이용자 간에 체결한 이익 공유에 관한 약정은 금전적 이익 공유는 물론 기술이전과 같은 비금전적인 이익도 함께 공유토록 하였다. 아울러 유형적인 생물유전자원뿐만 아니라 전통지식과 같은 무형자원까지 자원 침탈방지를 위한 보호 대상으로 설정하고 만일 이를 활용한 이익이 발생하는 경우 이용자와 제공자가 상호공유토록 하였다.

54 PCT-Gazette(공보)가 공개되면 이를 첨부하여 특허 침해가 있는 당사자에게 경고장을 발송하고 제재에 불응하는 경우 향후 특허권 획득 시 손실보상을 받을 수 있도록 사전 조치를 취할 수 있으며 아울러 특히 PCT 관청에 의해 제공되는 국제조사보고서ISR 또는 국제예비심사보고서IPRP에 기초하여 특허청구범위 또는 명세서를 보정함으로써 개별 국가별 심사단계에서 특허받을 수 있는 가능성을 높일 수 있다.

CBD협약은 기술 선진국들이 주도하는 TRIPs협약이나 세계 기후변화 협약들과는 달리 생물자원과 전통지식이 풍부한 개발도상국이 자원보호에 관해 공세적인 입장을 취하고 있으며, 특히 자국의 전통지식과 생물자원을 활용한 선진국들의 생명공학 기술의 결과물에 대하여 공정한 이익공유를 주장하고 있다.

TRIPsTrade Related Intellectual Properties협약

무역관련지식재산협약TRIPs을 통해서 아시아, 남미 그리고 아프리카 대부분 국가들이 유럽에서 500년 전에 만들어진 지식재산 제도를 도입함으로써 이노베이션 보호를 위한 새로운 인센티브 시스템을 구축하였다. 이러한 현상을 보고는 일부 학자들은 오늘날 모든 지식재산의 영토를 유럽이 정복하고 이를 변화시켰다고 설명한다.[55] 과거 비밀제도, 포상제도, 후원제도 및 전통지식 시스템 등에 기반을 둔 이노베이션 구현을 위한 인센티브 제도들은 유럽 시스템인 특허, 저작권, 상표 및 영업비밀로 대체되었으며 한편으로는 대륙 간 문화적인 긴장과 이해 충돌을 가져오는 원인이 되었다.[56]

무역관련지식재산협약TRIPs을 통해서 아시아, 남미 그리고 아프리카 대부분 국가들이 유럽에서 500년 전에 만들어진 지식재산 제도를 도입함으로써 이노베이션 보호를 위한 새로운 인센티브 시스템을 구축하였다.

글로벌 지식재산 시스템은 TRIPs협약으로 공식화되었으며 전 세계적으로 짧은 기간 내에 광범위하게 채택이 되었다는 점에서 이는 엄청난 성공을 가져온 것이다. 지식재산 제도가 전 세계적으로 광범위하게 채택할 수 있었던 것은 국제무역기구인 WTO 회원국으로 될 수 있다는 거래 조건 때문이었다. 즉 세계화 과정에서 글로벌 무역은 국가 생존과 번영에 필수적인 요건으로 작용했기 때문이며 현재 TRIPs 체제하에서 지식재산 권리의 강화 정책에는 많은 논쟁이 진행 중에 있다.

회원국 중 대다수 국가들은 TRIPs 가이드라인에 의한 지식재산 제도도입이 자국의 이노베이션 사이클을 작동하는 데 있어 핵심적인 역할을 하고 많은 도움을 준다는 사실을 인지하고 있다. 특히 과거 개발도상국으로서 브릭스BRICS 국가들 중 중국, 인도 등은 자국 내에 지식재산 시스템을 도입하고 선순환적인 이노베이션 사이클을 가동시키며 산업 고도화와 경제발전에 이를 적극적으로 활용하고 있다.

과거에는 지식재산 커뮤니티 외부에서 고립되어 있던 국가들이 TRIPs조약이나

55 Ikechi Mgbeoji, Global Biopiracy: Patents, Plants and Indigenous Knowledge (UBC Vancouver, 2006).
56 CIPR report, chapter 4. 〈"http//www.iprcommission.org/graphic/documents/final_report.htm" Accessed Jan. 7, 2023〉

생물다양성협약CBD에 가입하고 점차로 국제사회의 일원으로 활동하고 있다. 생물다양성협정에서 강조하고 있는 유전자원과 전통지식을 보호하고자 하는 아이디어는 인도, 페루 등 개발도상국 중심으로 전통지식을 수집하고 활용하는 새로운 대책들을 이끌어 냈으며 세계지식재산기구인 WIPO는 전통지식의 보호라는 새로운 형태의 지식재산 제도까지 업무영역을 확대하고 있다.

POST – TRIPs[57] (TRIPs협약 이후)

POST-TRIPs 즉 TRIPs 협약 이후의 시기는 TRIPs협약이 실질적으로 가입국 내에서 구체적으로 잘 이행이 되는지 그 여부에 관심이 집중되는 시기였다.

WTO회원국이 되기 위한 거래 조건으로서 TRIPs협정의 강제적인 이행은 지식재산 제도에 관해 글로벌 기준을 설정함에 있어서 강력한 힘으로 작용하였으며 또한 지식재산 관련 국제협약에 있어서 중요한 가이드라인이 되었다. 이러한 TRIPs협약의 성공은 추후 체결하는 지식재산 관련 국제협약이 가입국가들에게 단순히 권고 수준이 아니라 강제적 의무규약들로 실행됨에 있어서 큰 역할을 하였다. POST-TRIPs 즉 TRIPs협약 이후의 시기는 TRIPs협약이 실질적으로 가입국 내에서 구체적으로 잘 이행이 되는지 그 여부에 관심이 집중되는 시기였다.

영국 정부의 지원을 받는 지식재산권리위원회Commission on Intellectual Property Rights: CIPR에서 작성한 TRIPs협정 이후 "지식재산 권리통합과 개발정책"이라는 종합보고서가 있는데 이는 서로 다른 지식재산 시나리오가 개발도상국에 미치는 영향이라는 주제를 연구한 보고서이다.

일반적으로 TRIPs협약 이후 10년간 글로벌 지식재산 동향은 지식재산 보호 체제가 강화되는 방향으로 진행되었다. 권리보호범위의 확대, 배타적 권리의 존속기간 연장 그리고 권리 적용이 가능한 국가 수 증가와 같이 여러 가지 방법으로 확대되었다.

CIPR보고서에서 과거 수십 년 동안 특허와 저작권의 보호기간과 지역적 범위의 확대, 침해구제 강화는 전례가 없는 것으로서 전 세계적으로 지식재산권리 보호가 강화되었다고 보고하였다. 하지만 CIPR보고서에 의하면 지식재산의 사회적 비용과 이익창출 효과에 대하여 놀랍게도 특히, 개발도상국에 있어서는 확정적이지 못하고 지식재산의 정책적 균형이 적절하게 잘 이루어지지 않은 것으로 보고하였다.

일반적으로 TRIPs협약 이후 10년간 글로벌 지식재산 동향은 지식재산 보호 체제가 강화되는 방향으로 진행되었다. 권리보호범위의 확대, 배타적 권리의 존속

57 참조: CIPR Report. Available at http://www.iprcommission.org/graphic/documents/final_report.htm (Accessed Jan. 7, 2023) 및 Lincoln Law School of San Jose (2019). Introduction to Intellectual Property Strategy, Pretium Press.

기간 연장 그리고 권리 적용이 가능한 국가 수 증가와 같이 여러 가지 방법으로 확대되었다.

TRIPs협약은 글로벌 무역을 위한 자산 거래 계약에 있어서 표준규범으로서 아주 큰 공헌을 한 것임에 틀림없다. 글로벌 무역 상거래에 있어서 거래 가능한 자산과 이노베이션들이 TRIPs협약에 의해 제시된 지식재산 보호권리로서 특정되어 거래 당사자 국가에서 보호가 이루어졌으며 이를 통해 다양하게 글로벌 무역시장이 형성되며 성장하였다. 특히 이러한 무역 거래와 수반되는 이노베이션의 확산은 특정 국가의 이노베이션이 다른 국가의 새로운 이노베이션을 창출에 기반이 되었으며 이를 통해 글로벌 관점에서 이노베이션 확산과 새로운 이노베이션의 창출이 보다 용이하게 이루어졌다.

TRIPs협약 이후 인터넷 기술혁명에 의해 글로벌 온라인 네트워크 환경에서 정보교류가 활발하게 이루어지는 디지털저작물의 보호와 관련하여 1996년 체결된 WIPO저작권 조약에 의해 저작 권리자와 사용자 사이에서 다자간 협약에 의해 새로운 지식재산 규범으로 대두했다. 디지털저작물의 창작자, 인터넷 서비스 제공자, 소프트웨어 개발자 및 다국적 소프트웨어 기업 등은 다양한 이해관계에 의해 새로운 질서들이 협약국가에 법제화되면서 디지털 글로벌 정보화 사회로의 초석을 마련하였다. 한편 세계화의 부작용을 우려하는 글로벌 환경단체, 비정부기관 NGO 또는 비영리 공공단체들은 연합하여 다자간 지식재산 협약에 의한 지식재산 보호강화 정책에 견제적인 입장을 지속하며 정부와 시장을 압박하여 왔으며 개발도상국들은 기술선진국과의 심화되는 지식재산 불균형과 자원침탈을 방지하기 위해 생물자원 보호와 전통지식의 보호 강화에 목소리를 높여왔다.

다자간투자협정MAI: Multilateral Agreement on Investment과 연계된 무역관련투자협정TRIMs: Trade Related Investment Measures이 TRIPs 이후 OECD 회원국들 사이에서 논의되어 왔으며, 이는 회원국가에 자본투자 관련하여 강제 실시권과 같은 지식재산권 관련 이슈들이 핵심적인 의제로서 부각됨으로써 지식재산권은 무역거래에 있어서만 아니라 외국인직접투자FDI: Forign Direct Investment에 있어서도 중요한 이슈로서 다루어지고 있다. TRIPs협약에 의해 보호되고 특정되는 지식재산권은 TRIMs협정을 통해 외국인 투자유치를 포함한 글로벌 무역 질서와 상거래에 있어서 계약체결과 거래자산의 가치기준을 설정함에 있어서 핵심적인 역할을 하고 있다.

TRIPs협약에 의해 보호되고 특정되는 지식재산권은 TRIMs협정을 통해 외국인 투자유치를 포함한 글로벌 무역 질서와 상거래에 있어서 계약체결과 거래자산의 가치기준을 설정함에 있어서 무엇보다도 핵심적인 역할을 하고 있다.

한편 오늘날 4차산업혁명이라 일컫는 디지털대전환의 시대에서는 사물인터넷IoT, 정보통신기술ICT 그리고 클라우드Cloud기술의 비약적 발전에 힘입어 폭발적으로 증가하는 데이터Data는 인공지능AI이 주도하는 테크놀로지에 의해 유용한 지식으로 변환되고, 이를 기반으로 창출되는 새로운 가치와 이노베이션은 궁극적으로 지식재산의 보호대상이 된다. 특히 인공지능AI과 데이터 분석론에 의해 가속화되는 디지털 정보화시대의 이노베이션의 창출, 보호 및 활용 과정은 TRIPs 이전의 기술선진국 주도의 산업화 시대의 지식재산 패러다임과는 확연히 다르기 때문에 우리는 앞으로 다가올 미래의 지식재산 제도의 역할과 그 중요성에 관해 주목해야 할 것이다.

- 신규 이노베이션에 의한 지식재산 제도의 변화

지식재산 제도가 새로운 이노베이션을 창출하여 왔듯이 새로운 이노베이션 또한 새로운 지식재산 제도를 필요로 하고 시행 업무들을 변화시켜 왔다. 소비자 관점에서 각종 전달 미디어기술의 발전은 저작권법을 변화하게 만들었고 음악, 영화 그리고 다른 예술 분야에서 마케팅 실무도 변화시켰다. 인터넷 디지털네트워크 공간에서의 전자상거래 활성화는 저작권 법률을 개정토록 하였고 도메인이름이나 하이퍼링크 등은 상표에 관한 새로운 지식재산 보호개념을 정립토록 하였다. 인터넷 사이버 공간에서 증가하는 컴퓨팅서브에 의해 특허침해는 개별 국가에 국한되어 침해 문제가 발생되는 것이 아니라 컴퓨팅 과정이 다수 국가들에 걸쳐 발생하기 때문에 다국적인 특허침해 문제들을 발생시키며 지식재산 보호시스템의 변화를 요구하고 있다.

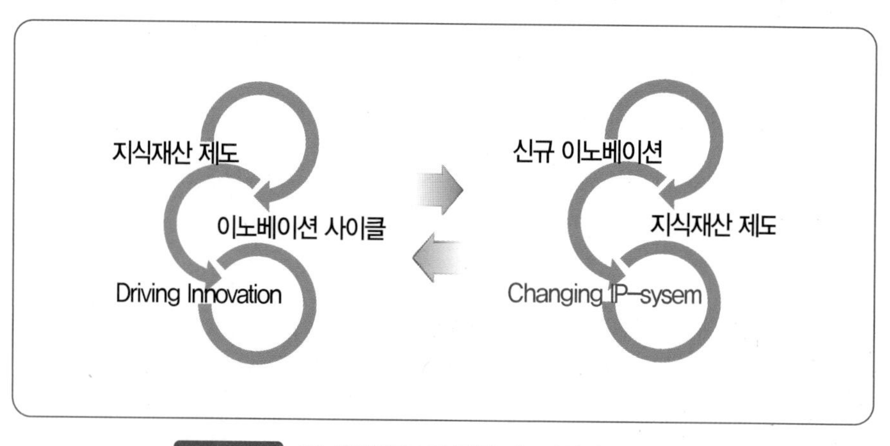

그림 Ⅰ-18 이노베이션과 지식재산 제도변화의 상호 연계성

즉 그림 Ⅰ-18과 지식재산 제도는 '이노베이션 사이클'을 구동하는 엔진으로서 파급 효과가 크든 작든 우리 사회가 필요로 하는 이노베이션을 지속적으로 창출하며 공유지식으로 축적하고 있으며, 또한 이노베이션이 축적된 지식순환 생태계에서 사회적 패러다임을 변화시킬 수 있는 파급력이 극대화된 새로운 이노베이션의 출현은 필연적으로 새로운 지식재산 제도를 요구하고 있다.

지식재산 제도는 이노베이션 사이클을 지속적으로 가동시키는 엔진으로서 우리 사회에서 파급 효과가 크든 작든 이노베이션들을 지속적으로 창출시키고 이를 축적시켜오고 있다.

4차산업[58] 이노베이션과 지식재산 제도

4차산업혁명이라고도 불리어지는 디지털 전환의 시대에는 인공지능, 사물 인터넷, 빅데이터, 클라우드 컴퓨팅, 블록체인 등 새로운 디지털 테크놀로지들이 기존의 도메인 산업과 융복합을 통해 새롭고 다양한 R&D이노베이션 창출을 선도하고 있으며, 이를 위한 이노베이션 사이클을 더욱 역동적으로 구동하기 위해 세계 각국에서는 디지털 테크놀로지와 R&D이노베이션 보호를 위한 새로운 지식재산 제도들을 적극적으로 입법화 추진하고 있으며 우리나라도 관련 지식재산 제도를 수정 입법화[59]하려는 다양한 노력들을 하고 있다.

4차산업 이노베이션과 관련해서 여기서는 인공지능AI과 빅데이터Big Data 그리고 사물인터넷IoT 주제를 중심으로 지식재산보호 관점과 함께 탈중앙화를 지향하는 차세대 인터넷 웹web3.0 시대를 여는 핵심 열쇠로도 기대를 모으고 있는 블록체인Block Chain의 사용사례Use case로써 디지털 콘텐츠 보호를 위한 대체불가능토큰NFT과 스마트계약Smart Contract에 관해 살펴보기로 한다.

● 인공지능AI의 지식재산IP 보호 관점

저작권법은 인간의 사상 또는 감정을 표현한 창작물을 그 보호대상으로 하고 있는데 인공지능AI 프로그램이 빅데이터를 학습하고 이를 기반으로 창안된 인공지능 창작물이 인간의 창작물과 동일한 수준에서 보호받을 수 있는지에 관해 논란이 될 수 있다. 인공지능에 의해 창안된 창작물 보호는 저작권 제도의 본질적 보호 대상 취지와는 부합하지 않으나, 창작 산업의 투자 활성화와 보호라는

저작권법은 인간이 창안한 독창적인 표현이 내재된 저작물을 그 보호대상으로 하고 있는데 인공지능AI이 빅데이터를 학습하고 이를 기반으로 창안된 인공지능 창작물이 인간의 창작물과 동일한 수준에서 보호받을 수 있는지에 관해 논란이 될 수 있다.

58 18세기 영국 특허법의 시행은 증기기관 발명과 기계화 혁명이라는 1차산업혁명을 유발시켰으며, 19세기에 와서는 전기에너지 기반의 대량생산 혁명을 통해 2차산업혁명으로 이어졌으며 20세기 후반에는 컴퓨터 및 인터넷 정보화 기반의 3차산업혁명에 이르게 하였고 21세기 오늘날 4차산업혁명 시대는 지식정보와 디지털 지능기술이 결합된 새로운 디지털 정보혁명 시대의 도래를 예고하고 있다.

59 2016년 이후 '지식재산 정책포럼'을 중심으로 4차산업의 핵심기술로서, 인공지능AI와 빅데이터 보호에 관한 많은 토론이 이어져 왔으며 'AI지식재산특별법' 제정에 관한 논의가 진행된 바 있다.

관점에서 기존의 저작인접권자(음반제작자, 방송사업자 또는 데이터베이스제작자)를 보호하는 법리와 유사하게 저작권법 체계 내에서 보호할 수도 있을 것으로 보고 있다. 즉 인간이 인공지능AI이라는 도구를 활용하여 창작물을 창출하였다는 노력의 보상(인센티브) 관점이나 또는 인공지능AI 투자 보호의 관점에서 저작권법에 의해 보호하되, 인공지능AI에 의한 창작물은 그 특성상 대량의 창작물을 생산함으로써 그 활용자인 인간을 잠재적 침해위험에 빠뜨리게 되는 부작용이 있으므로 그 보호 수준을 인간이 창작한 저작물과는 다르게 적용해야 한다는 관점이 주목받고 있다.[60]

특허법의 관점에서도 인공지능AI에 의해 창출된 발명 보호에 다양한 논란이 되고 있다. 인공지능AI이 빅데이터를 학습한 딥러닝 또는 머신러닝 알고리즘에 의해 새로운 발명을 창안하는 경우에 어떠한 관점에서 보호할 수 있을 것인가? 특허법의 변화가 필요하다면 발명에 관한 정의 규정을 개정하거나 인공지능AI에게 전자인격을 부여하는 등 다양한 방안이 검토될 수 있을 것이다. 이와 관련하여 유럽특허청을 중심으로 대부분의 국가에서는 인공지능AI에 의해 발명이 창출되는 경우 해당 인공지능AI을 발명자로서 등재하고 권리를 부여함에는 부정적인 관점을 유지하고 있으나 인공지능AI을 도구로써 활용한 자연인이 인공지능AI에 의한 발명의 효과에 관해 예지하고 이를 발명에 활용하였다면 해당 자연인이 발명자의 권리를 향유할 수 있음에는 그다지 큰 이견은 없는 것으로 보고 있다.[61] 하지만 AI 발명자와 관련된 특허법 보호는 우리나라를 포함하여 아직도 많은 법정 논란들이 전세계적으로 진행 중에 있으며, 이는 국제적인 조화가 필요한 부분이므로 향후 귀추가 주목되고 있다.

- **빅데이터Big Data와 지식재산 보호 관점**

4차산업혁명 시대에는 거의 모든 사물과 인간이 실시간 데이터를 생성하고 사물인터넷IoT의 다양한 센서를 통해 엄청난 양의 데이터가 수집되고 있으며 모든 사물과 인간들이 네트워크로 연결되는 유비쿼터스 초연결사회로 진입함에 따라 AI와 머신러닝에 의한 데이터 학습과 분석을 위하여 디지털 시대의 핵심

60 손승우 (2016), '인공지능 창작물의 저작권보호', 정보법학 제 20권 제3호
61 Dr. Noam Shemtov (2019), 'A study on inventorship in inventions involving AI activity', Commissioned by the EPO, available at https://www.epo.org/news-issues/issues/ict/artificial-intelligence.html (Accessed July 25, 2019)

자원으로 부상한 빅데이터의 보호와 활용에 관한 중요성이 대두되고 있다.

데이터베이스의 중요성을 일찍이 인지한 유럽공동체에서는 1996년에 제정된 데이터베이스에 관한 보호지침EU Database Directive에 의해 15년 동안 보호하고 있다. 데이터 마이닝기술을 통해 확보한 데이터 소재들이 선택 · 배열 또는 구성에 있어서 체계성이 있다면 이러한 데이터베이스들은 현행 우리나라 저작권법에 의해 데이터베이스제작자의 권리로서 보호받을 수 있지만 이 경우에도 데이터베이스 확보를 위해 상당한 투자를 한 경우로 한정되고 보호 기간 또한 5년으로 외국의 데이터베이스 보호 등에 비교해서도 상당히 짧기 때문에 4차산업의 핵심이 되는 데이터 산업의 육성[62]을 위해서는 보다 강력한 보호가 필요하다는 시각도 있다.

- **사물인터넷IoT기술의 지식재산 보호 관점**

오늘날 4차산업을 선도하는 사물인터넷Internet of Thing이라 함은 다양한 사물Thing로부터 확보되는 데이터 정보가 네트워크Internet에 연결되어진 데이터 센터 또는 클라우드Cloud를 통해 모바일 또는 포탈에 연결되고 사용자인 인간 또는 또 다른 사물Thing과의 피드백 과정이 데이터 프로세싱을 통해 실시간 이루어지는 것으로서, 네트워크Internet에 데이터 연결과 통신을 위한 보안 기술 그리고 데이터 전송율 향상을 위한 유, 무선의 정보통신기술ICT 등이 핵심 기술로써 대두되고 있다.

사물인터넷 분야의 기술표준은 다국적 글로벌 기업들과 글로벌 연구컨소시움 등 다양한 기술개발 주체들에 의해 주도되며 종래의 지식재산 보호 전략은 디지털 전환에 의한 비즈니스 패러다임의 변화와 함께 향후 새로운 지식재산 패러다임을 예고하고 있다.

사물인터넷 분야에서는 다양한 기술들이 표준화되어 있으며, 이러한 기술들의 표준화 과정에서는 FRAND 조건이 중요한 역할을 한다. FRANDFair, Reasonable, and Non-Discriminatory 라이선스 방식은 특허 소유자가 자신의 특허 기술을 사용하고자 하는 타사 업체들에게 '공정하고 합리적이며 비차별적인 조건'을 제공하는 것으로, 해당 표준 기술을 사용하는 모든 업체들이 동일한 조건에서 사용할 수 있도록 보장함으로써, 특허 소유자와 이용자 간의 갈등을 예방하고, 산업과 기술 발전을 촉진하는 중요한 지식재산 전략으로 자리잡고 있다.

62 한편, 우리나라는 데이터 산업발전 기반 조성과 데이터 경제 활성화를 위해 "데이터 산업진흥 및 이용촉진에 관한 법률" (일명, 데이터 기본법)이 2022년 4월 20일부터 시행되어 국가 차원의 데이터 컨트롤 타워 확립, 데이터 거래 · 분석 제공 사업자 등 데이터 전문기업 육성, 그리고 데이터 거래사 양성 등, 데이터의 생산, 거래 및 활용 촉진을 위한 제도적 기반을 마련하였다.

그러므로 사물인터넷IoT의 기술혁신 분야에서 핵심이슈는 기존의 제조 또는 서비스 산업의 구조를 디지털 전환을 통해 궁극적으로 새로운 고객경험을 제공하는 시장을 만들고 이를 성장시키기 위해 국가 간의 장벽을 넘어서는 글로벌 기술표준을 이루는 것이 중요한 과제로 대두되고 있다. 오늘날 이를 위해 사물인터넷 분야의 기술표준은 다국적 글로벌 기업들과 글로벌 연구컨소시움 등 다양한 기술개발 주체들에 의해 주도되고 있으며, 종래의 지식재산 보호 전략은 디지털 전환에 의한 비즈니스 방식의 변화와 함께 향후 새로운 지식재산 패러다임을 예고하고 있다.

오늘날 지식재산이 과도하게 보호되거나 배타적인 지식재산권이 세분화됨으로써 발생되는 부작용[63]으로 인해 우리 사회가 필요로 하는 이노베이션 창출과 확산에 큰 장애물이 되었다. 이를 해소하기 위한 오픈 이노베이션Open Innovation[64]이라는 지식재산전략이 새롭게 대두되면서 기존의 지식재산 규범은 새로운 국면에 직면하게 되었으며 디지털 기술혁신을 위해 업종 간의 경계는 물론 국가 지역 간의 경계를 허물고 있다. 특히 새로운 기술 인프라 구축과 확산이 요구되는 사물인터넷과 정보통신기술ICT 관련된 기술표준(특허) 분야에서 기존 FRAND 라이선스 방식을 넘어서 무상 로열티Royalty-free 전략[65]에 의한 이노베이션 접근성 강화와 오픈 이노베이션 시스템에 의한 디지털 기술 혁신이 보다 강력히 요구되고 있다.

63 이러한 부작용을 마이클헬러Michael Heller는 반공유재의 비극Tradgy of Anti-common이라 하며 교차로에서 차량이 과도하면 차량으로 인한 교통 정체가 발생되듯이 독점 배타적 권리 즉 반공유재가 사회에 너무 많이 형성되면 권리 활용이 원활하게 되지 않고 사회 혁신이 정체됨을 비유하였다.

64 무상으로 제공되는 오픈 소스 라이선싱과 이를 통해 새로이 창출된 소프트웨어 이노베이션은 당업계의 새로운 혁신 창출을 위해 동일한 방식으로 소스코드를 공유해야 하며 IP로서 배타적 권리를 확보하지 못하도록 한 이러한 방식은 리눅스 소프트웨어 개발 분야에서 성공적인 소프트웨어 이노베이션의 창출과 확산이 이루어지면서 새로운 지식재산 전략으로써 자리를 잡고 있다. 특히 디지털 저작물 분야에서 지속적인 이노베이션 창출과 확산을 위한 오픈 이노베이션은 크레이티브 커먼즈Creative Commons 라이선스라는 공유 방식을 통해 새로운 지식재산 규범의 형태로 주목을 받고 있다.

65 Yasuro Uchida, Chap.4 A Strategy for Royalty-free Intellectual Property, In *Paradigm Shift in Technologies and Innovation System* ed. by John Cantwell & Takabumi Hayashi (Springer, 2019), pp. 73-101

사물인터넷 분야의 기술표준은 다국적 글로벌 기업들과 글로벌 연구컨소시움 등 다양한 기술개발 주체들에 의해 주도되며 종래의 지식재산 보호 전략은 디지털 전환에 의한 비즈니스 패러다임의 변화와 함께 향후 새로운 지식재산 패러다임을 예고하고 있다.

- 디지털 콘텐츠(창작물)및 거래(계약)의 지식재산 보호관점

한편, 우리 사회가 본격적으로 디지털 시대로 진입함에 따라 인터넷 사이버 공간에서 이루어지는 다양한 디지털 기록과 당사자간 P2P의 거래(계약) 행위는 디지털 거래의 투명성과 함께 디지털 데이터의 진위성을 보장할 수 있어야 한다. 분산원장기술Distributed Ledger Technology이라고 불리우는 블록체인Block Chain 기술은 디지털 기록 보관과 거래(계약)행위에 신뢰성과 투명성을 담보할 수 있는 디지털 시대의 핵심기술로서 부각되고 있다.

특히, 블록체인 기술을 활용하여 디지털 창작물 또는 디지털 콘텐츠에 저작권과 소유권을 분산형 네트워크에 기록하고 보관하는 NFTNon Fungible Token가 주목을 받고 있다. 대체불가능토큰NFT은 개별 디지털 콘텐츠 또는 디지털 아트(창작물) 등에 고유한 토큰Token을 연결함으로써 창작자의 저작권은 물론 소유권을 입증할 수 있을 뿐만 아니라, 블록체인 기술을 기반으로 하고 있기 때문에 소유권 이전 등 권리 변동에 관한 이력 정보가 블록체인에 저장되어 관리됨으로 위조 또는 변조 자체가 불가능하여 디지털 콘텐츠 또는 창작물의 디지털 자산Digital Asset 가치 확보를 위한 지식재산 보호수단으로 활용되고 있다.

한편, '계약 조건을 자동으로 실행하는 전산화된 프로토콜'Protocol로서 '스마트 계약'Smart Contract이 블록체인 기술을 활용한 또 다른 '사용사례'use case로 대두되고 있다. '스마트 계약'이란 온라인 네트워크에서 개발자가 거래(계약) 조건과 내용을 프로그래밍하여 블록체인 일부인 컴퓨터 네트워크에서 이를 구현함으로써 거래(계약)의 실행과 관리가 자동화된 소프트웨어라고 할 수 있다. 이는 이해 관계자들의 불필요한 협의나 위변조 위험없이 투명하게 그리고 신속히 실행되며, 아울러 중개인 개입도 배제되므로 비즈니스 비용과 시간을 획기적으로 절감할 수 있는 장점들이 있다.

예를 들어, 블록체인 기술이 적용된 '스마트 계약'에 기반한 지식재산(특허, 저작권 등) 라이선스 계약에 서명한 참가자들은 로얄티 계약으로서 그 가치를 증명하는 토큰을 받을 수 있다. 즉 '스마트 계약'Smart Contract을 통한 토큰화Tokenization의 생성은 로얄티Royalty 계약과 연관된 법 규율이 프로그래밍 분야에 도입되어 구현됨으로써 높은 수준의 자동화 서비스를 이해 관계자들이 제공받을 수 있는 것이다.[66]

해킹 보안에 대한 기술적 취약점이나 분쟁 이슈의 예방 또는 법률적 보완 대책 등이 과제로 남아 있지만 블록체인 기반의 '스마트 계약'은 기존의 금융 서비스 산업 분야를 중심으로 다양한 '사용사례'Use Case들이 개발되어 운영 중에 있으며, 향후 '스마트 계약'은 '암호화폐'Cryptocurrency와 '디지털 자산'Digital Asset 인프라와 함께 디지털 시대의 새로운 '거래 플랫폼'Transaction Platform들로 성장하며 자리 매김할 가능성을 보여주고 있다.

• **4차산업 특허분류체계와 미래 융복합 이노베이션 (예시)**

표 Ⅰ-23 4차산업혁명 7대 핵심 기술분야

인공지능	3D 프린팅	사물인터넷	자율주행차	지능형로봇	클라우드	빅데이터
Ai	3D	IOT				BIG DATA

한편, 우리나라 특허청은 표 Ⅰ-23과 같이 자체적으로 4차산업혁명 기술 관련 특허분류 체계로서 인공지능(G06Y), 3D 프린팅(B33Y), 사물인터넷(G16Y), 자율주행차(B60X), 빅데이터(G06W), 지능형로봇(B25Y), 클라우드(G06V) 7대 기술 분야를 선정하고 이에 관련된 특허출원을 우선심사를 시행함으로써 4차산업기술의 국내 조기 권리화를 지원한 바 있다.

4차산업혁명이라는 새로운 패러다임은 과거 산업화 과정에서 경험하지 못한 클라우드 컴퓨팅Cloud Computing 기술과 인공지능AI 그리고 빅데이터Big Data 산업 등 새로운 R&D이노베이션을 출현시켰고 이를 기반으로 이와 연동 가능한 사물인터넷, 자율주행차 및 지능형로봇 등이 신산업 육성을 위해 7대 핵심 기술분야로 지정되었다. 하지만 한국특허청은 그 이후 7대 분야와 근자에 신산업 현장에서 새롭게 대두되고 있는 혁신성장 기술분야들을 포함토록 하여 표 Ⅰ-24에서 정리한 바와 같이 정보통신ICT: Information & Communication Technology 기반기술, 융합서비스 기반기술 및 산업 기반기술로 4차산업혁명 관련 특허기술을 구분하여, 기존의 7대 기술분야에서 9대 첨단산업기술과 관련된 분야를 추가함으로써 4차산업혁명 관련 총 16대 기술분야를 우선심사 지원분야로 확대 운영하고 있다.

---

66 Blockchain technologies and IP ecosystems: A WIPO white paper, WIPO (2022)

표 Ⅰ-24 4차산업혁명 관련 16대 新특허기술 분류체계[67]

4차산업	세부 기술 분류				
ICT 기반기술 (Z01)	인공지능 (Z01A)	빅데이터 (Z01B)	클라우드 컴퓨팅 (Z01C)	차세대통신 (Z01T)	IoT(Z01I)
융합서비스 기반기술 (Z03)	지능형 로봇 (Z03R)	자율 주행차 (Z03V)	드론(무인기) (Z03D)	가상증강 현실(Z03A)	스마트시티 (Z03C)
	맞춤형 헬스케어 (Z03H)	혁신신약 (Z03M)			
산업 기반기술 (Z05)	지능형 반도체 (Z05S)	첨단소재 (Z05M)	신재생 에너지 (Z05E)	3D 프린팅 (Z05P)	

R&D이노베이션에 의해 지속적으로 창출되며 변화되어 갈 미래 4차 산업혁명 관련 신기술 분야는 표 Ⅰ-25에서부터 표 Ⅰ-33에 제시된 다양한 융복합 기술분야 또는 첨단기술 분야에 융합되어 누구도 예측하지 못한 새로운 신산업 분야로 성장할 수 있다.

더욱이 글로벌 디지털 경제시대에는 디지털 정보기술과 다양한 문화 · 예술이 융합함으로써 새로운 창작산업기술이 출현하고, 이러한 디지털 창작산업기술은 기존의 첨단산업분야 기술과 또 다른 융합을 통해 새로운 시장과 패러다임을 여는 R&D이노베이션으로 성장할 수 있다.

글로벌 디지털 경제시대에는 디지털 정보기술과 다양한 문화 · 예술이 융합함으로써 새로운 창작산업기술이 출현하고, 이러한 디지털 창작산업기술은 기존의 첨단산업분야 기술과 또 다른 융합을 통해 새로운 시장과 패러다임을 여는 R&D이노베이션으로 성장할 수 있다.

그러므로 우리는 전문가들에 의해 근자에 제안된 표 Ⅰ-25 ~ 표 Ⅰ-33에서와 같이 다양한 첨단기술 또는 미래 유망기술 유형에 관해 심도 있는 고찰을 통해 보다 경쟁력 있는 R&D이노베이션을 창출할 수 있을 것이다. 본 저서에서는 특히 이를 위해서 "IP(특허)정보 관점의 R&D전략"을 Chap.Ⅳ의 별도 단원 주제로 선정하여 지식재산 정보에 관한 접근성과 실무전략을 더욱 상세하게 다루고자 한다.

67 특허청, 4차산업혁명 관련 新특허분류체계, Available at: https://www.kipo.go.kr (Acessed Jan. 7, 2023).

표 Ⅰ-25 미래 융복합 이노베이션-2020[68]

융·복합분야	유망 후보기술				
Sustainable Energy (지속 가능 에너지)	하이브리드 자동차	전기자동차	연료전지 자동차	고효율 ICE 자동차	히트 펌프
	초전도 전력설비	빌딩 에너지 관리 시스템	희유금속 개발 솔루션	우라늄광 개발 솔루션	Extreme 에너지 개발 솔루션
	고효율 발전설비	FPSO 해양플랜트	핵융합발전	Green Ship	에너지저장/변환소재
	원전 플랜트	태양광 발전	풍력발전	열전모듈	LED
	스마트 그리드	탄소기반 신소재	바이오 연료	해양 에너지	연료전지
Intelligent Space (지능형 공간)	지능형 물류	무인 항공기	인공위성체	상업용 로켓(우주선)	고부가가치 선박
	담수화수처리	폐기물처리	에코스틸	도시재생	현장맞춤형 건설기계
	스마트 가전	스마트 홈/오피스	고내진 빌딩	재해 경보시스템	지능형 자동차
	친 환경 주택	차세대 고속철	스마트 하이웨이	자기 부상열차	지능형 CCTV

68 「산업기술 비전 2020」 (2010), 산업기술혁신비전 2020 차세대 혁신산업 조사대상 후보기술

Heathy Long Life (건강한 삶)	항체치료제	유전자치료제	세포치료제	천연물의약	난치/ 감염질환백신
	라이프스타일 약품	바이오 시밀러	바이오소재	신경인지	건강기능식품
	인공근골격	바이오장기	첨단영상 진단기기	현장진단기기	가정용 의료기기
	유전자분석	의료용 로봇	고령자 친화주택	전자파 실드의류	U-헬스케어 서비스
Augmented Space (증강 공간)	실감형 스마트 TV	차세대 디스플레이	가정용 4D 플렉스	4D 콘텐츠	서비스 로봇
	웨어러블 PC	3D 프린터	디지털 사이니지	초고속 양자 컴퓨터	시스템 반도체
	전자바이오 센서	인간-머신 인터페이스	온라인/ 모바일 게임	우주체험 서비스	가상/증강현실 서비스
	멘탈 케어 서비스	복합 테마파크	익스트림 스포츠 서비스	열영상 시스템	고출력 레이저
Hyper Connection (초연결)	소프트웨어 플랫폼	5G 네트워크	무선에너지 전송	정보보안 솔루션	클라우드 서비스
	모바일 방송시스템	자동 통번역 서비스	인간 행태예측	머신러닝/ 딥러닝 서비스	빅데이터 서비스
	클라우드 컴퓨팅	인쇄전자 정보소자	텔레프레전스	LBS 기반 소셜네트워크	모바일 오피스
	상호연계 e-러닝	스마트카용 전기장치	감정공유 기기	모바일 방송시스템	ICT 드론봇

표 Ⅰ-26 딥러닝으로 예측한 미래 고성장 과학기술영역 100선[69]

세부 분야	미래 고성장 과학기술영역 100선		
물리/엔지니어링 Physical sciences and engineering	유연성 슈퍼커패시터용 소재 물질 개발	광전환 효율을 향상시킨 비풀러렌non-fullerene 유기태양전지	수처리 또는 담수화를 위한 복합 분리막
	흡착제를 이용한 오폐수의 중금속 제거 기술	열 활성 지연 형광 TADF을 활용한 OLED 소자 제조 기술	경사 기능재료Functionally Graded Material 제조 기술
	지능형 HVAC 시스템 최적화 기술	섬유강화 고분자 복합소재	폐수처리를 위한 고도산화 처리기술
	미량 독성물질 맞춤형 흡착기술	나노셀룰로오스 기반 고부가가치 소재 개발	전기방사에 의한 나노섬유의 제조와 활용
	고성능 열전 소자Thermoelectric용 열전 물질 개발	탄소기반 이산화탄소 흡착제	핵융합에너지 상용화 기술
	바이오매스 활용 고농도 바이오연료 생산 기술	기체분리용 혼합 기질 분리막 mixed matrix membrane	에너지 흡수하는 기계적 메타물질 합성
	리그닌 기반 고부가가치 기능성 재료 변환 기술	탄소기반 나노구조물 구조분석 및 물성제어 기술	상변화 소재 활용 열에너지 저장
	위상 최적화topology optimization 기술	차세대 친환경 내연기관 기술	지속 가능한 재생에너지를 위한 스마트 에너지 시스템 구축
	신재생 에너지 관리를 위한 스마트그리드/ 가상발전소 기술	Soft Bioelectronics를 위한 고기능성 나노복합소재	전자소재와 에너지 변환 소자로서의 2차원 물질
	이산화탄소 전환용 촉매	태양에너지 기반 냉난방 시스템 기술	탄소나노튜브/그래핀를 이용한 고성능 차폐재 개발
	초고성능 콘크리트 기술	공중 및 수중 생체모방 로봇 기술	수소에너지 생산, 저장 및 활용기술
	이산화탄소 포집기술	도심주거지 소음 저감 기술	친환경 파력 에너지 재생 기술
	DNA 나노기술	카오스 기반 이미지 암호화 기술	이산화탄소의 광전기화학적 전환기술
	자율 주행 고도화를 위한 능동형 차량 제어 기술	인공지능 기반 태양광 발전량 모니터링 및 예측	리튬-황 전지의 저장 용량과 안정성 개선
	나노발전기nano-generator	비전기반 화재 감지 기술	섬유강화 열가소성 복합소재
	플러그인 하이브리드 자동차PHEV의 연료 효율 최적화 기술	태양광을 열로 변환하는 고효율 광열변환물질	그린 빌딩 건축 및 평가 기술
	담수화를 위한 재생에너지 기반 막증류MD 공정 기술	탄소나노튜브 시멘트 복합 소재	글래스 3D 프린팅 기술
	구조적 슈퍼커패시터 structural- supercapacitor		

69 한국과학기술정보원(KISTI) 미래기술분석센터, '딥러닝으로 예측한 미래 고성장 과학기술영역 100선', KISTI DATA INSIGHT (2020.10.30) 특별호 (제14호)

세부 분야	미래 고성장 과학기술영역 100선		
수학/ 컴퓨터과학 분야 Mathematics and computer science	무선 센서 네트워크WSN 기반 IOT 응용기술	고압직류HVDC 송전기술	차세대 전력 체계의 핵심 기술인 마이크로 그리드Microgrid 기술
	사용자 행동 분석 기반 지능형 교통 시스템 기술	스마트 모빌리티 : 실시간 최적 경로 탐색 및 배치 기술	딥러닝Deep Learning 기반 기계시스템 결함 모니터링 기술
	퍼지Fuzzy클러스터링을 이용한 영상 분할 및 인식 기술	딥러닝 기반 컴퓨터 비전 기술	스마트 환경을 이용한 인간 활동 인식 및 분석 기술
	신경망 기반의 하이브리드 예측 모델	자율이동로봇의 다이나믹 운행을 위한 적응형 제어기술	스마트폰 실내 위치 기반 서비스Indoor LBS 기술
	웨어러블 로봇 기술	이중여자유도형 풍력발전기 DFIG 기반 풍력발전 기술	수술로봇의 모양감지 기술
	전염병 및 자연재해 예측을 위한 행위자 기반 모델링과 시뮬레이션 기술	딥러닝Deep Learning 기반 영상융합처리 기술	웨어러블 센싱장비 및 통신기술
	얼굴인식 대안기술로서의 보행인식 기술		
생활/ 지구과학 분야 Life and earth sciences	초분광 이미징	탄성파 데이터 처리 및 해석기술	인류 생존과 직결되는 생물다양성 연구
	위성 및 조류측정기 활용 해수면 모니터링	기후변화에 따른 생태계 변화 모델 및 대응방안 연구	인공지능 기술을 활용한 토지이용 변화 모니터링
	기후 변화와 자원위기 대응을 위한 물-에너지-식량 연계 기술	고성능 전천후 영상레이더 SAR 데이터를 활용을 위한 딥러닝 기술	북극해 해빙 상태 변화의 원격 관측 기술
	도시열섬화Urban Heat Island, UHI 완화를 위한 녹색기술	위성 · 레이더 활용한 초단기 강우예측기술	도시폐기물의 처리 및 재활용 기술
	합성 개구 레이더SAR 활용한 재난 감지 기술	해색 원격탐사ocean color remote sensing 및 활용	미세플라스틱 대체재로서의 생분해성 고분자
	친환경 빗물관리를 위한 저영향개발Low Impact Development, LID	인공지능 기반, 기후재해 예측 기술	컴퓨터 비전 기술을 활용한 스마트 파밍smart farming
	GIS(지리정보시스템)와 DEM(수치표고모델)을 이용한 홍수위험지도 개발 기술	지속가능한 물관리를 위한 Greywater(재생수) 기술 연구	가뭄 예측을 위한 위성 원격감지 기반 토양 수분 측정 기술
	글로벌 기후 변화 대비 지속 가능한 생태 네트워크 Ecological Networks 연구		
바이오/건강 분야 Biomedical and health sciences	자폐증 원인 규명과 치료법	뇌 미세혈관 장애 극복 기술	단일세포 멀티오믹스 분석
	저소득국 복합미량영양소 결핍 소아의 영양개입	면역세포에 의한 대사질환 조절(면역대사) 연구	실시간 RT-PCR
	골수유래 면역억제세포MDSC 활용 면역항암제 개발	질병 예측의 유용한 바이오마커Biomarker로서 지질체lipidomics 연구	빅데이터 및 인공지능 기반 약물 부작용 감시
	단백질 대량 생산을 위한 무세포 단백질 합성CFPS 연구		

표 Ⅰ-27 2014 특허 빅데이터 분석을 통한 미래유망기술 선정[70]

산업분야		10대 미래 유망기술
농림 수산 식품		▲ICT 융합 작물 생육 모니터링 및 환경제어 ▲농생명 유전체 활용 ▲분자표지기술 ▲고부가 농산물 가공기술 ▲환경친화형 농림축산 폐기물 자원화 및 오염제거 기술 ▲천연화장품 기술 개발 및 제조 ▲전통 PRO-Biotics 식품의 소재화 ▲식품 유래 탈모개선 물질 추출 작용기작 규명 ▲토종 해양자원 활용 유용물질 생산 ▲토종 미생물 자원 활용 유용물질 생산
부품		▲자율주행 지원 기술 ▲충돌 방지 시스템 기술 ▲전기차 전력 충전 기술 ▲플렉서블 전원공급 기술 ▲사물 인터넷 구현을 위한 거대 연결성 플랫폼 ▲3D 프린팅 레이저 가공 제어기술 ▲환경 오염원 감지를 위한 복합 센서 ▲차세대 디스플레이용 광학 부품 ▲PMS 기술 ▲나트륨 이차전지 기술
신재생 에너지		▲(태양광)실리콘 태양전지 초고율화 및 저가화 기술 ▲(태양광)건축 및 생활 밀착형 태양광 응용 시스템 기술 ▲(태양광)차세대 박막 태양전지 고효율화 및 대면적 응용기술 ▲(풍력)부유식 해상 풍력시스템 ▲(풍력)ICT 기반 LCOE 저감기술(제어기술과 감시 및 출력제어 시스템) ▲(연료전지)막-전극 접합체 제조기술 ▲(연료전지) SOFC 고온 밀봉 소재 기술 ▲(바이오)목본계 바이오매스 전처리 기술 ▲(폐기물)교효율 폐기물 합성가스 정제 기술 ▲(태양열)부하 연계형 열에너지 융복합 기술
해상 항공 수송	해상	▲LNG운반선 ▲빙해상선 ▲선박 에너지 절감기술 ▲수중환경 보호기술 ▲선박의 안전성능 기술 ▲FPSO(부유식 원유생산 저장 · 하역 설비) ▲LNG ▲FPSO & FSRU(부유식 액화천연가스 저장 · 재기화 설비) ▲라이저 파이프 Riser & pipe 핸들링 시스템 ▲Mud flow sys./Cement & Dry Bulk Sys. ▲플랜트 설비의 자동 위치제어Dynamic Positioning
	항공	▲위성 조립설비 및 시험기술 ▲인공위성 본체의 추진계 기술 ▲발사체 추력 벡터 제어 기술 ▲지상센터의 위성 관제 및 운영 기술 ▲위성자료 정보화 기술 ▲항공기 가스터빈의 연소기 설계 및 제어기술 ▲항공기의 진단/수리/수명관리 및 성능 평가 ▲회전익 항공기의 동력전달 계통 기술 ▲무인기 충돌탐지 및 회피 관제/통제 시스템 ▲무인기 EO/IR & SAR
LED · 광		▲GaN, Si 기판 및 에피기술 ▲비가시광UV, IR 및 나노 LED 기술 ▲플렉서블 광소자 기술 ▲LED 시스템 조명 ▲LED 환경 안전기술 ▲실리콘 포토닉스 ▲고출력 LD 및 광섬유 레이저 기술 레이저 광 이미징 기술 ▲메디-바이오 광 계측 기술 ▲Coherent 광통신용 부품 및 근거리 통신 연결 기술

70 '특허관점의 미래 유망기술 컨퍼런스' (2014), 미래 시장 선점할 유망기술, 특허에서 찾는다!, 특허청 산업재산정책과

표 I-28 KISTEP 2015년 전문가 선정에 의한 20대 미래유망기술[71]

순위	미래유망 후보 기술명	순위	미래유망 후보 기술명
1	바이오 스탬프 (신체부착 센서)	11	자기학습 온도조절 기술
2	스마트폰이용 진단기기	12	에너지 하베스팅 나노소재
3	앰뷸런스 드론	13	진공단열물질 기술
4	소비자 유전자분석 서비스	14	마이크로 그리드 기술
5	의료 빅데이터 기술	15	에너지 인터넷
6	가상촉감 기술	16	오감체험 기술
7	가상 어시스턴트 기술	17	실감형 에듀콘텐츠 기술
8	비콘 기술	18	인터렉티브 콘텐츠 기술
9	Li-Fi 기술	19	실감 공간구현 기술
10	라이프 데이터마이닝 기술	20	개인맞춤형 스마트 러닝

표 I-29 KISTEP 2022년 미래 유망기술 선정에 관한 연구[72]

순위	미래유망 후보 기술명	순위	미래유망 후보 기술명
1	이산화탄소 포집 및 전환 기술	6	암모니아 발전기술
2	바이오 기반 원료 및 제품 생산기술	7	전력망 계통연계 시스템
3	탄소저감형 고로-저로 공정기술	8	고효율 태양전지 기술
4	고용량 장수명 이차전지 기술	9	초대형 해상풍력 시스템
5	청정 수소 생산 기술	10	유용자원(희토류) 회수 기술

71 최창택 외 (2015), 2015년 KISTEP 미래유망기술 선정에 관한 연구, 한국과학기술평가원 ISSUE PAPER 2018-026

72 이동기 외 (2022), 2022년 KISTEP 미래 유망기술 선정에 관한 연구 – 2030 국가 온실가스감축목표 달성에 기여할 미래유망기술 –

표 Ⅰ-30 KISTI 2016 선정 중소기업 유망 사업화 아이템 55선[73]

번호	유망 사업화 아이템	번호	유망사업화 아이템
1	레이저 기반 허리 통증 완화/치료 장치	29	바이오 이소부탄올 연료
2	가스화 시스템	30	고체 바이오 연료
3	하이브리드형 풍력발전 시스템	31	3세대 바이오연료
4	타겟 고객 추적형 마케팅 솔루션	32	폐기물 이용 에탄올
5	이산화탄소 포집장치	33	지열 발전시스템
6	스텐트Stent	34	저가형 폴리실리콘
7	소형 열병합발전 시스템	35	마이크로그리드용 소형 에너지 스토리지
8	풍력 터빈	36	저등급 석탄 고품질화 시스템
9	슬러지 탈수 및 건조장치	37	자동차용 신재생연료
10	럼버 서포트Lumbar Support	38	실시간 SMS 포스팅 서비스
11	무인항공기UAV	39	소셜 비디오 플랫폼
12	인공 무릎 관절	40	D2D 통신데이터기반 사이버보안 솔루션
13	태양전지용 전면/후면필름	41	빅데이터 처리용 오픈 소스 플랫폼
14	체형측정용 3D 스캐너	42	온라인 부동산 플랫폼
15	시설물 안전진단 USN KIT	43	O2O 음식배달서비스
16	관절 및 뼈 조직 재생 신약	44	NoSQL 데이터베이스
17	초음파 영상진단기기	45	가상 데이터 센터
18	실감형 교육용 프로그램	46	IoT기반 인공지능형 수율관리 프트웨어
19	액티브 헤드레스트	47	모바일 기반 토탈 비즈니스솔루션
20	EHRElectronic Health Record	48	즉효성 스킨케어 화장품
21	무 피폭형 초음파 영상 진단기기	49	굴절이상/노안 동시교정용 인레이
22	암 분자 진단기기	50	EPPExpanded PolyPropylene 내장재
23	캐빈 부품셋 정비 서비스	51	이차전지 양극재료(불소코팅)
24	계기 및 감시장비 정비 서비스	52	지문방지필름
25	CTPcomputer to plate 인쇄용 광원모듈	53	카고 오일 펌프 구동용 스팀터빈
26	레이저 진동측정기	54	지능형 홈게이트웨이
27	분자영상 기기/플랫폼	55	2차전지 분리막 코팅용 고순도
28	나노구조 금속 코팅소재		

73 스타트업을 위한 미래기술 (2016), 주목받는 미래유망기술과 사업화 아이템은? KISTI

표 I-31 KISTI 2017년 선정 10대 미래유망기술[74]

NO	미래 유망 기술명	분 야
1	웹기반 빅데이터 수집 · 분석 패키지	인공지능
2	스마트 의류	사물인터넷
3	지능형 자동차 레이더센서	무인운송수단
4	3D 수리모델링 소프트웨어	3D 프린팅
5	바이오잉크	바이오프린팅
6	바이오 프린팅 인공장기와 조직	
7	착용형 보조로봇	첨단로봇공학
8	고령자 돌보미 로봇	
9	휴먼 마이크로바이옴 분석	유전학
10	개인 유전자 분석 서비스	

표 I-32 KISTI 2018년 선정 10대 미래유망 융합기술

NO	미래 유망 기술명	분 야
1	뇌신경 커넥토믹스 및 뇌인지과학	BT 융합기술
2	휴먼 마이크로 바이옴	
3	웨러러블 모바일 헬스 케어	
4	셀프-프로그래밍 인공지능	IT 융합기술
5	차세대 밀리미터 무선통신	
6	자율 운송 물류 시스템	
7	실감형 컴퓨팅 인터페이스	
8	대량생산 가능한 금속 3D 프린팅	NT 융합기술
9	신축형 (스트레쳐블) 전자소자 디스플레이	
10	나노 바이오 융복합 에너지 신소재	

74 '2017 미래유망기술세미나' (2017), 4차 산업 이끌 미래 유망기술은?, KISTI 한국과학기술정보연구원

표 Ⅰ-33 2019-2021 산업기술R&D 투자전략 분야 (5대 영역 - 25개 분야)[75]

NO	분 야	영 역
1	전기 · 수소자동차	수송
2	자율주행차	
3	친환경 스마트 조선 해양플랜트	
4	차세대항공 (드론 포함)	
5	디지털 헬스케어	건강 관리
6	맞춤형 바이오 진단 · 치료	
7	스마트 의료기기	
8	스마트홈	생활
9	서비스로봇	
10	웨어러블 디바이스	
11	미래형 디스플레이	
12	지능정보 서비스	
13	수소에너지	에너지 · 환경
14	재생에너지 (태양광, 풍력)	
15	지능형 전력시스템	
16	에너지 효율향상	
17	청정생산	
18	원자력 안전 및 해체	
19	첨단소재	제조
20	차세대 반도체	
21	첨단 제조 공정 · 장비	
22	스마트 산업기계	
23	디자인융합	
24	스마트 엔지니어링	
25	3D 프린팅	

75 산업기술R&D 정보포탈 〈https://itech.keit.re.kr/index〉

CHAPTER Ⅱ-1

산업재산(특허/실용신안)의 이해

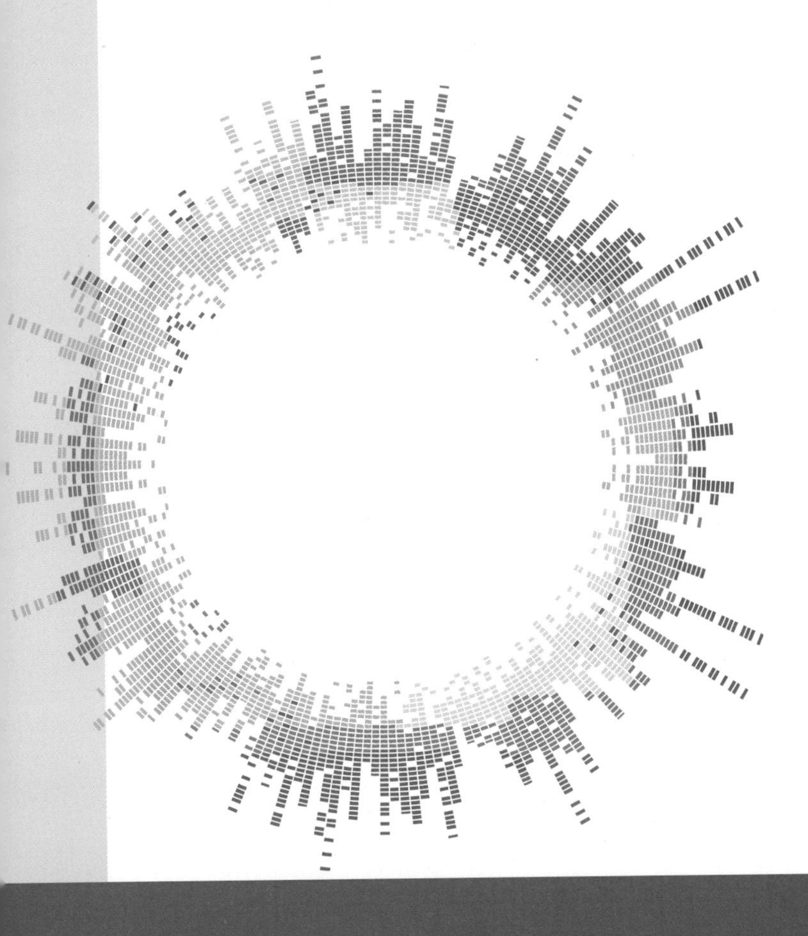

1. 산업재산의 유형

가. 산업재산이란?

산업재산은 문화예술 영역에서 인간의 사상 또는 감정의 독창적 표현을 보호하는 저작권Copyright과 함께 지식재산Intellectual Property에 속한다.

산업재산Industrial Property(산업재산권)이란 **표 II-1**에서와 같이 **특허권, 실용신안권, 디자인권 및 상표권**을 총칭[76]하며, 산업상 이용 및 보호 가치가 있는 이노베이션을 개별 국가의 관할관청에서 출원, 심사 및 등록 절차를 통해 속지주의Domestic 권리로서 보호되는 지식재산을 말한다. 국가의 산업발전을 위해 창의적 성과물을 보호하는 **무형재산**Intangible Property[77]으로서 산업재산은 문화예술 영역에서 인간의 사상 또는 감정의 독창적 표현을 보호하는 **저작권**Copyright과 함께 **지식재산**Intellectual Property(지식재산권)에 속한다.

표 II-1 산업재산의 유형과 권리비교 (예시)

	특허Patent	실용신안Utility	디자인Design	상표Trademark
보호 대상 (이노베이션)	발명 (기술 사상)	고안 (기술 사상)	디자인 (물품 형태)	표장 (식별 표지)
	자연법칙을 이용한 기술적 시장의 창작으로서 고도한 것Invention	기술적 사상으로서 물품의 형상, 구조 또는 그 조합에 관한 고안Device	물품 형상, 모양, 색채 또는 이들을 결합한 것으로 시각을 통하며 미감을 느끼게 하는 것	타인의 상품과 식별하기 위하여 사용되는 기호, 문자, 도형이나 이들을 결합한 것
존속 기간	출원일로부터 20년	출원일로부터 10년	출원일로부터 20년	등록일로부터 10년 (갱신 가능한 반영구적 권리)
침해 구제	7년 이하의 징역 또는 1억 원 이하의 벌금형 침해금지청구권 (가처분 신청 가능) 손해배상청구권, 부당이득 반환청구권, 신용회복청구권			

76 산업재산의 광의적 의미는 '영업비밀 및 부정경쟁방지법'에 의해 보호받는 무형자산으로 산업상 가치가 있는 '노하우'Know-how 또는 '미등록 주지상표'Well-known Mark, '트레이드 드레스'Trade dress 등을 포함한다.

77 집합의 개념으로 본 권리 대소 관계: '무형재산 (지식재산권, 영업권 등)' ⊃ '지식재산 (산업재산권, 저작권, 퍼블리시티권 등)' ⊃ '산업재산 (특허권, 실용신안권, 디자인권, 상표권, 트레이드 드레스 등)'

나. 특허와 유사권리의 비교

특허권은 산업혁명의 원동력이 된 지식재산으로서 상표권과 함께 산업재산에 있어서 핵심적 권리이다. 특허로서 보호되는 이노베이션은 신규성을 그 핵심 보호요건으로 하기 때문에 신규성이 보호요건인 실용신안과 디자인 모두를 광의적 의미에서 특허제도의 범주에 포함하기도 한다. 하지만 오늘날 산업화 과정에서 국가 산업발전에 유용한 이노베이션을 보호 발전시키기 위한 또 다른 산업재산제도로서 '실용신안'과 '디자인' 제도를 특허제도와 비교하여 그 차별성을 인식하는 것은 중요한 부분이다. 또한 지식재산 제도의 범주에서 특허제도와 비교되는 '저작권'과 '영업비밀'의 상이점에 관해서도 알아보기로 한다.

실용신안

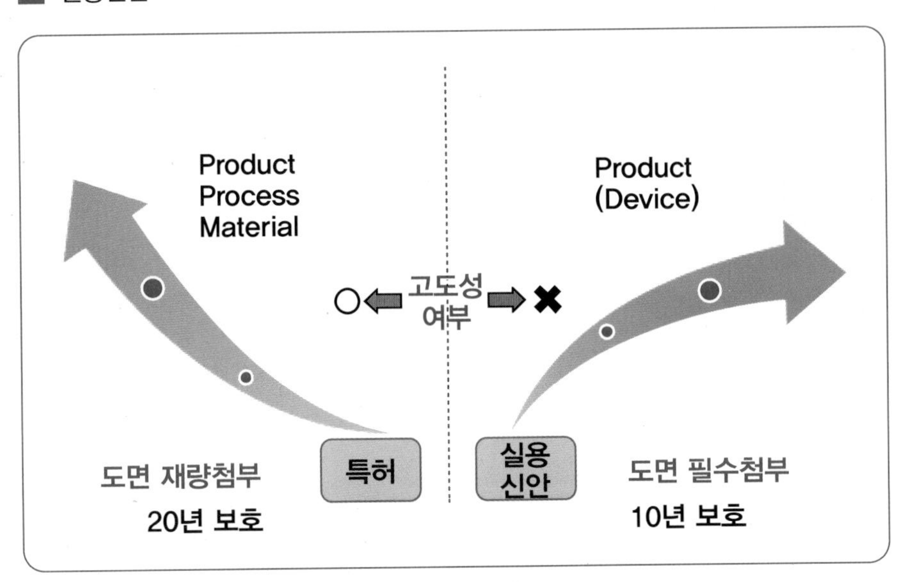

그림 II-1 특허와 실용신안의 차이점

실용신안제도는 중소기업이나 개인 발명가의 소발명을 보호·장려함으로 특허제도를 보완하려는 취지로 마련하였으며, 기술적 사상의 창작을 보호한다는 점에서 특허제도와 그 이념과 보호체계는 동일하다. 다만, 특허법의 보호대상이 기술적 사상의 창작으로서 고도한 것임에 반하여 실용신안법의 보호대상은 물품의 형상, 구조 또는 조합에 관한 고안으로서 특허법에서 요구되는 고도성에 이르지 않아도 된다는 차이점이 있다.

실용신안의 보호대상이 되는 물품의 고안은 기술수명Product Life Cycle이 짧거나 개량발명이 쉽게 이루어지는 분야로서 장기간 보호가 필요가 없는 소발명 보호에 있어서 유용한 제도이다.

그림 Ⅱ-1과 같이 특허의 경우에는 방법Method, 공정Process 또는 물질Material 발명 등과 같이 물품이 아닌 경우에는 도면의 첨부가 없어도 출원 가능하지만 실용신안의 보호 대상은 물품의 고안Device으로서 그 보호 대상을 제한하고 있기 때문에 반드시 도면을 실용신안 출원 시에 첨부하여 제출해야 한다.

실용신안의 보호대상이 되는 물품의 고안은 기술수명Product Life Cycle이 짧거나 개량발명이 쉽게 이루어지는 분야로서 장기간 보호가 필요가 없는 소발명 보호에 있어서 유용한 제도이다. 그러므로 실용신안권의 보호기간은 설정 등록일 후 출원일로부터 10년간 보호가 되며 이는 특허권의 보호기간인 설정 등록일 이후 출원일로부터 20년보다 단기간 보호가 된다.

디자인

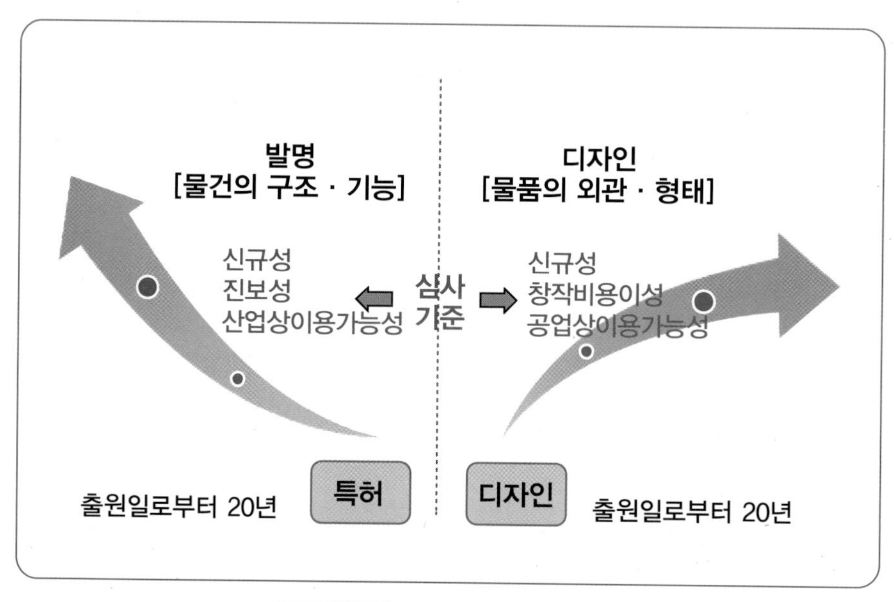

그림 Ⅱ-2 특허와 디자인의 차이점

특허는 제품에 관해 새로운 '구조 또는 기능'을 보호하지만 디자인은 물품의 새로운 '외관 또는 형태'를 그 보호대상으로 한다는 점에서 확연한 차이가 있다.

특허와 디자인 제도는 신규성 있는 이노베이션을 보호한다는 관점에서 공통점이 있으며 권리 보호기간 또한 동일하게 출원일로부터 등록 후 20년 동안 보호된다. 하지만 **그림 Ⅱ-2**와 같이 대비하자면 특허는 물품에 관해 새로운 '구조 또는 기능'을 보호하지만 디자인은 물품의 새로운 '외관 또는 형태'를 그 보호대상으로 한다는 점에서 확연한 차이가 있다. 즉 특허의 보호대상과는 달리 디자인의 보호대상이 되는 이노베이션은 물품의 외관 · 형태로서 형상 · 모양 · 색채 또는 이들을 결합한 것이 시각을 통하여 미감을 일으키게 하는 것[78]으로 한정하고 있다.

특허의 보호범위는 출원 시에 제출하는 명세서에 기재된 발명의 특허청구범위에 의해 판단이 되지만, 디자인의 경우에는 별도로 명세서 제출이 필요치 않으며 물품의 도면에 의해서 그 보호범위가 특정이 된다. 그러므로 동일한 발명 물품에 대하여 특허권과 디자인권은 동시에 중첩적 보호가 이루어질 수 있으며 만일 발명 물품을 업으로서 실시하는 경우에 권리 소유자가 다르다면 이용관계 또는 저촉관계[79]에 의해 실시행위[80]가 제한될 수 있다.

특허의 보호범위는 출원 시에 제출하는 명세서에 기재된 발명의 특허청구범위에 의해 판단이 되지만, 디자인의 경우에는 별도로 명세서 제출이 필요치 않으며 물품의 도면에 의해서 그 보호범위가 특정이 된다.

저작권

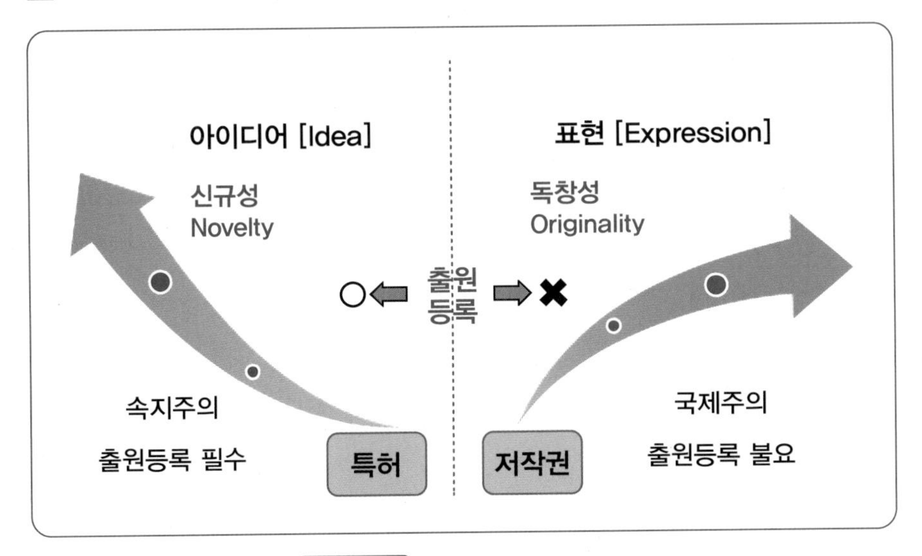

그림 II-3 특허와 저작권의 차이점

그림 II-3과 같이 저작권은 특허와 함께 지식재산을 대표하는 중요한 권리로서 특허가 과학기술 분야에서 인간의 새로운 아이디어가 구체화된 기술적 사상으로서 발명을 보호한다면, 저작권은 문화예술의 범주에서 인간의 사상 또는 감정에 관한 창작물로서 독창적인 표현을 보호한다. 즉 저작권은 창작자가 일정기간 동

저작권은 창작자가 일정기간 동안 그 창작물을 독점 사용토록 하고 다른 사람이 이를 무단으로 복제, 배포, 공연, 방송, 전송, 전시 및 2차적저작물 등의 작성 행위를 하거나 그 창작물에 대한 창작자의 인격권을 침해하는 행위를 금지토록 하는 배타적 권리이다.

78 물품성, 형태성, 시각성 및 심미성은 디자인권으로 보호받기 위한 성립 요건이다.
79 권리의 충돌에 의해 일방적 침해가 발생하는 경우를 이용관계라고 하며 쌍방적인 충돌관계가 발생하는 경우를 저촉관계라고 한다. 이는 Chap. Ⅲ – '특허침해와 권리보호' 편에서 구체적으로 살펴보기로 한다.
80 실시행위란 물건(물품)을 생산 · 사용 · 양도 · 대여 또는 수입하거나 물건(물품)의 양도 또는 대여의 청약하는 행위를 말한다.

안 그 창작물을 독점 사용토록 하고 다른 사람이 이를 무단으로 복제, 배포, 공연, 방송, 전송, 전시 및 2차적저작물 등의 작성 행위를 하거나 그 창작물에 대한 창작자의 인격권을 침해하는 행위를 금지토록 하는 배타적 권리이다.

특허는 디자인, 실용신안 그리고 상표와 함께 국가 관청에 출원, 심사 및 등록 절차에 의해 권리가 발생이 되는 속지주의 권리이다. 반면에 저작권은 인간의 독창적인 창작물이 창출된 때 권리가 발생하며 이는 별도의 출원 또는 등록 등 어떠한 요식적인 행정 절차가 없어도 권리가 발생한다. 하지만 배타적인 권리로서 침해구제에 있어서 특허를 포함한 산업재산은 국가 관청에서 심사를 통해 등록 관리되는 권리이기 때문에 침해입증이 용이하다. 하지만 저작권은 침해를 권리자가 직접 입증해야 하기 때문에 상대적으로 침해구제 측면에서는 산업재산에 비해 불리하다고 볼 수 있다.[81] 그럼에도 불구하고 저작권은 무방식주의에 의한 권리발생으로 국제적 보호가 이루어지며 보호기간도 창작자의 생존기간은 물론 최소 사후 50년(한국은 70년) 보호되므로 산업재산권에 비해 권리의 보호범위는 시간적으로나 지역적으로 볼 때 넓다고 할 수 있겠다.

영업비밀

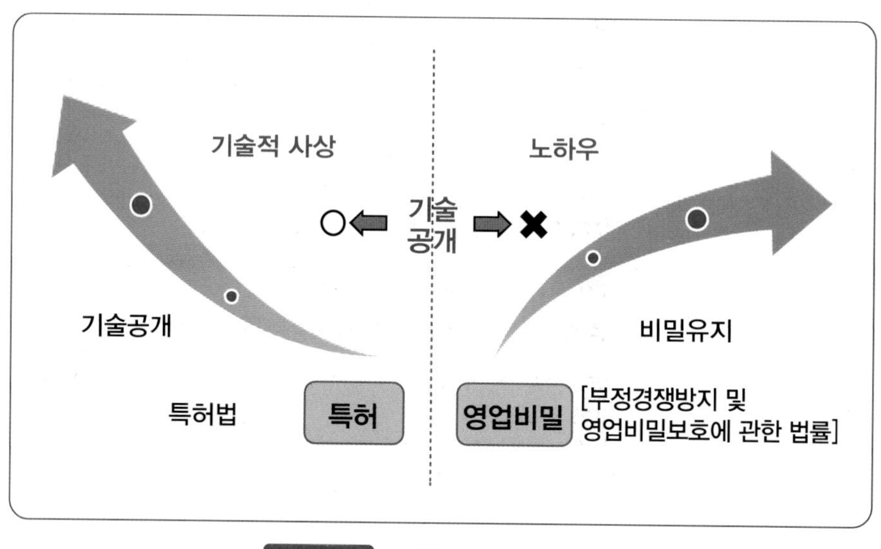

그림 II-4 특허와 영업비밀의 차이점

81 이를 보완하기 위한 제도로서 한국저작권위원회(https://www.cros.or.kr)에서는 저작물 등록 제도를 운영하고 있다. (참조: Chap. I 권리 보완 제도 - 저작권과 영업비밀)

특허의 대상은 자연법칙을 이용한 기술적 사상의 창작으로서 고도한 것으로 발명이 그 보호대상이다. 이에 반해 영업비밀의 보호대상은 상업적 가치가 있는 정보로서 일반적으로 알려져 있지 않으며 정보 접근이 용이하지 않는 기밀로서 이를 보호하려는 합리적인 노력이 있어야 한다. 영업비밀로 보호 가능한 정보는 기술 노하우, 제품규격, 성분, 조성, 치수, 설계도, 고객리스트, 금융정보 등이 있다.

영업비밀의 보호대상은 상업적 가치가 있는 정보로서 일반적으로 알려져 있지 않으며 정보 접근이 용이하지 않는 기밀로서 이를 보호하려는 합리적인 노력이 있어야 한다. 영업비밀로 보호 가능한 정보는 기술 노하우, 제품규격, 성분, 조성, 치수, 설계도, 고객리스트, 금융정보 등이 있다.

그림 II-4와 같이 특허와 노하우의 가장 큰 차이점이라면 바로 일반대중에 공개 또는 공지되는지 그 유무에 있다. 특허는 일반공중에 공개를 전제로 향유할 수 있는 권리인 반면, 노하우는 비밀유지를 전제로 하는 것이므로, 양자는 완전히 대비되는 방법을 통해 기술 보호라는 공통의 목적을 달성하는 것이다. 노하우는 '부정경쟁방지 및 영업비밀 보호에 관한 법률'에 의해 보호받을 수 있으나, 이는 기술적으로나 또는 경영상 경제적 가치가 있어야 하며, 비밀상태를 유지하기 위해 합리적인 노력을 기울였을 때에 영업비밀로서 인정되므로 영업비밀로서 보호받는 것 또한 쉽지만은 않다.[82]

82 이를 보완하기 위한 제도로서 한국지식재산보호협회(https://www.tradesecret.or.kr)에서는 영업비밀 원본증명제도를 운영하고 있다. (참조: Chap. I 권리 보완 제도 - 저작권과 영업비밀)

2. 특허법상의 발명

가. 발명의 정의와 유형

발명이란 '자연법칙을 이용한 기술적 사상'의 창작으로 고도한 것으로 정의

발명이란 '자연법칙을 이용한 기술적 사상'의 창작으로 고도한 것으로 정의하며, 그림 II-5와 같이 발명의 유형으로는 크게 '물건발명'과 '방법발명' 그리고 '기타발명'으로 나누어 볼 수 있으며 이는 모두 특허의 보호대상이 된다.

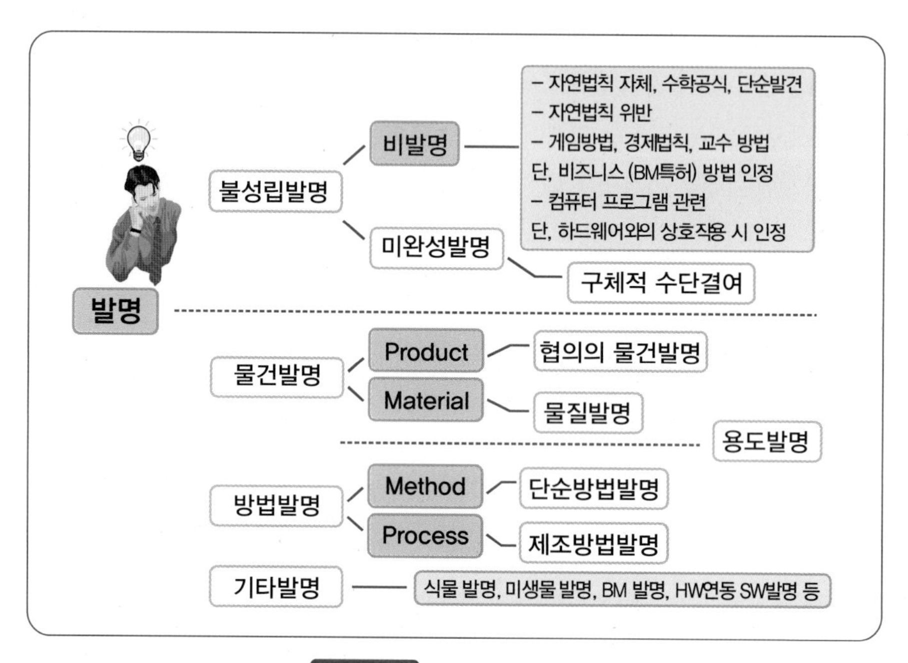

그림 II-5 발명의 분류와 유형

물건Product or Material 발명

물건에 관한 발명은 일정한 형태를 가지는 '물품'Product과 일정한 형태가 없는 '물질'Material 발명으로 구분해 볼 수 있다. 물품에 관한 발명은 현행 특허법과 실용신안법상 모두 보호대상이 된다. 하지만 물질발명의 경우에는 화학 합성물질, 식품 및 의약품, 미생물, 복합소재 조성물 등과 같은 발명으로서 특허법 보호대상이 되지만 실용신안법상 보호대상은 되지 않는다.

방법Method or Process 발명

방법발명이란 시계열적인 절차 또는 순차적 과정에 기술적 사상이 내재되어 있는 발명으로 예를 들자면, 저당질의 밥 짓는 방법, 폴리에스테르 고분자의 합성방법, 영상신호의 무선송출 방법 등과 같이 방법 자체를 발명의 대상으로 하는 단순 방법Method 발명과 이러한 단순 방법발명과는 다르게 줄기세포 화장품 제조방법, 감식초 제조방법, 영상신호 송출기 제조방법 등과 같이 물건 또는 물질을 제조하기 위한 제조방법 또는 제조공정Process 발명으로 구분할 수 있으며 이러한 방법발명은 특허에 의해서만 보호되고 실용신안의 보호 대상이 될 수 없다.

기타 발명

- 식물Plants 발명[83]

  우리나라는 2006년 특허법 개정을 통해 과거 제한적으로만 보호했던 꺾꽂이 등과 같은 무성 생식에 관한 식물발명뿐만 아니라 보호대상을 모든 새로운 식물발명으로 확대하였으며 발명을 재현할 수 있도록 명세서에 자세하게 기재하기 어려운 식물관련 발명인 경우에는 아래에 명기한 미생물 기탁제도와 같이 식물 종자를 기탁함으로써 발명의 재현성을 대신할 수 있도록 한 종자 기탁제도를 운영하고 있다.

- 미생물Microorganism 발명

  생화학, 분자생물학 및 유전공학의 발전에 따른 생명공학 분야의 기술혁신은 미생물에 관계되는 발명들을 촉진 확산하고 있으며 이는 특허로서 보호하고 있다. 유전자, 벡터, 세균, 곰팡이, 동물세포, 수정란, 식물 세포, 종자 등과 같은 미생물발명에 대해 특허받고자 하는 경우 특허출원인은 해당 미생물을 기탁기관에 기탁하여야 한다.[84]

---

83 한국은 국제식물신품종보호에 관한 국제협약에 2002년 가입함에 따라 식물신품종 보호법이 국내에 입법화되었다. 이에 의해 식물발명에 의한 식물 신품종은 관련법에 의해서도 별도로 보호받을 수 있다.

84 한국은 미생물 기탁에 관한 국제협약인 부다페스트 조약에 1988년에 가입하였다. 미생물 발명을 명세서에 설명하는 것만으로는 제3자가 이를 반복 재현하기 어렵기 때문에 특허받고자 하는 미생물은 국내 기탁기관 또는 조약에 의해 국제적으로 승인한 기탁기관에 맡기고 수탁증을 특허출원서에 첨부해서 제출한다. 만일 당업자가 쉽게 해당 미생물을 입수할 수 있는 경우에는 기탁하지 않아도 되는데 이러한 경우에는 미생물에 관한 입수 방법을 기재하여야 한다.

• **컴퓨터프로그램(소프트웨어)**

컴퓨터프로그램 자체는 자연법칙을 이용한 발명에 해당되지 않으므로 특허로서 보호하지 않고 저작권법에 의해 사상 또는 감정을 표현한 창작물로 보고 컴퓨터프로그램을 구성하는 소스코드Source Code와 목적코드Objective Code를 보호하고 있다. 하지만 컴퓨터프로그램이 외부 장치에 연동되거나 또는 하드웨어와의 상호작용을 하며 특정 아이디어를 구현하는 경우에는 특허로서 보호하고 있으며, 아울러 컴퓨터프로그램이 전자 상거래에 활용되어 사업화 아이디어를 구현함에 있어서 비즈니즈 방법BM: Business Method으로 활용되는 경우에는 영업방법BM 특허를 받을 수 있다.

나. 불성립발명

그림 II-5와 같이 특허에 의해 보호가 되지 않는 불성립발명에는 구체적인 수단이 결여된 미완성 발명과 발명의 정의에 부합되지 않는 비발명으로 구분해 볼 수 있다.

비발명

다음과 같은 발명은 발명의 정의에 부합되지 않거나 또는 공익적 관점 또는 공서양속에 반하는 발명으로서 특허에 의해 보호되지 않는 비 발명의 범주에 해당되며 이러한 발명을 특허출원하게 되면 산업상 이용가능성이 없다는 이유로서 거절결정이 된다.

- 자연법칙에 위배되거나 자연법칙 그 자체 (발견은 특허 불가)
- 공서양속에 반하는 발명
- 게임방법, 교육방법, 경제법칙 등 (단, 온라인 전자상거래를 위한 비즈니스방법 발명은 특허 가능)
- 컴퓨터프로그램 자체 (단, 하드웨어와 연동되는 컴퓨터프로그램은 특허 가능)
- 인간을 대상으로 하는 치료방법 또는 수술방법 (단, 인체와 분리되는 의료발명은 특허 가능-혈액검사 방법 등)

미완성 발명 - 발명의 성립성

특허로서 보호대상이 되는 발명이란 "자연법칙을 이용한 기술적 사상"이라고 정

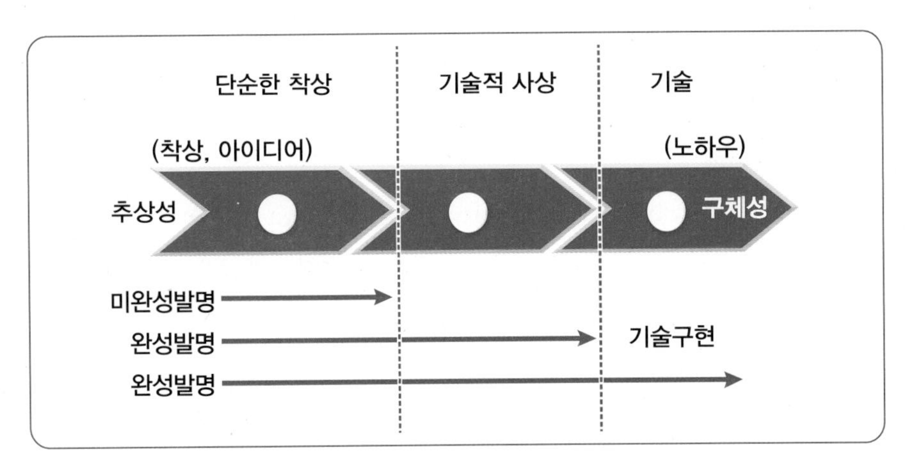

그림 II-6 미완성발명과 완성발명 (발명의 성립성)

의하고 있다. 그러므로 **그림 II-6**과 같이 추상적인 아이디어 또는 단순한 착상(사상)은 기술적 사상의 영역에 이르지 못함으로써 기술구현을 함에 있어서 구체성이 결한 미완성 발명으로 판단한다. 즉 새로운 아이디어가 사고실험Thinking Experiment이나 실제 실험결과 또는 구체적인 실시 예 등을 통해 구현 가능성이 높은 기술로서 그 실현 가능성이 확보되어야 산업상 실시가능성Reduction to Practice이 있다고 판단하며 이를 완성발명으로 본다.

추상적인 아이디어 또는 단순한 착상(사상)은 기술적 사상의 영역에 이르지 못함으로써 기술구현을 함에 있어서 구체성이 결한 미완성 발명으로 판단한다.

물론 상기 그림에서와 같이 신규성이 있는 아이디어가 아이디어 자체로서의 추상성을 탈피하고 실현 구체성의 관점에서 기술적 사상을 넘어서 기술구현이 이루진 발명기술 또는 노하우 단계에 이른다면 이는 보다 구체성이 있는 완성발명으로써 특허보호 대상이 된다.

다음과 같은 발명은 기술구현에 있어서 구체성이 결여된 발명으로써 특허에 의해 보호되지 않는 미완성 발명의 범주에 해당되며 이러한 발명 또한 특허출원하게 되면 산업상 이용가능성Industrial Applicability이 없다는 이유로서 거절결정이 된다.

| 구체성을 결한 발명 (미완성 발명)

- 불분명한 단순한 문제나 착상의 제출, 소망의 표명에 그치고 실현 가능성이 거의 없는 경우
- 해결수단이 막연하고 구체화 여부가 불명확한 경우
- 해결수단은 제시되었으나 그 수단만으로 목적달성이 불가한 경우
- 복수 구성요건 중 일부가 실현 가능성이 분명치 않은 착상의 영역 내인 경우 등

다. 발명자 권리

발명자는 특허받을 수 있는 권리를 원시적으로 취득함과 아울러 일종의 명예권으로서 특허출원서, 특허공보 또는 특허 등록원부 등에 발명자로서 자신의 성명이 등재될 '발명자게재권'을 가진다.

발명자게재권

발명을 완성한 자는 발명자로서 지위를 확보하게 되며 이 경우 발명자는 특허받을 수 있는 권리를 원시적으로 취득함과 아울러 일종의 명예권으로서 특허출원서, 특허공보 또는 특허 등록원부 등에 발명자로서 자신의 성명이 등재될 '발명자게재권'을 가진다.

특허받을 수 있는 권리[85]

발명을 완성한 자가 원시취득하는 권리로서 '특허받을 수 있는 권리'란 특허출원 시에는 정당한 출원인으로서 등재될 수 있는 권리를 말한다. 이는 거래의 대상이 되며 당사자 간에 양도계약을 통해 권리이전이 가능하다.

특허출원 전이라면 발명자로부터 '특허받을 수 있는 권리'를 양도받은 자가 특허출원인의 지위를 확보하게 된다. 그림 Ⅱ-7과 같이 만일 특허출원을 하게 되면

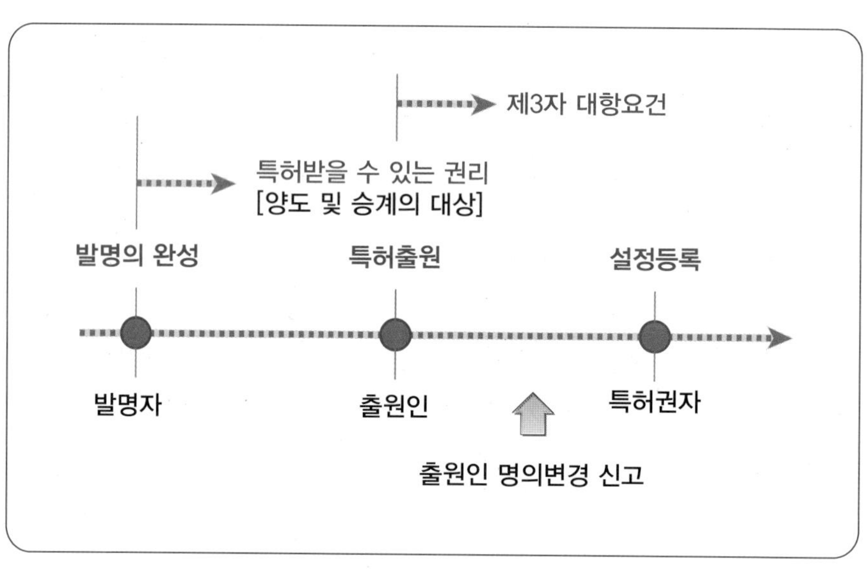

그림 Ⅱ-7 발명자의 특허받을 수 있는 권리

85 직무발명이 성립되는 경우에는 사용자가 특허받을 수 있는 권리를 종업원인 발명자로부터 승계 취득하게 되고, 종업원인 발명자에게는 발명 양도에 대한 대가로서 보상금 청구권이 인정이 되며 특허출원 시까지 해당 발명에 관해 비밀유지해야 할 의무도 함께 발생한다.

'특허받을 수 있는 권리'는 대항력을 확보하게 되고 출원인의 지위를 타인에게 양도하고자 한다면 '출원인 명의변경 신고' 절차를 통해 '특허받을 수 있는 권리'를 이전할 수 있다.

정당발명자 vs 비발명자

표 II-2 정당한 발명자와 발명자가 아닌 자

정당발명자	비발명자
• 타인 착상에 연구개발로 완성한 자 • 타인 착상에 해결수단을 부가한 자 • 타인 힌트에 발명범위를 확대한 자 • 불완전 착상을 조언 받아 완성한 자 • 사고실험을 통해 착상을 구체화한 자 • 사고실험을 기술적 사상을 완성한 자	• 단순한 아이디어 착상자 • 발명을 단순히 보조한 자 • 데이터 제공 또는 정리자 • 일반적인 지식의 조언자 • 연구설비를 제공한 자 • 연구자금을 후원한 자

- 발명자로서의 요건을 갖추지 못한 비발명자와 정당한 발명자와의 구분은 관점과 법리 해석에 따라 쟁점이 있겠지만 통상적으로 인정되고 있는 법원 판례들을 중심으로 정리하면 표 II-2와 같다. 일반적으로 타인 착상이나 다른 사람의 힌트를 이용한 발명이라면 타인의 발명을 편취한 모인발명자로서 오인받을 소지가 있으나 실제적으로 이를 구체화하거나 발명범위를 확대한 자는 정당발명자로 될 수 있음에 유의해야 한다. 그러므로 연구자는 자신의 R&D아이디어 또는 착상에 관해 비밀유지 의무가 없는 자들에게 발표하거나 공개하는 행위는 타인에게 자신의 아이디어를 양도하는 행위가 될 수 있음을 유념해야 한다.

일반적으로 타인 착상이나 다른 사람의 힌트를 이용한 발명이라면 타인의 발명을 편취한 모인발명자로서 오인받을 소지가 있으나 실제적으로 이를 구체화하거나 발명범위를 확대한 자는 정당발명자로 될 수 있음에 유의해야 한다.

- 한편, 정당발명자로서 오인되기 쉬운 경우는 단순한 아이디어를 착상한 자이다. 앞서 발명의 정의에서 알 수 있듯 아이디어 자체는 구체성이 없는 미완성 발명으로 구분되며 아이디어는 반드시 자연법칙을 이용한 기술적 사상으로 구체화시켜야 발명으로서 인정이 될 수 있다. 아울러 발명 과정에서 단순히 기여하거나 보조한 자, 일반적인 지식을 조언한 자, 연구 실험데이터 제공자 또는 이를 정리 제공한 자 등도 정당발명자로서 인정받을 수 없으며 특히 발명을 위한 연구 설비를 제공한 자 또는 발명에 필요한 연구자금을 후원한 자 등도 마찬가지로 발명의 기여자로서는 인정받을 수 있을지언정 정당발명자로서는 인정될 수 없음에 유의해야 할 것이다.

3. 직무발명

가. 성립요건

종업원 등이 사용자의 업무범위 내에서 자신의 현재 또는 과거직무에 관련하여 창출한 발명으로서, 직무발명에 해당되면 사용자는 종업원에게 직무발명에 대한 출원, 등록 또는 실시보상금을 지급하고 발명자 종업원의 특허받을 수 있는 권리를 승계할 수 있다.

직무발명이란 **그림 Ⅱ-8**과 같이 종업원 등이 사용자의 업무범위 내에서 자신의 현재 또는 과거직무에 관련하여 창출한 발명으로서, 직무발명에 해당되면 사용자는 종업원에게 직무발명에 대한 출원, 등록 또는 실시보상금을 지급하고 발명자 종업원의 '특허받을 수 있는 권리'를 승계할 수 있다.

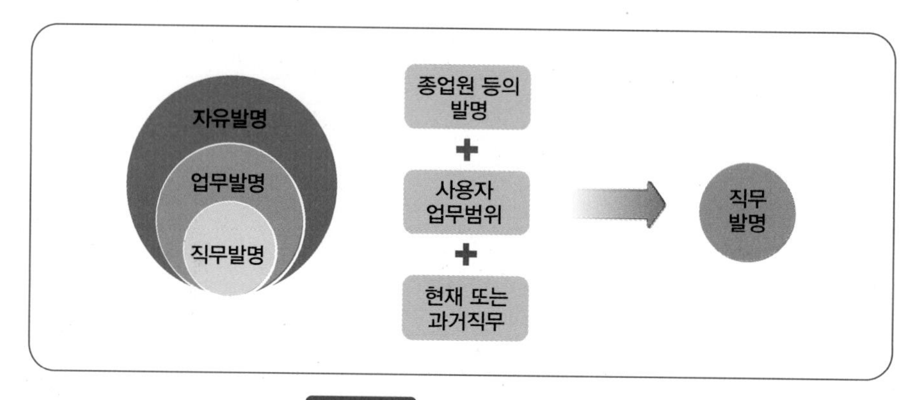

그림 Ⅱ-8 직무발명의 성립요건

한편, **그림 Ⅱ-8**의 좌측 예시와 같이 종업원에 의한 발명으로서 직무발명과 대비되는 업무발명은 종업원의 직무에는 해당되지 않지만 사용자 업무범위에 속하는 발명을 말한다. 만일 종업원 등의 발명이 사용자 업무범위에도 속하지 않는다면 이는 자유발명이라 볼 수 있다.

종업원 등에 의한 발명

종업원 등에 관한 판단은 계약의 유형이나 내용에 상관없이 사실상 사용자에게 노무를 제공할 의무를 부담하는 관계를 말하며 상근, 비상근 또는 보수 지급 유무와는 상관없이 종업원 범위를 광의적으로 해석을 하며, 파견직원인 경우 급여 지급 및 지휘 감독권 등을 고려하여 종업원 등에 해당하는지 그 여부를 판단한다.

사용자의 업무범위

사용자 업무범위에 관한 판단은 통상적으로 사용자 법인의 정관에 기재된 업무 범위를 중심으로 판단하고 기타 부수하는 법인의 사업영역까지 사용자의 업무 범위로 본다.

종업원의 현재 또는 과거직무

현재 또는 과거직무에 해당하는지에 관해서는 퇴직 이후에 완성한 발명인 경우에는 원칙적으로 자유발명에 해당한다. 발명시기가 퇴직 이전에 해당하여 직무발명을 주장하는 경우 이에 대한 입증하는 책임은 사용자에게 있는 것으로 본다.

나. 사용자 권리 vs 종업원 권리

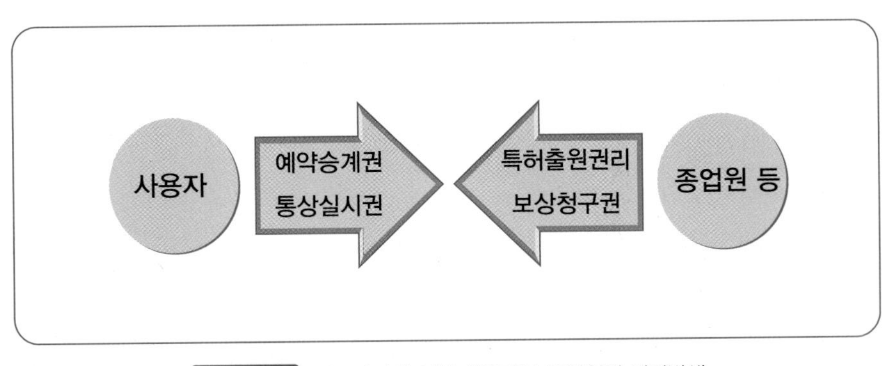

그림 II-9 직무발명에 의한 사용자와 종업원의 권리발생

직무발명의 요건에 해당이 되면 **그림 II-9**와 같이 사용자가 가지는 권리로서 예약승계권과 통상실시권이 발생하고 발명자인 종업원의 권리로서는 특허받을 수 있는 권리(특허출원권리)와 보상청구권이 발생하게 된다.

사용자 및 종업원 등이 직무발명과 관련하여 주장할 수 있는 상기 4가지 권리의 발생 근거와 핵심 내용에 관해 **그림 II-10**에서 확인할 수 있으며 보다 구체적인 내용은 다음과 같다.

직무발명의 요건에 해당이 되면 사용자가 가지는 권리로서 예약승계권과 통상실시권이 발생하고 발명자인 종업원의 권리로서 특허받을 수 있는 권리와 보상청구권이 발생하게 된다.

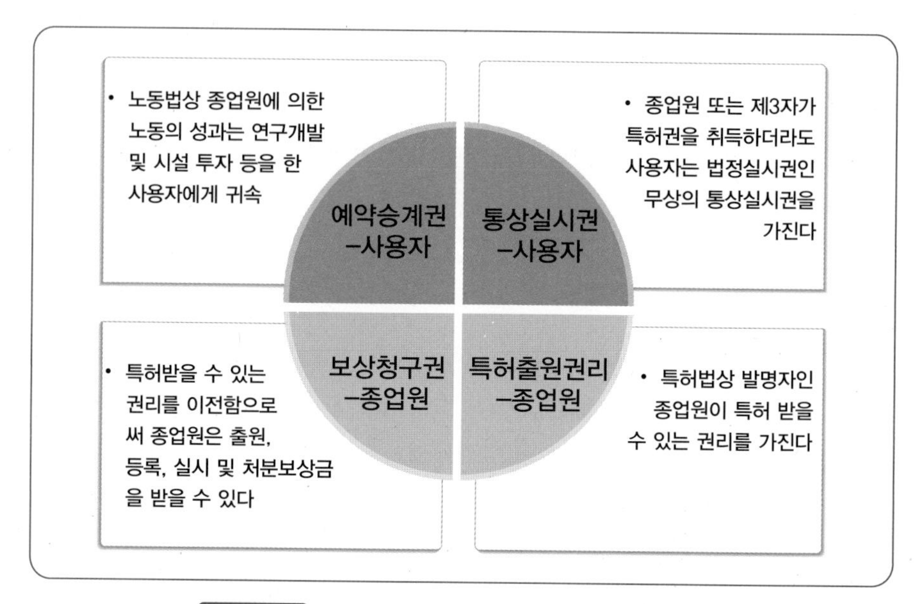

그림 Ⅱ-10 직무발명에 의한 사용자와 종업원의 권리 내용

종업원의 권리

종업원이 '특허받을 수 있는 권리'와 함께 취득하는 '발명자게재권'은 양도의 대상이 될 수 없으며 이는 인격권과도 같은 명예권이다.

• 특허받을 수 있는 권리

종업원이 발명을 완성하게 되면 원시적으로 '특허받을 수 있는 권리'를 취득하게 되고 발명자로 등재될 수 있는 명예권을 취득한다. 하지만 종업원의 발명이 직무발명에 해당이 된다면 이에 관해 사용자는 종업원과의 예약승계 규정이 포함된 고용계약을 통해 특허받을 수 있는 권리를 사용자가 취득하게 된다. 그럼에도 불구하고 어떠한 경우에도 종업원이 '특허받을 수 있는 권리'와 함께 취득하는 '발명자게재권'은 양도의 대상이 될 수 없으며 이는 인격권과도 같은 명예권이다.

• 보상청구권

종업원의 발명이 직무발명에 해당되어 사용자의 예약승계권에 의해 '특허받을 수 있는 권리'가 사용자에게 승계이전이 되면 이에 상응하는 종업원의 권리로서 '보상청구권'이 발생된다. 보상청구권에 의해 종업원이 받을 수 있는 보상에는 특허출원 시점에 지급하는 출원보상금과 특허가 심사를 통해 설정등록이 된 경우 지급하는 등록보상금과 특허의 라이선스 또는 업으로의 실시를 통해 이익이 창출되는 경우 보상하는 실시보상금 등이 있다.

사용자 권리

• 예약승계권

종업원에 의해 창출된 직무발명은 사용자가 종업원에게 노동의 대가로서 급여를 지급하고 회사의 업무범위 이내에서 종업원의 직무발명 창출을 위해 연구개발 및 시설투자 등을 하였기 때문에 노동법상 노동의 성과물에 해당이 되며 이는 사용자에게 귀속된다.

• 통상실시권 (무상의 법정 통상실시권)

사용자는 종업원이 신고한 직무발명을 심의를 통해 특허출원 여부를 결정하고 이에 관해서 종업원에게 직무발명 승계여부를 4월 이내 통지하도록 되어 있는데 만일 기간 내에 사용자가 불승계통지를 한 경우에 해당 발명은 종업원의 자유발명이 되며, 추후 종업원 또는 제3자가 해당 발명을 특허 등록받아 업으로서 실시하는 경우 사용자는 해당 발명 특허에 대해 무상의 통상실시권을 가진다. 하지만 승계여부에 관하여 통지를 하지 않은(미통지) 경우에는 무상의 통상실시권이 인정이 되지 않고 상호협의에 의한 허락실시권을 확보할 수 있을 따름이다.

다. 사용자의 승계통지에 따른 법률효과

발명진흥법에 의하면 직무발명에 관한 사용자 및 종업원의 권리와 의무는 직무발명신고와 발명승계 통지 절차를 통해 앞서 언급한 바와 같이 다음과 같은 법률효과가 발생된다.

종업원에 의해 창출된 발명이 직무발명의 요건에 충족하게 되면 종업원은 사용자에게 직무발명신고를 하여야 하며 사용자는 직무발명신고를 받은 날로부터 4개월 이내에 직무발명에 관한 승계여부를 통지하여야 한다. 표 II-3은 사용자가 직무발명 승계 여부에 관해 승계통지, 불승계통지 또는 미통지한 경우에 따른 법률효과를 정리한 내용이다.

종업원에 의해 창출된 발명이 직무발명의 요건에 충족하게 되면 종업원은 사용자에게 직무발명신고를 하여야 하며 사용자는 직무발명신고를 받은 날로부터 4개월 이내에 직무발명에 관한 승계여부를 통지하여야 한다.

표 II-3 사용자 승계통지 여부에 따른 법률효과

	승계통지	불(不)승계통지	미(未)통지
권리귀속	사용자	종업원	종업원
보상금	지급함	지급안함	지급안함
통상(법정)실시권	N/A (해당사항 없음)	인정	불인정 (허락실시권)

미(未)통지 시 (=발명의 승계여부를 통지하지 않은 경우)

만일 사용자가 상기 4개월 기간 내 승계여부 통지를 하지 않은 경우에는 해당 발명은 자유발명으로 간주되어 종업원에게 귀속이 되며 이때 사용자는 발명보상금을 지급하지 않아도 되며, 만일 추후 종업원 또는 제3자에 의해 당해 발명이 업으로서 실시되는 경우 사용자는 무상의 법정 통상실시권을 주장할 수 없다.

불(不)승계통지 (=발명을 승계하지 않겠다고 통지한 경우)

사용자가 불승계통지를 하는 경우 당연히 해당 발명은 자유발명으로 통지되어 종업원에게 귀속이 되며 이때 사용자는 발명 보상금을 지급하지 않아도 된다. 미통지한 경우와는 달리 만일 추후 종업원 또는 제3자에 의해 당해 발명이 업으로서 실시되는 경우 사용자에게는 무상의 법정 통상실시권이 인정된다.

승계통지 (=발명을 승계하겠다고 통지한 경우)[86]

발명보상금은 출원, 등록 및 실시보상금 등으로 구분하여 보상하여야 하며 이는 금전 또는 비금전적인 보상 모두 포함이 될 수 있다.

사용자가 승계통지를 하는 경우 발명자인 종업원에게 원시적으로 허여된 특허받을 수 있는 권리가 사용자에게로 권리승계가 이루어지며 이에 대한 대가로서 종업원에게 사용자는 보상금 등을 지급하여야 한다. 발명보상금은 출원, 등록 및 실시보상금 등으로 구분하여 보상하여야 하며 이는 금전 또는 비금전적인 보상 모두 포함이 될 수 있다.

86 직무발명의 승계 시점은 사용자가 직무발명을 승계하겠다고 통지한 때로 본다.

4. 특허출원 및 주요제도

가. 특허출원 제출서류

특허받고자 하는 자는 특허청에 특허출원 관련 서류를 **그림 II-11**과 같이 제출하여야 한다. 특허출원 서류는 출원서와 첨부서류로 구분할 수 있다. 특허출원 시에 출원서와 함께 제출하는 첨부서류에는 명세서와 요약서 그리고 필요시 도면을 첨부하여야 한다. 명세서에 기재되는 항목으로서 '발명의 설명' 란에는 발명의 명칭, 기술분야, 발명의 배경기술과 함께 '발명의 내용'을 기재해야 한다. 아울러 '발명의 내용'이라는 세부 항목에서는 해결하려는 과제와 해결수단, 발명의 효과, 발명을 실시하기 위한 구체적인 예시와 내용, 도면의 간단한 설명 등을 기재한다. 또한 명세서에는 상기 '발명의 설명'에 의해 뒷받침되며 특허에 의해 보호받고자 하는 발명의 핵심요체로서 특허청구범위를 기재한다.

특허출원 시에 출원서와 함께 제출하는 첨부서류에는 명세서와 요약서 그리고 필요시 도면을 첨부하여야 한다.

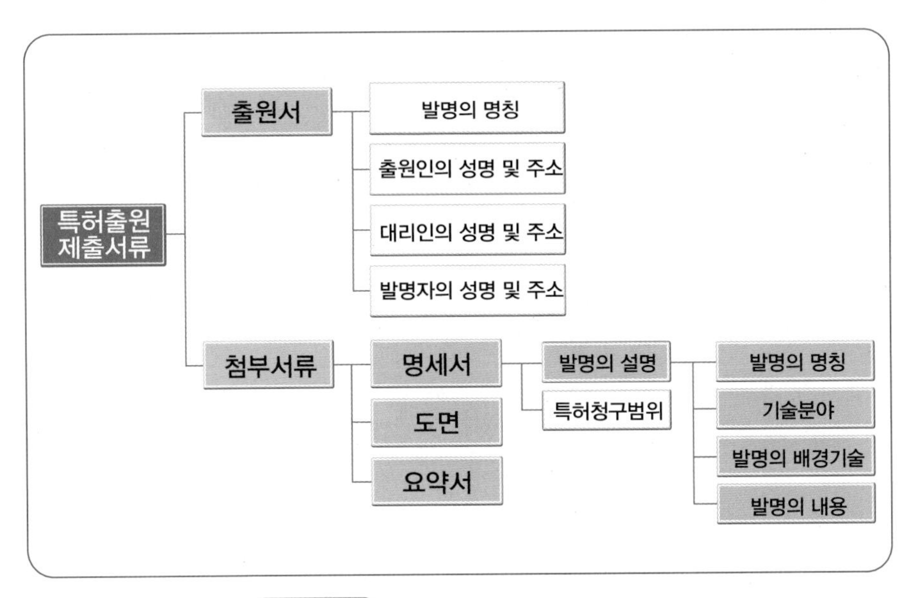

그림 II-11 특허출원 시 제출하는 주요 서류

나. 특허출원 첨부서류

특허출원 첨부서류는 **그림 II-11**과 같이 명세서, 도면 및 요약서로 구분된다.

명세서

특허 명세서Specification는 권리서이자 기술정보서로서의 역할과 기능을 하며 특허발명과 관련된 기술적인 정보로서 발명의 설명에 관하여 당업자[87]가 용이하게 실시할 수 있도록 명확하고 상세하게 기재하고 아울러 등록받고자 하는 발명의 배타적인 권리범위는 특허청구범위에 기재한다.

도면

특허출원 시에는 발명의 유형에 따라 도면Drawing이 재량으로 첨부될 수 있지만 실용신안 등록 출원은 물품성이 있는 고안을 보호하기 때문에 반드시 도면이 첨부되어야 한다.

요약서

요약서Abstract는 특허정보의 효율적 열람과 이용 활용을 위해서 발명의 기술적인 내용을 축약하여 특허출원 서류의 첨부사항으로 제출하도록 의무화한 것으로서 특허 발명의 권리 보호범위를 특정하는 용도로서는 사용할 수 없으며 단지 발명에 관한 기술 정보를 파악하는 용도로 사용된다.

다. 명세서 기재사항[88]

명세서 기재사항은 **그림 II-11**과 같이 크게 '발명의 설명'과 '특허청구범위'로 구분할 수 있으며, 발명의 설명에는 '발명의 명칭', '기술분야', '발명의 배경기술'과 함께 '발명의 내용'을 기재한다.

---

87 그 발명이 속하는 기술분야에서 통상의 지식을 가진 자를 "당업자"라 한다.

88 명세서의 기재 사항은 실체적 심사대상으로서 법에서 정한 작성 요건에 맞지 않으면 특허 거절이유 또는 특허 등록이 된 이후에도 특허 무효사유가 된다.

발명의 명칭

발명의 명칭Title of Invention은 발명의 핵심적인 내용을 신속 용이하게 파악할 수 있도록 간단하고 명료하게 작성해야 하고 발명의 영문 명칭도 기재한다.

기술분야

발명이 속하는 산업 또는 기술분야Field of Invention를 간결 명료하게 요약해서 기재하며 발명의 기술적 특징을 장황하게 기재하지 않는다.

발명의 배경이 되는 기술

특허출원 발명과 연관되어 있는 배경(선행)기술Prior Art도 반드시 기재해야 하며 배경이 되는 종래기술이 생략되어 있는 경우 명세서 기재불비 이유로서 특허 거절될 수 있음에 유의해야 한다.

발명의 내용

특허 심사관이 발명 요체와 관련된 진보성(비자명성) 등 특허성을 충분히 판단할 수 있도록 목적의 특이성, 구성의 곤란성 및 효과의 현저성 관점에서 당업자가 향후 공지된 특허 발명을 용이하게 실시할 수 있을 정도로 작성하되, 발명이 해결하려는 과제Object 및 해결수단Solution, 발명의 효과Effect, 도면의 간단한 설명 그리고 발명의 실시 예Embodiment 등에 관하여 구체적인 발명 내용을 기재한다.

목적의 특이성, 구성의 곤란성 및 효과의 현저성 관점에서 당업자가 향후 공지된 특허 발명을 용이하게 실시할 수 있을 정도로 기재하되, 발명이 해결하려는 과제Object 및 해결수단 Solution, 발명의 효과 Effect, 도면의 간단한 설명 그리고 발명의 실시예Embodiment 등에 관하여 구체적인 발명 내용을 기재한다.

특허청구범위[89]

특허권의 보호범위는 특허청구범위Claim에 의해 정해지며 특허청구범위는 발명의 핵심 내용과 관련된 구성요소와 결합관계를 기재한다. 발명의 요체를 명확하고 간결하게 기재하되 발명의 설명에 의해 뒷받침되어야 하며 보호받고자 하는 사항을 2개 이상의 청구항으로 기재할 수 있다. 특허청구범위의 작성방법에 관련된 사항은 Chap.Ⅲ의 2장에서 보다 상세히 다루기로 한다.

89 특허청구항의 권리범위는 '다기재(多記載) 협범위(狹範圍)' 원칙에 의해 구성요소를 많이 기재하면 청구항의 권리 보호범위가 협소해지기 때문에 가능한 구성요소를 적게 그리고 포괄적 용어로써 기재함으로써 보다 보호범위가 넓은 강한 특허로서 확보할 수 있다.

라. 심사청구제도[90]

심사청구가 되지 않는 특허출원은 일정기간(출원일로부터 3년)이 경과하면 출원취하로 간주되며 심사 대상에서 제외시킨다.

발명이 특허등록을 받기위해서는 출원 이후에 심사과정을 거치게 된다. 심사란 특허권 허여를 위해 특허출원 발명이 소정의 특허요건을 구비하고 있는지 그 여부에 대하여 일정 자격을 갖춘 심사관이 판단하는 과정을 말한다.

심사청구란 특허출원과는 별도로 「실체심사」의 개시를 요구하는 의사표시 절차를 말한다. 특허출원에 대한 실체심사는 심사청구가 있을 때에 한하여 그 심사청구의 순서에 따라 행하고 심사청구가 되지 않는 특허출원은 일정기간(출원일로부터 3년)이 경과하면 취하 간주되며 심사 대상에서 제외시킨다.

마. 출원공개제도[91]

출원공개란 특허출원 후 일정기간(1년 6개월)이 경과된 출원 계속 상태의 발명을 심사진행 여부에 관계없이 발명의 내용을 관보를 통해 일반 공중에 공개하는 제도를 말한다.

출원공개란 특허출원 후 일정기간(1년 6개월)이 경과된 출원 계속 상태의 발명을 심사진행 여부에 관계없이 발명의 내용을 관보를 통해 일반 공중에 공개하는 제도를 말한다. 특허출원이 공개된 경우 출원인은 출원공개 이후 설정등록 시까지 출원 발명을 무단으로 실시한 자에 대하여 법정요건을 갖춘 상태에서 보상금을 청구할 수 있다.

보상금청구권[92]의 행사는 특허권이 설정 등록이 된 이후에 3년 이내 행사가 가능하다. 즉 보상금청구권은 **그림 Ⅱ-12**와 같이 특허등록을 전제로 발생하며 허용될 수 있는 조건부 권리이다. 만일 출원공개된 특허가 심사를 통해서 특허등록이 되지 않는다면 보상금청구권도 당연히 소멸하게 된다.

90 우선심사제도에 의해 누구든지 출원 심사청구 이후에 우선심사대상 발명에 대하여 우선심사 사유가 있는 경우에 우선심사신청을 할 수 있다.

91 조기공개의 필요성이 있는 경우 출원인은 조기공개를 신청할 수 있으며 제3자에 의한 조기공개신청은 허용되지 않는다.

92 특허에 의한 보상금 청구는 특허권자가 발명을 업으로 실시하지 않아도 인정되지만 상표권에 의한 보상금 청구권은 상표를 업으로 사용하지 않는 경우에는 인정되지 않는다.

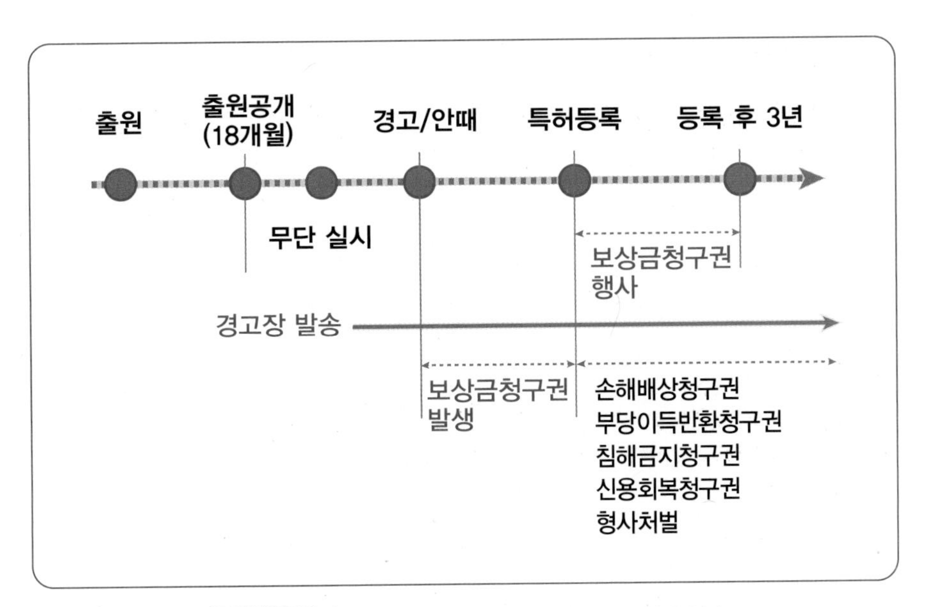

그림 II-12 출원공개에 의한 보상금청구권의 발생과 행사

바. 우선권주장출원

우선권주장Priority Claiming출원이란 우선권주장을 하는 후출원을 선출원일로부터 1년 이내에 출원을 하게 되면 특허요건에 관한 판단을 선출원이 이루어진 시점으로 소급하여 판단하는 출원을 말한다.[93] 우선권주장출원에는 표 II-4에서 대비한 바와 같이 파리조약에 의한 우선권주장출원과 국내 우선권주장에 의한 출원으로 크게 2가지로 구분된다. 파리조약에 의한 우선권주장출원 제도는 다음 절에서 논의할 해외출원과 관련해서 보다 자세히 다루기로 한다.

우선권주장출원이란 우선권주장을 하는 후출원을 선출원일로부터 1년 이내에 출원을 하게 되면 특허요건에 관한 판단을 선출원이 이루어진 시점으로 소급하여 판단하는 출원을 말한다.

표 II-4 국내 우선권주장출원과 조약 우선권주장출원의 비교

	국내 우선권주장출원	조약 우선권주장출원
기초(先)출원	국내출원	국내 또는 해외출원(PCT 포함)
	선출원의 취하간주 (1년 3개월)	기초(선)출원에 영향 없음
우선권주장(後)출원	기초(先)출원일로부터 1년 이내	
특허요건 판단	기초(先)출원일로 소급하여 판단함	

93 특허요건 판단에 관한 시점이 소급 인정되는 것이며 출원일 자체가 소급해서 인정되는 것은 아니다.

국내 우선권주장출원은 연속적인 개발과정에 의해 이루어지는 발명을 효과적으로 보호하고 개량 · 추가 발명을 장려하고자 하는 취지로서 선출원일로부터 1년 이내 후출원을 통해 국내 우선권주장출원을 하면 후출원에 관한 특허 판단시점을 선출원일로 소급 판단하는 제도이다. 특히 국내 우선권주장출원이 유효한 출원이 되기 위해서는 선출원인과 후출원인은 동일해야 하며 선출원이 분할된 출원이거나 또는 변경된 출원이 아니어야 한다.

통상적으로 선출원을 개량하거나, 추가 또는 구체화하는 등의 방법으로 국내 우선권주장출원(후출원)이 이루어지면 선출원은 출원된 날로부터 1년 3개월이 되면 취하 간주된다. 국내 우선권주장출원의 기초가 되는 선출원은 상기 시점이 경과하면 취하 간주[94]된다는 점에서 파리조약에 의한 해외 우선권주장출원과는 차이점이 있다.

국내 우선권주장출원의 요건과 시기 그리고 그 효과에 관해 이해함으로써 연속적인 연구개발R&D 과정에 있어서 개량 발명의 특허 권리화 전략에 적극적으로 활용할 수 있다.

그러므로 연구자는 국내 우선권주장출원의 요건과 시기 그리고 그 효과에 관해 이해함으로써 연속적인 연구개발R&D 과정에 있어서 하기 주석에서도 언급한 바와 같이 개량발명의 특허 권리화 전략에 적극적으로 활용할 수 있다.

94 국내 우선권주장출원을 하면 선출원은 1년 3개월 되는 시점에서 취하간주되므로 법정 공개시점인 1년 6개월이 되어도 선출원은 공개되지 않는다. 그러므로 출원인이 연속적인 개량발명을 하는 경우에 자신의 발명을 일반 공중에 불필요하게 기술정보로서 공개하지 않더라도 특허받을 수 있는 우선적 권리를 연속해서 확보할 수 있다는 장점이 있다.

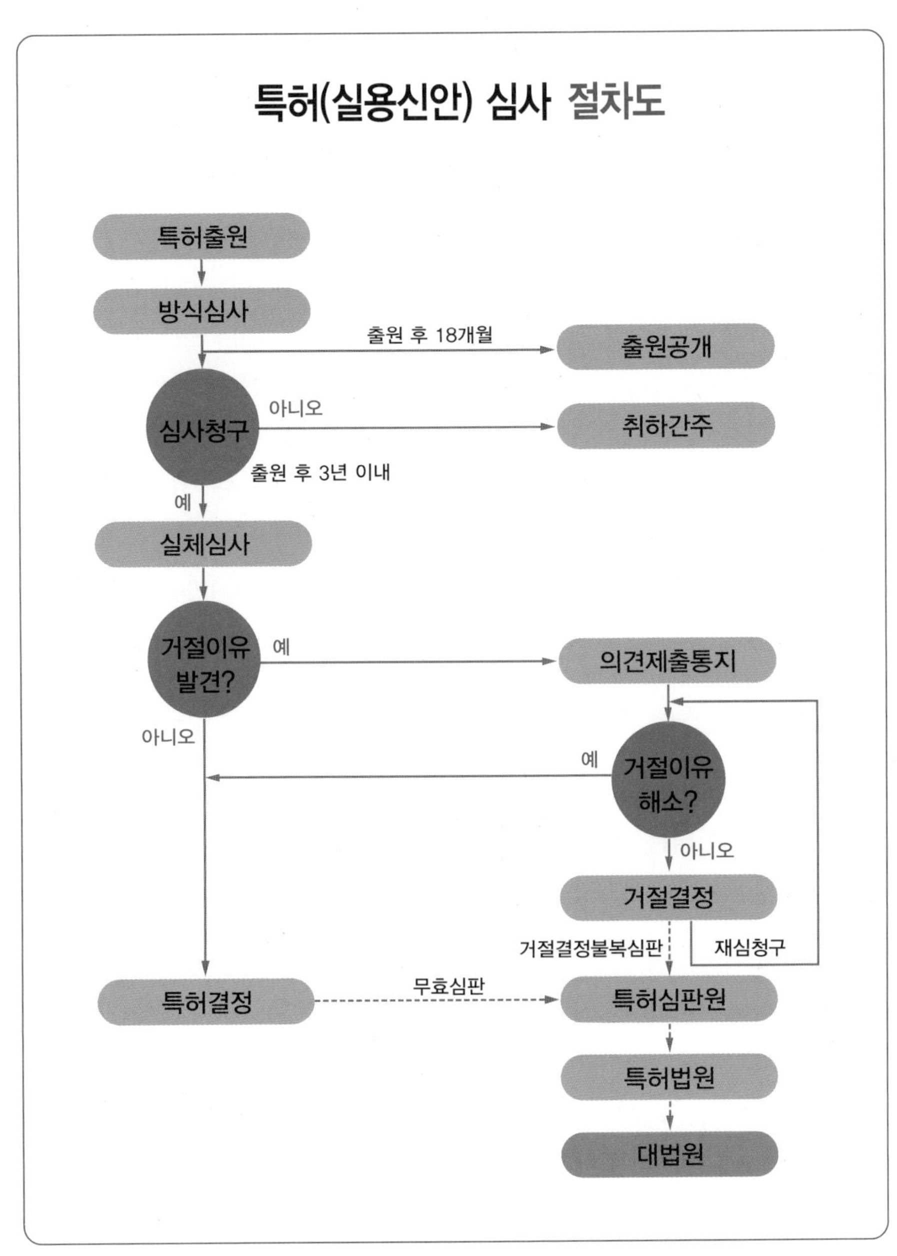

그림 II-13 특허(실용신안) 출원에 따른 심사 절차도[95]

95 특허청(www.kipo.go.kr) 홈페이지 참조

5. 특허심사 및 특허요건

가. 심사절차

방식심사란 특허출원인이 제출한 서류를 수리할 것인 그 여부를 심사하는 것으로서 주로 제출서류의 기재방식, 첨부서류의 구비 여부, 수수료 납부 등 특허출원 서류의 절차적 요건에 흠결이 있는지에 관해 심사한다.

그림 Ⅱ-13 특허(실용신안) 출원에 따른 심사 절차도와 같이 특허서류가 방식심사를 통해 수리되고 심사청구가 이루어지면 특허출원에 대한 실체심사가 진행된다. 방식심사란 특허출원인이 제출한 서류를 수리할 것인지 여부를 심사하는 것으로서 주로 제출서류의 기재방식, 첨부서류의 구비 여부, 수수료 납부 등 특허출원 서류의 절차적 요건에 흠결이 있는지에 관해 심사한다. 방식심사를 통해서 하자 없이 수리된 특허출원에 관하여 특허출원 번호가 부여되며 수리된 특허출원 서류는 심사청구 순서에 의해 실체심사가 이루어진다.

나. 특허요건

특허 보호대상이 되는 기술적 사상(발명) 또는 연구개발R&D결과물이 특허출원 절차를 통해 등록되어 보호받기 위해서는 아래 표 Ⅱ-5에 요약된 바와 같이 출원

표 Ⅱ-5 특허요건에 관한 구분과 주요 내용

특허 요건	주요 내용
주체적 요건	• 정당권리자(발명자, 정당한 승계인 등)에 의한 출원일 것 • 법률 행위에 관해 무능력자가 아닐 것 등
절차적 요건	• 1 특허출원 범위에 해당할 것 (발명의 단일성) • 타인보다 먼저 출원될 것 (선출원주의) • 확대된 선출원주의에 해당되지 않을 것 (확대된선원주의) • 특허출원 서류의 작성 및 제출이 절차에 부합할 것 • 발명이 명세서에 적절히 기재되어 있을 것 등
실체적 요건	• 특허법상의 발명에 해당할 것 (성립성) • 산업상 이용 가능성이 있을 것 (산업상 이용가능성) • 기존에 없는 새로운 발명일 것 (신규성) • 해당 분야에 통상의 지식을 가진 자(당업자)가 공지 지식으로부터 용이 발명할 수 있는 것이 아닐 것 (진보성)

인의 주체적 요건과 특허발명 대상의 실체적 요건 및 절차적 요건들을 모두 만족해야 특허권으로 설정 등록받을 수 있다. 만일 이러한 특허요건들을 충족하지 못해 **그림 II-13**과 같이 거절이유가 발견이 된다면 심사관은 의견제출통지서를 통해 출원인에게 거절이유를 송달하게 된다.

출원인은 심사관의 거절이유 해소를 위해 보정서와 답변서를 제출할 수 있으며 거절이유가 해소된 경우 **그림 II-13**과 같이 특허결정을 받을 수 있다.

다음은 특허 등록결정을 받기 위한 실체적 심사요건에 관해 구체적으로 살펴보기로 한다.

주체적 요건

정당한 권리자(발명자, 정당 승계인 등)에 의한 출원일 것을 요하며 법률행위 능력이 없는 미성년자 또는 무능력자는 법정대리인의 동의를 얻어 특허출원할 수 있다.

절차적 요건

동일한 발명에 관하여 특허출원이 경합하는 경우에 가장 먼저 발명을 출원한 자에게 특허를 부여하는 원칙이 선출원주의이다. 선출원은 공개 또는 등록이 되지 않더라도 특허출원 계류 중이라면 선원의 지위를 가지게 된다. 선출원주의 적용 시에는 선·후 출원의 특허청구범위를 대비 판단하여 동일한 경우에 적용하며 만일 출원인이 동일한 경우라도 중복권리 방지를 위해 후출원은 등록이 배제된다.

> 동일한 발명에 관하여 특허출원이 경합하는 경우에 가장 먼저 발명을 출원한 자에게 특허를 부여하는 원칙이 선출원주의이다.

확대된 선출원주의(확대된선원주의)란 모인발명[96]에 의해 후출원이 등록되는 것을 방지하고자 적용하는 심사요건이다. 후출원의 특허청구범위가 선출원의 특허청구범위와 다를지라도 선출원된 명세서·도면에 기재된 내용과 동일하고 출원인 또는 발명자가 선출원인과 다르다면 이를 모인출원으로 판단하고 선출원이 공개 또는 등록되었다면 후출원의 등록을 배제하고자 하는 취지이다.

> 확대된 선출원주의란 모인발명에 의해 후출원이 등록되는 것을 방지하고자 적용하는 심사요건이다.

---

96 모인발명이란 실질적으로 동일한 발명을 정당한 발명자 또는 고안자가 아닌 사람이나 승계인이 특허출원한 발명을 말한다.

표 II-6 특허 선출원주의와 확대된선원주의의 적용의 비교

	선출원주의	확대된선원주의
대비 대상	특허청구범위 (선출원) vs 특허청구범위 (당해출원)	명세서 · 도면 (선출원) vs 특허청구범위(당해출원)
선 · 후 출원인 동일	적용함	적용하지 않음
선출원 지위	선출원이 공개 또는 등록된 경우와 상관없이 선출원의 지위를 가짐	선출원이 공개 또는 등록된 경우에 선출원의 지위를 가짐
적용 취지	중복권리 등록 방지	모인출원(발명) 등록 방지

특허출원 서류의 작성 및 제출은 적절해야 하며 명세서의 기재사항은 심사의 대상이 된다. 특허출원 서류 중에 명세서에 명기된 발명의 설명 및 특허청구범위에 관한 작성 방법은 특허법에서 정한 방식에 따라야 하며 만일 이를 위배하여 작성되었다면 거절이유가 되고 또한 이를 간과하여 특허등록이 되었다면 특허무효의 사유가 된다.

실체적 요건

특허등록에 관한 실체적 요건으로써 신규성Novelty, 진보성Inventive Step 및 산업상 이용가능성Industrial Applicability 등을 판단하며 심사기준은 아래와 같다.

표 II-7 신규성과 진보성 판단에 관한 비교

실체 요건	신규성 판단	진보성 판단
대비대상	선행기술 (단수) vs 특허청구범위	선행기술 (복수조합) vs 특허청구범위
판단기준	동일성 판단 (국내 또는 국외 공지)	용이성 판단 (국내 당업자 기준)
판단방법	1:1 구성 대비 판단 (발명의 효과 참작)	구성의 곤란성/ 목적의 특이성/ 효과의 현저성

신규성 판단방법은 국내 또는 국외에서 공지되었거나 공공연하게 실시된 발명이거나 박람회, 학회, 인터넷 및 간행물을 통해 국내 또는 국외에 공지된 선행기술로부터 당해 출원의 특허청구범위의 구성요소와 선행(인용)기술의 구성들을 1:1로 대비판단한다.

신규성 판단방법은 국내 또는 국외에서 공지되었거나 공공연하게 실시된 발명이거나 박람회, 학회, 인터넷 및 간행물을 통해 국내 또는 국외에 공지된 선행기술로부터 당해 출원의 특허청구범위의 구성요소와 선행(인용)기술의 구성들을 1:1로 대비 판단한다. 신규성 판단을 위해 인용하는 선행기술은 여러 개로 조합하지

않으며 당해 발명의 효과를 참작하여 선행기술과의 동일성 여부를 판단한다.

발명자 자신이 스스로 창출한 발명이라도 특허출원을 하지 않고 국내 또는 국외에 공지하거나 공연히 실시했다면 이는 자기 공지에 해당되어 신규성이 상실됨을 유의해야 한다. 또한 발명자의 의사에 반하여 발명이 일반 공중에 공지된 경우에도 신규성이 상실된다. 이러한 발명자의 자기 공지 또는 의사에 반한 공지의 경우는 원칙적으로 신규성 상실로서 특허받을 수 없지만 선의의 피해자를 구제하기 위해 일정요건에 해당이 된다면 신규성 상실예외주장[97]을 통해 특허받을 수 있다.

진보성 판단방법은 신규성 판단방법과는 달리 선행인용기술들의 복수조합이라 할 수 있는 공지(선행)기술과 당해 출원의 특허청구범위와 대비 판단한다. 진보성 판단은 기술가치 판단으로서 목적의 특이성, 구성의 곤란성 및 효과의 현저성 관점에서 판단하되 대상발명이 속하는 국내의 당업자 수준에서 이를 용이하게 고안 또는 발명을 할 수 있는지 그 용이성 여부를 판단한다.

진보성 판단은 기술가치 판단으로서 목적의 특이성, 구성의 곤란성 및 효과의 현저성 관점에서 판단하되 대상발명이 속하는 국내의 당업자 수준에서 이를 용이하게 고안 또는 발명을 할 수 있는지 그 여부를 판단한다.

한편, 산업상 이용가능성 판단에 있어서 산업은 폭넓은 의미로서 해석하며 현재 이용되거나 또는 업으로서 실시되지 않더라도 장래에 이용[98]할 수 있으면 된다. 의료산업 분야에 있어서 인체를 대상으로 수술, 치료 또는 진단하는 방법과 같은 의료행위[99]는 산업상 이용가능성이 없다고 판단하지만 혈액, 모발, 소변, DNA 등과 같이 인체로부터 분리 채취할 수 있는 것을 처리하거나 또는 이를 분석하는 발명은 산업상 이용가능성이 인정된다.

97 신규성이 상실이 된 날로부터 12개월 이내에 특허출원을 하면 그 출원 발명은 실체적 심사요건인 신규성 또는 진보성 판단함에 있어서 신규성 상실에 해당되지 아니한 것으로 본다.

98 하지만 예를 들어 영구적으로 작동하는 기관과 같이 자연법칙에 위배되거나 장래에도 실현 가능성이 명백히 없는 경우에는 산업상 이용 가능성이 없는 발명으로 본다

99 의료행위에 사용되는 수술용 의료기기, 의료용 진단 장치 또는 의약품 등은 산업상 이용가능성이 인정된다.

6. 특허등록 및 사후관리

가. 등록절차

특허 등록요건을 충족함으로써 거절이유가 없는 때에는 **그림 II-13** 심사 절차도와 같이 심사관은 특허결정을 하여야 한다. 특허결정을 받은 날로부터 3개월 이내에 등록료를 납부함으로써 특허 설정등록이 이루어지고 설정등록을 통해 특허권 효력이 발생된다. 설정등록 이후 특허 등록공고가 관보에 게재되고 특허 등록공고일로부터 6개월 이내 하기 **표 II-9**에서 언급한 특허 취소신청에 의해 특허가 취소되지 않으면 해당 특허는 확정등록이 된다.

나. 사후관리

특허출원인이 심사관의 거절결정에 이의가 있는 경우에는 재심사청구 또는 거절결정 불복심판 제도를 통해 이의를 제기할 수 있으며 이와는 상반된 경우로서 특허 등록결정에 관한 이의가 있거나 불복하고자 하는 이해관계인 등은 특허심판원에 특허 취소신청 또는 무효심판 제도를 통해 민원을 제기할 수 있다.

특허출원이 심사절차를 통해 특허 등록결정되거나 또는 거절결정이 이루어지는 경우 어떠한 상황이든 이에 불복하는 이해관계인에 의한 민원이 있을 수 있다. 이러한 이의제기와 민원들을 구제하기 위해서 별도로 특허심사 결과에 대한 사후관리 제도의 필요성이 제기된다.

먼저 특허출원인이 심사관의 거절결정에 이의가 있는 경우에는 재심사청구 또는 거절결정 불복심판 제도를 통해 이의를 제기할 수 있으며 이와는 상반된 경우로서 특허 등록결정에 관한 이의가 있거나 불복하고자 하는 이해관계인 등은 특허심판원[100]에 특허 취소신청 또는 무효심판 제도를 통해 민원을 제기할 수 있다.

재심사청구 또는 거절결정불복심판

특허청 심사관에 의해 거절결정 통지를 받은 경우 출원인은 결정등본 송달일로부터 3개월 이내 당초에 심사를 한 특허청 심사관에게 명세서, 도면 등을 보정하

100 특허청의 상급심 기관으로서 특허심판원이 있으며 거절결정 불복심판, 특허취소신청 및 무효심판 등 심판업무를 관장한다. 만일 특허심판원의 결정에 불복하는 경우에는 법원 판결로서 다툴 수 있으며 이에 관한 상급 기관으로서 특허법원과 대법원이 있다.

여 재심사를 청구할 수 있다. 재심사청구에 의해서도 거절이유가 극복되지 않아 거절결정된다면 특허심판원에 거절결정불복심판 청구를 통해 거절결정의 정당성 여부를 다툴 수 있으며, 거절결정불복심판 청구가 기각된 경우에도 거절결정에서 거절되지 않은 청구항, 거절결정의 기초가 된 선택적 기재사항을 삭제한 청구항만으로 청구범위를 구성하는 등으로 기존 특허출원의 일부를 분리하여 새롭게 출원할 수 있는 분리출원 제도가 도입되었다.

재심사청구 없이도 거절결정불복심판 청구를 할 수 있으며 거절결정불복심판 청구를 하는 경우에는 명세서 또는 도면의 보정이 필요하지는 않지만 별도의 심판 청구절차에 따른 시간적 소요와 경제적 비용 부담이 있다. 양 절차 모두는 동일하게 심사관으로부터 거절결정등본을 송달받은 일로부터 3개월 이내에 신청해야 한다.

표 II-8 재심사청구와 거절결정불복심판의 비교

	재심사 청구101	거절결정불복심판
판단 주체	당초 심사관 (특허청)	심판관 (특허심판원)
보정 여부	명세서 또는 도면의 보정(수정) 필요	명세서 또는 도면의 보정(수정) 불요
절차 구분	특허심사 절차	특허심판 절차
청구 시기	거절결정등본 송달 일부터 3개월 이내	

무효심판 또는 특허 취소신청

특허 취소신청이란 무효심판을 통해 특허권리가 무효화됨으로써 오는 각종 부작용과 등록 특허로 인한 각종 소송 분쟁 등을 사전 예방을 위해서 특허설정등록일로부터 등록공고 후 6개월 이내에 취소신청 사유로서 신규성, 진보성, 선출원주의 또는 확대된 선원주의 요건에 반하여 특허 등록이 되었다는 증거자료를 제출하면 하자있는 특허를 확정 등록되기 전에 조기에 취소할 수 있게 한 제도이다. 특허 취소신청은 **표 II-9**와 같이 무효심판과는 달리 이해관계인이 아니라도 누구나 신청 가능하며 심판 절차가 신속 간편하게 진행된다는 장점이 있다.

---

101 심판원의 심결에 중대 하자가 있는 경우 심판원에 청구하는 재심 절차와는 구분되며 이 제도는 심사전치제도를 개정한 제도로서 출원인의 수수료 경감과 심사절차 간편성을 도모하였으며, 등록결정 후에도 권리범위를 수정하여 다시 심사받을 수 있도록 대상범위를 2022년 법개정을 통해 확대하였다.

표 II-9 특허 취소신청과 특허 무효심판의 비교

	특허 취소신청	특허 무효심판
심판유형	사정계(결정계)심판[102]	당사자계심판[103]
신청시기	등록공고 후 6개월 이내	확정등록 이후
신청인	누구나 신청가능	이해관계인 또는 심사관
판단 주체	심판관 (특허심판원)	

특허 무효심판이란 등록된 발명이 특허등록되어서는 안 되는 법정 무효사유를 포함하고 있어서 그 효력을 소급적으로 상실시키고자 청구하는 행위를 말한다. 산업상 이용가능성, 신규성 또는 진보성이 없는 발명에 특허권이 설정되거나 후원 출원인 또는 무 권리자에게 특허가 허여되는 경우 등 법에서 정한 무효사유에 해당된다면 이를 이해관계인 또는 심사관이 무효심판을 통해 등록된 특허를 무효화시킬 수 있다.

특허가 무효가 된 경우 이미 지급한 실시료에 대해 반환 특약이 있다면 계약에 따라 이행의무가 있으나 특약이 없는 경우 실시료의 반환의무는 없다는 것이 통상적인 관점이다. 하지만 무효화된 특허권을 행사하여 손해배상금을 지급받은 경우에는 실시권의 행사와는 달리 손해배상금을 상대방에 반환하여야 할 것이다.

침해 구제

특허출원 발명에 관한 배타적인 권리로서 특허권이 심사를 통해 확정등록되면 출원인은 등록권자로서 특허등록 원부에 등재가 된다. 등록특허를 특허권자의 허락 없이 무단으로 실시한 자에 대해서 특허침해에 관한 요건들이 충족되면 관할 법원에 침해금지청구(침해금지가처분신청), 부당이득반환청구 그리고 손해배상청구 등 각종 민사상의 제제는 물론 형사적인 처벌[104]을 통해 특허침해를 구제받을 수 있다.

102 사정계(결정계)심판이란 특허청장을 상대로 청구하는 심판으로서 청구인만이 존재하며 심판비용을 청구인이 부담하며 청구 내용의 옳고 그름을 심판관이 판단하는 심판 유형으로서 거절결정불복심판(산업재산권 전분야), 취소결정불복심판(실용신안,디자인), 보정각하결정불복심판(디자인,상표) 그리고 정정심판(특허,실용신안)이 있다.

103 당사자계 심판은 당사자 간의 분쟁에 의해 청구인과 피청구인이 대립하는 구조로서 심판비용은 패소자가 부담을 하게 되는 심판 유형으로서 무효심판(산업재산권 전분야), 권리범위확인심판(산업재산권 전분야), 통상실시권확인심판(산업재산권 전분야), 그리고 상표등록취소심판 등이 있다.

104 7년 이하의 징역 또는 1억 원 이하의 벌금형

7. 해외 특허출원

하나의 특허가 모든 협약 국가에 그 효력이 미치는 "국제특허"란 존재하지 않으며, 별도로 개별 국가 특허법에 의한 절차와 심사를 거쳐서 해당 국가에서 특허권을 설정 등록받아야 한다. 해외에 특허를 출원하는 방법은 **그림 II-14**와 같이 크게 두 가지 국제협약에 기초를 하고 있는데 파리조약Paris Convention에 근거로 해당 국가에 직접 출원하는 방법과 한 번의 출원으로 동시에 다수 회원 국가에 특허받을 수 있는 권리를 확보하는 특허협력조약Patent Cooperation Treaty에 의한 PCT국제출원이 있다.

파리조약에 기초로 해당 국가에 직접 출원하는 방법과 한 번의 출원으로 동시에 다수 회원 국가에 특허받을 수 있는 권리를 확보하는 특허협력조약Patent Cooperation Treaty에 의한 PCT국제출원이 있다.

Chapter II-1

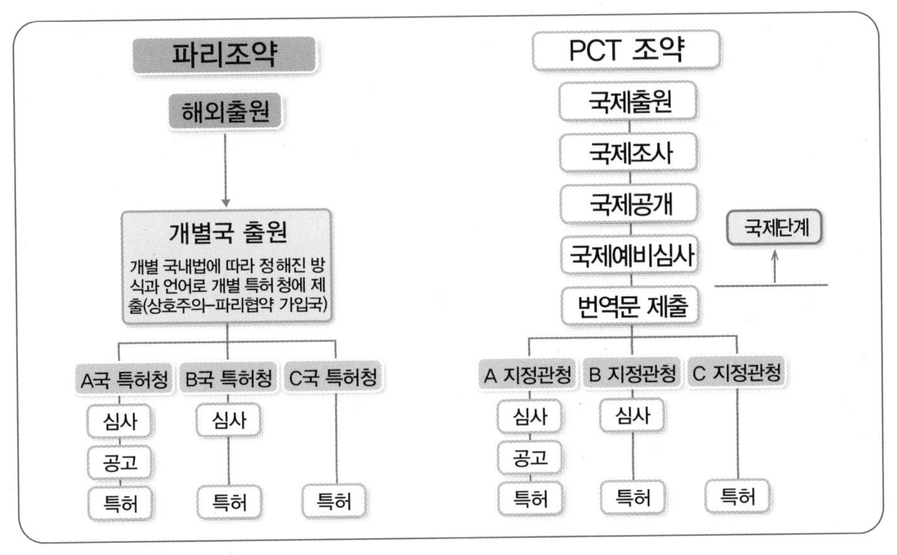

그림 II-14 해외 특허출원하는 2가지 방법과 그 절차[105]

가. 해당 국가에 직접 출원하는 방법 (파리조약 출원)

파리조약의 기본 원칙은 **표 II-10**과 같이 내·외국민 동등 대우의 원칙, 권리 속

105 한편, PCT 지정출원 또는 별도 해외출원을 통해 유럽특허청EPO, European Patent Office에서 심사 등록받은 '유럽특허'EP, European Patent는 회원국의 특허청에 번역문을 제출함으로써 해당 국가에서 효력을 발생하게 되는데 이러한 기존의 유럽특허EP 제도와 함께 새로이 병존하는 유럽 '단일특허'UP, Unitary Patent 제도가 23년 6월 1일부터 시행되었다.

지주의 원칙 및 우선권 주장 제도 인정이라는 3대 원칙을 표방하고 있으며, 파리 조약에 가입한 동맹 국가의 국민이라면 어떠한 동맹국가에서도 차별 없이 3대 기본 원칙에 의해 해당 동맹국가의 국민과 동일한 조건으로 특허받을 수 있다.

파리조약의 3대 원칙

표 Ⅱ-10 파리조약의 3대 기본 원칙

3대 원칙	비 고	
• 내외국민 동등대우	상호주의(최혜국 대우) 원칙에 의함	우선권주장출원 기간 • 특허/실용신안 : 1년 이내 • 상표/디자인 : 6월 이내
• 우선권주장 제도 (우선권주장출원 인정)	우선권주장 기간 내에 특허출원 시 특허 판단시점 우선일로 소급 적용	
• 권리 속지주의	특허 독립의 원칙에 의함	

파리조약의 **권리 속지주의 원칙**에 의해 동맹 국가에 특허출원하는 경우에는 해당 동맹국가의 언어로 작성된 특허출원서와 명세서를 동맹국가의 국내법에 의한 특허출원 절차 및 방식에 따라 출원하면 **내 · 외국민 동등대우의 원칙**에 의해 동맹국가 자국민과 차별 없이 동일한 조건으로 특허를 받을 수 있으며, 이와 아울러 **우선권주장제도 인정**에 의해 최초 제1국 출원(기초 출원)[106]한 날로부터 1년 이내 또 다른 동맹국가에 기초출원과 동일성이 있는 특허를 출원(우선권주장출원)할 수 있으며 이 경우 우선권주장출원에 대한 특허성(신규성, 진보성 및 산업상 이용가능성 등)의 판단 기준시점은 기초특허 출원한 일자로 소급하여 판단한다.

파리조약에 의한 우선권주장출원

해외 우선권주장출원의 기초출원은 파리조약 동맹국에 최초로 출원된 정규출원이어야 한다. 만일 기초출원이 동맹 제1국에서의 최초출원이 아니라 후속출원이라면 우선권 기간이 연장되는 결과를 가져오기 때문이다.

106 기초출원의 요건은 파리동맹 국가 내에 출원된 정규출원뿐만 아니라 PCT국제출원도 가능할 뿐만 아니라 우선권주장출원을 하는 경우에도 PCT절차에 의한 PCT국제출원으로도 진행할 수 있다. 또한 조약우선권주장은 2 이상의 기초출원의 발명내용을 포함하는 복합 우선권주장과 기초출원의 일부 내용만을 포함하는 부분 우선권주장이 있다.

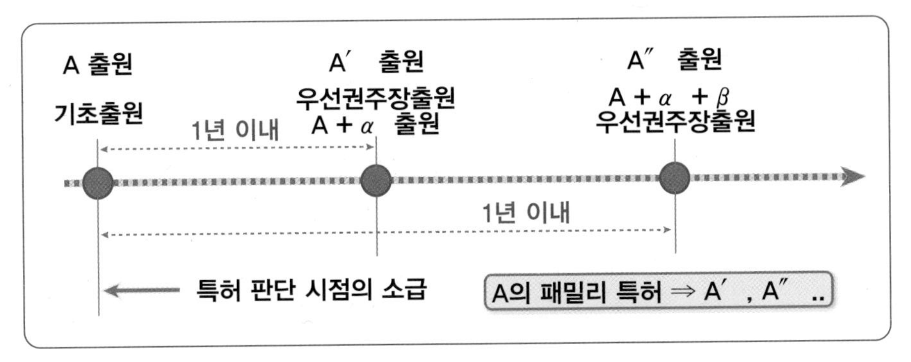

그림 II-15 우선권주장에 의한 특허출원 방법

한편 파리조약에 기초한 우선권주장출원[107]에 의해 해외 각국에 출원된 특허들은 그림 II-15와 같이 제1국의 기초출원(A)의 발명내용과 실질적 동일성이 있는 후출원으로서 해외 우선권주장출원된 특허(A′, A″)들을 패밀리Family 특허라고 명칭하며 이러한 패밀리 특허정보[108]들은 해당 특허기술의 시장성을 파악함에 있어서 중요한 특허정보로서 활용된다.

파리협약에 의한 우선권주장출원을 통해 확보할 수 있는 지식재산권은 산업재산권에 해당되며 여기에는 특허, 실용신안, 디자인 및 상표가 있다. 산업재산권은 상기한 바와 같이 파리협약 3대 원칙에 따른 속지주의 권리로서 동맹국의 개별 국내법에 의한 자체적인 출원, 심사 및 등록 절차를 통해 권리가 허여된다.

특허 또는 실용신안의 경우 우선권주장출원할 수 있는 기간은 동맹국의 최초 출원인 기초 출원일로부터 1년 이내이며 상표 또는 디자인의 경우에는 기초출원일로부터 6개월 이내에 우선권주장출원할 수 있다.

특허 또는 실용신안의 경우 우선권주장출원할 수 있는 기간은 동맹국의 최초 출원인 기초 출원일로부터 1년 이내이며 상표 또는 디자인의 경우에는 기초 출원일로부터 6개월 이내에 우선권주장출원할 수 있다.

파리조약에 의한 해외 특허출원의 장 · 단점

파리조약에 근거하여 해외 특허출원하는 경우와 특허협력조약에 의한 PCT국제출원과의 그 장 · 단점을 비교하면 다음과 같다.

---

107 조약 우선권주장출원 제도와는 별개로 우리나라에는 국내 우선권주장출원 제도가 있다. 이는 최초 출원과 동일성이 있는 연속적인 개량 · 추가 발명을 장려하고자 하는 취지로서 최초 출원일로부터 1년 이내 국내 우선권주장출원을 하면 최초 출원일로 특허 판단시점이 소급이 되며 최초 선출원은 1년 3개월이 되면 취하간주가 된다는 점에서 조약 우선권주장출원과 차별성이 있다.

108 패밀리Family 특허정보는 유럽특허청 Espacenet 사이트(https://worldwide.espacenet.com/)의 INPADOC 데이터베이스에서 체계적으로 잘 정리되어 있다.

장점
- PCT 출원 절차에 비해 개별 국가별로 빠른 시간[109] 내에 특허 권리화가 가능함
- 시장성이 있는 국가별 우선순위에 의해 순차적이며 선별적인 권리화가 가능함
- 연속적인 R&D 과정에서 우선권 주장출원을 통해 권리의 연속성 확보가 가능함

단점
- 개별국가별로 별도 특허출원 절차를 거쳐야 함으로 많은 특허 비용이 필요함
- 사업성이 없는 경우 해당국가에 특허절차가 진행되면 특허기술 정보제공만 됨

파리조약에 근거하여 각 동맹국가에 특허출원을 하는 경우는 특허받고자 하는 국가가 많을 경우에는 각 국가별로 대리인 선임비용, 특허출원 관납료 및 각 해당국의 언어로 작성된 명세서 작성 비용 등을 동시에 모두 지불하여야 함으로 초기에 특허비용이 많이 소요되는 단점이 있지만 PCT국제출원에 비해 빠른 시간 내에 개별 국가에 조기 권리화가 가능하다는 장점이 있다.

나. 특허협력조약에 의해 출원하는 방법 (PCT국제출원)

특허협력조약PCT: Patent Cooperation Treaty에 근거한 해외출원이란 PCT 회원 가입 국가[110]들을 다수개로 출원 지정하여 하나의 PCT국제출원으로서 진행함으로 특허받을 수 있는 권리를 일정 기간 동안 일괄적으로 확보한 다음에 국내단계 진입 시에 이를 선별하여 해당 지정관청(국가)에 번역문을 제출하고 국내 특허출원 절차를 진행하는 것을 말한다.

PCT국제출원을 통해서 지정 국가에 특허받을 수 있도록 국내단계에 진입할 수 있는 기간은 기초(최초)출원일로부터 30개월 또는 31개월이며 해당기간 동안에 출원인은 특허발명과 관련된 영업행위를 자유롭게 할 수 있다. 만일 지정국가에서 시장성이 확보되어 국내단계 진입을 통해 특허받고자 하는 경우에 지정 국가

---

109 파리조약에 의한 특허출원과는 별개로 특허심사하이웨이PPH:Patent Prosecution Highway제도를 통해 특허 권리화 시간을 단축할 수가 있는데 이는 개별국가 특허청 상호 간 협약에 의해 양국에 공동으로 특허출원이 되어 제1국에 특허 등록결정을 받은 경우 제2국에서 우선심사 또는 조기심사를 통하여 신속하게 권리화를 해주는 제도로서 한국은 현재 유럽, 미국, 일본, 중국, 베트남 등 약 31개국과 PPH 협약이 체결되어 있다.

110 2019년 10월 기준 153개국이 가입되어 있으며 대만Taiwan은 PCT 가입 회원국이 아니므로 파리조약을 기초로 하는 해외출원만이 가능하다.

별로 회원국가의 국내법에 따라 별도로 출원, 심사 및 등록 절차에 의거해서 특허등록을 받을 수 있도록 한 해외 특허출원 제도이다.

PCT국제출원의 절차 개요

PCT국제출원은 국제단계와 국내단계로 구분할 수 있으며 실질적으로 PCT국제출원이라 함은 국제단계에서 이루어지는 절차를 말하며 PCT 국제단계의 주요 절차로서 국제조사, 국제공개 및 국제예비심사가 있다.[111]

PCT국제출원은 국제단계와 국내단계로 구분할 수 있으며 실질적으로 PCT국제출원이라 함은 국제단계에서 이루어지는 절차를 말하며 주요절차로서 국제조사, 국제공개 및 국제예비심사가 있다.

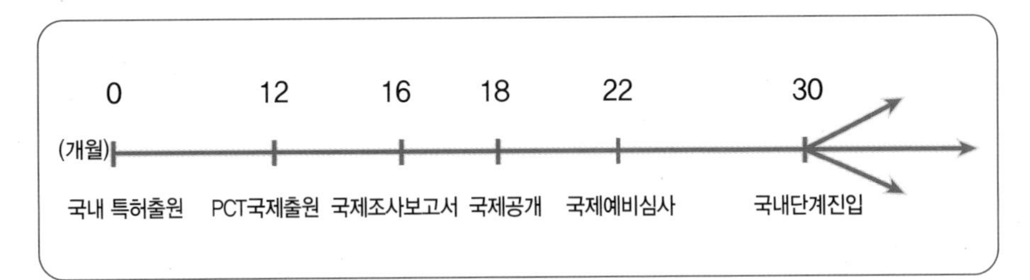

그림 II-16 PCT국제출원에 따른 주요 절차의 발생 시기(월별)

PCT국제출원은 상기 그림에서와 같이 기초(최초)출원이 국내 특허출원이 되거나 또는 국내 기초출원 없이도 직접 PCT국제출원할 수 있다. 만일 **그림 II-16**과 같이 국내 기초출원일로부터 12월 이내에 우선권주장을 통한 PCT국제출원을 하게 되면 국제조사보고서ISR는 우선일(기초출원일)로부터 16개월이 되는 시점에 발행이 된다. PCT국제출원의 국제공개는 우선일로부터 18개월이 되는 시점에 공개가 이루어져 이는 PCT공개공보Gazette로서 인터넷 사이트에 게재가 된다.

출원인의 선택적 절차인 국제예비심사청구를 우선일(기초 출원일)로부터 22개월까지 하게 되면 국제예비심사기관에서는 특허 가능성(신규성, 진보성, 산업상 이용가능성, 발명의 단일성 등)에 관한 국제예비심사보고서(견해서)IPRP를 작성하여 출원인과 국내단계 진입을 희망한 지정(선택)국가 관청에 송부하게 된다.

국내단계에 진입은 우선일(기초출원일)로부터 30개월 또는 31개월 이내에[112]

111 이러한 PCT 국제단계 절차를 통해 '국제공개공보'PCT Gazette, '국제조사보고서'ISR 또는 '국제예비심사보고서(견해서)'IPRP 형태로 발행되어 WIPO가 제공하는 특허 Database 사이트(https://www.wipo.int/patentscope/)에 공지된다.

112 PCT 국내단계 진입기간은 미국, 일본, 중국, 독일, 캐나다, 싱가포르, 필리핀 등은 30개월이며, 한국을 비롯한 유럽EPO, 영국, 호주, 러시아, 인도, 베트남 등은 31개월이다.

국내단계 진입을 통해 특허받고자 하는 지정(선택) 국가관청에서 요구하는 언어로 작성된 번역문 제출 및 수수료 납부를 통해 해당 국가에서 별도의 특허심사가 이루어진다.

국제단계에서의 PCT국제출원의 보정

PCT국제출원은 개별 국가에서의 국내단계 심사착수 이전에 특허 가능성에 관한 의견을 국제단계에서 사전에 알아볼 수 있을 뿐만 아니라 국내단계에서의 특허 가능성을 높이기 위해서 PCT국제출원 서류를 표 Ⅱ-11과 같이 국내단계 진입 이전에 보정할 수 있으므로 국내단계로 진입하는 경우에는 반드시 국제단계에서 보정을 하는 것이 유리하다.

표 Ⅱ-11 국제조사보고서ISR와 국제예비심사보고서IPER의 비교[113]

	국제조사보고서ISR	국제예비심사보고서IPRP
신청/절차 요건	필수적 절차Mandatory	선택적 절차Optional
	별도 신청 불요	별도 신청 필요
정보제공 사항	선행기술문헌 및 해당 문헌과의 관련도 정보	신규성, 진보성 및 산업이용가능성 관련 심사관의 견해
보정(수정) 범위 (법적근거)	특허청구범위 (PCT 19조_보정규정)	명세서, 도면 및 특허청구범위 (PCT 34조_보정규정)

- **PCT 19조에 의한 보정**

국제조사보고서ISR는 PCT국제출원이 되면 필수적으로 진행되는 절차로서 국제조사기관은 PCT국제출원과의 관련된 선행기술 문헌을 조사하고 조사된 문헌과 특허출원 기술의 관련성[114]을 판단하고 이를 선행기술조사보고서로서 제공한다. PCT국제출원의 국제단계에서 국제조사보고서ISR를 수령한 이후 시점(우선일로부터 16개월)부터 출원인은 PCT 19조 규정에 따라 특허청구범위에 한정하여 보정할 수 있으며 이는 PCT국제출원이 국제공개공보PCT-Gazette로서

---

113 ISRInternational Search Report vs IPRPInternational Preliminary Report on Patentability

114 해당 문헌이 일반적인 기술 수준으로 특별 관련성이 없는 경우 ⇒ 'A'로 표기하며, 해당 문헌으로 인해 신규성 또는 진보성이 없다고 판단되는 경우 ⇒ 'X' 또는 'Y'로 표기하며, 해당문헌이 거의 동일한 문헌으로 특허 패밀리에 속하는 경우 ⇒ '&'로 표기되며 이 외에도 문헌 관련성 정도를 나타내는 'E', 'L', 'O', 'P', 'T' 등의 표기가 있으며 표기 설명이 부기된 ISR 보고서가 제공된다.

공지가 되는 이전 시점(우선일로부터 18개월)까지 할 수 있다.

- **PCT 34조에 의한 보정**[115]

특허 가능성 검토에 대한 국제예비심사는 국제조사보고서 절차와는 달리 출원인의 선택적 절차로서 별도 수수료 납부와 함께 신청에 의해 진행된다. 국제예비심사청구(우선일로부터 22개월)를 한 출원인은 국제예비심사보고서(견해서)IPRP 작성 이전 시점(우선일로부터 28개월)까지 PCT 34조 규정에 따라 특허청구범위는 물론 명세서 또는 도면까지 보정할 수 있으나 보정 시 신규사항을 추가하는 보정은 제한되어 있다.

특허협력조약PCT에 의한 해외출원의 장 · 단점

특허협력조약에 의한 PCT국제출원을 파리조약에 기초로 해외 특허출원하는 경우와의 비교한다면 그 장단점은 다음과 같이 요약할 수 있다.

장점
- 한번의 출원 절차를 통해 다수개로 지정한 국가에 특허출원의 효과 있음
- 사업의 진행 과정에 따라 해당국가에 국내단계로의 진입여부를 결정 가능
- 국제조사 또는 국제예비심사를 통해 특허 가능성을 사전에 점검할 수 있음

단점
- 국제단계를 거쳐야 하므로 특허등록 시까지 소요되는 기간이 길어짐
- PCT국제출원 이후 국내단계에 진입하는 경우 비용이 추가로 소요됨

PCT국제출원의 장점은 하나의 출원 절차가 다수 국가에 특허출원되는 효과를 가진다는 측면과 국제단계에서 공신력 있는 국제조사기관을 통해 사전에 특허 가능성을 알아볼 수 있다는 장점 등이 있지만 실제 국내단계에서 진입할 국가의 수가 적고 진입국가가 최초(기초)출원일로부터 1년 이내에 결정된다면 굳이 PCT국제출원에 따른 별도의 비용이 발생되는 PCT절차를 따를 필요 없이 파리조약에 기초한 해외출원 절차를 진행하는 것이 신속한 특허권 확보라는 관점에서 출원인에게 유리하다.

115 국제조사보고서를 받은 이후에 이루어지는 PCT 19조 보정과는 달리 PCT 34조에 의한 보정은 국제예비심사보고서가 작성되기 전까지 해야 한다.

아울러 PCT국제출원도 파리조약에 의한 해외출원에 있어서 기초(정규)출원이 될 수 있으므로 PCT국제단계 시점이라도 PCT국제출원을 기초출원으로 파리조약에 의한 우선권주장출원을 통해 조기권리화가 필요한 국가에 해외출원할 수 있다.

한편, PCT국제출원 시에 국내특허출원을 기초출원으로 우선권주장하는 경우에 국내 기초출원이 개별 국가의 국내법에 따라 '자기지정'에 의해 취하 간주될 수 있음에 유의해야 한다. 예를 들어, 우리나라에 선출원된 국내특허출원을 1년 이내 우선권주장의 기초출원으로 PCT국제출원하는 경우에 있어 PCT출원서의 지정국가 선택에 한국KR이 '자기지정'되어 있다면 국내우선권주장 효력이 발생되어 국내 기초출원이 1년 3개월 시점에서 취하 간주될 수 있기 때문이다.

CHAPTER Ⅱ-2

산업재산(디자인)의 이해

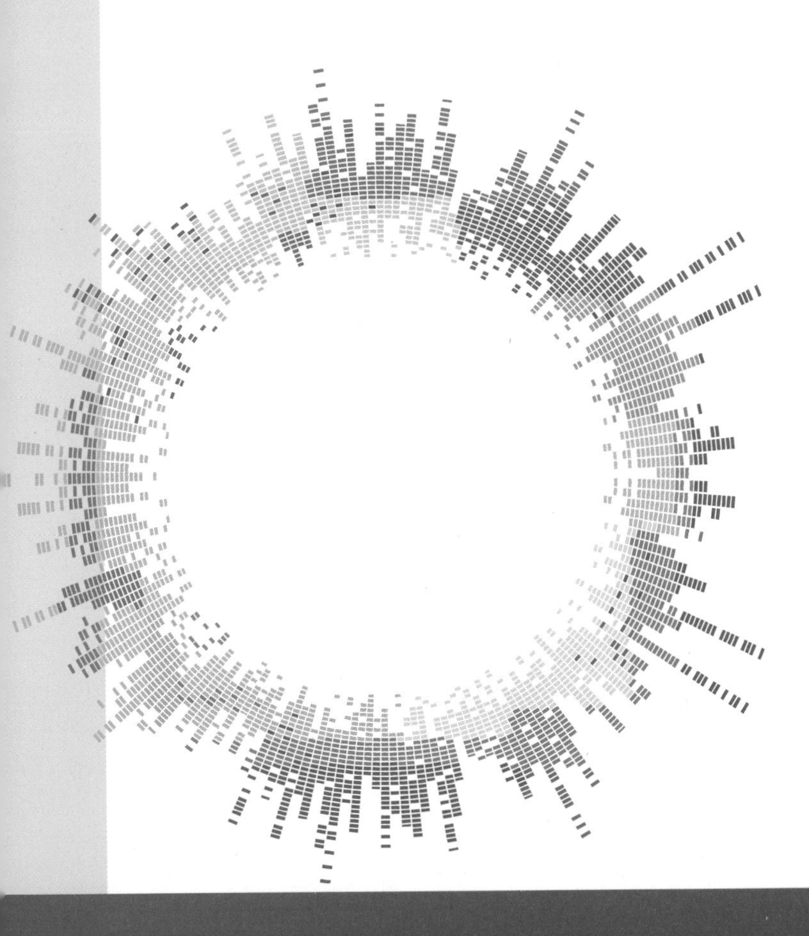

1. 디자인보호법상의 디자인

디자인보호법 제도의 취지는 창작자의 아이디어 또는 독창적 표현이 물품의 외관 형태에 심미적으로 화체되는 창의성을 장려하고 보호함으로써 시장 수요자의 물품 구매력을 촉진시키고 산업발전을 도모하고자 함에 있다.

디자인보호법은 공업적인 방법에 의해 대량생산이 가능한 물품에 대해서 시각적으로 포착할 수 있는 물품 외관의 신규성과 창작성을 장려하고 보호하는 제도이다. 즉, 디자인보호법 제도의 취지는 창작자의 아이디어 또는 독창적 표현이 물품의 외관 형태에 심미적으로 화체되는 창의성을 장려하고 보호함으로써 시장 수요자의 물품 구매력을 촉진시키고 산업발전을 도모하고자 함[116]에 있다.

성립요건

디자인보호법상의 보호 대상이 되는 디자인이란 물품의 형상 · 모양 · 색채 또는 이들을 결합한 것으로서 시각을 통하여 미감을 일으키게 하는 것을 말한다. 즉 디자인 보호 대상은 표 II-12와 같이 물품성, 형태성, 시각성 및 심미감이 있어야 디자인보호법상 성립성을 갖춘 디자인으로서 신규성, 창착비용이성 및 공업상 이용가능성에 관한 실체적 심사의 대상이 된다.

표 II-12 디자인보호법에 의한 디자인의 성립요건

디자인의 보호대상 (성립요건)	
물품성	독립성 있는 구체적인 유체 동산
형태성	공간을 점하고 있는 물품형태 (형상, 모양, 색깔 또는 이들의 결합)
시각성	육안으로 식별 가능한 것
심미감	미적으로 처리한 것

예를 들어 조형건축물, 건축의 외벽 또는 건축물의 인테리어 디자인 등과 같은 부동산[117]이나 형태가 없는 섬광 불꽃이나 물건의 진열 형태와 같은 시각적 이미지 또는 시멘트, 설탕과 같은 분말 가루 또는 손수건 꽃 모양과 같이 물품 자체의

116 디자인보호법 1조에 의하면 "이 법은 디자인 보호와 이용을 도모함으로써 디자인의 창작을 장려하여 산업발전에 이바지함을 목적으로 한다."라고 규정하고 있다.

117 부동산이라도 '이동 가옥', '조립식 교량' 등과 같이 반복 생산할 수 있고 이동 가능하며 독립적으로 거래의 대상이 되는 경우는 물품성이 인정된다.

형태를 갖추지 못한 디자인은 물품성이 없다고 판단하며 이들은 디자인보호법상 보호를 받지 못한다.

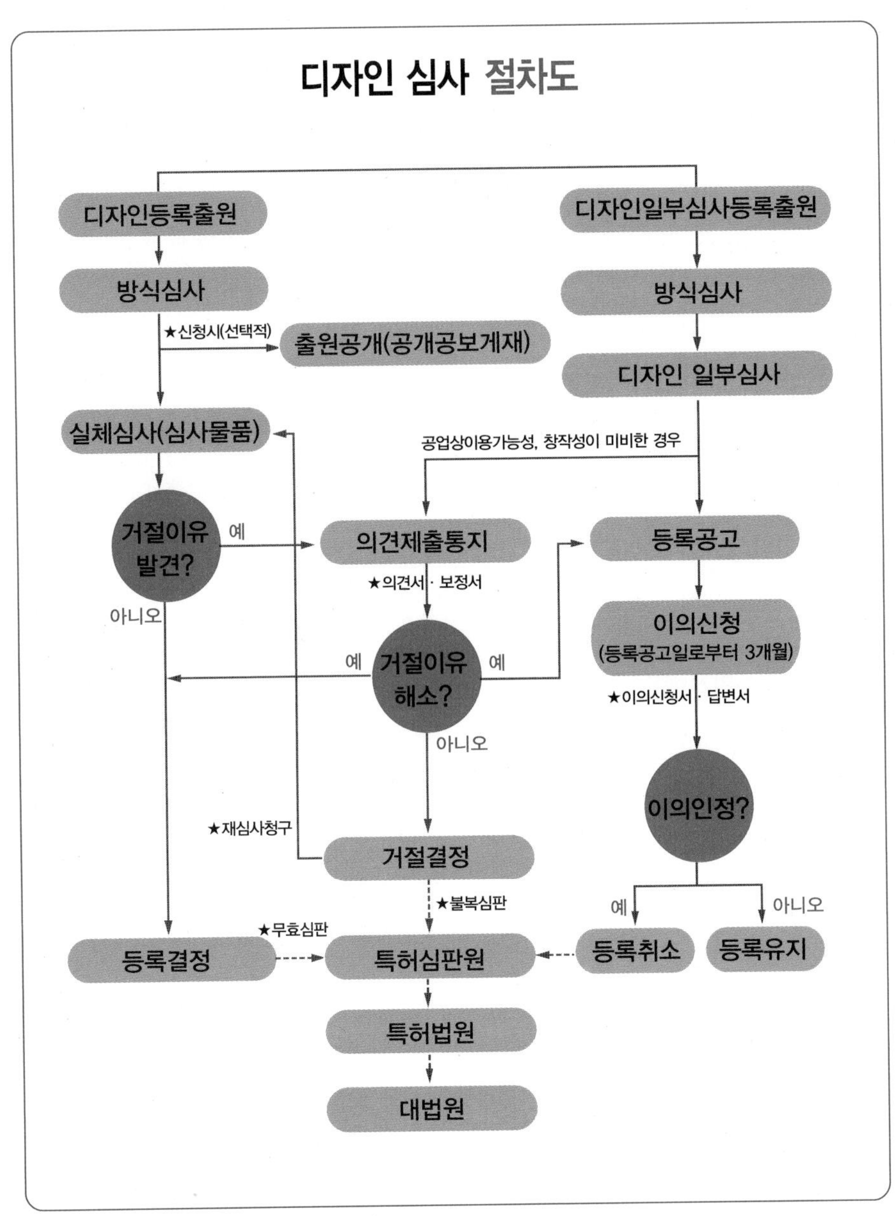

그림 II-17 디자인등록출원에 따른 심사 절차도[118]

118 특허청 홈페이지(www.kipo.go.kr) 참고

2. 디자인의 등록절차

가. 디자인 출원서류

특허제도와는 달리 별도의 심사청구가 없어도 디자인 출원에 대한 실체심사가 진행이 되고 심사관의 거절이유 발견과 해소여부에 따라 등록여부가 결정이 된다.

그림 Ⅱ-17의 디자인등록출원에 따른 심사 절차도와 같이 디자인 출원은 디자인 일부심사등록출원과 디자인등록출원으로 크게 2가지로 구분해 볼 수 있다. 디자인등록출원 또는 디자인 일부심사등록출원 서류가 방식심사[119]를 거쳐 수리되면 특허제도와는 달리 별도의 심사청구가 없어도 디자인 출원에 대한 실체심사가 진행이 되고 심사관의 거절이유 발견과 해소여부에 따라 등록여부가 결정이 된다. 디자인 일부심사등록출원은 유행성이 강하고 물품의 디자인 수명이 짧은 일부 물품을 대상으로 일부 등록요건만을 심사하는 제도로서 다음 장의 디자인 특유제도에서 별도로 다루도록 한다.

출원서

디자인등록출원서에는 출원인 성명 및 주소와 함께 대리인을 선임하는 경우에 대리인 성명 및 주소를 기재하며, 디자인 창작자의 성명 및 주소를 기재한다. 또한 디자인 등록출원 대상이 되는 물품과 물품류에 관해 기재하고 단독디자인출원 또는 관련디자인출원 여부를 기재하고 관련디자인출원의 경우 기본디자인에 관한사항을 기재해야 하며, 아울러 복수디자인출원의 경우 디자인의 수와 각 디자인의 일련번호를 기재하고 우선권 주장하는 경우에는 우선권주장 취지와 최초 출원국명 및 출원연월일[120] 등을 기재함으로써 디자인등록 출원서는 디자인의 출원 주체와 함께 디자인 권리를 확보하고자 하는 심사대상을 명확하게 특정하는 역할을 한다.

---

119 방식심사란 디자인 출원인이 제출한 서류를 수리할 것인 그 여부를 심사하는 것으로서 주로 제출서류의 기재방식, 첨부서류의 구비여부, 수수료 납부 등 특허출원 서류의 절차적 요건에 흠결이 있는지에 관해 심사한다.

120 파리조약에 의한 디자인 우선권주장출원하는 경우에 한해서 작성 기재하며 최초(기초)출원일로부터 6개월 이내에 하여야 한다.

도면

디자인등록출원서의 첨부서류로서 제출되는 도면은 디자인의 보호범위를 정하는 중요한 역할을 한다. 특히 디자인의 등록심사 또는 침해분쟁에 있어서 선행디자인 또는 공지디자인과의 동일 · 유사를 대비판단하고 등록출원된 디자인의 물품 형태를 특정하는 데 기준이 된다. 그러므로 디자인의 도면은 디자인이 보호받고자 하는 권리범위를 특정함으로써 권리청구범위Claim와 같은 역할을 하며 이는 디자인 등록출원에 있어서 보정 또는 출원분할의 대상이 된다.

디자인등록출원서와 함께 제출되는 디자인 도면에는 디자인의 대상이 되는 물품 및 물품류에 관해 기재하고 디자인의 설명과 함께 디자인의 창작내용에 관한 요점을 기재한다. 복수디자인등록출원을 하는 경우 디자인의 일련번호를 기재하여야 하며 디자인등록출원인은 도면을 갈음하여 디자인의 사진 또는 견본을 제출할 수 있다.

나. 디자인 등록요건

표 II-13 디자인 등록요건의 구분과 주요 내용

디자인 등록요건	주요 내용
주체적 요건	• 정당 권리자(창작자, 정당한 승계인 등)에 의한 출원일 것 • 법률 행위에 관해 무능력자가 아닐 것 등
절차적 요건	• 1 디자인 1 출원일 것 • 타인보다 먼저 출원될 것 (선출원주의) • 확대된 선출원[121](확대된선원주의) 범위에 해당하지 아니할 것 • 디자인 출원 서류의 작성 및 제출이 적합할 것 • 디자인 도면에 하자가 없을 것 등
실체적 요건	• 디자인보호법상의 디자인에 해당할 것 (성립성) • 공업상 이용가능성이 있을 것 (공업상 이용가능성) • 기존에 없는 새로운 디자인일 것 (신규성) • 주지(공지) 디자인의 결합이나 주지 형상 · 모양 · 색채 또는 이들 결합으로 용이하게 창작할 수 없을 것 (창작비용이성) • 디자인 부등록 사유에 해당하지 않을 것

121 선출원된 디자인 도면에 게시된 디자인 일부와 당해출원(후출원) 디자인이 유사한 경우에 적용하며, 선출원된 전체디자인_(한 벌 물품디자인, 완성품디자인, 전체물품디자인)이 당해 출원된 일부디자인 출원_(한 벌 구성물품디자인, 구성품디자인, 부분디자인) 이후에 디자인 공보에 게재되어 공지가 되면 선출원인 전체디자인은 확대된 선원의 지위를 가진다.

디자인보호법에 의해 보호되는 디자인권은 산업재산권의 한 유형으로서 관할 관청인 특허청에 여타 산업재산권과 마찬가지로 출원, 심사 및 등록 절차를 거쳐 디자인권 효력이 발생된다. 그러므로 디자인의 등록요건도 **표 Ⅱ-13**과 같이 앞서 살펴본 특허등록에 있어서 요구되는 정당 권리자로서의 주체적 요건과 함께 절차적 요건 및 실체적 요건들이 동일 또는 유사하게 적용된다.

만일 이러한 디자인 등록요건들을 충족하지 못해 **그림 Ⅱ-17**과 같이 실체심사를 통해 거절이유가 발견이 되면 심사관은 의견제출통지서를 통해 출원인에게 거절이유를 송달하게 된다.

출원인은 심사관의 거절이유 해소를 위해 보정서와 답변서를 제출할 수 있으며 거절이유가 해소된 경우에는 **그림 Ⅱ-17**과 같이 디자인 등록결정을 받을 수 있다.

다음은 디자인 등록결정을 받기 위한 실체적 심사요건에 관해 구체적으로 살펴보기로 한다.

주체적 요건

특허(실용신안)와 마찬가지로 디자인 출원 시에 요구되는 주체적 요건도 동일하다. 정당권리자(창작자, 정당 승계인 등)에 의한 출원일 것을 요하며 법률행위 능력이 없는 미성년자 또는 무능력자는 법정대리인의 동의를 얻어 디자인에 관한 등록출원할 수 있다.

절차적 요건

디자인의 출원은 1디자인 1출원 원칙에 부합토록 디자인의 출원서와 첨부서류를 작성해야 하며 출원서류의 작성과 제출은 관련법에서 정한 절차에 부합하여야 하며 디자인의 도면 · 사진 · 견본, 디자인의 명칭 및 도면에 기재된 디자인의 설명 등에 하자가 없어야 한다.

이와 더불어 중복권리 방지와 모인 디자인 등록 방지를 위해 특허 제도와 유사하게 선출원주의와 확대된선원주의를 적용하고 있다. 디자인의 보호 특성에 의해 적용되는 선출원주의와 확대된선원주의 적용 시에 대비되는 주요 사항은 **표 Ⅱ-14**와 같다.

표 II-14 디자인의 선출원주의와 확대된선원주의 적용의 비교

		선출원주의	확대된선원주의
대비 판단 대상[122]	선(先) 출원	전체 디자인	• 한벌물품 디자인 • 완성품 디자인 • 전체물품 디자인
	후(後) 출원	전체 디자인	• 한 벌 구성물품 • 구성품 디자인 • 부분 디자인
선 · 후 출원인 동일		적용함	적용하지 않음
선출원 지위		공개 또는 등록과는 상관없이 선출원의 지위를 가짐	공개 또는 등록되는 경우에 선출원의 지위를 가짐
적용 취지		중복권리 등록 방지	모인출원(디자인) 등록 방지

• 선출원주의

동일한 디자인에 관하여 디자인 출원이 경합하는 경우에 중복으로 디자인권이 등록되는 것을 배제하고자 가장 먼저 디자인을 출원한 자에게 디자인 권리를 부여하는 원칙이 선출원주의이다. 선출원은 공개 또는 등록이 되지 않더라도 특허청에 출원 계류 중이라면 선원의 지위를 가지게 된다. 선출원주의 적용 시에는 선 · 후 출원의 도면을 대비 판단하여 동일 유사한 경우에 적용하며 만일 출원인이 동일인인 경우라도 중복권리 방지를 위해 후출원의 등록이 배제된다.

• 확대된선원주의

확대된선원주의(확대된 선출원주의)란 모인 디자인[123]에 의해 후출원된 디자인이 등록되는 것을 방지하고자 적용하는 심사 요건이다. 전체적으로 양자 디자인을 대비 판단하여 후(後)출원 디자인이 선(先)출원의 디자인과 동일 유사하지 않더라도 선출원된 디자인의 도면 · 사진 또는 견본에 표현된 일부 또는 부분디자인이 후출원 디자인과 동일 유사하고 후(後)출원인이 선(先)출원인과 다르다면 이를 모인 출원으로 판단하고 후출원을 배제하고자 하는 취지이다.

122 대비판단의 대상이 되는 디자인이란 디자인등록출원서와 함께 제출 첨부된 도면, 사진 또는 견본에 표현된 디자인을 말한다.
123 모인디자인이란 실질적으로 동일한 디자인을 정당한 창작자가 아닌 사람이나 승계인이 디자인 출원한 것을 말한다.

실체적 요건

디자인 등록되기 위한 실체적 등록요건으로서 신규성, 창작비용이성 및 공업상 이용가능성이 있어야 하며 디자인 부등록 사유에 해당하지 않아야 한다.

디자인등록되기 위한 실체적 등록요건으로서 신규성, 창작비용이성 및 공업상 이용가능성이 있어야 하며 디자인 부등록 사유에 해당하지 않아야 한다. 디자인 부등록 사유에는 공공 이익에 저해될 수 있는 디자인으로서 타인 업무에 관련된 물품으로 오인되거나 혼동의 유발 우려가 있는 디자인이거나, 또한 공서양속에 위배되는 디자인이거나, 그리고 물품의 기능을 확보하는 데 불가결한 형상만으로 된 디자인은 등록대상에서 심사를 통해 제외한다.

공업상 이용가능성이 없는 디자인이란 디자인 보호법상 디자인의 성립요건을 갖추지 못한 디자인이나 물품성이 있어도 양산할 수 없는 저작물 디자인, 물품자체의 형태가 아닌 서비스 디자인 그리고 디자인 표현에 구체성이 결여되거나 또는 디자인 도면에 하자가 있는 디자인은 거절이유가 되며 등록되더라도 추후 디자인등록은 무효사유가 된다.

표 II-15 디자인의 신규성과 창작성 판단의 비교

실체 요건	신규성	창작비용이성
대비 대상	선행디자인 vs. 당해디자인	공지디자인 vs. 당해디자인
판단 기준	디자인 형태의 동일유사 판단 (1:1 대비 판단)	창작의 비용이성 판단 (복수 조합 판단)
	수요자 관점	당업자 관점
판단 방법	동일 또는 유사물품 사이에서만 판단	주지 또는 공지 디자인의 결합 창작의 비용이성 판단

- 디자인의 신규성

심사대상이 되는 디자인이 국내 또는 국외에서 공연 실시되고 있거나 인터넷(전기 통신회선) 또는 반포된 간행물에 공지되어 공중이 이용할 수 있는 디자인과 동일 또는 유사한 디자인이라면 신규성 없는 것으로 본다. 신규성을 심사하는 경우 먼저 디자인이 표현된 물품이 서로 유사한지 여부를 판단하고 만일 물품이 비유사하다면 디자인의 신규성은 있다고 판단한다. 즉 신규성 판단은 동일 또는 유사한 물품 사이에서 적용하며 출원 디자인의 형태와 선행 디자인의 형태를 1:1로 대비하여 수요자 관점에서 동일 · 유사한지 그 여부를 판단한다.

• 디자인의 창작비용이성

창작비용이성 판단은 심사관이 당업자 관점[124]에서 판단하되 디자인을 창작함에 있어서 비용이성 관점에서 판단을 하며 국내 또는 국외의 주지 디자인 또는 공지 디자인들의 복수조합하거나 결합으로부터 용이하게 창작할 수 없거나 또한 널리 알려진 주지 형상, 모양, 색채 또는 이들을 결합으로부터 용이하게 창작할 수 없어야 한다.

124 창작성 판단에 있어서 당업자 관점이란 심사 대상 물품의 업계에서 디자인 개발에 종사하고 있는 개발자의 창작성 수준에 관한 관점이며 심사관 또는 일반 수요자의 창작성의 수준과는 다를 수 있기 때문이다.

3. 디자인의 효력범위와 유사판단

가. 디자인의 효력범위

디자인권은 등록받은 디자인과 동일한 디자인은 물론 이와 유사한 디자인까지 업으로써 실시할 권리를 독점하며 설정등록일로부터 효력이 발생하되 디자인 출원일로부터 20년간 권리가 존속한다.

디자인의 보호범위는 출원서의 기재 사항, 첨부된 도면 · 사진 · 견본 및 도면에 기재된 디자인설명에 따라 표현된 디자인에 의해 정해지며[125] 디자인권은 등록받은 디자인과 동일한 디자인은 물론 이와 유사한 디자인까지 업으로써 실시할 권리를 독점하며 설정등록일로부터 효력이 발생하되 디자인 출원일로부터 20년간 권리가 존속한다.

디자인권도 여타 지식재산권과 같이 권리자가 이를 업으로써 실시할 수 있는 적극적인 권리와 타인이 해당 디자인권을 업으로써 실시하지 못하게 할 수 있는 소극적 권리로 구분할 수 있다.

그림 II-18은 디자인의 물품과 형태의 관점에서 동일 · 유사를 대비 판단한 결과로서 이는 동일, 유사 또는 비유사 영역으로 구분할 수 있으며, 비유사 영역에는 디자인권 효력이 미치지 않는다.

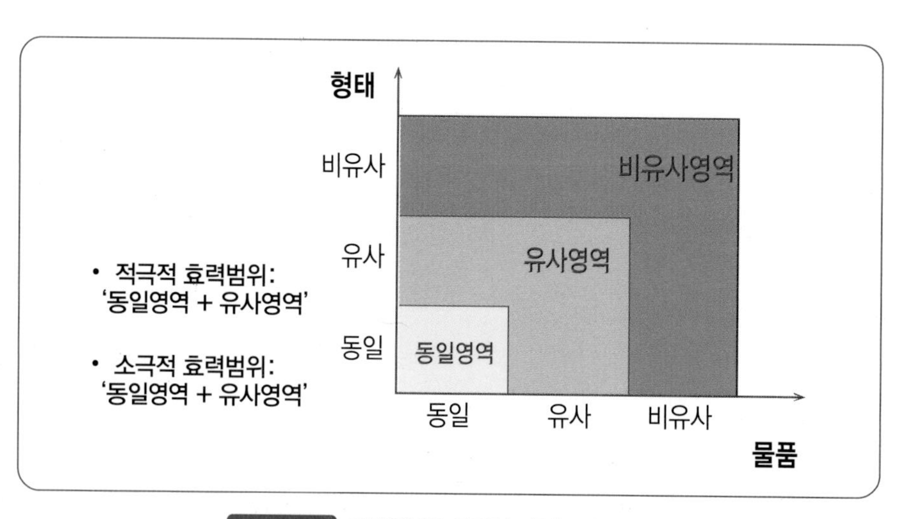

그림 II-18 디자인권의 효력이 미치는 범위 비교

125 디자인보호법, 제 93조 (등록 디자인의 보호범위)

적극적 효력범위

디자인의 적극적 효력이란 디자인 권리자가 등록디자인과 동일 또는 유사한 디자인을 실시할 권리를 독점하는 것을 말한다. 디자인의 적극적 효력범위는 동일영역뿐만 아니라 유사영역까지 확장하여 실시할 수 있음에 주목할 필요가 있다.[126]

디자인의 적극적 효력이란 디자인 권리자가 등록디자인과 동일 또는 유사한 디자인을 실시할 권리를 독점하는 것을 말한다.

소극적 효력범위

소극적 효력이란 어떠한 행위를 금지할 수 있는 배타적 효력을 의미하며 디자인 권리자는 등록디자인과 동일 또는 유사한 디자인을 타인이 근원 없이 실시하는 행위를 금지할 수 있다. 디자인권의 배타적인(소극적) 효력범위 또한 적극적(독점적) 효력범위와 같이 등록디자인의 동일영역뿐만 아니라 유사영역까지 확장될 수 있다.[127]

소극적 효력이란 어떠한 행위를 금지할 수 있는 배타적 효력을 의미하며 디자인 권리자는 등록디자인과 동일 또는 유사한 디자인을 타인이 근원 없이 실시하는 행위를 금지할 수 있다.

한편 특허권(실용신안)의 효력이 미치는 범위는 구성요소완비원칙AER라는 동일성 영역범위에서 판단하되 균등론DOE 관점에서 효력범위를 확장하여 침해여부를 판단하지만[128] 디자인 권리는 이와는 달리 동일 디자인에서 유사 디자인 범위까지 권리범위가 확장되기 때문에 유사디자인을 판단하는 관점에 관해 이해할 필요성이 있다.

나. 디자인의 유사판단

디자인의 유사판단은 **그림 II-18**과 같이, 디자인권 효력범위 판단에 있어 선행되는 필수적 절차로서 통상적으로 물품에 대한 유사판단과 형태에 대한 유사판단으로 구분해서 판단하되 **표 II-16**과 같이 물품의 동일, 유사 또는 비유사 여부를 먼저 판단한다.

---

126 상표권의 적극(독점)적 효력범위는 디자인권과 달리 동일영역에서만 해당되므로 등록받은 상표를 유사영역에서 사용할 수 없다.

127 상표권의 소극(배타)적 효력범위는 디자인과 동일하게 등록받은 상표의 동일영역과 유사영역까지 효력이 확장될 수 있다.

128 특허권의 효력 범위는 특허청구범위에 명기된 동일 구성요소의 포함 여부를 판단하여 AERAll Element Rule–구성요소 완비원칙)에 의한 동일성 범위 내에서의 문언침해 또는 해당 특허청구범위의 구성요소를 치환 또는 변형하는 경우에는 DOEDoctrine of Equivalents– 균등론)에 의한 균등범위까지도 특허권의 효력이 미친다.

표 Ⅱ-16 디자인의 유사판단에 의한 디자인 구분

<table>
<tr><th></th><th>동일 형태</th><th>유사 형태</th><th>비유사 형태</th></tr>
<tr><td>동일물품</td><td>동일디자인</td><td rowspan="2">유사디자인</td><td rowspan="3">비유사디자인</td></tr>
<tr><td>유사물품</td><td></td></tr>
<tr><td>비유사물품</td><td colspan="2"></td></tr>
</table>

디자인의 물품에 관한 유사판단

동일물품이란 물품의 용도와 기능이 동일한 것으로 보고 유사물품이란 용도는 동일하지만 기능이 서로 다른 물품을 말한다. 만일 물품의 용도가 다르다면 기능이 동일한지 또는 상이한지 그 여부와는 상관없이 비유사물품으로 본다.

동일물품에 동일한 형태의 디자인이 표현된 경우에만 **표 Ⅱ-16**과 같이 동일 디자인으로 판단하며 유사한 형태의 디자인이 표현된 경우에는 유사디자인으로 판단하며 아울러 물품이 동일하다 하더라도 디자인이 서로 유사하지 않으면 비유사디자인으로 판단한다. 만일 물품이 유사물품이라 판단되는 경우 표현된 디자인의 형태가 동일 또는 유사한 경우에는 유사디자인으로 판단하고 표현된 디자인이 비유사이면 물품의 유사여부와는 상관없이 비유사디자인으로 판단한다. 또한 만일 물품이 비유사물품이라고 판단되는 경우에는 디자인의 형태가 동일, 유사 또는 비유사여부와는 상관없이 원칙적으로 비유사디자인으로 판단한다.

특히 디자인의 물품이 참신한 경우에는 디자인 유사판단을 넓게 판단하며 물품이 잘 보이는 면에 유사여부 판단의 비중을 크게 두고 판단한다. 또한 물품 중 당연히 있어야 할 부분은 중요도를 낮게 평가하고 다양한 변화가 가능한 부분을 비중을 두고 판단한다.[129]

디자인의 형태에 관한 유사판단

디자인권의 효력이 유사범위까지 미치기 때문에 디자인의 유사판단은 디자인의 등록요건뿐만 아니라 디자인의 권리침해를 판단함에 있어서 중요한 기준이 된다. 유사판단은 특정 요부를 대비 판단하는 것이 아니라 '주체적 판단기준'과 '객체적 판단기준'에 의해 전체 디자인을 종합적으로 육안 관찰을 통해 디자인의 유

디자인권의 효력이 유사범위까지 미치기 때문에 디자인의 유사판단은 디자인의 등록요건뿐만 아니라 디자인의 권리침해를 판단함에 있어서 중요한 기준이 된다.

129 대법원 2003후 1666 판결 참조

사여부를 판단한다.

- **주체적 판단기준**

일반 수요자 기준에서 판단하여 다른 물품과 혼동할 우려가 있는 경우 유사 디자인으로 판단한다.

- **객체적 판단기준**

형상 또는 모양이 다른 경우는 원칙적으로 비유사로 판단하고 디자인 모양에 대한 유사판단은 모티브의 표현방법, 배열, 무늬의 크기 및 색채 등을 종합 판단하며, 색채가 모양을 이루지 않는 한 유사여부의 판단 요소로 고려하지 않는다.[130]

130 색채 그 자체는 신규성 또는 창작성이 없기 때문에 판단 요소로서 고려하지 않으며 색채가 달라도 색채가 모양을 구성하지 않는 한 유사의 판단 요소로 고려하지 않는다. 〈디자인 유사여부 판단 판례 검토(서용태)〉

4. 특허제도와 대비되는 디자인제도

디자인과 특허(실용신안)제도에 관한 주요 차이점을 출원공개, 심사청구, 우선권주장출원, 이의신청제도 및 공지예외주장제도 등의 관점에서 살펴보면 다음 표 II-17과 같다.

표 II-17 디자인과 특허(실용신안)의 주요제도 비교

<table>
<tr><th colspan="2">구분</th><th>디자인</th><th>특허(실용신안)</th></tr>
<tr><td colspan="2" rowspan="2">출원공개</td><td>신청에 의한 공개</td><td>법정(강제) 공개제도
(출원일로부터 18개월에 공개)</td></tr>
<tr><td>비밀출원 제도 있음
(등록일 ~3년 이내 비공개)</td><td>조기공개 신청 가능</td></tr>
<tr><td colspan="2" rowspan="2">심사청구</td><td>별도 심사청구 제도 없음
(모든 출원은 심사 진행)</td><td>심사청구 없으면 취하간주
(출원일로부터 3년 이내)</td></tr>
<tr><td colspan="2">우선심사청구 모두 가능</td></tr>
<tr><td rowspan="2">우선권
주장
출원</td><td>조약
우선권</td><td>기초(최초)출원일 ~6개월 이내</td><td>기초(최초)출원일 ~1년 이내</td></tr>
<tr><td>국내
우선권[131]</td><td>국내 우선권주장출원 불가 (×)</td><td>국내 기초 출원일 ~1년 이내 (○)</td></tr>
<tr><td colspan="2">이의신청 제도</td><td>디자인 일부심사등록출원에만 있음</td><td>이의신청 제도 없음</td></tr>
<tr><td colspan="2">공지예외주장</td><td colspan="2">공지일로부터 12월 이내 출원 (신규성 의제 - 신규성 상실예외 적용)</td></tr>
<tr><td colspan="2">권리존속기간</td><td colspan="2">출원일로부터 20년 (단, 실용신안 - 10년)</td></tr>
</table>

131 Chap. II 특허(실용신안) 국내 우선권주장출원 제도 관련 참고

가. 출원공개 제도

◢ 특허(실용신안)

출원된 특허는 법정기간인 '출원일로부터 18개월'이 도래하면 특허청 관보에 공개되며 공개된 특허를 무단으로 실시하는 자에게는 향후에 해당 특허가 등록이 되면 보상금 청구권을 행사할 수 있다.

출원된 특허가 법정기간이 되지 않아 출원공개가 되기 전이라도 타인의 침해가 예상이 된다면 출원인은 조기 공개신청이 가능하며 이를 통해 출원 특허를 무단으로 실시하는 자에게 경고 제재를 할 수 있다.

◢ 디자인

특허제도와는 달리 디자인제도는 출원공개에 대한 별도의 법정공개 절차가 없고 출원된 디자인의 침해방지를 위해 신청에 의한 공개를 진행할 수 있으며 이를 통해 무단실시하는 자에게 경고 제재를 할 수 있다.

특히 디자인 등록 이후에도 출원된 디자인이 등록공고를 통해 일반 공중에 공지되는 것을 원하지 않는다면 디자인 등록일로부터 3년 범위 내에서 공지되지 않도록 비밀디자인으로 신청할 수 있다.

나. 심사청구 제도

◢ 특허(실용신안)

특허는 심사청구 순서에 의해 심사가 진행이 되며 출원일로부터 3년 이내 심사청구를 하지 않으면 출원된 특허는 취하간주가 된다. 만일 우선심사신청을 위한 법정요건에 해당이 되면 우선심사를 통해 조기 권리화를 할 수 있다.

◢ 디자인

특허 제도와는 달리 디자인은 심사청구를 하지 않아도 모든 출원 디자인은 심사를 통해 등록여부를 결정하며 심사는 출원 순서에 의한다. 하지만 디자인도 특허와 동일하게 만일 우선심사신청을 위한 법정요건에 해당이 되면 우선심사를 통해 조기 권리화를 할 수 있다.

다. 우선권주장출원

특허(실용신안)

우선권주장출원은 크게 조약에 의한 우선권주장출원(해외출원)과 국내우선권주장출원으로 2가지로 구분된다. 양자 모두 선출원일로부터 1년 이내 우선권주장출원하여야 하며 우선권주장출원된 후출원의 특허요건에 관한 판단 시점이 최초(기초) 출원(선출원)일로 소급된다는 공통점이 있다.

하지만 조약에 의한 우선권주장출원과는 다르게 국내우선권주장출원에 있어서 유의해야 할 점은 우선권주장의 기초가 된 선출원은 출원일로부터 1년 3개월이 되는 시점에서 취하간주된다.

디자인

디자인은 조약에 의한 우선권주장출원(해외출원)만 인정이 되며 특허 제도에서와 같은 국내우선권주장출원 제도는 존재하지 않는다. 해외 디자인 우선권주장출원 시에는 기초(최초)출원일로부터 6개월 이내 하여야 하며 우선권주장출원을 하면 디자인 등록요건들이 기초(최초)출원일로 소급되어 판단된다.

라. 이의신청 제도

특허(실용신안)

특허(실용신안) 제도에는 특허 등록 전에 별도의 이의신청 절차가 없으며 등록특허에 하자가 있는 경우에는 특허심판원에서 무효심판 절차를 통해 등록특허에 대하여 무효화 여부를 다툴 수 있다.

디자인

디자인 제도는 신속한 권리화를 위해 일부 물품에 한하여 디자인일부심사등록 제도를 두고 있으며 디자인일부심사 과정에서 부실 권리가 확정 등록되는 것을 방지하기 위해 이의신청 제도를 두고 있다.

디자인일부심사등록 공고일로부터 3월이 되는 날까지 디자인등록에 대하여 누구든지 이의신청을 할 수 있는 절차를 두고 있으며 이의신청에 이유가 있다고 인정되는 경우에는 등록공고된 디자인은 등록취소될 수 있다.

마. 공지예외주장출원 (신규성 의제)

일반 공중에 디자인이 공지되어 신규성이 상실이 된 디자인의 경우에도 특허 제도의 공지예외(신규성 의제) 주장출원과 동일한 방식으로 신규성을 예외적으로 인정한다. 즉 본인의 디자인(발명)을 스스로 공지하였거나 또는 자신의 의사에 반하여 공지된 경우 디자인(특허) 등록의 실체적 심사요건인 신규성상실에 해당되어 디자인(특허) 등록받을 수 없음에도 불구하고 이를 구제하는 제도로서 신규성 상실일로부터 1년 이내에 공지예외주장(신규성 의제) 출원과 증빙서류를 제출하면 공지된 디자인(발명)을 선행 디자인(선행기술)에서 제외시켜 디자인 등록심사를 진행한다.

바. 권리존속기간

특허권과 디자인권은 동일하게 설정등록일로부터 발생하며 권리가 존속하는 기간도 출원일로부터 20년(단, 실용신안권은 10년)이다.

5. 디자인 특유제도

디자인 제도는 단순히 물품의 외관 형태의 심미성이 있고 창의성 있는 디자인을 보호하는 것이 아니라 디자인의 보호와 이용을 도모함으로써 산업발전에 이바지한다는 법 취지에서 다양한 특유 제도들이 있는데 이들은 크게 3가지 관점으로 구분할 수 있다.[132]

디자인 특유제도의 유형에는 **표 II-18**과 같이 첫째로 디자인의 출원 · 등록 절차

표 II-18 디자인의 특유제도 유형과 제도별 취지

디자인 특유제도	취 지	구분
• 일부심사등록 디자인	디자인등록요건 중 일부 등록요건만을 심사하여 디자인 등록이 신속히 이루어지도록 함	디자인의 출원 · 등록 관련 (특유제도)
• 복수디자인	일부심사대상 물품의 경우 100개 이내로 복수출원 가능토록 하여 별도 출원서 작성 불편을 해소함	
• 관련디자인	기본디자인과 유사범위 내에서 관련 디자인출원을 통해 관련디자인과 유사범위까지 보호확대함	
• 비밀디자인	디자인 설정등록일부터 3년 범위 내에서 비밀로 할 것을 청구할 수 있음	
• 부분디자인	물품디자인에 특징 부분에 관한 일부만을 보호함으로써 보호 강화와 부분디자인 활용을 촉진함	전체 디자인 vs. 일부 디자인 (특유제도)
• 구성품디자인	완성품 디자인의 구성품에 관해 일부만을 보호함으로써 구성품의 권리 강화와 활용을 촉진함	
• 한벌물품디자인	전체적으로 통일 미감을 주는 한벌 시스템 디자인을 보호하여 한 벌 공산 물품의 발전을 도모함	
• 화상디자인	화상을 물품의 한 유형으로 구분하고, 디지털 기술에 의해 구현되는 기능성이 있는 화상디자인을 보호함	디자인의 물품성 관련 (특유제도)
• 동적디자인	물품의 형태가 기능에 의해 변화하는 디자인을 보호하여 동적 물품 개발노력과 투자를 보호함	
• 글자체디자인	한 벌의 문자 · 서체 등 독특한 형태의 디자인을 보호하여 글자체 개발노력과 투자를 보호함	

132 디자인 특유제도 또는 특이 디자인 제도 등으로 구분하는 기준은 다양하게 있을 수 있으며 편이상 독자의 이해를 돕기 위해 디자인 제도가 가지고 있는 특유제도들을 도표와 같이 3가지 유형으로 구분할 수 있다.

에 관련된 특유 제도로서 '일부심사디자인', '복수디자인', '관련디자인', '비밀디자인 제도'를 두고 있다. 둘째로 전체 디자인과 일부 디자인의 대비적인 관점에서 특수한 디자인을 보호하는 제도로서 '부분디자인', '구성품디자인' 및 '한벌물품디자인 제도'가 있다. 세 번째는 디자인의 물품성에 관한 특유제도이다. 디자인의 보호대상은 성립요건으로서 물품성이 있는 것이 원칙이지만 물품성이 일부 결여되더라도 디자인의 개발 노력과 산업 발전을 위한 투자를 장려하고 보호하기 위한 디자인 특유제도로서 '화상디자인', '동적디자인' 및 '글자체디자인' 제도가 있다.

가. 일부심사등록디자인

디자인출원의 대상물품 중에 유행성이 강하여 물품의 디자인수명이 짧은 품목에 대하여 디자인 등록요건 중에서 일부요건만을 심사[133]하여 디자인 등록 여부를 신속히 결정함으로써 디자인 권리취득을 조기에 가능토록 한 제도이다. 또한 일부심사등록디자인은 실체적 등록요건심사에 있어서 시간이 많이 소요되는 선행디자인 조사를 하지 않음으로써 디자인의 권리 부실화가 이루어지는 것을 방지하기 위해 디자인 일부심사등록출원의 경우 **그림 II-17**과 같이 등록공고 이후 3개월 이내 누구나 이의신청 가능토록 함으로써 만일 이의신청에 이유가 있는 경우 디자인 등록공고를 취소하는 제도를 두고 있다.

디자인출원의 대상물품 중에 유행성이 강하여 물품의 디자인수명이 짧은 품목에 대하여 디자인 등록요건 중에서 일부요건만을 심사하여 디자인 등록여부를 신속히 결정함으로써 디자인 권리취득을 조기에 가능토록 한 제도이다.

NOTE

일부심사등록 대상이 되는 디자인 품목은 로카르노 국제분류에 의한 법정 물품류[134] 구분에 의한 제2류(의류 패션 잡화), 제5류(섬유, 인조 및 천연시트 직물류), 제19류(문장구, 사무용품, 미술재료, 교재)에 해당되는 물품을 대상으로 일부심사등록출원할 수 있다.

133 선행 디자인 조사가 필요하여 시간이 많이 소요되는 신규성 또는 창작성에 관한 실체심사는 하지 않고 디자인 성립성과 주지 저명 디자인으로부터의 용이창작성에 관한 일부심사를 통해 신속하게 디자인 등록결정을 한다. 통상적으로 디자인 심사등록출원은 출원에서 디자인 등록까지 ~14개월 정도 소요가 되지만 일부심사등록 출원의 경우등록까지 약 ~4개월 정도가 소요된다.

134 '산업 디자인의 국제분류 제정을 위한 로카르노협정'에 의한 분류로 31개류로 분류되어 있다.

나. 복수디자인

법정 물품류 구분이 동일한 디자인을 2개 이상 100개 이내 디자인으로서 1출원할 수 있는 제도이며 출원 도면에는 각 디자인별로 분리표현하여야 하고 출원된 복수디자인 전부 또는 일부에 대하여 비밀디자인 청구할 수 있다. 복수디자인이 설정등록이 되면 각 개별 디자인별로 독립된 디자인권이 발행한다. 등록된 복수디자인은 각각의 디자인별로 이의신청[135] 또는 무효심판청구의 대상이 되며 권리범위확인심판도 각각의 디자인별로 청구하여야 하고 개별 디자인별로 분리이전 또는 분리포기도 가능하다.

NOTE

복수디자인 출원에 있어서 일부 디자인에 거절이유가 있는 경우 거절이유 해소를 위해 출원분할 또는 일부디자인에 대해 삭제보정을 통해 출원취하도 가능하며, 출원 디자인 수와 첨부된 도면의 디자인 수가 일치하지 않는 경우 도면 디자인 수를 기준으로 출원서를 보정토록 한다.

다. 관련디자인

'기본디자인'에 유사한 디자인을 1년 이내 '관련디자인'으로 출원함으로써 기본디자인의 보호범위를 확대할 수 있도록 한 제도

'기본디자인'에 유사한 디자인을 1년 이내 '관련디자인'으로 출원함으로써 기본디자인의 보호범위를 확대할 수 있도록 한 제도로서 선후 출원인이 동일해야 하며 관련디자인에만 유사한 디자인은 과도한 권리 확대를 방지하기 위해 등록받을 수 없다.

NOTE

기본디자인에는 전용실시권이 설정되지 않아야 하고 관련디자인은 일반적인 디자인등록요건을 만족해야 한다. 기본디자인을 이전하게 되면 관련디자인도 함께 이전하여야 하며 기본디자인이 존속기간 만료로 소멸하면 관련디자인도 함께 소멸한다. 하지만 기본디자인권이 존속기간 만료 이외의 사유로서 소멸한 경우

135 일부심사 디자인 등록출원에 의해 등록된 복수디자인

에는 독자적으로 관련디자인은 존속되며 이러한 경우 존속하는 2 이상의 관련디자인은 동일인에게 이전되어야 하며 별도로 분리이전이 될 수 없다.

라. 비밀디자인

등록디자인에 대하여 3년 이내 기간을 정하여 디자인을 공개하지 않고 비밀로 할 것을 청구할 수 있는 제도로서 비밀청구기간은 3년을 초과하지 않는 범위에서 단축 또는 연장을 할 수 있다. 등록디자인의 실시 시기까지 비밀로 함으로써 제 3자에 의한 모방을 미연에 방지하며 선출원권은 확보할 수 있으나 침해행위 발생 시에 과실추정이 어려우며 원칙적으로 비밀디자인은 침해금지청구권 행사[136]에는 제약이 따른다.

등록디자인에 대하여 3년 이내 기간을 정하여 디자인을 공개하지 않고 비밀로 할 것을 청구할 수 있는 제도로서 비밀청구기간은 3년을 초과하지 않는 범위에서 단축 또는 연장을 할 수 있다.

NOTE

비밀디자인의 대상은 부분디자인, 글자체디자인, 관련디자인, 한벌물품디자인, 동적디자인 등 특유디자인도 포함되며 신규성상실예외규정(신규성 의제)의 적용을 받고자 하는 디자인도 대상이 된다. 비밀디자인의 공보는 디자인권의 서지정보인 인명정보, 출원 및 등록 일자와 번호 정보만 게재하고 실질적 내용으로서 디자인 창작의 요점, 디자인 설명 또는 도면 등은 게재하지 않는다.

마. 부분디자인

부분디자인이란 물품 디자인에 있어서 요부가 되는 특징적인 부분인 일부분만을 특정하여 부분디자인으로 등록 보호함으로써 권리보호범위를 강화할 수 있다. 전체 물품의 디자인이 비유사하더라도 특정한 부분디자인과 유사하면 침해로 판단될 수 있기 때문이다. 한편 도면 작성에 있어서 부분디자인으로 등록받고자 하는 부분은 실선으로 표현하고 그 이외의 부분은 파선으로 표현함으로써 부분디자인의 권리범위를 보다 명확하게 특정하여야 한다.

---

136 비밀디자인을 침해한 자에 대해서는 비밀디자인 등록 내용이 기재된 특허청장의 증명 서면을 교부받아 함께 제시하고 경고한 이후에 침해금지 청구권을 행사할 수 있다.

NOTE

디자인 등록된 자동차의 손잡이의 부분디자인과 등록되지 않은 냉장고 손잡이의 부분디자인이 동일 · 유사한 디자인이라고 하더라도 냉장고과 자동차는 비유사 물품이므로 해당 디자인은 비유사디자인으로 판단되며 침해의 문제는 발생하지 않는다. 하지만 자동차 A의 전체 디자인과 자동차 B의 전체 디자인이 전체적으로 비유사하다고 판단될지라도 자동차 A의 손잡이에 대하여 등록된 부분디자인이 등록되지 않은 자동차 B의 손잡이의 부분디자인과 동일 · 유사하다면 이는 침해의 문제가 발생할 수 있다.

바. 구성품디자인

구성품디자인이란 완성품을 구성하는 구성 물품의 디자인을 특정하여 보호함으로써 앞서 언급한 부분디자인과 같은 관점에서 구성품디자인의 권리 보호를 강화할 수 있다.

구성품디자인이란 완성품을 구성하는 구성 물품의 디자인을 특정하여 보호함으로써 앞서 언급한 부분디자인과 같은 관점에서 구성품디자인의 권리 보호를 강화할 수 있다. 전체 물품 디자인을 대비하여 비유사로 판단되더라도 요부가 되는 구성품(부품)디자인과 대비하여 유사하다면 디자인권 침해로 볼 수 있기 때문이다.

NOTE

자동차의 완성품 디자인을 구성하는 자동차 샤시, 후미등, 타이어 휠 등과 같은 구성품(부품)은 일반적으로 분리가능하고 독립적인 거래 대상이므로 각각은 전체 디자인으로도 등록 가능하지만 해당 구성품(부품)은 완성품에 결합하는 부분디자인 보호 관점에서도 보호받을 수 있다.

사. 한벌물품디자인

전체적으로 통일적인 미감을 주는 한 벌 물품 전체의 시스템 디자인을 보호함으로써 한 벌 물품의 공산품 개발 촉진과 관련 시장을 활성화하고 산업 발전을 도모하는 디자인의 특유제도이다. 한 벌 전체로서 디자인권이 발생하며 각 구성 물품별로 디자인 권리가 양도되거나 소멸되지 않고 한 벌 디자인 전체로서 권리 이전 또는 소멸될 수 있다.

NOTE

커피 잔과 잔 받침으로 이루어진 한 벌 물품 세트 또는 반지, 귀걸이 및 목걸이로 구성된 장신구 세트, 상하의로 이루어진 의복세트 등과 같이 두 개 이상의 물품이 동시에 사용되거나 하나의 물품을 사용할 때 다른 물품들의 사용이 예상이 되어야 하며 아울러 한 벌 물품들의 디자인 형태 외관에 통일성 있는 미감이 관념상 형성되어야 한다.

아. 화상디자인

최근 법개정을 통해 디자인 보호 대상이 되는 물품에 화상디자인을 확대 포함하되, 이는 디지털 기술 구현 또는 전자적 방식으로 표현되는 도형 · 기호 등으로 '기기의 조작에 이용'되거나 '기기의 기능이 발휘'되는 화상디자인으로 그 보호 대상을 한정하였다. 구체적으로 화상디자인이란 시각적으로 인식되는 모양 · 색채 및 이들을 결합한 그래픽 사용자 인터페이스GUI나 아이콘Icons, 그래픽 이미지Graphic Images 등을 말하며, 주로 증강현실AR 또는 가상현실VR이나 홀로그램 등 디지털 신기술에 의해 구현되는 디지털 화상디자인을 보호대상으로 하고 있다.

화상디자인이란 시각적으로 인식되는 모양 · 색채 및 이들을 결합한 그래픽 사용자 인터페이스GUI나 아이콘Icons, 그래픽 이미지Graphic Images 등을 말하며, 주로 증강현실AR 또는 가상현실VR이나 홀로그램 등 디지털 신기술에 의해 구현되는 디지털 화상디자인을 그 보호대상으로 하고 있다.

NOTE

스마트폰, 태블릿 PC 또는 컴퓨터 등과 같은 정보화 기기에 출력되는 화상 이미지로서 기기 조작에 사용되는 메뉴바, 가젯Gadget, 아이콘, 그래픽 유저 인터페이스GUI 등과 같이 기기 화면에 표시되는 디스플레이 이미지뿐만이 아니라, 21년 법개정으로 물품 기기의 조작이나 기능 발휘가 물품으로부터 분리되어 표시되는 화상디자인도 그 자체로서 물품성을 인정받아 보호받을 수 있게 되었다. 예를 들어, 가상 키보드, 스마트 팔찌로부터 팔목에 투영되는 화상 이미지, 지능형 헤드라이트에 의해 차량 전방으로 투영되는 화상 이미지 등과 같이 신체나 벽면 또는 공간 등에 디지털 홀로그램 기술을 통해 표시되는 디스플레이 이미지도 화상 디자인으로 보호받을 수 있다.

자. 동적디자인

물품의 형태가 기능에 의해 변화하는 동적디자인을 보호하여 다양한 공산품의 개발 노력과 이에 대한 투자를 장려함으로써 관련 시장과 산업을 보호 발전함에 있다.

물품의 형태가 기능에 의해 변화하는 동적디자인을 보호하여 다양한 공산품의 개발 노력과 이에 대한 투자를 장려함으로써 관련 시장과 산업을 보호 발전함에 있다. 특히 동적 화상디자인은 동적으로 움직이는 화상 이미지에 일정한 특성과 전체적 통일성이 있다면 동적 화상디자인으로 출원하여 보호받을 수 있다.

NOTE

카드를 펼치면 내부 형태가 변화하는 디자인, 온도에 따라 색채가 변화하는 물품의 디자인, 뚜껑을 개방하면 특정 동물이 튀어나오는 상자, 시간의 경과에 따라 화상 이미지의 형태가 동적 변화하는 디자인 등과 같이 디자인의 형태(형상, 모양, 색채 또는 이들의 결합)가 시계열적인 관점에서 동적으로 변화하는 디자인을 말한다.

차. 글자체디자인[137]

글자체의 형상이나 모양, 색채 또는 이들을 결합한 것으로서 시각을 통해서 미감을 불러오는 것이 디자인 등록대상이 되며 한 벌의 문자 · 서체 등 독특한 형태의 글자체디자인을 보호하여 글자체 개발 노력과 투자를 보호함에 있다.

글자체의 형상이나 모양, 색채 또는 이들을 결합한 것으로서 시각을 통해서 미감을 불러오는 것이 디자인 등록대상이 되며 한 벌의 문자 · 서체 등 독특한 형태의 글자체디자인을 보호하여 글자체 개발 노력과 투자를 보호함에 있다.

NOTE

글자체디자인은 기록이나 표시 또는 인쇄 등에 사용하기 위하여 글자체에 공통적인 특징을 가진 글자꼴 디자인 형태로서 만들어진 것으로서 숫자, 문장부호 및 기호 등의 다양한 형태를 포함하는 것을 말하며 이는 디자인보호법상 물품성이 없어 디자인보호법상 성립성에 위배되는 디자인이지만 특유디자인제도로서 보호한다.

---

137 손 글씨에 의한 독창성 있는 캘리그래피Calligraphy 글자체는 저작권의 보호대상이며 아울러 컴퓨터 등에서 활용되는 디지털화된 글자체(폰트)도 저작권법상에 보호대상이 되는 컴퓨터프로그램 저작물이므로 온라인상에서 글꼴 파일을 다운로드받아 이용하는 행위는 침해에 해당될 수 있으므로 유의해야 한다.

6. 기타 지식재산 관점의 디자인

디자인보호법은 창작성 있는 물품의 미적인 외관 디자인을 보호하고 디자인 창작 활동을 장려함으로써 산업발전을 촉진함에 있음을 학습한 바 있다. 하지만 디자인보호법상의 디자인이 아니라도 표 II-19와 같이 다양한 형태의 디자인 이노베이션이 존재하며, 이를 보호하는 지식재산의 관점에 관해 살펴보기로 한다.

표 II-19 기타 디자인을 보호하는 지식재산 (예시)

보호 법률		보호대상 (디자인 이노베이션)	보호대상 가치
디자인보호법		• 물품의 미적외관 디자인	창작성 & 신규성
기타 지식 재산 보호법	저작권법	• 응용 미술품 디자인 • 건축물 (인테리어) 디자인	독창성
	상표법 저작권법 디자인보호법	• 캐릭터 디자인	자타 식별성 독창성 창작성 & 신규성
	영업비밀	• 미등록 (미공개) 디자인	기밀성
	부정경쟁방지법	• 트레이드 드레스[138] (상품외관, 포장형태 등) 디자인	자타 식별성

가. 응용 미술품 디자인

미술품이란 통상적으로 대량생산의 목적으로 창작이 되는 것이 아니라 화가가 독창적 예술적인 표현이 화체된 단품으로 창작하는 저작물이며 이는 저작권의 보호대상이 된다.

하지만 공예품과 같은 응용 미술품은 이러한 순수 미술작품과는 달리 산업상 이용을 목적으로 대량생산되었음에도 불구하고 예술적 특성이나 표현이 물품과 구분하여 독자성이 인정되고 아울러 물품에 동일한 형상으로 복제할 수 있다면 이

138 미국은 연방상표법 43조(a)에 의해 트레이드 드레스라는 식별가치를 입법화하여 보호하고 있으며 판례에 의해 정립된 보호요건으로서 비기능성, 식별성 및 혼동가능성 3가지 요건을 필요로 한다.

는 예술적 창작물의 범주에 해당되는 응용 미술품 디자인으로서 디자인보호법과는 별개로 저작권법에 의해서도 보호받을 수 있다.

즉 '응용미술저작물이란 물품에 동일한 형상으로 복제될 수 있는 미술저작물로서 이용된 물품과 구분되어 그 독자성이 인정될 수 있는 것으로서 디자인 등을 포함한다'[139]라고 규정함으로써 디자인보호법과는 별도로 저작권법에 의해 응용미술저작물을 중첩적으로 보호받을 수 있다.

나. 건축물 디자인

디자인보호법에서는 독자성이 있는 구체적인 유체 동산으로서 물품성이 인정되는 경우에 한하여 그 보호 대상이 되며 건축물 디자인과 같은 부동산의 경우에는 보호 대상에서 제외가 된다.

디자인보호법에서는 독자성이 있는 구체적인 유체 동산으로서 물품성이 인정되는 경우에 한하여 그 보호 대상이 되며 건축물 디자인과 같은 부동산의 경우에는 보호 대상에서 제외가 된다.

그러므로 독창적인 건축물 디자인은 저작권법에 의해 보호가 되며 저작권에 의해 보호받는 건축물은 토지에 정착하는 공작물로서 주거 가능한 지상 구조물은 물론이고 반드시 주거 목적이 아니라도 공연장, 전시장, 가설 건축물 등을 포함하며 실내 인테리어 건축물도 저작권에 의해 보호될 수 있다.

건축물 설계자는 건축물 디자인을 창작한 자로서 저작재산권과 함께 저작인격권을 확보하게 된다. 저작인격권[140]은 저작자에게 부여되는 인격권이자 일신전속적인 권리로서 저작자 사망과 함께 소멸하지만 저작재산권은 저자 생존기간과 더불어 저작자의 사망 이후 70년까지 보호받을 수 있다.

다. 캐릭터 디자인

캐릭터는 그 자체로서의 시각적 이미지는 물품성이 없기 때문에 디자인보호법에 의해 보호되지 않는다. 하지만 만일 캐릭터가 형성하고 있는 시각적 이미지가 거

139 저작권법 제2조 15호

140 저작 인격권에는 공표권, 성명 표시권 및 동일성유지권이 있다. 건축물에 관한 동일성유지권은 건축물의 증축 또는 개축 시 본질적 변경인 아닌 경우에 한하여 저작 인격권자 즉 건축 설계자의 동의가 없이도 가능하다.

래되는 물품에 완전한 외관 형태로서 갖추어져[141] 있다면 해당 캐릭터 물품은 디자인보호법에 의해 보호 가능하다.

즉 캐릭터가 물품에 화체되어 그 창작 가치에 신규성이 있는 경우에는 디자인보호법에 의해 보호받을 수 있으며 아울러 물품성이 있는 컴퓨터 모니터 또는 휴대폰의 액정 화면에 캐릭터의 시각적 이미지가 구체적으로 구현한다면 이는 디자인 특유제도인 화상디자인에 의해 보호 가능할 것이다.

한편 캐릭터가 표현된 이미지에 독창성이 있다면 그 자체로서 저작권의 보호대상이 될 수 있으며 아울러 캐릭터가 자타 식별력이 있는 표지로서 상품 또는 서비스에 사용된다면 상표법에 의해 보호받을 수 있다.

라. 미등록 물품 디자인

디자이너가 독창적으로 창작한 물품의 디자인이 미공개 상태에 있거나 또는 디자인 등록되지 않고 시중에 유통되는 경우에도 만일 타인이 이를 모방하여 창작자의 허락 없이 사용하는 경우에는 영업비밀보호 및 부정경쟁방지법을 통해서 보호받을 수 있다.

디자인 형상이 해당 물품의 기능을 구현함에 있어서 필수 불가결한 형상인 경우에는 디자인보호법에 의해 등록 디자인으로서 보호받을 수 없다.

한편 물품의 디자인 형상이 해당 물품의 기능을 구현함에 있어서 필수 불가결한 형상인 경우에는 디자인보호법에 의해 등록 디자인으로서 보호받을 수 없다. 이러한 미등록 디자인 물품의 경우에는 특허(실용신안)법에서 해당 기능을 별도의 발명의 관점으로 보호하거나 또는 상표법에 의해 식별력이 있는 도형이나 또는 입체상표 방법으로써 보호받을 수도 있을 것이다.

마. 트레이드 드레스Trade Dress

미국 연방상표법에서는 상품이나 제품의 기능과는 무관한 인테리어(디자인), 상품의 외관 형태 포장(디자인) 또는 서비스 제공방식 등에 의해서 자타 식별력을 확보함으로써 기업의 이미지 또는 브랜드를 떠올리게 하여 제품 또는 서비스의

141 예를 들면 캐릭터 형상의 인형이나 완구 등이 있다.

출처기능을 제공한다면 고유의 이미지 또는 브랜드는 트레이드마크Trademark와는 차별화된 식별 가치로서의 트레이드 드레스Trade Dress를 적극적으로 보호하고 있다.

하지만 우리나라에서는 별도 상표법을 통해 트레이드 드레스에 대한 보호 입법화는 되어있지 않지만 부정경쟁방지법에서 '트레이드 드레스'의 식별성 가치에 대한 침해행위를 부정경쟁행위[142]로 규정하고 있으며 아울러 트레이드 드레스의 식별가치를 판례[143]로서도 인정하고 있다.

142 타인의 영업임을 표시하는 표지(상품 판매 · 서비스 제공방법 또는 간판 · 외관 · 실내장식 등 영업제공 장소의 전체적인 외관을 포함한다)와 동일하거나 유사한 것을 사용하여 타인의 영업상의 시설 또는 활동과 혼동하게 하는 행위이다.

143 대법원 2016 선고 2016 다 229058; 원고는 기존 단팥빵 빵집과는 차별성 있는 실내 인테리어로서 매장의 구조와 판매 진열대 배치 등을 통해 서비스 제공에 관해 고유의 식별력을 확보하였음 인정하고 해당 원고의 빵집을 퇴사한 피고 종업원이 이와 유사한 매장구조와 진열대 배치를 한 인테리어로서 영업행위를 한 피고에게 부정경쟁행위에 해당된다는 취지의 판례이다.

7. 디자인 이노베이션의 중요성

R&D결과물로서 창출되어 혁신제품으로서 구현되는 이노베이션의 지식재산 보호는 물품의 구조 · 기능적인 측면의 보호와 해당 물품의 외관 · 형태적인 측면으로서 크게 2가지 보호 관점으로 구분해 볼 수 있다.

물품의 구조 · 기능적 관점에서 신규성, 진보성 또는 기밀성 등과 같은 창의적 가치를 보호하는 지식재산으로서 우리는 실용신안, 특허, 영업비밀 제도를 학습한 바 있다. 즉 R&D이노베이션의 구조 · 기능적 측면에서 제법 또는 노하우는 영업비밀에 의해 주로 보호 가능할 것이며, 신규성과 진보성이 있는 발명은 실용신안 또는 특허 등록을 통해 발명내용을 일반 공중에게 공개하고 그 대가로서 부여되는 특허 청구항의 배타적 권리로서 보호될 수 있을 것이다.

하지만 이와는 달리 디자인권을 포함한 저작권 또는 상표는 물품의 외관 · 형태 또는 외부 표현 등에 연관된 이노베이션을 보호하는 지식재산으로서 독창성, 식별성 또는 창작성의 가치로서 R&D이노베이션의 외형적인 보호와 긴밀하게 연관되어 있다. 산업상 또는 상거래에 유통되는 물품의 외관 · 형태 등에 화체된 디자인 이노베이션들은 앞 장에서 언급한 기타 디자인에서 살펴본 바와 같이 다양한 유형들로서 존재하며 이 또한 지식재산 포트폴리오 관점에서 보호가 될 수 있음을 살펴보았다.

디자인 권리도 이노베이션을 보호함에 있어서 특허, 실용신안, 저작권 및 상표 등 여타 지식재산과 마찬가지로 특정 이노베이션에 내재된 독자적인 보호 가치를 포착함으로써 발생되는 배타적 권리로서 만일 하나의 이노베이션에 다양한 지식재산 소유자가 존재하는 경우 해당 이노베이션을 활용함에 있어서 이용 · 저촉 관계에 의한 권리 충돌이 발생할 여지는 충분히 존재한다.

그러므로, 강력한 이노베이션 보호를 위한 지식재산 포트폴리오 구축에 있어서 디자인 관점에서의 권리화는 필수적으로 고려해야 할 중요한 사안으로서 특히 사업화를 위한 혁신제품을 보호함에 있어서 영업비밀 또는 발명특허(실용신안)가 보호하는 제품의 기능 또는 구조적인 관점에서의 보호와는 별도로 해당 이노베이션과 연관된 외관 또는 형태 등 외형적 관점에서 신규성, 심미성 및 창작비용이성의 가치를 보호하기 위한 디자인 포트폴리오 전략이 요구된다.

특히 R&D이노베이션이 제품개발 단계에 이르게 되면 앞서 학습한 디자인 특유제도를 포함한 다양한 디자인의 보호관점을 이해하고 물품의 외관 또는 형태 등과 연관된 디자인 이노베이션 보호를 위한 포트폴리오 구축이 필요하게 된다.

예를 들자면 신제품 개발을 추진함에 있어서 전체 디자인과 대비적 관점에서 일부 디자인을 보호하는 디자인 특유제도인 '구성품디자인' 또는 '부분디자인' 등록을 통해 기존의 공지 또는 선행디자인 제품과 대비하여 새롭게 개발하고자 하는 제품 디자인을 차별화하고 배타적 권리가 강화된 디자인권으로서 확보할 수 있을 것이며, 디지털 시대에 급부상하고 있는 가상현실VR, 증강현실AR 또는 홀로그램Hologram 등 디지털 R&D에 의해 구현되는 디지털 이미지도 디자인 보호법상 특유 제도로서 '화상디자인'에 의해 보호될 수 있다. 한편 R&D이노베이션이 제품개발로 이어져서 시장 출시가 된다면 디자인의 본질적인 특성상 시장확산과 모방이 용이하기 때문에 이를 '비밀디자인' 등록을 통하여 등록일로부터 3년까지 공개되지 않는 디자인권으로서 보호할 수도 있다. 아울러 디자인의 보호 영역은 동일 · 유사영역까지 보호되지만 '관련디자인'이라는 디자인 특유제도를 활용한다면 보호 영역을 '관련디자인'의 동일 · 유사영역까지 확장토록 함으로써 모방디자인에 의한 침해방지에 보다 적극적으로 대처할 수 있을 것이다.

R&D이노베이션이 궁극적으로 제품개발로서 이어지게 함에 있어서 디자인 관점에서의 R&D전략은 실로 중요하지만 의외로 간과하기 쉬운 부분이다. 제품의 디자인이 물품의 기능을 결정하고 물품의 기능은 디자인에 의해 좌우된다고도 할 수 있기 때문이다. 즉 신제품 개발에 있어서 물품의 디자인은 해당 제품의 특성과 기능을 결정하거나 또는 물품의 기능과 특성을 연상 또는 연계시킨다고 할 만큼 불가분의 관계에 있기 때문이다.

> 디자인이 물품의 기능을 결정하고 물품의 기능은 디자인에 의해 좌우된다고 할 수 있기 때문이다. 즉 신제품 개발에 있어서 물품의 외관 디자인이 제품의 특성과 기능을 결정한다고 할 만큼 불가분의 관계에 있기 때문이다.

그러므로 혁신제품을 개발하고자 하는 연구자는 이노베이션의 자체 특성은 물론 구조적 기능과도 밀접하게 연관된 물품의 외관 · 형태의 창의적 특성을 보호하는 디자인 제도에 관한 심도 있는 이해가 필요할 것이며 이는 디자인 이노베이션 관점에서 R&D전략을 추진함에 있어서 중요한 출발점이라 할 수 있다.

CHAPTER Ⅱ-3

상표(산업재산)제도의 이해

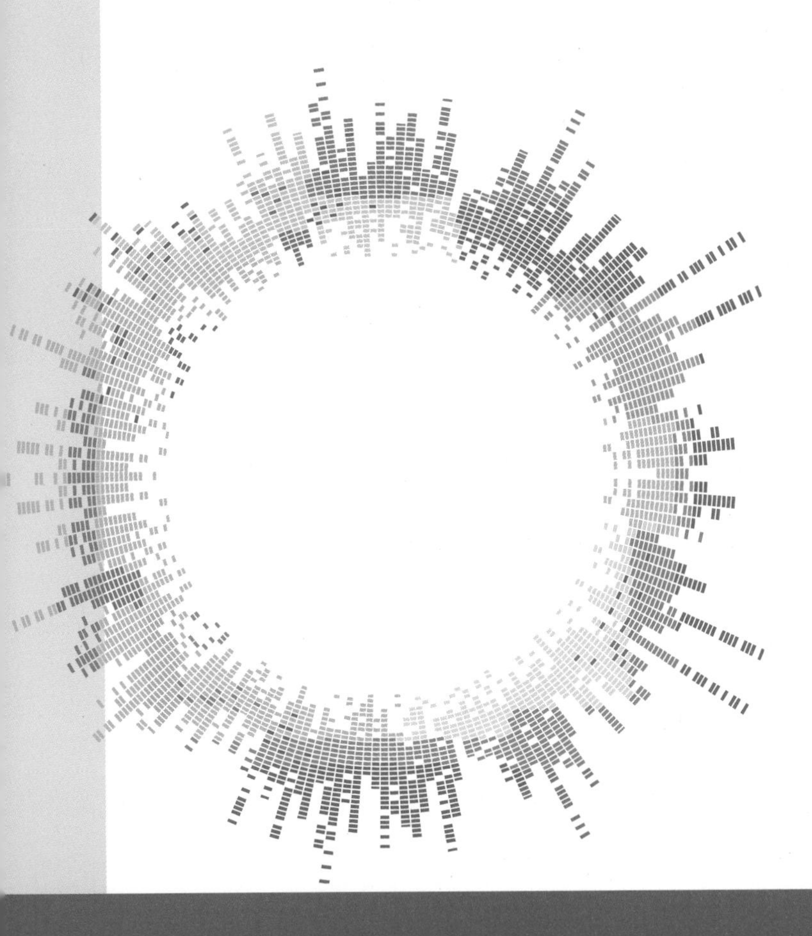

1. 상표의 목적과 기능

상표법 제1조는 상표를 보호하는 목적을 정의함에 있어서 상표 사용자의 업무상 신용유지를 도모함으로써 산업발전과 수요자의 이익을 보호하기 위함이라고 명시하고 있다. 즉 상표제도의 취지와 주된 목적은 사회 공익적인 관점에서 시장 수요자의 이익보호와 상거래 질서유지를 통한 산업발전 추구에 있으며, 창작적 가치에 배타적 권리를 허여하고 이를 보호하는 여타 지식재산법의 취지와는 일부 상이함을 알 수 있다.

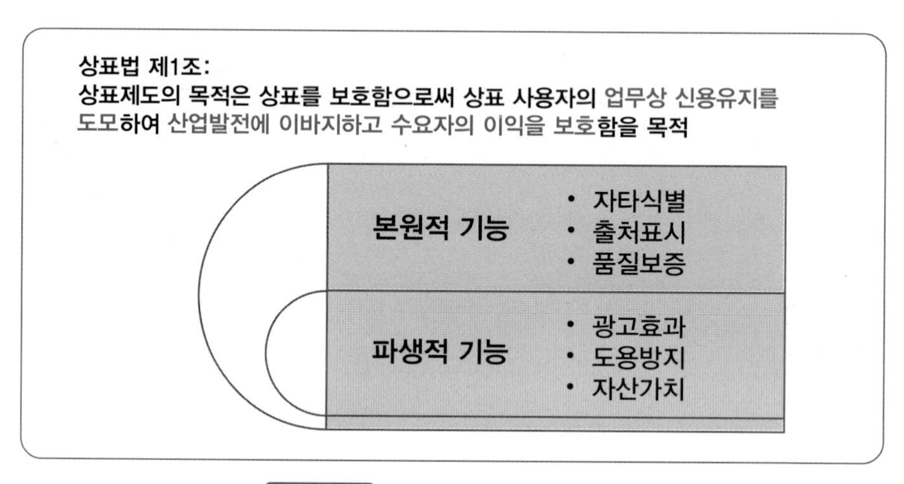

그림 II-19 상표제도의 목적과 주요기능

한편, 상표의 주요 기능은 크게 본원적 기능과 파생적 기능으로 **그림 II-19**와 같이 구분해 볼 수 있으며 구체적인 내용은 다음과 같다.

가. 본원적 기능

> 자타식별 기능은 상표가 갖추어야 할 핵심적인 기능이자 보호가치로서 상품 또는 서비스의 출처표시 또는 품질보증을 위한 본원적인 기능

자타식별

자타식별 기능은 상표가 갖추어야 할 핵심적인 기능이자 보호가치로서 상품 또는 서비스의 출처표시 또는 품질보증을 위한 본원적인 기능이라고 할 수 있다. 상표는 타인의 상품 또는 서비스와 구분하기 위한 표장으로서 자타식별 기능을 반드시

갖추어야지만 상표로서 보호가치를 가지며 자타 식별력이 없는 상표는 등록될 수 없으며 상표등록 이후라도 자타 식별력이 상실되면 상표취소의 사유가 된다.

출처표시

상표의 자타 식별력과 함께 발생하는 주요 기능으로서 상품 또는 서비스의 출처표시를 인식토록 하는 기능이 수반된다. 하지만 근자에는 수요자에 전달되는 상품 또는 서비스 제공을 위한 유통수단과 방법들이 보다 다양화되고 고도화됨에 따라 과거에 비해 상표의 출처표시 기능이 현저히 저하되고 품질보증 기능이 확연히 강조되고 있다.

품질보증

품질보증 기능이란 수요자로 하여금 동일한 상표에는 동일한 특성에 의한 품질이 상품 또는 서비스 제공에 내재화되어 있다는 기대치를 가지도록 하는 것을 말하며 수요자의 신뢰이익을 보호하고자 하는 상표법의 취지에 비추어 중요한 기능이다. 앞서 설명한 상표의 출처표시 기능이 상품 또는 서비스 제공자에 대한 사익성 보호측면이 강한 반면에 품질보증 기능은 일반 소비자의 신뢰이익 보호를 위해서 공익성 관점에서 보호해야 할 상표의 주요한 기능이라 할 수 있다.

상표의 출처표시 기능이 상품 또는 서비스 제공자에 대한 사익성 보호측면이 강한 반면에 품질보증 기능은 일반 소비자의 신뢰이익 보호를 위해서 공익성 관점에서 보호해야 할 상표의 주요한 기능이라 할 수 있다.

나. 파생적 기능

광고기능

상표의 주요 파생기능으로서 광고기능은 상표가 상품의 구매력을 불러오게 하여 상품 판매를 촉진토록 하는 기능으로서 상표 사용권자의 입장에서는 매우 중요한 사익적 기능이며 오늘날에는 브랜드 네이밍전략의 일환으로 상표의 핵심적인 기능으로서 주목받고 있다.

기타 상표의 기능

기타 파생적인 상표의 기능으로 상표의 지정상품 또는 지정서비스업종에 관해서는 사전 도용방지 기능이 부여되며, 아울러 상표의 표장에 축적되는 신용 또는 고객 흡입력에 의해 상표 자체에 내재화되는 무형적인 자산가치 기능 등을 열거할 수 있다.

2. 상표와 표장의 유형

가. 상표의 유형

기호, 문자, 도형 등이 개별 구성이 되거나 또는 이들이 결합한 형태로서 이루어진 전통적 의미의 식별 표장인 전통상표와 이와는 달리 입체적 형상, 색채, 홀로그램, 동작, 소리 또는 냄새 등과 같은 특별한 식별 요소에 의해 구성된 특수상표로 나누어 볼 수 있다.

상표법의 보호대상이 되는 상표 표장의 유형을 크게 구성 요소의 관점에서 구분해보면 **표 Ⅱ-20**과 같이 기호, 문자, 도형 등이 개별 구성이 되거나 또는 이들이 결합한 형태로서 이루어진 전통적 의미의 식별 표장인 전통상표와 이와는 달리 입체적 형상, 색채, 홀로그램, 동작, 소리 또는 냄새 등과 같은 특별한 식별 요소에 의해 구성된 특수상표로 나누어 볼 수 있다.

표 Ⅱ-20 상표의 유형과 예시

상표의 유형			예시	
전통 상표 (표장)	기호상표		♂, ∞ ⇒, ∬, …	전통적 의미 표장
	문자상표		교보문고, SONATA, 스타벅스	
	도형상표		♨, Ⓚ, ☯, ♞, …	
	결합상표		GSF 사구치킨	
특수 상표 (표장)	입체상표		• 상품 또는 서비스 이미지 입체적 형상 보호	
	색채상표		• 전통적인 상표에 색채가 결합된 표장 보호	
	홀로그램		• 표장에 포함된 다양한 특수 이미지를 보호	
	동작상표		• 표장에 포함된 모든 동작적 이미지를 보호	
	비시각	소리상표	비시각 표장이지만 시각적인 방법으로 사실적으로 표현 해야 등록 가능	
		냄새상표		

전통상표

전통적인 의미의 표장에는 문자 또는 부호 등을 도안화 작업을 통해 사전적 의미를 내포하지 않은 기호 도안만으로 자타 식별력을 가지도록 구성한 기호상표가 있으며, 한글 또는 외국어 문자, 숫자 등 특정 문자로 구성되어 상표에 그 의미가 담겨져 있는 문자상표가 있다.

도형상표란 자연에 존재하는 형상이나 인간의 창작 조형물, 예술품 또는 추상적인 이미지 형상 등을 기하학적인 도형이나 상징적 도형 로고로서 도안화한 상표이다. 도형상표는 문자 또는 기호만으로 구성된 상표에 비해 상대적으로 식별력이 뛰어나기 때문에 문자 또는 기호상표가 식별력이 부족한 경우 도형을 부가하여 식별력 강화를 위한 결합상표로서 사용하고자 하는 경우에도 많이 활용이 된다.

결합상표란 보다 식별력이 강화된 상표로서 기호, 문자, 도형 등이 결합된 상표이거나 또는 입체적 형상 또는 색채가 결합하여 자타 식별력을 더욱 강화한 상표를 말한다.

특수 유형의 상표

- **입체상표**

상품 자체의 형상, 포장 또는 용기 등에 화체된 입체형상 자체를 도안화하여 식별력 있는 표장으로서 구성한 상표를 말하며 상품 또는 서비스 제공자 입장에서는 출처표시를 위해 주로 문자 또는 기호들이 상품의 입체형상과 함께 결합된 결합상표 형태로서 주로 사용하겠지만 수요자 관점에서는 입체적 형상만을 별도로 분리 인식하는 것이 상당하다 할 것이며 상표등록이 되더라도 타인이 선등록한 특허 또는 디자인 등 여타 권리와의 저촉 가능성이 있다.

- **색채상표**

넓은 의미의 색채상표는 기호, 문자, 도형 또는 입체적 형상 등에 색채가 구성요소로서 결합되어 식별력이 보다 강화된 상표를 의미하며 일반적으로 색채상표로서 인지된다. 하지만 좁은 의미의 색채상표는 색채만으로 구성된 상표로서 만일 사용에 의해 해당 색채가 자타 상품 식별력을 취득한 경우에 상표등록받을 수 있다.[144]

- **홀로그램상표**

홀로그램은 빛의 간섭 효과에 의해 보는 사람의 각도에 따라 화상 이미지가 다르게 나타나도록 구현하는 기술을 말하며 홀로그램상표는 홀로그램 기술을 적

---

144 2007년 개정 상표법에서 색채만으로 된 표장을 상표법상 보호대상 표장으로 개정하였다.

용하여 다양한 3차원적인 입체적 이미지 효과를 상표의 표장에 나타내도록 구현한 상표로서 주로 상품의 위조방지 수단으로서 이용되는 경우가 많다.

- **동작상표**

상표의 표장을 구성하는 기호, 문자 또는 도형적인 요소들이 동작으로 결합된 상표로서 일정한 시간 내에 다양하게 변화하는 동작 상태를 식별가치로서 보호받고자 하며 시간의 흐름에 따라 달라지는 동적 이미지 등으로서 기록한 상표를 말한다. 동작상표는 광고영상 미디어, TV 방송 또는 컴퓨터 화상 스크린 등의 정보 전달매체의 일반 대중화와 더불어 새롭게 식별력 있는 상표유형으로서 많이 주목받고 있다.

- **소리상표**

시각적으로 포착하거나 인식할 수 없는 사운드, 음향 또는 음악 등 소리 형태로서만 식별력을 확보한 상표이지만 소리상표가 상표등록 받기 위해서는 눈에 보이지 않는 소리를 시각적 방법으로 사실적으로 표현하고 소리가 녹음된 전자파일 또는 음악인 경우 악보를 제출하여야 한다.

- **냄새상표**

자타식별 특징이 있는 냄새도 상품의 출처 식별 기능이 있다. 냄새상표가 상표등록되기 위해서는 냄새의 식별성에 관한 사실적 표현과 냄새 견본제출이 필요하며 일반 수요자의 인식관점에서 식별력 있는 냄새가 상표로서 인지되어야 하며 사용에 의한 식별력을 취득하여야 한다.

나. 표장Mark의 종류

상표란 자기의 상품과 타인의 상품을 식별하기 위하여 사용하는 표장

상표란 자기의 상품과 타인의 상품을 식별하기 위하여 사용하는 표장[145]으로 정의되며, 우리나라 상표법 제2조에서 법에 의해 보호되는 표장의 종류에 대해 다음 표 Ⅱ-21과 같이 구분하고 있다.

145 상표법 제2조 1항 1호

표 II-21 표장의 종류와 예시

종 류		취지	예시
일반 표장	상표	자타 상품의 식별력 확보	DIOS
		서비스 업종 간 식별력 확보	MIRAE ASSET 미래에셋증권
특수 표장	단체표장	동종업자, 조합법인이 사용하는 표장	
	업무표장	비영리 업무 영위자가 사용하는 표장	대한적십자사
	증명표장	상품 품질 증명업자가 사용하는 표장	WOOLMARK
	지리적표시 단체표장	특정 지역에서 생산, 가공 또는 제조된 상품임을 표시	울주단감

상표

협의의 의미로서 상표는 자신의 상품 또는 서비스업을 타인과 구분 짓게 하는 식별 표장을 말하며 광의적 개념으로서 상표란 서비스표장, 단체표장, 업무표장 등 특수표장을 모두 포함하여 말한다. 2016년 법 개정에 의해 서비스표 정의를 삭제하고 상표로 통합하였으며 과거의 서비스표 등록출원은 서비스 업종을 지정상품으로 상표등록 출원토록 함으로써 상표제도를 간소화하였다.

상표는 자신의 상품 또는 서비스업을 타인과 구분 짓게 하는 식별 표장을 말하며 광의적 개념으로서 상표란 서비스표장, 단체표장, 업무표장 등 특수표장을 모두 포함하여 말한다.

단체표장

단체표장이란 상품을 생산, 가공, 판매하거나 서비스 제공하는 자가 공동으로 설립한 법인이 직접 사용하거나 그 소속 단체원에게 사용하기 위한 표장을 말한다. 단체표장은 서로 다른 출처의 상품들이 동일한 표장을 사용한다는 점에서 통상의 상표보다 수요자의 이익을 해할 우려가 크기 때문에 특성상 거절이유 또는 취소사유 등에 특별규정을 두어 규제가 강화되어 있다.

• 예시

한국토종꿀벌협동조합	지리산창의체험 협동조합	영농조합법인 두청농산

그림 II-20 단체표장의 예시

업무표장

업무표장이란 영리가 목적이 아닌 자가 자기의 비영리 업무를 나타내기 위하여 사용하는 표장을 말한다.

업무표장이란 영리가 목적이 아닌 자가 자기의 비영리 업무를 나타내기 위하여 사용하는 표장을 말한다. 비영리 업무라는 목적의 특이성 때문에 상표제도의 취지와는 확연히 다르지만 비영리 업무에도 식별가치가 있고 비영리 업무업자의 사회적 신용유지에 필요성이 있다는 관점에서 상표의 특유제도로서 인정되고 있다.

• 예시

한국기독교청년회	대한적십자사 – 헌혈의 집	부산광역시 – 상수도사업

그림 II-21 업무표장의 예시

증명표장

증명표장이란 상품의 원산지, 생산방법 또는 그 밖의 특성을 증명하고 관리하는 것을 업으로 하는 자가 타인의 상품에 대하여 그 상품이 품질, 원산지, 생산방법 또는 그 밖의 특성을 충족한다는 것을 증명하는 데 사용하는 표장을 말한다.[146] 증명표장권자가 증명표장을 스스로 사용하는 것이 아니라 일정한 품질요건을 갖춘 자에 대하여 증명표장을 사용하도록 반드시 허락해야 한다는 점에서 증명표장은 상표로서 품질보증 기능에 주된 목적이 있다면 단체표장 또는 업무표장은 상품 또는 서비스의 출처표시 제공에 주안점이 있다.

146 상표법 제2조 7항

• 예시

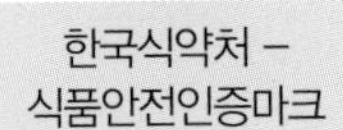 한국식약처 – 식품안전인증마크	한국표준협회 – KS 품질 인증마크	국제표준화기구 – 품질경영 인증마크

그림 II-22 증명표장의 예시

지리적표시단체표장

지리적표시[147]를 사용할 수 있는 상품을 생산, 제조 또는 가공하는 자가 공동설립한 법인이 직접 사용하거나 그 소속 단체원에게 사용하기 위한 표장을 말한다. 지리적표시단체표장은 서비스 업종을 대상으로는 인정되지 않으며 통상적인 단체표장과는 달리 그 지역에서 생산, 제조 또는 가공되는 상품에 한하여 인정이 되는 제도이다.

지리적표시를 사용할 수 있는 상품을 생산, 제조 또는 가공하는 자가 공동설립한 법인이 직접 사용하거나 그 소속 단체원에게 사용하기 위한 표장을 말한다.

• 예시

	김해진영단감	
상주시 – 상주곶감 한과	김해시 – 김해진영 단감	진천군 – 생거진천

그림 II-23 지리적표시단체표장의 예시

147 상표법에서 보호하는 '지리적표시단체표장'과는 별도로 농수산물 품질관리법에 의한 지리적표시PGI 제도가 소비자 보호와 함께 농수산품의 품질향상 및 지역특화산업의 육성을 목적으로 입법화되어 해당지역에서 지리적 특성을 가진 농수산물 또는 농수산가공품을 생산하거나 제조 · 가공하는 자의 농수산품을 지리적표시 등록을 통해 보호하고 있다.

3. 상표등록 요건

우리나라 상표법은 서면주의, 심사주의, 선출원주의 및 1상표 1출원주의 원칙에 의한 등록주의에 기초하고 있다. 상표의 심사등록 시에 요구되는 주요 요건들을 살펴보면 다음 표 II-22와 같다.

표 II-22 상표의 주요 등록요건과 예시

상표 등록요건	예시
• 상표법상의 상표에 해당	기호, 문자, 도형, 결합상표, 입체, 소리, 냄새, 색채상표 등 (상호, 도메인이름, 트레이드 드레스 등과 상이함)
• 자타상품식별력을 보유	조어상표, 임의상표, 암시상표 (성질표시상표, 관용상표, 보통명칭상표 등은 식별력 없음)
• 부등록사유에 해당 여부	식별력이 있어도 상표 받을 수 없는 법정사유 (상표법 34조-공익 및 사익보호를 위한 열거사유)
• 선출원주의[148] 적용	동일유사 상표가 경합 시에 선출원 상표가 등록됨
• 1상표 1출원주의 적용	1출원서에 1상표만 기재 출원해야 함 (단, 1류 구분 이상으로 지정상품 개수는 제한 없음)

가. 상표법상 상표

상거래에 있어서 상표와 유사한 기능을 하고 있지만 상표법에서 보호되지 않는 식별가치로서 상호, 도메인이름, 지리적표시, 트레이드 드레스, 미등록주지상표, 기타 식별력이 없는 표장 등이 있다.

상표법상의 보호가 되는 자타 식별력 있는 표장으로서 기호, 문자, 도형 또는 색채 등 이들을 결합하거나 기타 시각적으로 인식할 수 있는 전통상표와 특별한 식별력을 갖게 하는 특수상표로서 홀로그램, 입체형상, 동작, 소리 및 냄새상표 등을 상표법상의 규정된 상표라고 한다.

상거래에 있어서 상표와 유사한 기능을 하고 있지만 상표법에서 보호되지 않는 식별가치로서 상호, 도메인이름, 지리적표시, 트레이드 드레스, 미등록주지상표, 기타 식별력이 없는 표장 등이 있다.

148 미국, 영국, 프랑스 등 선사용주의를 채택하고 있는 국가에서는 상표출원 시에는 상표사용 또는 사용 예정임을 입증하는 자료를 함께 제출하여야 한다.

나. 자타상품식별력 스펙트럼

자타상품식별력 스펙트럼Spectrum 관점에서 상표유형들의 식별력 크기를 순서로 써 분류해보면 표 II-23과 같이 조어상표, 임의상표, 암시상표, 성질표시상표, 관용상표 그리고 보통명칭상표 순으로 구분지을 수 있다.

표 II-23 상표유형에 따른 자타상품식별력 스펙트럼

상표유형	사용 식별력 취득	자타상품식별력	식별력 스펙트럼
• 조어상표	자체 식별력 있음	있음 (○)	大 ↓ 小
• 임의상표			
• 암시상표			
• 성질표시상표	가능함 (○)	없음 (×)	
• 관용상표	불가함 (×)		
• 보통명칭상표			

상표등록의 대상이 되는 표장(상표)은 시장 수요자 관점에서 볼 때 지정상품(서비스업)의 특성이나 속성 등과 연계하여 자타상품식별력을 가져야 상품(서비스업) 선택에 있어서 오인혼동을 방지하고 상표(표장)으로서 출처표시 기능을 충실히 할 수 있을 것이다.

하지만 상표 등록권자의 관점에서 볼 때는 이와는 다른 전략을 가질 수 있다. 상표권자는 수요자들에게 자신의 상품 또는 서비스를 제공하는 표장(상표)이 지정상품 또는 서비스 업종을 효과적으로 연상시키거나 오래 기억할 수 있도록 네이밍하여 등록함으로써 상품(서비스업)을 효과적으로 마케팅하고자 할 것이다.

식별력 있는 상표

상기 표 II-23에 명시된 자타상품식별력 스펙트럼Spectrum에서 상표표장과 지정상품과의 식별력이 가장 강한 상표는 조어상표로서 상표등록이 용이하게 이루어질 수 있겠지만 상표 표장으로부터 수요자에게 상품(서비스업)을 연상 또는 연계토록 하기 위해서는 많은 광고투자와 함께 네이밍에 관한 마케팅 노력이 지속적으로 수반되어야 할 것이다. 임의상표와 암시상표는 조어상표보다는 상대적으로 자타상품식별력이 낮지만 상표등록에 있어서는 식별력이 있는 상표로서 분류

할 수 있다.

- 조어상표

조어표장은 지정상품과 전혀 유사하지 않으며 연계성이 없는 새로운 용어를 만들어서 새롭게 식별력을 확보하고자 한 표장이므로 자타상품식별력이 가장 강한 상표라고 할 수 있다.

- 임의상표

임의상표 또는 임의선택 표장이라고도 함은 기존에 존재하는 용어로서 외관, 호칭 또는 관념상 존재하고 있는 용어이지만 상표로 사용하려는 지정상품과의 연계성은 없는 임의적 표장을 말하며 상대적으로 조어상표보다는 식별력이 약화된 상표라고 할 수 있다.

- 암시상표

R&D성과물을 제품화 또는 서비스업화 하여 브랜드 가치로서 R&D 이노베이션을 성장시키고자 하는 상표 출원인 입장에서는 어떠한 표장으로 네이밍하는가는 중요한 관점이며 지정상품이나 서비스 업종을 효과적으로 연상시키거나 또는 암시할 수 있는 암시표장으로 가는 것이 바람직할 것이다.

암시상표 또는 암시적 표장이라고 함은 미약하나마 원칙적으로 추상적 식별력이 있는 상표로 본다. 상표 표장이 지정상품을 연상 또는 암시토록 함으로써 상표 표장을 통해 상품 소비자 고객흡입력을 확보할 수 있지만 표장을 보는 관점에 따라 상품의 특성과 성질을 표시하는 표장으로 판단될 수 있음으로 유의해야 한다.

R&D성과물을 제품화 또는 서비스업화하여 브랜드 가치로서 R&D이노베이션을 성장시키고자 하는 상표 출원인 입장에서는 어떠한 표장(상표)으로 네이밍하는가는 중요한 사안이며 지정상품이나 서비스업종을 효과적으로 연상시키거나 또는 상품의 특성을 암시할 수 있는 암시표장으로 가는 것이 바람직할 것이다. 하지만 암시표장은 관점에 따라 성질표시표장으로 판단되기 쉬워서 상표 심사과정에서 거절이유통지를 받을 가능성이 높다는 것을 염두에 두어야 한다.

식별력 없는 상표[149]

표 II-23의 식별력 스펙트럼에서와 같이 상표사용에 의해서도 자타상품식별력을 취득할 수 없는 상표로서는 관용상표 또는 보통명칭상표가 있다. 관용상표란 해당업종의 당업자 관점에서 상표 표장이 상품(서비스업)을 지칭하는 명칭이나

149 상표법 제33조 1항 1호~3호

관념으로 인식이 되어 상표로서 자타상품식별력이 없어진 표장을 말하며 보통명칭상표는 당업자를 넘어 일반 수요자 관점에서 이미 자타상품식별력이 없어 지정상품을 나타내는 보통명칭으로 통용되는 상표를 말한다.

원칙적으로 자타상품식별력이 없는 표장이지만 상표사용에 의해 식별력을 취득할 수 있는 성질표시상표가 있다.

- 성질표시상표 (표장)

성질표시상표 또는 기술적Descriptive 표장이란 상품의 특성이나 성질 또는 품질 등을 기술하여 묘사한 표장을 말하며 상표법상 상품의 성질을 서술하여 표시하는 경우는 다음 표 II-24와 같다.

성질표시상표 또는 기술적 표장이란 상품의 특성이나 성질 또는 품질 등을 기술하여 묘사한 표장

표 II-24 성질표시상표의 유형별 내용과 예시

유형	내용	예시
산지 표시	상품의 생산지를 표시	(사과–대구, 영광–굴비, 상주–곶감)
품질 표시	상품의 품질 상태 (우수성) 표시	(슈퍼, best)
원재료 표시	상품 원재료로 쓰이는 명칭표시	(넥타이–실크, 양복–Wool)
효능 표시	상품의 효과나 성능을 표시	(복사기–Quick Copy)
용도 표시	상품의 주요 쓰임새를 나타냄	(가방–여행, 여성의류–Lady)
수량 표시	상품의 중량, 크기 규격 등 표시	(짝, kg, 켤레)
형상 표시	상품의 형상, 모양, 크기, 무늬 등 표시	(캡슐, 슬림)
시기 표시	상품의 사용시기 등을 표시	(잡지–주간, 매일) (의류–포시즌)
기타 성질표시	상품의 생산, 가공 사용방법 표시	(농산물–자연농법, 구두–수제)

즉, 상표의 표장이 상품의 산지, 품질, 원재료, 효능, 용도, 수량, 형상, 시기, 상품 생산, 가공 또는 사용 방법을 표시하는 경우에 이를 성질표시표장으로 규정하고 이러한 상표는 식별성이 없으므로 상표 부등록 사유에 포함시키고 있다.

하지만 성질표시표장이 일정기간 동안 거래시장에 사용되어 수요자들에게 출처표시에 의해 특정 상품(서비스업)임을 인식토록 하여 상표(표장)의 식별력을 취득한 경우에는 표 II-23에 언급된 '사용에 의한 자타상품식별력'을 취득하였다고 판단하고 이러한 경우에 한하여 상표로서 등록 가능하며 상표법에 의해 보호가 된다.

관용상표는 최초에 상표로서 식별력이 있었지만 사후적으로 지정상품을 통칭하는 관용상표로 되는 경우가 많으며 이러한 관용상표는 식별력 없는 표장으로서 상표등록 받을 수 없다.

- **관용상표**

  관용상표란 동종업자들 사이에서 상품을 일컫는 명칭으로 일반적으로 인식되거나 특정 상품에 대하여 관용적으로 사용되는 표장을 말한다. 통상적으로 관용상표는 최초에 상표로서 식별력이 있었지만 사후적으로 지정상품을 통칭하는 관용상표로 되는 경우가 많으며 이러한 관용상표는 식별력 없는 표장으로서 상표등록받을 수 없다.

- **보통명칭상표**

  보통명칭상표란 동종업자들은 물론 일반 수요자 사이에서도 해당 상표가 상품을 일컫는 명칭으로 인식되거나 해당 상품의 일반적인 명칭으로 사용되는 표장을 말한다. 일반적으로 보통명칭상표도 최초에 상표로서 식별력이 있었지만 사후적으로 지정 상품을 일반적으로 지칭하는 보통명칭상표로 되는 경우가 많으며 이러한 보통명칭은 상표등록받을 수 없다.

기타, 식별력 없는 상표[150]

- 현저한 지리적 명칭이나 약어 또는 지도만으로 된 상표는 등록받을 수 없다.
- 흔히 있는 성 또는 명칭을 보통 사용하는 방법으로 표시한 표장만으로 된 상표는 등록받을 수 없다.
- 간단하고 흔히 있는 표장만으로 된 상표는 등록받을 수 없다.

다. 상표 부등록사유[151]

우리나라 상표법에서는 상표출원 표장이 자타 식별력이 있어도 사익보호 및 공익보호를 위한 법정사유에 의해 상표등록받을 수 없는 경우를 열거 명시하고 있는데 이를 상표 부등록사유 또는 소극적 상표 등록요건이라 하며 주요 상표 부등록 사유에 해당하는 상표를 예시로 살펴보면 다음 표 II-25와 같다.

150 상표법 제33조 1항 4호~6호
151 상표법 제34조 1항 1호~21호에 상표 부등록사유에 관해 명기하고 있다.

표 II-25 상표의 부등록사유에 해당하는 상표

사익보호 차원	저명한 타인성명, 상호, 초상, 서명 등을 포함한 상표
	타인이 선출원하여 등록 받은 상표와 동일유사
	타인이 선사용하여 주지 저명에 이른 상표와 동일유사
	국내외 상표소유 출처가 널리 인식된 상표와 동일유사
	타인의 저명상품, 영업과 혼동 또는 식별력, 명성에 손상염려 상표[152]
공익보호 차원	국기, 국장, 훈장, 공공기관 인장 등과 동일유사
	국가, 인종, 종교, 저명인 관계 허위표시 또는 명예훼손
	공공단체의 저명한 비영리 목적의 표장과 동일유사
	박람회 상패, 상장 등과 동일유사
	상품품질을 오인 또는 수요자 기만염려가 있는 상표
	통상적 도덕적 관념과 공서양속에 반하는 상표

라. 선출원주의 등 기타 요건

선출원주의

우리나라 상표법은 선사용주의가 아닌 선출원주의[153]를 채택하고 있다. 동일유사한 상품에 대하여 동일유사한 상표가 2 이상이 서로 다른 날짜에 출원되어 경합이 된 경우 먼저 출원한 자가 상표등록을 받을 수 있으며 만일 같은 날짜에 2 이상 상표출원이 경합이 되는 경우에는 출원인의 협의에 의해 1출원인만 상표등록을 받을 수 있으며 만일 협의가 되지 않는 경우에는 추첨에 의해 결정된 1인이 상표등록받을 수 있다.

우리나라 상표법은 선사용주의가 아닌 선출원주의를 채택하고 있다.

1상표 1출원주의[154]

1상표 1출원원칙이란 1개의 출원서에는 1개의 상표만을 기재해야 하며 2개 이상의

152 동일유사하지 않는 상품에 저명상표와 동일유사한 상표를 사용함으로써 저명상표의 식별력을 손상시키는 것을 상표희석화Dilution이라고 하는데 이는 비유사 상품에 상표 사용행위로서 전통적 관점에서는 상표권 침해로 구성하기가 어렵겠지만 미국은 이러한 행위를 '식별력 손상에 의한 희석화Blurring'와 '명성손상에 의한 희석화Tarnishment'로서 침해행위로 규정하고 저명상표 보호를 적극적으로 하고 있다. 우리나라도 2014년 상표법 개정을 통해 이러한 희석화 상표를 원천적으로 등록할 수 없도록 하였으며 부정경쟁방지법에서 저명상표 보호를 위해 희석화 사용행위를 제재할 수 있도록 규정되어 있다.

153 미국 등 일부 국가를 제외하고 한국, 일본, 독일 등 대다수의 국가는 선출원주의를 채택하고 있다.

154 '1상표 다류(多類) 1출원주의' 원칙으로서 1상표 1출원 시에 지정상품은 1개 상품류 또는 다수개의 상품류(다류)에 해당되는 지정상품들로서 구성하여 1출원 가능하다.

상표출원이 허용되지 않는다는 원칙이다. 하지만 1출원서에 기재되는 지정상품의 개수에는 제한이 없으며 상품류 구분상 다수개의 상품류로 구성이 된다 하더라도 이를 1상표 1출원할 수 있다. 1출원서에 첨부된 상표가 2 이상의 핵심 요체가 복합 구성된다 하더라도 일반 수요자 관점에서 1상표로 인식 가능하다면 1상표로 본다.

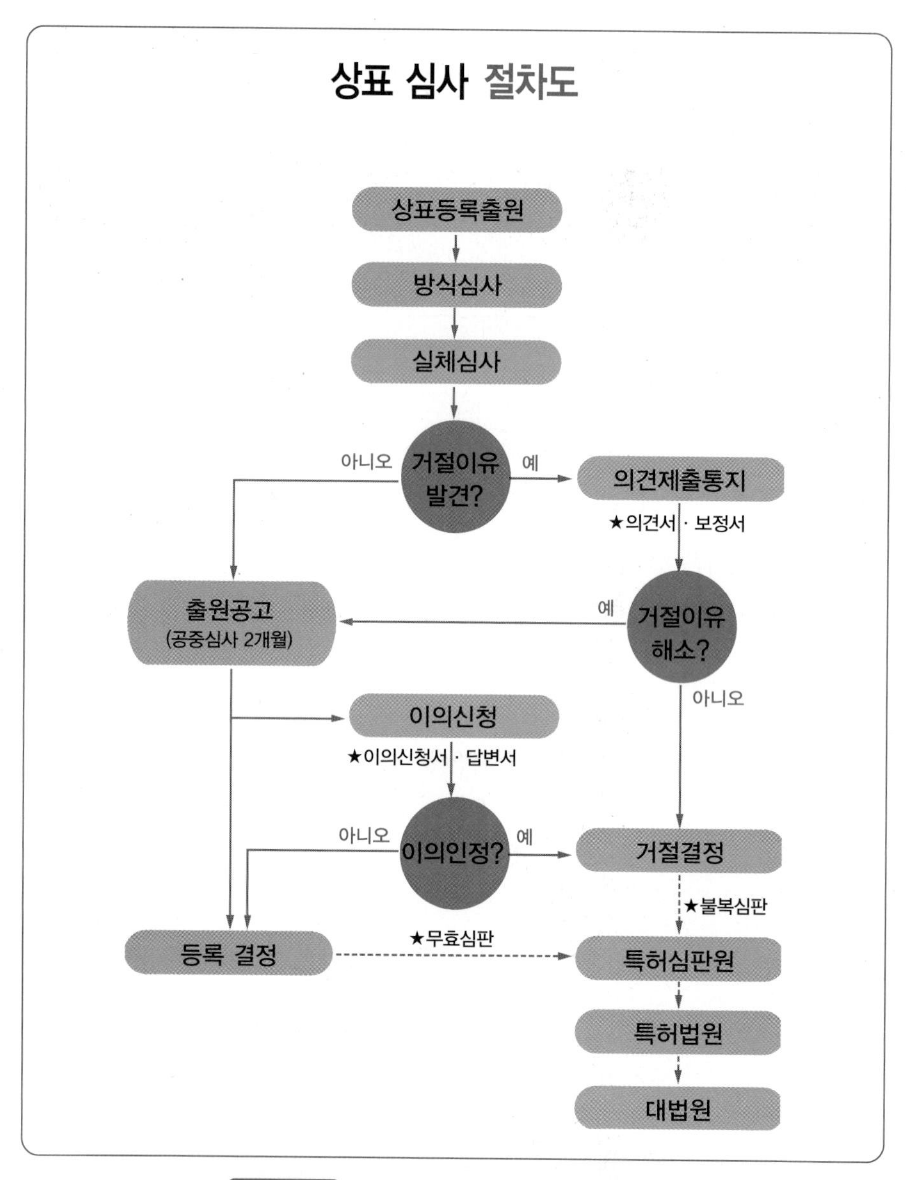

그림 II-24 상표등록출원에 따른 심사 절차도[155]

155 특허청 홈페이지(www.kipo.go.kr) 참고

4. 상표등록출원 절차

가. 출원서류

상표를 등록받고자 하는 자는 하기에 명기된 상표등록출원서를 제출하여야 하고 그 외에 특별한 목적으로 사용하고자 하는 표장을 등록출원하고자 하는 경우에는 다음과 같은 첨부서류가 필요하며 이를 상표등록출원서와 함께 제출하여야 한다.

상표등록출원서 (기재사항)

- 출원인 성명 및 주소
- 대리인 성명 및 주소(대리인을 선임하는 경우에 한함)
- 상표
- 지정상품 및 상품류 구분
- 우선권 주장 취지, 최초 출원국 및 최초 출원일[156](우선권 주장하는 경우에 한함)

단체표장, 증명표장, 지리적 표시 단체표장 및 업무표장과 같은 특수 목적으로 상표등록출원하는 경우에는 다음과 같은 첨부서류를 상기 상표등록출원서와 함께 제출하여야 한다.

첨부서류

- **단체표장**
  단체표장 사용에 관한 사항을 정한 정관
- **증명표장**
  증명표장 사용에 관한 사항을 정한 정관 또는 규약과 함께 증명하고자 하는 상품 특성을 증명관리 가능함을 입증하는 서류

156 파리조약에 의한 상표 우선권 주장 출원하는 경우에 한해서 작성 기재하며 우선권주장출원은 최초(기초) 출원일로부터 6개월 이내에 하여야 한다.

- **지리적표시단체표장**

  단체표장 및 증명표장 제출 시에 첨부하는 서류와 함께 지리적표시의 정의와 일치함을 증명할 수 있는 서류

- **업무표장**

  업무의 경영사실을 입증하는 서류

나. 상표심사

상표는 방식심사와 실체심사 과정을 거쳐 거절이유가 없거나 또는 의견제출통지 과정을 통해 거절이유가 해소된 경우에 출원공고 절차와 이의신청 과정을 거쳐 상표등록결정이 이루어진다.

그림 Ⅱ-24는 상표등록출원에 관한 심사 절차도로서 상표의 심사과정을 보여준다. 상표는 방식심사와 실체심사 과정을 거쳐 거절이유가 없거나 또는 의견제출통지 과정을 통해 거절이유가 해소된 경우에 출원공고 절차와 이의신청 과정을 거쳐 상표등록결정이 이루어진다.

상표등록출원에 대한 심사는 출원 순서에 따라 진행하는 것이 원칙이나 법정요건에 해당하는 경우 우선(조기)심사신청[157]을 통해 조기에 심사를 받을 수 있다.

방식심사

출원인 또는 대리인의 법률행위, 제출서류의 기재방식 및 첨부서류에 관한 하자가 있는지 또는 수수료 납부사항 등 절차적 흠결이 있는지 등을 점검하고 그 결과로서 출원인에게 보정 또는 절차적 보완을 명령하거나 제출된 서류를 반려할 수 있다.

실체심사

출원절차 등에 관한 방식심사를 통해서 하자가 발견되지 않을 때에는 **그림 Ⅱ-24**와 같이 심사관은 실질적인 상표등록요건에 기초하여 실체심사를 하고 거절이유를 발견한 경우에는 출원인에게 거절이유를 통지하여야 한다. 만일 출원인이 심사관으로부터 실체심사를 통해 의견제출통지서를 송달받은 경우에는 의견서 및

157 우선(조기)심사 신청대상이 되는 경우는 제3자가 출원상표와 동일 유사상표를 업으로 사용하고 있거나 출원상표를 업으로써 사용하고 있거나 또는 사용 준비 중에 있는 경우, 출원상표가 침해 분쟁으로 서면 경고를 받은 경우, 출원상표가 국제조약 상표 출원의 기초(최초)출원에 해당하는 경우 등 법에서 정한 우선심사 요건에 해당되는 경우에 한한다.

보정서를 제출하여 심사관의 거절이유를 극복할 수 있다. 심사관은 출원상표에 거절이유가 없거나 거절이유가 해소가 된 경우에는 출원공고 결정한다.

다. 출원공고 및 이의신청

출원공고일로부터 2개월 동안은 이의신청기간으로서 일반인으로부터 공중에 의한 심사를 진행하여 **그림 II-24**와 같이 이의신청에 이유가 있는 경우에는 거절결정하고 이의신청이 없거나 이의신청에 이유가 없는 경우에는 출원공고된 상표를 등록결정한다.

라. 거절결정 또는 등록결정에 대한 불복

상표 등록출원 심사결과로서 통지받은 거절결정에 불복하는 경우 출원인은 3개월 이내 특허심판원에 특허청장을 상대로 하는 거절결정불복심판을 신청할 수 있으며 한편 등록결정에 이의제기하고자 하는 이해관계인은 상표권자를 피고로서 상표취소심판 또는 무효심판을 청구할 수 있다.

5. 기타 상표제도와 사후관리

가. 기타 상표제도

표 Ⅱ-26 기타 상표제도와 신청시기

	존속기간 갱신등록	상품분류 전환등록	지정상품 추가등록	분할출원 (Cf. 분할이전)[158]
시기적 요건	존속기간 만료 전 1년 이내 – 단, 만료 후 6개월(가산금)		상표출원 또는 등록 이후 언제든 가능	존속기간갱신등록 時, 상표권분할 時 또는 실체심사보정 時 (지정상품 범위 內)

존속기간갱신등록

상표의 권리존속기간은 등록일로부터 10년이지만 갱신 가능한 권리이므로 존속기간 만료 전 1년 이내에 10년씩 갱신등록할 수 있다.

상표의 권리존속기간은 등록일로부터 10년이지만 갱신 가능한 권리이므로 존속기간 만료 전 1년 이내에 10년씩 갱신등록할 수 있다. 만일 존속기간이 만료한 경우라도 만료일자로부터 6개월 이내 가산금을 추가 납부하고 갱신등록신청할 수 있다.

상품분류전환등록

상표법 개정에 의해 상품분류가 변동이 된 경우에는 종전의 법에 의해 상표권 등록, 지정상품 추가등록 또는 존속기간갱신등록 받은 자는 상품분류전환등록 신청하여야 하며 상표권 존속기간이 만료되기 1년 전부터 존속기간 만료된 후 6개월 이내의 기간에 하여야 한다.

지정상품추가등록

상표권자 또는 출원인은 자신의 등록상표 또는 상표출원에 지정상품을 추가등록하여 줄 것을 심사 신청할 수 있으며 추가 등록된 지정상품은 기존 지정상품의 상표권에 일체화되며 기존의 상표권의 존속기간이 소멸하면 추가등록된 지정상품의 상표권도 소멸한다.

158 상표권을 분할하여 권리 이전하는 경우에는 유사상품은 함께 이전해야 한다.

분할출원 (Cf. 상표 등록출원 분할이전)

2 이상의 지정상품으로 상표등록출원한 경우에는 법정 보정기간 내에 분할출원할 수 있으며 분할출원의 출원일자는 최초 상표등록출원한 날로 본다.

아울러 출원인은 상표등록 출원인 명의변경을 통해 상표등록받을 수 있는 권리를 이전승계하거나 지정상품마다 분할하여 이전할 수 있으며 이 경우 유사한 지정상품은 함께 이전하여야 한다.

출원인은 상표등록 출원인 명의변경을 통해 상표등록받을 수 있는 권리를 이전승계하거나 지정상품마다 분할하여 이전할 수 있으며 이 경우 유사한 지정상품은 함께 이전하여야 한다.

나. 상표의 사후관리 제도

상표법은 상거래에 있어서 수요자 보호라는 공익성 관점에서의 사후관리 제도로서 표 II-27과 같이 이의신청, 상표무효심판 그리고 상표취소심판 제도 등을 두고 있다.

표 II-27 상표의 사후관리 제도와 신청사유

	상표취소심판[159]	상표무효심판[160]	이의신청
신청사유	• 3년 불사용 시 • 상표 부정사용 • 오인혼동 유발 (취소된 동일 · 유사 상표를 출원 가능)	일부 지정상품별로도 무효심판 청구 가능	권리 설정이전 상태에서 일반공중의 심사
		[상표 등록요건 위반] *(부등록사유 해당 / 자타 식별력 상실 / 선원주의 또는 1상표 1출원 위반 등)*	
시기	상표등록 이후 취소 또는 무효사유 발생 시 (누구나 신청 가능)		출원공고일 2개월 이내 (누구나 신청 가능)

이의신청 및 상표무효심판

이의신청과 무효심판의 신청사유는 동일하며 상표로서 식별력을 상실했거나 상표 부등록사유에 해당하거나 또는 선출원주의, 1상표1출원 원칙 위반 등 상표의 등록요건에 위배되어 등록(예정)된 상표에 대하여 권리를 소급적으로 배제시키

159 불사용 취소심판으로 취소된 등록상표와 동일 유사한 상표는 누구든지 상표출원할 수 있으므로 불사용 취소심판 청구 전에는 먼저 상표등록출원하는 전략이 필요하다.

160 등록상표가 관용표장 또는 보통명칭상표화 되어 자타 식별력을 상실함으로써 무효심판의 사유가 되지 않도록 적극적인 사후 관리가 필요하다. 등록상표를 광고 또는 홍보 시에는 지정상품을 함께 특정하여 홍보함으로써 관용표장이나 또는 희석화되지 않도록 하는 전략적 상표관리가 중요하다.

는 제도이다.

이의신청 제도는 상표 권리가 확정 등록되기 전인 출원공고일로부터 2개월 이내에 공중심사를 통해 부실권리가 등록되는 것을 방지하는 제도이지만 무효심판은 이미 설정등록된 상표가 등록요건에 위배되어 등록된 경우 이를 상표등록을 소급하여 무효화시키는 절차로써 전체 상표 또는 일부 지정상품별로도 무효심판 청구 가능하다.

상표취소심판

상표를 등록한 이후 3년 이상 사용하지 않거나 또는 등록된 상표의 표장이나 지정상품을 변형해서 사용하는 경우에도 상표취소 사유가 된다.

취소심판은 등록된 상표에 후발적인 상표 취소사유가 발생한 경우 이를 이유로서 상표등록을 소급적으로 취소시키는 제도이다. 상표를 등록한 이후 3년 이상 사용하지 않거나 또는 등록된 상표의 표장이나 지정상품을 변형해서 사용하는 경우에도 상표취소 사유가 된다. 등록상표를 부정사용하여 수요자로 하여금 오인혼동을 유발하면 이를 사유로 누구든지 해당 상표에 대해 취소신청할 수 있도록 한 사후관리 제도이다.

6. 특허제도와 대비되는 상표제도

상표와 특허제도에 관한 주요 차이점을 표 II-28에서 정리된 바와 같이 출원공개, 출원공고, 이의신청, 심사청구, 우선권주장제도 및 권리존속기간의 관점에서 살펴보면 다음과 같다.

표 II-28 특허(실용신안)와 상표의 주요제도 비교

	상표	특허(실용신안)
출원공개	없음	법정(강제)공개 제도 (출원일 ~ 18개월 이후 공개)
출원공고	거절이유 없는 경우 출원공고 (등록 결정을 위한 공중심사)	없음
이의신청	출원공고일 이후 2개월 이내	없음
심사청구	별도의 심사청구 제도 없음 (모든 출원은 심사를 진행)	심사청구 않으면 취하간주 (출원일로부터 3년 이내)
	우선심사청구 가능	
조약우선권주장	6월 이내	1년 이내
권리존속기간	등록일로부터 10년 (갱신등록 가능-반영구적)	출원일로부터 20년 (단, 실용신안은 10년)

출원공개

- 특허

  특허는 출원일로부터 18개월이 되면 법정공개되며 법정기간이 되지 않아 출원공개가 되기 전이라도 조기공개 신청할 수 있다.

- 상표

  특허제도와는 달리 상표제도에는 별도의 공개제도 없다.

출원공고

- 특허

  특허제도는 일반 공중심사를 위한 출원공고 절차 없이 심사를 통해 거절이유가 없으면 등록공고가 되며 특허 등록공고에 이의가 있으며 무효심판을 통해 다툴 수 있다.

- **상표**

상표제도는 심사를 통해 거절이유가 없으면 일반 공중심사를 위한 출원공고 절차를 진행하고 이의가 있으면 이의신청을 통해 상표등록결정을 하지 못하도록 다툴 수 있다.

이의신청

- **특허**

특허는 거절이유가 없으면 별도 일반 공중심사에 의한 이의신청 절차 없이 등록공고가 되며 누구든지 특허 등록에 이의가 있으며 무효심판을 통해 다툴 수 있다.

- **상표**

상표 제도는 출원공고일로부터 2개월 동안 일반 공중심사를 위한 이의신청기간을 두고 있으며 누구든지 이의신청을 통해 상표등록 결정을 하지 못하도록 다툴 수 있다.

심사청구

- **특허**

특허는 심사청구하지 않으면 심사가 이루어지지 않고 출원일로부터 3년 이내 심사청구하지 않으면 출원된 특허는 취하간주된다. 또한 법에서 정한 요건에 해당되면 특허는 우선심사도 청구할 수 있다.

- **상표**

별도의 심사청구 제도가 없으며 모든 출원상표에 대하여 출원 순서에 의해 심사 진행하여 상표 등록 여부를 결정한다. 하지만 상표도 특허와 같이 법에서 정한 사유에 해당하면 우선심사를 청구할 수 있다.

우선권주장제도

- **특허**

최초 출원일로부터 1년 이내에 우선권주장에 의한 해외 특허출원을 할 수 있으며 특허등록에 관한 판단시점이 최초 출원일로 소급된다.

- 상표

최초 출원일로부터 6월 이내에 우선권주장에 의한 해외 상표출원을 할 수 있으며 상표등록에 관한 판단시점이 최초 출원일로 소급된다.

권리존속기간

- 특허

특허권(실용신안권)은 설정등록일로부터 발생하며 권리가 존속하는 기간은 출원일로부터 20년(실용신안권은 10년)으로 한정되어 있어 필연적으로 소멸하는 권리이다.

- 상표

상표의 권리는 등록일로부터 발생하며 권리존속기간은 등록일로부터 10년이지만 10년 기간만료 이후에는 상표갱신등록에 의해 10년씩 연장 가능한 권리로서 반영구적으로 권리를 유지할 수 있다.

7. 상표 유사판단과 효력범위

상표(표장)는 디자인에 있어서 형태(외관)에 상응이 되고 상표가 사용되는 지정상품(서비스)은 디자인에 있어서 물품에 상응이 되기 때문이다.

상표의 동일, 유사 및 비유사 판단 방법은 앞 절에서 살펴 본 디자인의 동일, 유사 및 비유사 판단 방법을 유추하여 적용할 수 있다. 즉 상표(표장)는 디자인에 있어서 형태(외관)에 상응이 되고 상표가 사용되는 지정상품(서비스업종)은 디자인에 있어서 물품에 상응이 되기 때문이다.

상표권도 여타 지식재산권과 같이 권리자가 업으로써 사용할 수 있는 적극적 권리와 타인이 해당 상표권을 업으로써 사용하지 못하게 할 수 있는 소극적 권리로 구분할 수 있다.

그림 II-25는 상표의 (외관)표장과 (지정)상품의 관점에서 동일 · 유사를 대비판단한 결과로써 이는 동일, 유사 또는 비유사 영역으로 구분할 수 있으며 비유사 영역에는 상표권 효력이 미치지 않는다.

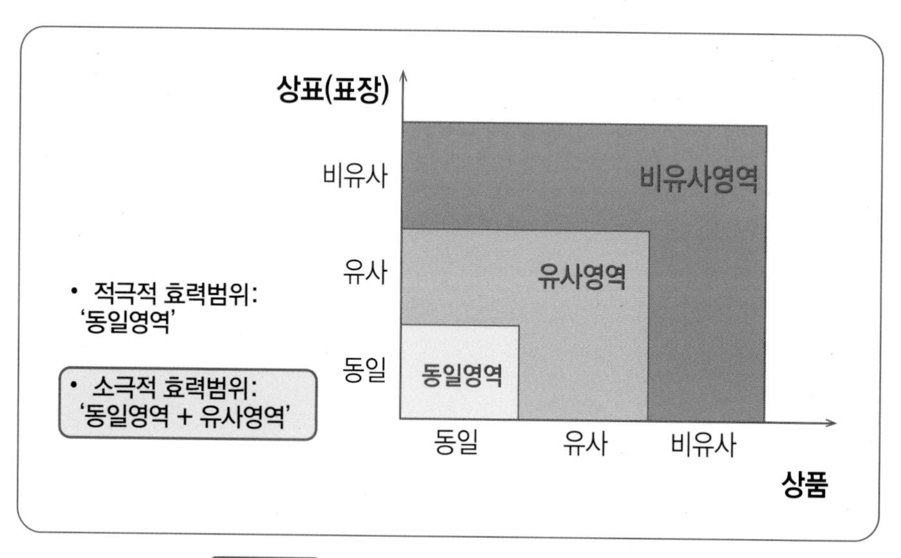

그림 II-25 상표(표장)와 상품의 동일유사 판단 방법

그림 II-25에서와 같이 상표의 동일 · 유사 범위를 판단하는 방법은 먼저 상표(표장)가 동일하고 상품이 동일한 경우에만 대비 상표가 동일영역에 있다고 판단한다. 그 다음 만일 서로 대비된 상표(표장) 또는 상품이 하나라도 비유사하다면 모두

비유사영역에 있다고 판단한다. 마지막으로 상품이 유사하다면 상표(표장)의 유사 또는 비유사에 의해 유사 · 비유사영역이 결정이 되고 마찬가지로 상표(표장)이 유사하다면 상품의 유사 · 비유사여부에 의해 유사 · 비유사영역이 결정된다.

가. 상표(표장)의 유사판단

표 II-29 상표(표장)유사판단 예시

	유사판단 방법	예시	판단 · 관찰 방법	
외관	양상표의 구성이 유사	다이소 vs 다사소, 白花 vs 百花	시각적 판단	객관적 전체적 이격적
칭호	양상표의 발음이 유사	TVC vs TBC 천년(千年) vs 천연(天然)	청각적 판단	
관념	양상표의 의미 또는 관념이 유사	KING vs 임금 KR ARMY vs KR MILITARY	지각적 판단	

원칙적으로 대비되는 상표와 외관, 칭호 또는 관념 중 어느 하나가 유사하여 상품 출처의 오인혼동의 염려가 있는 상표는 유사한 것으로 판단한다. 하지만 외관 · 칭호 · 관념 중 어느 하나가 유사해도 전체로서 현저한 차이가 있어서 출처 혼동을 유발시킬 염려가 없는 상표는 비유사 상표로 판단한다.

상표의 유사여부의 관찰방법은 상품의 주요 수요계층을 고려한 수요자의 평균 주의력을 기준으로 판단하되 객관적, 전체적 및 이격적인 관찰로서 상표의 구성에 있어서 특징적인 요부를 중점적으로 대비 판단한다.

상표의 유사여부의 관찰방법은 상품의 주요 수요계층을 고려한 수요자의 평균 주의력을 기준으로 판단하되 객관적, 전체적 및 이격적인 관찰로서 상표의 구성에 있어서 특징적인 요부를 중점적으로 대비 판단한다.

나. 상품의 유사판단

상품분류는 총 45개 분류로서 국제상품분류(NICE 분류)를 통해 구분되어 있으며 1류부터 34류까지는 상품유형을 분류하였고 그리고 35류부터 45류까지는 서비스업종을 분류하고 있다. 상품의 동일 · 유사는 일반적으로 별도의 유사군 코드를 통해 판단할 수 있지만 이는 상표심사 또는 상품분류를 위한 행정 편의상의 구분코드로서 상표 침해소송 등에서 상품의 상호유사에 관해 사법적 판단을 함에 있어서 법관은 참작은 하되 유사군 코드에 의해 구속되지 않는다.

표 Ⅱ-30 상품의 유사판단 및 예시

지정 상품	유사판단 예시	유사판단 (판례)
고추	고춧가루	유사
	고추장	비유사
콩, 옥수수	곡물 혼합 가루	유사
	라면, 육수, 개 사료	비유사
골프, 수영장 경영업	유원지 경영업	유사
	극장, 미술관, 경영업	비유사

표 Ⅱ-30은 상품의 유사판단에 관한 법원 판례의 예시이다. 상품의 유사판단 시에는 상품 자체의 속성인 품질, 형상, 용도와 생산부문, 판매부문, 수요자의 범위 등 거래의 실정 등을 종합적으로 고려하여 일반 거래의 통념에 따라 판단하여야 한다[161]고 대법원 판례에서 상품 유사판단에 관한 가이드라인을 제시하고 있다.

다. 상표권의 효력범위

표 Ⅱ-31 적극적효력과 소극적효력의 적용범위 비교

	상표권	디자인권	비고
적극적효력	동일범위	동일+유사범위	(본인이) 독점적으로 사용할 권리
소극적효력	동일+유사범위	동일+유사범위	(타인을) 배타적으로 제재할 권리

상표는 법 취지상 공정거래와 경업질서 유지를 통한 수요자 이익보호라는 공익성이 강한 제도로서 소비자의 오인혼동 방지를 위해 상표의 적극적 효력범위를 등록받은 표장을 등록 받은 지정상품에만 사용하도록 강제하고 있다.

적극적 효력범위

적극적효력이란 권리자 본인이 독점적으로 사용할 수 있는 권리로서 상표권의 경우는 디자인권과는 표 Ⅱ-31과 같이 그 효력범위가 다르다는 사실에 주목해야 한다.[162] 상표는 법 취지상 공정거래와 경업질서 유지를 통한 수요자 이익보호라는 공익성이 강한 제도로서 소비자의 오인혼동 방지를 위해 상표의 적극적 효력범위를 등록받은 표장을 등록 받은 지정상품에만 사용하도록 강제하고 있다.

161 대법원 2009.7.9. 선고 2008후5045

162 앞 절에서 우리는 등록받은 디자인권을 실시할 수 있는 적극적인 효력범위는 등록 디자인의 형태와 물품을 대비 판단하되 등록받은 물품과 디자인 형태가 모두 동일한 범위에서는 물론 유사범위까지 확장 활용할 수 있다는 사실을 확인하였다.

상표권자는 자신이 등록받은 상표에 동일한 상표를 동일한 지정상품(서비스 업종)에서만 사용해야 하며 이와 유사상품(서비스업종)을 지정상품으로 확대 사용하면 유사영역 사용으로써 상표의 부정사용에 해당된다. 마찬가지로 이유로서 상표권자는 자신이 지정받은 상품(서비스업종)에 등록받은 상표와 유사 상표로서 변형사용하는 것도 상표로서의 부정사용에 해당되어 등록상표의 취소사유가 됨을 유념해야 한다.

소극적 효력범위

소극적 효력이란 타인이 사용하는 것을 배타적으로 제재할 수 있는 권리효력을 말한다. 상기 **표 II-31**에서와 같이 상표권은 배타적 권리로서의 소극적 효력범위는 디자인 권리와 마찬가지로 타인이 권한 없이 자신이 등록받은 상표표장과 동일 · 유사한 범위에서 사용하거나 또는 등록받은 지정상품과 동일 유사한 범위에서 사용한다면 이는 소극적 효력범위에 해당하며 이를 배타적으로 제재할 수 있는 권리를 가진다.

상표권은 배타적 권리로서의 소극적 효력범위는 디자인 권리와 마찬가지로 타인이 권한 없이 자신이 등록받은 상표표장과 동일 · 유사한 범위에서 사용하거나 또는 등록받은 지정상품과 동일 유사한 범위에서 사용한다면 이는 소극적 효력범위에 해당하며 이를 배타적으로 제재할 수 있는 권리를 가진다.

라. 상표 라이선스와 침해 관점

상표의 사용행위

상표법상의 사용행위는 **표 II-32**와 같이 크게 표시행위, 유통행위 및 광고행위 3가지로 구분할 수 있다. 표시행위는 상품 또는 상품의 포장에 상표를 표시하는 행위를 말하며, 유통행위란 상표가 표시된 상품 또는 상품의 포장을 양도 또는 인도하거나 이를 위한 목적으로 전시, 수출 및 수입하는 행위를 말한다. 광고행위란 상품에 관한 광고, 거래서류 등에 상표를 표시하고 전시하거나 홍보하는 행위를 말한다.

표 II-32 상표의 사용행위와 그 세부 내용

		행위의 내용
상표 사용행위	• 표시행위	상품 또는 상품의 포장에 상표를 표시하는 행위[163]
	• 유통행위	표시된 상품(포장)의 양도 또는 전시, 수출(수입) 행위
	• 광고행위	상품 광고, 거래서류 등에 상표를 표시하고 전시하거나 홍보하는 행위

상표침해의 관점

상표권 침해죄는 비친고죄로서 당사자의 고소가 없이도 침해단속이 이루어진다.

정당한 권한 없이 등록상표와 동일 · 유사한 상표를 등록된 지정상품과 동일 · 유사한 상품에 사용한다면 상표권에 직접침해가 발생함은 물론 상표사용을 목적으로 교부, 판매, 위조 및 소지함으로써 침해 개연성이 높은 예비적 행위도 상표권 침해[164]로 간주한다. 특히 상표권 침해죄는 비친고죄로서 당사자의 고소가 없이도 침해단속이 이루어진다.[165] 그러므로 등록상표를 사용하고자 하는 자는 상표권자로부터 라이선스(사용 허가권) 취득을 통해 정당한 권한을 확보하여야 한다.

하기 표 II-33은 정당한 권한이 없는 자의 상표 사용행위로 인한 상표권 침해 여부를 판단한 판례의 관점이다.

표 II-33 상표의 사용행위로 인한 침해 관점(판례) 예시

통상적인 침해행위로 봄	침해행위로 보지 않음
• 표시된 상품을 양도하는 행위 • 표시된 상품을 수출하는 행위 • 표시된 상품을 수입하는 행위	• 표시된 상품을 보관만 한 행위[166] • 상품을 무상으로 배포한 행위[167] • 상표를 CI로서만 광고하는 행위[168]

특히 상표침해로 보는 행위는 상표사용행위와 직접적인 연관성이 없다 하더라도 타인 등록상표를 위조 또는 모조할 목적으로 용구를 제작, 교부, 판매 또는 소지하는 행위도 침해로 간주되며, 등록상표와 동일 · 유사 상표가 표시된 지정상품과 동일 · 유사 상품을 양도 또는 인도하기 위해 소지하는 행위도 등록상표권의 침해로 간주되므로 유의해야 한다.

---

163 표시행위에는 표장 형상이나 소리 또는 냄새로서 상표를 표시하는 행위 또는 인터넷 온라인상에서 제공되는 정보에 전자적 방법으로 표시하는 행위도 포함된다.

164 상표침해의 구제도 여타 산업재산권과 마찬가지로 침해죄는 7년 이하 1억 원 이하 벌금형에 처하며, 민사적 구제로서 침해금지청구권, 손해배상청구권, 신용회복조치 청구, 가처분 및 가압류 등을 행사할 수 있다.

165 상표 침해는 상거래 질서를 문란케 하여 공익을 해하기 대문에 피해 당사자 고소가 없어도 관할 당국에서 형사적인 제제(침해죄, 몰수 등) 및 행정적 단속을 가할 수 있는 비친고죄에 해당된다.

166 침해 개연성이 높은 예비적 행위로서 상표권의 간접침해로 볼 수도 있다.

167 상표를 '업'으로서 사용한 행위로 볼 수 없으므로 침해행위로 보지 않는다.

168 상표(표장)을 지정상품에 표시해서 사용한 행위로 볼 수 없으므로 침해행위로 보지 않았다.

상표사용권(라이선스)의 유형

상표사용권이란 특허(실용신안)의 실시권이나 디자인에 있어서 실시권에 해당되는 라이선스 권리로서 상표권을 사용하고자 하는 자에게 상표의 사용행위에 대하여 상표권자가 사용대가를 지불받는 조건으로서 상표사용권자에게 허여(허락)하는 권리이다.

상표사용권을 구분하면 **표 II-34**와 같이 상표 사용행위에 관해 상표권자도 상표를 사용할 수 없으며 상표 사용권자가 독점적(준물권적) 효력을 가지는 전용사용권과 상표권자와 상표 사용권자 사이에서만 상표사용에 관한 채권적 효력이 발생하는 통상사용권으로 구분해 볼 수 있다. 통상사용권은 당사자 간의 계약에 의해 발생하는 약정에 의한 통상사용권과 상표법에 의해 정해진 요건에 해당하는 경우 상표사용을 허가토록 하는 법정사용권[169]으로 나누어 볼 수 있다.

표 II-34 상표 라이선스 유형과 효력 비교

	유형 (효력)		효력발생	제3자 대항력
상표 라이선스	전용사용권	독점(준물권)적 효력	설정계약의 성립시	상표등록원부에 등록
	통상사용권	채권적 효력		

상표의 전용사용권자는 상품에 자기의 성명 또는 명칭을 표시하여야 하며 설정 행위로서 정한 범위에서 지정상품에 관하여 등록상표를 사용할 권리를 독점한다.[170] 또한 전용사용권자는 상표권자의 동의를 받아 전용사용권을 이전하거나 통상사용권을 설정할 수 있으며, 아울러 전용사용권을 등록원부에 등록되면 등록 이후에 상표권 또는 전용사용권을 취득한 자는 물론 제3자에게도 대항할 수 있다.

상표의 통상사용권자는 상표권자와 설정행위로서 정한 범위에서 지정상품에 관하여 등록상표를 사용할 권리를 가진다. 상표의 통상사용권자는 설정받은 통상

---

169 상표에 관해 법정사용권이 성립하는 경우로서 1. 선사용에 의해 상표를 계속 사용하는 경우, 2. 상표권과 저촉된 특허권 등이 존속기간 만료 후에 상표사용하는 경우, 3. 재심에 의해 회복된 상표권의 효력 제한에 의해 발생하는 경우가 있다.

170 전용사용권의 설정등록은 제3자에게 대한 대항 요건이고 효력 발생요건이 아니라는 판례가 있음 [특허법원 2018.8.24. 선고 2017나 2004, 2011 (병합) 판결] 당사자 간의 라이선스 계약을 통한 설정행위로서 전용사용권의 효력이 발생하며 전용사용권을 설정 등록하지 않았어도 상표 사용권 침해자를 상대로 상표권자로부터 위임받아 침해금지청구를 할 수 있다는 취지의 판결

사용권을 상표권자 및 전용사용권자의 동의를 받아 이전할 수 있으며 아울러 상표등록원부에 등록을 하면 등록 이후에 상표권 또는 전용사용권을 취득한 자는 물론 제3자에게도 대항할 수 있다.

진정상품병행수입

우리나라를 비롯하여 미국, 일본 등의 국가에서는 일정한 조건 하에서 상표권의 속지주의 예외를 인정하며 권리소진이론에 근거하여 진정상품의 병행수입을 인정하며 상표권의 침해로 보지 않는다.

복제품 또는 위조상품이 아닌 진정상품을 제3국으로부터 동일한 상표권자의 상품을 수입 판매하는 경우에 수입국가의 정당(전용) 사용권자의 허락이나 동의가 없어도 가능한지 그 허용여부가 각 국가별로 다르므로 유의할 필요가 있다.

우리나라를 비롯하여 미국, 일본 등의 국가에서는 일정한 조건 하에서 상표권의 속지주의 예외를 인정하며 권리소진원칙에 근거하여 진정상품의 병행수입을 인정하며 상표권의 침해로 보지 않는다. 하지만 만일 해당 상품이 국내 · 외 상표권자가 상이하거나 국내의 상표사용권자가 해당 제품에 관한 제조시설에 설비 투자하여 생산하는 경우에는 투자와 산업보호를 위해 달리 상표권의 속지주의 관점에서 침해로 판단할 소지가 있다.

표 II-35 진정상품병행수입의 허용 여부에 따른 근거

	병행수입 허용	병행수입 금지
• 권리소진원칙[171]	○	×
• 상표권 속지주의	×	○

• **진정상품병행수입 허용 관점**

진정상품에 대하여 병행수입을 허용해야 하는 관점은 적법한 거래절차에 의해 양도되는 소유권에 의해 해당 물품에 귀속된 상표 권리는 권리소진이론에 의해 이미 소진이 되었으며 해당 물품이 타국에서 수입 판매가 이루어지더라도 해당 상품은 진정상품으로서 상표의 출처표시 기능을 해하지 않으며 아울러 소비자로 하여금 오인혼동을 불러오지 않기 때문에 이를 금지할 이유가 없다고 보는 관점이다.

---

171 권리소진원칙이란 특정 제품이 최초로 적법하게 판매 또는 양도되어 소유권이 이전이 되면 해당 물품의 IP권리는 소진이 되어 차후 해당 물품의 거래행위에는 별도의 침해 문제가 발생하지 않는다는 이론이다.

- 진정상품병행수입 금지 관점

 진정상품에 관해서 병행수입을 금지해야 하는 관점은 상표권이 파리조약 원칙에 의한 산업재산권으로서 다른 국가의 등록여부와는 무관한 속지주의 권리이자 독자적으로 효력이 발생되는 배타적 권리이므로 수입국가에서 상표권의 정당(전용)사용권자의 허락 없이 동일한 상표가 부착된 상품에 관해서 수입을 허용하는 것은 해당 국가에 등록된 상표권을 침해하는 행위로서 금지되어야 한다는 관점이다.

8. 상표와 유사한 식별가치의 보호관점

상표와 유사한 식별가치로서 브랜드, 상호, 미등록 주지상표, 도메인이름, 트레이드 드레스 등 지식재산 영역에서 보호되어야 할 식별성의 가치들에 대해 살펴보기로 한다.

상거래에 있어서 상표와 유사한 식별가치로서 다양한 지식재산들이 존재하며 상표법에 의한 보호와 차별성을 파악함으로써 우리는 관련된 이노베이션을 보다 효율적으로 보호하고 활용할 수 있을 것이다. 상표와 유사한 식별가치로서 브랜드, 상호, 미등록 주지상표, 도메인이름, 트레이드 드레스 등 지식재산 영역에서 보호되어야 할 식별성의 가치들에 대해 살펴보기로 한다.

가. 브랜드

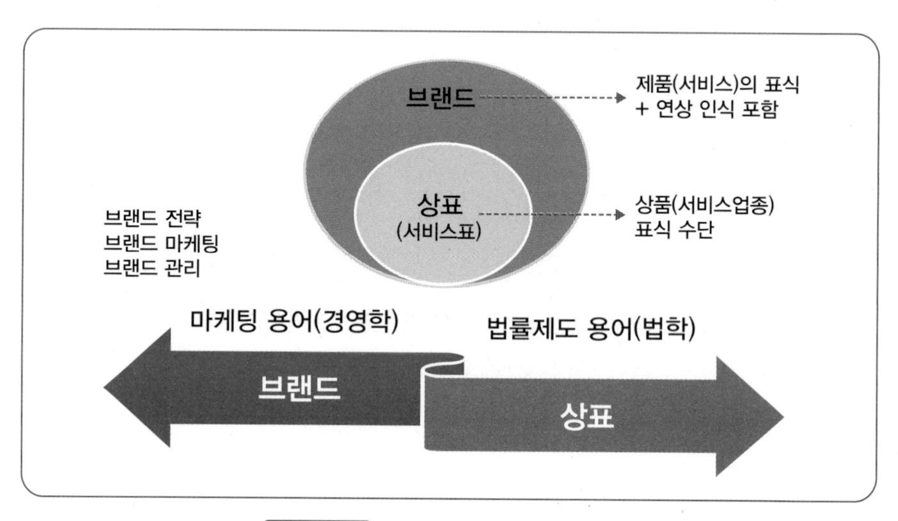

그림 II-26 상표와 브랜드의 차별성 비교

통상적으로 우리는 브랜드Brand라는 용어를 상표 개념과 혼용하여 많이 사용한다. 브랜드는 상표를 포함하는 포괄적인 개념으로 일반적으로 이해가 되며 **그림 II-26**과 같이 아울러 경영학적인 관점에서 기업의 브랜드 전략Strategy, 브랜드 네이밍Naming 및 브랜드 마케팅Marketing 용어로서도 많이 활용되고 있다.

하지만 실제적으로 상표제도의 목적상 브랜드라는 용어는 상표와도 의미상 그다지 큰 차별성이 존재하지 않지만 그럼에도 불구하고 두 용어 사이에는 엄연히 서로 다른 관점이 존재한다.

상표란 자사의 제품 또는 서비스 업종을 시장에서 수요자로 하여금 타인의 것들과 구분을 짓게 하는 식별력 있는 기호, 문자, 도형 또는 색채 등 이들의 결합을 상표 표장이라고 하며 이를 보호하는 지식재산 제도로서 상표법을 통해 보호하고 있다.

하지만 브랜드 가치란 **그림 II-26**과 같이 기업의 자타 식별력 있는 제품 또는 서비스를 제공함 있어서 상표(서비스표)의 출처표식과 품질보증 기능을 기반으로 소비자의 신뢰성 및 신용가치 등이 연계 반영된 인지적 가치를 말한다.

즉 기업 또는 상품의 브랜드 가치란 자타 식별성 있는 제품판매 또는 서비스 제공방식 등이 기업경영 활동에 각인되어 기업활동 또는 상품에 구축된 출처표식과 품질보증은 물론 신뢰성 및 신용도 등이 연상 인식되어 형성된 총체적 무형의 재산적 가치라고 할 수 있다.

이러한 기업 또는 상품의 브랜드라는 식별가치가 타인으로부터 상거래 관행이나 경쟁질서에 반하여 훼손되거나 침해를 받은 경우에는 부정경쟁방지법에 의해 구제받을 수도 있겠지만 상표법에 의한 등록상표로서 식별성 보호를 통해 브랜드 가치는 보다 효과적이고 강력하게 법적으로 보호받을 수 있다.

그러므로 반드시 기업의 브랜드 네이밍전략과 관리전략은 상표권리화 전략과 연계하여 고려해야 할 것이며 기업의 브랜드 가치는 상표의 포트폴리오전략을 통해 보다 굳건히 지켜질 수 있을 것이다.

기업의 브랜드 네이밍 전략과 관리전략은 상표권리화 전략과 연계하여 고려해야 할 것이며 기업의 브랜드 가치는 상표의 포트폴리오 전략을 통해 보다 굳건히 지켜질 수 있다.

Chapter II-3

나. 상호

표 II-36 상표와 상호의 차별성 비교

	상호	상표
법적근거	상법	상표법
법적취지	인적 표지 (영업주체 식별)	물적 표지 (자타상품 식별)
구성요소	문자로만 구성	기호/문자/도형/색채 등
효력범위	동일행정 구역 (배타적효력)	대한민국 전역 (배타적 효력)
존속기간	별도로 없음	등록 후 10년씩 갱신
관할관청	관할 등기소	특허청

상거래에 있어서 상표와 유사하게 자타식별 기능을 하는 상호라는 제도가 있다. 상표는 표 Ⅱ-36에서 대비한 바와 같이 물적 표시로서 상품의 자타식별이 주된 목적이지만 상호는 상법에 의한 영업주체를 식별하는 인적표지로서 상표와는 달리 문자로만 식별이 가능하며 관할 등기소에 등재가 된다. 또한 상호는 관할 행정구역 내에서만 배타적 효력이 발생하며 별도로 법정 존속기간이 없으며 상호 등기 말소 전까지 존속하지만 상표는 국가 전역에 배타적 효력이 미치며 10년씩 갱신 가능한 권리이다.

상호를 문자상표로서 등록하거나 또는 상호를 상품 또는 서비스와 연계된 기호, 도형, 색채 등과 조합하여 결합상표로서 등록함으로써 자타 식별력의 강화는 물론 기존의 상호와 함께 지역적인 범위를 확대하여 보호할 수 있으며 또한 타인의 등록상표와의 권리저촉에 의한 분쟁을 미연에 방지할 수 있을 것이다.

다. 미등록 주지상표

주지상표가 상표법에 의해 등록된 상표가 아니라면 별도로 상표법에 의해 보호가 되지는 않겠지만 만일 타인이 미등록 주지상표에 관해 상품출처와 영업주체에 혼동을 일으키는 경우 부정경쟁방지법에 의해 처벌받을 수 있다.

주지상표란 상품의 거래자 및 시장 수요자의 관점에서 누구의 상품을 표시하는 상표인지 상품의 출처에 관해 널리 인식되어 있는 상표를 말한다.

주지상표가 상표법에 의해 등록된 상표가 아니라면 별도로 상표법에 의해 보호가 되지는 않겠지만 만일 타인이 미등록 주지상표에 관해 상품출처와 영업주체에 혼동을 일으키는 경우 부정경쟁방지법에 의해 처벌받을 수 있다.

표 Ⅱ-37은 미등록 주지상표와 등록상표의 보호관점을 비교한 도표이다.

미등록 주지상표의 침해 판단 방법은 미등록상표가 국내 주지성을 획득한 상표

표 Ⅱ-37 상표와 미등록 주지상표의 차별성 비교

	미등록 주지상표	등록상표
보호법률	부정경쟁방지법	상표법
1차적 목적	부정경쟁 방지 (미등록 주지상표 보호)	상표등록권자보호
보호대상	상품의 출처를 표시하는 모든 표장	상표법에 정의된 상표
보호조건	국내 주지성 획득	상표등록
침해판단	출처혼동 가능성	동일 · 유사 (상표 및 상품)

인지 여부와 침해 개연성이 있는 상표가 미등록 주지상표의 상품출처 또는 영업 주체와 혼동 가능성을 부정경쟁방지법에 의해 판단하다. 하지만 등록상표의 침해판단의 경우에는 앞서 살펴본 바와 같이 상표법 체계에서 상표 및 상품의 동일 유사 여부로써 판단하고 만일 침해 개연성이 있는 상표라도 동일유사 범위에 속한다면 침해로 판단하게 된다.

라. 도메인이름

도메인이름은 www.google.com 또는 www.samsung.com 등과 같이 특정한 지정상품이나 서비스와는 무관하게 보호되는 기업 또는 서비스 제공자의 식별 가치로서 지정상품이나 서비스를 특정 보호하는 상표와는 다른 체제로서 보호되는 지식재산이라 할 수 있다.

새로이 창안한 도메인이름에 동일 유사한 선등록 상표가 없고 상표로서 식별력을 가진다면 이를 상표로서 등록하여 지정상품 또는 서비스를 보호받을 수 있다.

만일 타인 명의로서 도메인 관리기관에 이미 선등록된 도메인이름이 있다면 이는 상표등록이 가능한 것인가? 상표로서 도메인이름을 출원 시에 만일 상표로서 식별력을 가지며 상표법상 거절이유에 해당하지 않는다면 등록받을 수 있으며 지정상품에 상표로서 이를 사용할 수 있을 것이다.

도메인이름을 반드시 상표등록하여 사용할 필요는 없겠지만 도메인이름을 상표 표장으로서 등록 관리함으로써 인터넷도메인과 연관된 브랜드 식별가치를 강화하는 것은 오늘날 급증하는 디지털 상거래에 있어서 중요한 전략이 될 수 있다.

도메인이름을 반드시 상표등록하여 사용할 필요는 없겠지만 도메인이름을 상표 표장으로서 등록 관리함으로써 인터넷도메인과 연관된 브랜드 식별가치를 강화하는 것은 오늘날 급증하는 디지털 상거래에 있어서 중요한 전략이 될 수 있다.

표 II-38 상표와 도메인이름의 차별성 비교

	도메인이름	상표
등록기관	ICANN[172](인터넷도메인관리기관)	해당국가의 상표등록 관청
존속기간	매년 연차등록 (갱신 가능)	등록일로부터 10년 갱신보호
지정상품 (서비스)	불요	필수
식별요소	문자(도메인이름)에 의한 식별	기호, 문자, 도형, 색채 또는 이들의 결합
유사등록	유사 도메인등록 가능	유사 상표등록 불가

도메인이름은 **표 Ⅱ-38**에 명시된 바와 같이 별도의 도메인 등록기관에 등록하여야 하며 연차 등록료를 납부하여야 하며 상표와는 달리 아주 유사한 도메인이름이 공존할 수 있다. 이와 반면 상표는 관할 관청에 심사등록되어야 보호받으며 등록일로부터 10년 동안 갱신등록으로 보호받을 수 있다.

도메인이름에 의한 식별력은 별도의 지정상품 또는 서비스에 연계성이 필요 없이 도메인 문자 명칭에 의해서만 식별이 되지만 상표는 해당 표장이 별도의 지정상품 또는 서비스와 연계되어 자타 식별성이 확보가 된다.

하지만 이러한 경우 만일 선등록한 도메인 사용자가 도메인이름을 상품주체 또는 영업주체로서 이를 상품 서비스에 표시하여 시장에서 사용하고 있다면 상품주체 또는 영업주체의 오인혼동의 이유로서 부정경쟁방지법 또는 상표법에 의해 제재를 받을 수도 있다.

마. 캐릭터

캐릭터와 같은 특징적 시각 이미지에 관한 이노베이션이 상거래 물품에 표시되거나 또는 상품 또는 서비스에 결합하여 식별력 있는 표장으로 유통된다면 이는 상표법에 의해 등록하여 보호받을 수 있으며 등록일로부터 10년씩 갱신함으로써 반영구적으로 보호받을 수 있다.

캐릭터와 같은 특징적 시각 이미지에 관한 이노베이션이 상거래 물품에 표시되거나 또는 상품 또는 서비스에 결합하여 식별력 있는 표장으로 유통된다면 이는 상표법에 의해 등록하여 보호받을 수 있으며 등록일로부터 10년씩 갱신함으로써 반영구적으로 보호받을 수 있다.

한편 자타식별 표식으로서 상표등록이 되지 않은 캐릭터가 상품이나 서비스 표장으로 사용되면서 주지 저명성을 취득하였다면 타인이 이와 동일 유사한 캐릭터를 사용하여 오인혼동을 유발한다면 상표 미등록 캐릭터라도 부정경쟁방지법에 의해서 보호받을 수 있을 것이다.

바. 트레이드 드레스

상품의 기능과는 무관한 상품의 외관 형상이나 디자인, 포장 형태, 인테리어 디자인 또는 서비스 제공방식 등에 의해서 수요자에게 각인된 자타 식별력이 있는

172 ICANNInternet Corporation for Assigned Names and Number에서 .com 및 .net 등 국제 도메인을 등록 관리하며 .kr 표기의 한국 도메인은 한국 인터넷진흥원을 통해 등록 관리된다.

이미지가 시장에서 상품 또는 서비스의 출처표시 기능으로 제공된다면 이와 같은 고유한 식별 이미지 또는 형상은 상표Trade Mark와는 또 다른 식별가치인 트레이드 드레스Trade Dress로서 보호될 수 있다.

상품의 기능과는 무관한 상품의 외관 형상이나 디자인, 포장 형태, 인테리어 디자인 또는 서비스 제공방식 등에 의해서 수요자에게 각인된 자타 식별력이 있는 이미지가 시장에서 상품 또는 서비스의 출처표시 기능으로 제공된다면 이와 같은 고유한 식별 이미지 또는 형상은 상표Trade Mark와는 또 다른 식별가치인 트레이드 드레스Trade Dress로서 보호할 수 있다

우리나라 상표법에서는 트레이드 드레스에 관한 식별가치를 별도 입법화[173]를 통해 보호하지 않고 있다. 하지만 근자에 부정경쟁방지법의 개정을 통해 '트레이드 드레스'에 상당하는 식별가치를 침해하는 행위를 부정경쟁행위로 규정하고 이를 보호하고[174] 있으며 트레이드 드레스에 의한 상품 또는 서비스 제공에 관한 식별성 가치를 판례로서도 인정하고 있다.[175]

하지만 부정경쟁방지법에 의해 트레이드 드레스의 식별가치가 보호받기 위해서는 해당 식별가치를 형성함에 있어서 상당한 투자나 노력이 있어야 하고 상거래 관행이나 공정한 경쟁질서에 반해서 해당 식별가치가 훼손되었다는 것을 피해자가 입증하여야 한다.

표 II-39는 트레이드 드레스와 등록 상표의 보호 관점을 비교한 도표이다.

표 II-39 상표와 트레이드 드레스의 차별성 비교

	트레이드 드레스Trade Dress	상표Trade Mark
보호 법률	부정경쟁방지법	상표법
존속 기간	별도 존속기간 없음	등록일부터 10년 갱신보호
보호 절차	별도 등록절차 없음	출원 등록에 의한 보호
보호 객체	상품 외관형태 또는 상품포장, 상품 진열방식 (인테리어 포함)	기호, 문자, 도형 또는 색채 등 이들의 결합
보호 가치	상거래 상품 또는 서비스 식별력	지정 상품의 자타 식별력

173 미국은 '트레이드 드레스'를 연방 상표법에 의한 영업상의 식별가치로서 인정하고 적극적으로 보호하고 있다.
174 부정경쟁방지법에서는 타인의 영업임을 표시하는 표지(상품 판매 · 서비스 제공방법 또는 간판 · 외관 · 실내장식 등 영업제공 장소의 전체적인 외관을 포함한다)와 동일 유사한 것을 사용함으로써 타인의 영업상의 시설 또는 활동과 오인혼동하게 하는 행위를 제재하고 있다.
175 대법원 2016 선고 2016 다 229058 - 단팥빵 사건 판례 -빵집의 매장 구조와 매대 배치방식 등에서 기존 빵집과는 차별화된 실내 인테리어의 전체적인 식별가치 이미지를 인정한 판례: 특정 영업을 구성하는 영업소 건물의 외관, 내부 디자인, 장식 표지판 등 영업의 종합적 이미지는 그 개별요소들로서는 관련 법률의 개별규성에 의해 보호받지 못한다고 하더라도 그 개별요소들의 전체 또는 결합된 이미지는 부정경쟁방지법 제2조 1호에서 규정하고 있는 해당 사업자의 상당한 노력과 투자에 의해 구축된 성과물에 포함된다고 한 판시

한편 트레이드 드레스는 앞서 디자인보호법에서도 살펴본 바와 같이 디자인의 보호대상으로서 물품의 외관형태에 화체된 창작적 가치를 보호하는 디자인 보호와 중첩해서 보호될 여지는 충분히 있다.

또한, 트레이드 드레스가 상품의 전체적인 외관, 형상, 디자인 또는 포장 형태 등으로부터 수요자에게 인식되는 식별가치라는 관점에서 본다면 우리나라 상표법에서 특수유형의 상표로서 상품의 자체형상, 포장 또는 용기 등에 화체된 입체형상을 보호하는 입체상표와는 유사한 보호관점에 있음을 인지할 수 있다.

그러므로 이러한 트레이드 드레스라는 식별가치를 보호함에 있어 입체상표 등록제도를 적극적으로 활용할 수 있을 것이다.

9. 이노베이션의 상표화전략

이노베이션의 상표화전략은 고객 소비자로 하여금 시장에서 자사가 창출한 R&D이노베이션을 유사 제품 또는 서비스로부터 구별 짓도록 품질보증과 출처 표시 기능 등을 효과적으로 확보토록 함을 의미하며, R&D이노베이션이 창출되면 이를 어떻게 고객 시장을 확보하고 브랜드 가치로서 성장시키는가는 중요한 지식재산전략이 된다.

이노베이션에 관한 상표화전략은 고객 흡입력을 강화하고 새로운 시장을 만들어 가고자 함에 있어서 R&D이노베이션의 특성이나 효능 등을 브랜드 명칭으로 잘 연관시켜 고객 소비자의 인지도를 효과적으로 확보하는 것이 중요한 관점이 된다.

이노베이션에 관한 상표화전략은 고객 흡입력을 강화하고 새로운 시장을 만들어가고자 함에 있어서 R&D이노베이션의 특성이나 효능 등을 브랜드 명칭과 잘 연관시켜 고객 소비자의 인지도를 효과적으로 확보하는 것이 중요한 관점이 된다.

지정상품 즉 R&D이노베이션과 상표 표장과의 연계성 관점에서 볼 때 상표법상 식별력을 가장 높게 인정받아 등록가능성이 높은 표장은 조어상표와 임의상표이다. 조어상표 또는 임의상표는 브랜드 표장으로서 구성요소인 기호, 문자, 도형 또는 색채 등 이들의 결합관계가 시장제품의 특성이나 성질 또는 효능 등과는 무관하게 만들어진 표장으로서 상표등록 보호될 수 있는 가능성은 높지만 이노베이션을 상표와 연상 인식토록 함에는 부족할 수 있다.

상표법에 의하면 지정상품 또는 서비스와 연관되어 이노베이션의 특성이나 효능을 '보통 사용하는 방법'으로 표시한 표장은 성질표시표장으로서 상품 식별력이 없다고 판단되기 때문에 배타적인 사용 권리로서 확보할 수가 없다. 암시표장과 성질표시표장에 대한 경계선은 상당히 주관적 관점에서 판단될 수도 있지만 암시표장은 상표법상 등록 가능한 표장으로서 가장 이상적인 네이밍으로서 R&D이노베이션을 브랜드화를 하는 바람직한 방향이라 할 수 있다.

한편, 시장에서 상표사용에 의한 식별력을 취득한 경우에는 성질표시표장이라 할지라도 상표등록이 가능하며 주지저명한 상표로서 시장 고객들로부터 주지성을 취득한 경우에는 부정경쟁방지법에 의해 보호가 가능하기 때문에 이노베이션 확산 시점 이전이라도 이노베이션의 상표 네이밍은 가급적 신속하게 결정하고 이노베이션 마케팅에 있어서 전략적으로 사용토록 추진함이 중요하다.

등록상표가 지속적으로 갱신등록 보호받기 위해서는 상표 사용주의 관점에서 갱신등록이 되지 않거나 또는 불사용에 의한 상표 취소심판의 대상이 될 수 있으므로 유의해야 한다. 아울러 상표의 표장이 수요자 관점에서 지정상품에 연계되어 식별성도 지속적으로 인지될 수 있도록 상표관리에 유념해야 한다. 왜냐하면 상표 표장이 시장 수요자 관점에서 지정상품의 명칭으로 인식되고 통념화되어 더 이상 상품 식별 표장으로서 기능이 상실되는 경우 이를 보통 명칭화된 상표라고 하며 지정상품과 표장과의 식별성이 희석화되면 더 이상 상표법에 의해 보호받을 수 없게 된다. 그러므로 지속적으로 출처표시를 지정상품과 연계하여 희석화로 인해 보통명칭 상표화되는 것을 방지해야 할 것이다.

아울러 시장에서 R&D이노베이션의 식별력과 관련된 가치로서 상호, 도메인이름, 캐릭터, 트레이드 드레스, 이노베이션의 디자인 등을 상표로서 등록 보호할 수 있는 다양한 전략을 확보할 필요성이 있다. 왜냐하면 R&D이노베이션을 상표법에 의해 보호되는 포트폴리오 권리화를 통해 자사가 보유하고 있는 이노베이션의 시장지배력과 지식재산 가치를 강화함으로써 기업의 브랜드 가치를 극대화할 수 있을 뿐만 아니라 소멸기간이 특정된 여타 지식재산 권리와는 달리 상표는 10년 갱신 가능한 권리로서 반영구적으로 자사 이노베이션을 식별력 보호라는 관점에서 배타적 권리로서 활용할 수 있는 강력한 강점이 있기 때문이다.

CHAPTER Ⅱ-4

저작권제도의 이해

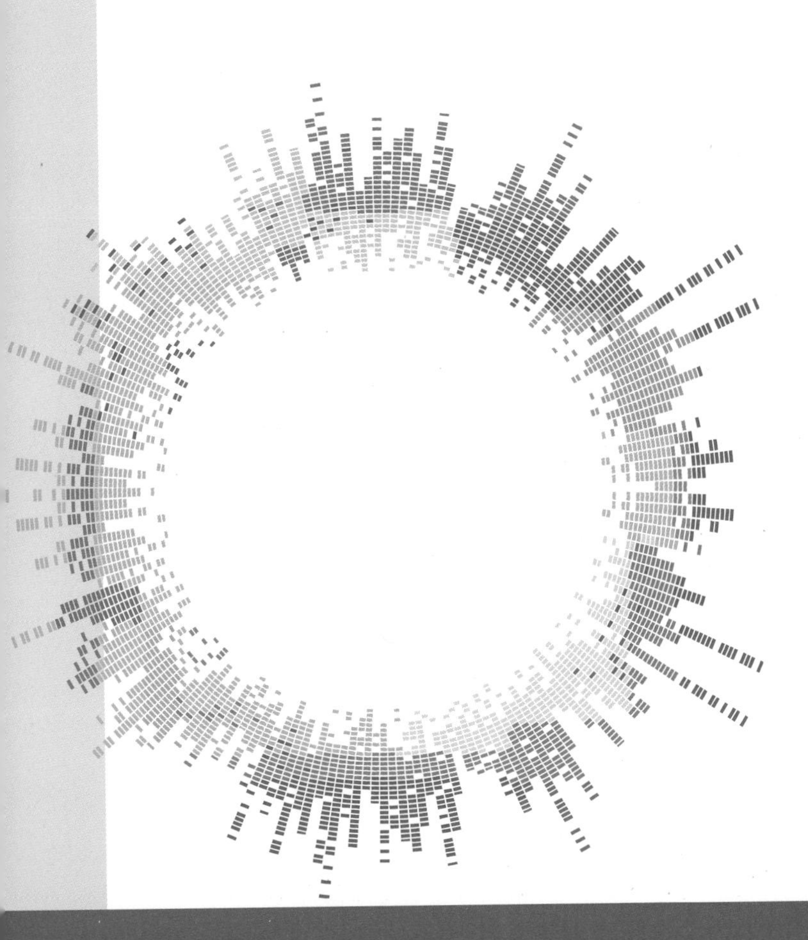

1. 저작권의 보호체계

가. 저작권 보호관점

표현Expression의 보호

저작권법에서는 보호 대상으로서의 저작물 정의를 인간의 사상 또는 감정의 표현이라고 명시하고 있다. 창의적 표현과 연관된 아이디어를 함께 보호하게 되면 독점화된 아이디어는 오히려 타인의 창작 활동 위축과 문화예술 산업 발전에도 저해가 되기 때문이다.

인간의 사상 또는 감정을 아이디어와 표현이라는 2분법적인 관점에서 구분한다면 저작권의 보호관점은 아이디어가 아닌 표현을 보호함이 타당하며 아이디어는 보호 범주에 두지 않는 것이 저작권의 법 취지에 부합함에 관해 앞서 Chap. I 에서 살펴본 바 있다.

저작권법에서는 보호 대상으로서의 저작물 정의를 인간의 사상 또는 감정의 표현이라고 명시하고 있다. 창의적 표현과 연관된 아이디어를 함께 보호하게 되면 독점화된 아이디어는 오히려 타인의 창작 활동 위축과 문화예술 산업 발전에도 저해가 되기 때문이다. 독창적 표현과 관련된 아이디어는 누구라도 이로부터 영감을 얻어 또 다른 표현에 의한 창작물을 지속적으로 창출하도록 함이 바람직할 것이다.

더욱이 아이디어가 기술적 사상으로 구현되어 무형적 자산가치로서 보호되기 위해서는 공지되지 않아야 하며 기존에 존재하는 공공 영역의 지식과는 다르게 새로운 지식으로서 신규성이 있어야 하는데 신규성의 보호 영역은 저작권법의 취지라기보다도 특허법 체계에서 보호받아야 할 핵심 가치이기 때문이다.

특허법에서 보호하는 이노베이션의 창의적 가치는 신규성Novelty이라 할 수 있으며, 이에 상응하는 창의적 가치로서 저작권에서는 독창성Originality이라는 핵심 가치가 보호받고자 하는 이노베이션에 요구된다.[176] 즉 인간의 사상이나 감정의 표현이 무형적인 자산가치로서 저작권의 보호 대상이 되기 위해서는 타인의 표현에 의거하거나 모방 또는 표절하지 않는 자신만의 독자적인 표현물이어야 하며 이는 신규성과는 상이한 독창성이라는 관점에서 창의적 가치를 요구하고 있다.

176 저작권의 보호가치를 창작성Creativity이라고 보는 관점도 있다.

무방식주의

특허, 실용신안, 디자인 또는 상표와 같은 산업재산권은 속지주의 권리로서 해당 국가 관할관청에서 요구하는 방식적 절차에 의한 출원과 심사과정을 통해 등록이 되어야 효력이 발생하는 권리이지만, 이와는 달리 저작권은 창작과 동시에 권리 효력이 발생하며 효력발생 요건으로서 일체의 행정절차나 요식행위가 필요하지 않는 무방식주의에 의해 효력이 발생된다.

저작권은 창작과 동시에 권리 효력이 발생하며 효력발생 요건으로서 일체의 행정절차나 방식이 필요하지 않는 무방식주의에 의해 효력이 발생된다.

그럼에도 불구하고 앞서 Chap. I (저작권 등록제도)에서 살펴본 바와 같이 저작권 보호 강화를 위한 수단으로써 한국저작권위원회의 실체적 심사 없이도 저작물 등록에 관한 방식요건에 부합되면 등록할 수 있으며 등록된 저작물은 추정력과 대항력을 확보할 수 있는 제도가 운영되고 있다.

유관 이노베이션의 보호

저작권법에서 보호하는 저작물의 정의를 엄격히 적용하자면 인간의 사상과 감정을 표현한 창작물로서 주로 어문저작물, 음악저작물, 연극저작물 및 미술저작물 등과 같이 학술 문학 또는 문화 예술[177] 분야에서 독창성이 있는 표현물을 보호하지만 이와는 달리 볼 수 있는 이노베이션으로서 저작권의 보호대상이 되는 컴퓨터프로그램과 데이터베이스에 관한 보호관점을 살펴보기로 한다.

- **컴퓨터프로그램 (소프트웨어)**

  컴퓨터프로그램 이노베이션은 새로운 컴퓨터 기술이 구현된 결과물이므로 이는 특허법의 체계에서 보호되어야 한다는 관점이 있다. 하지만 컴퓨터프로그램의 소스코드Source Code 또는 목적코드Objective Code는 저작권의 보호 대상인 기호, 문자, 숫자 또는 부호 등으로 컴퓨터 언어Computer Language에 의해 독창적으로 표현된 어문저작물로 볼 수 있다. 이러한 관점에서 볼 때 저작권으로 보호함이 타당하며 우리나라 저작권법도 컴퓨터프로그램 저작물로서 보호하고 있으며 아울러 한국저작권위원회에 프로그램 저작물을 등록토록 함으로써 보호를 강화토록 하고 있다.

  하지만 일본은 컴퓨터프로그램에 관한 보호를 소프트웨어 산업 활성화를 위한

177 저작물 정의는 '문학 학술 또는 예술의 범위에 속하는 창작물'에서 2006년 법 개정을 통해 '인간의 사상 또는 감정을 표현한 창작물'로 개정되었다.

관점에서 컴퓨터프로그램을 특허법상 프로그램 발명으로 인정하고 엄격한 특허 적격성 심사를 통해 소프트웨어에 내재된 아이디어를 보호하고 있다. 우리나라는 컴퓨터프로그램 자체를 특허법 체계에서 보호하지는 않지만, 컴퓨터프로그램과의 연관 산업발전을 위해 전자 상거래에 있어서 컴퓨터프로그램과 관련된 영업방법BM: Business Method 발명이나 외부 하드웨어와 연동이 되는 컴퓨터프로그램(소프트웨어)의 알고리즘의 경우에는 특허법에서 보호될 수 있으며 컴퓨터프로그램에 있어서 데이터 입력, 처리 표시 및 데이터 출력에 관한 시계열적인 순서도로서 컴퓨터와 응용기기 등에 연관된 순차적인 플로우차트Flowchart가 특허 관점에서 방법발명으로서 보호받을 수 있다.

• 데이터베이스

데이터베이스를 구성하는 소재의 선택 또는 배열에 있어서 저작권에서 요구하는 독창성이 있다면 이러한 데이터베이스는 편집저작물로서 인정되며 이는 저작권의 완전한 보호 대상이 된다.

데이터베이스Database 보호의 관점은 편집저작물의 보호와도 관련성이 있다. 만일 데이터베이스를 구성하는 소재의 선택 또는 배열에 있어서 저작권에서 요구하는 독창성이 있다면 이러한 데이터베이스는 편집저작물로서 인정되며 이는 저작권의 완전한 보호 대상이 된다. 하지만 독창성은 없지만 체계적으로 구축된 데이터베이스는 디지털 정보화 산업시대에 상당한 자산가치를 가지며 데이터베이스 구축을 위해 많은 유 · 무형적인 노력들이 필요하므로 데이터베이스 산업 발전을 위해 이를 적극적으로 보호할 필요성이 있다.

즉 데이터베이스 소재의 선택이나 배열 등에 있어서 체계성은 있지만 창작성(독창성)이 결여된 데이터베이스는 저작권법에 의해 별도로 데이터베이스 제작자의 권리로서 제한적으로 보호하고 있으며 이에 관해서는 후단에서 별도로 다루기로 한다.

나. 저작권의 보호요건

저작물의 성립요건

저작물은 정의에 의해 '인간의 사상 또는 감정을 표현한 창작물'을 말한다. 저작권으로부터 보호받는 저작물에 성립요건에 관해서는 다양한 판례와 함께 법리적 해석 관점들이 있으나 통상적으로 저작권의 보호대상 또는 저작물성으로는 다음과 같은 3가지 요건들을 모두 갖추어야 할 것으로 보고 있다.

- **사상 또는 감정의 표현일 것**

  인간의 사상 또는 감정을 아이디어Idea와 표현Expression이라는 2분법적인 관점에서 보면 아이디어는 보호 대상이 아니며 표현만을 보호한다.

- **외부에서 인식되는 표현일 것**

  표현이 특정한 유형의 매체에 내재화되거나 고정[178]될 필요는 없으며 외부에서 표현을 인지하여 이를 포착할 수 있어야 한다.

- **표현에는 독창성Originality[179]이 있을 것**

  저작물로서 보호되는 표현은 창작물로서 요건을 갖추어야 하며 타인의 창작물과는 다른 독자적 창작물로서 표현에 독창성이 요구된다.

보호 불가한 저작물

- **공공문서**

  국가기관 또는 지방자치단체가 창작한 저작물로서 법령이나 규칙, 고시, 공고, 훈령 등과 함께 법원판결, 결정이나 편집물 또는 번역물로서의 법령집, 규정집, 판례집 등은 국민이 모두 널리 알아야 할 공익상 필요한 저작물이므로 사익적 보호가 불가한 공공저작물로 규정하고 있다.

- **시사보도**

  사실의 전달에 불과한 시사보도는 저작물성이 결여된 비저작물로서 저작권의 보호대상이 될 수 없다.

다. 보호대상 저작물

저작권의 보호대상이 되는 저작물은 앞서 논의한 바와 같이 성립요건인 인간의 창의적인 감정 또는 사상이 외부에서 인식 가능한 표현이어야 하며 표현물에는

> 저작권의 보호대상이 되는 저작물은 앞서 논의한 바와 같이 성립요건인 인간의 창의적인 감정 또는 사상이 외부에서 인식 가능한 표현이어야 하며 표현물에는 독창성이 반드시 있어야만 보호 가능한 저작물이 된다.

178 미국 저작권법에 의하면 유형의 매체에 외부로 표현이 고정Fixation된 저작물을 원칙적으로 보호대상으로 본다.

179 저작물성에 요구되는 표현Expression에 관한 보호가치를 독창성Originality의 관점보다 창작성Creativity으로 보아 완전한 의미의 독창성을 요구하지 않고 단순히 모방하기 않고 작자의 독자적 사상 또는 표현을 담고 있어 다른 저작자의 작품과 구별할 수준이면 인정되어야 한다. [대법원 2011. 2. 10. 선고 2009도291 판결]

독창성이 반드시 있어야만 보호 가능한 저작물이 된다. 우리나라 저작권법은 보호대상이 되는 저작물의 유형을 창작산업에 있어 전문분야별로 분류하여 보면 다음 표 II-40과 같다.

표 II-40 저작권법 상의 저작물의 유형

유형	예시
• 어문저작물	시, 소설, 논문, 각본, 번역, 연설, 강연 등
• 음악저작물	작곡(리듬, 멜로디, 하모니- 음악의 3요소)
• 연극저작물	연극, 무용 또는 무언극 (팬터마임) 등
• 미술저작물	회화, 서예, 조각, 공예, 응용 미술저작물 등
• 건축저작물	건축물, 건축모형 또는 건축 설계도서 등
• 사진저작물	사진 (피사체, 사진기, 필름– 사진의 3요소)
• 영상저작물	영화, TV 프로그램, 동영상, 애니메이션 등
• 도형저작물	지도, 도표, 설계도, 약도, 모형 등
• 컴퓨터프로그램 저작물	플로우 챠트(설계문서), 소스코드, 목적코드

• **어문저작물**

독창성 있는 언어적 표현에 의해 인식되는 어문저작물에는 시, 소설, 논문, 각본 등과 같이 기록매체에 고정화된 기록 저작물이 일반적인 유형이지만 연설, 강연 등과 같이 스피치에 의한 음성 언어로서 표현되는 구술저작물도 함께 보호 대상으로 하고 있다.

• **음악저작물**

음에 의해 표현되는 저작물로서 '가사가 있는 작곡' 또는 '가사가 없는 작곡'은 모두 음악저작물이라 할 수 있다. 하지만 가사는 별도로 분리하여 문자 언어에 의해 표현된 어문저작물로서 볼 수 있으므로 음악저작물은 결합저작물의 일종으로 보는 것이 타당할 것이다.

• **연극저작물**

연극저작물은 연출자의 각본을 바탕으로 음악 또는 안무 등이 포함되어 연기자의 연기에 의해 표현된 결합저작물을 말한다. 각본은 어문저작물로 보호되며, 연기 자체는 연기자(실연자)의 실연 행위로서 저작인접물로서 보호된다.

• **미술저작물**

미술저작물이란 형상 또는 색채에 의해 미적으로 표현된 저작물을 말하며 회화, 서예, 조각 등 순수미술저작물은 물론 응용미술저작물을 포함한다. 응용미술저작물이란 예술 창작적인 심미적 특성과 대량생산에 이용되는 특성에 의해 물품 외관에 동일한 형상이나 형태로 화체되어 복제 생산될 수 있는 미술저작물로서 해당 물품과는 분리되어 독창성이 인정되는 것을 말한다.

- 건축저작물

건축물 또는 건축모형이나 건축을 위한 설계도서까지 건축저작물로 본다. 하지만 건축모형이나 건축 설계도서는 도형저작물로도 보호될 여지가 있다.

- 사진저작물

피사체와 배경의 선택에 있어서 독창성이 있는 사진을 저작물로서 보호대상으로 하며 누구나 찍어도 동일한 결과가 나오는 사진이나 기계적으로 촬영한 증명사진은 독창성이 없으므로 사진저작물로서 보호받지 못한다.

- 영상저작물

영상저작물의 대표적인 저작물로서 영화는 제작에 다수가 참여하는 공동저작물이자 대표적인 2차적저작물이다. 이는 연속적 영상이 수록된 창작물로서 기계 또는 전자 장치를 통해 재생할 수 있는 영상물을 말하며 독창성이 있어야 한다. CCTV영상과 같은 기계적 촬영에 의한 영상물은 독창성 결여로 인해 보호받기 어렵다.

- 도형저작물

도형저작물에는 지도, 도표 또는 약도와 같이 실생활에 많이 볼 수 있는 도형뿐만 아니라 제품, 기계, 자동차, 컴퓨터프로그램 등에 관한 설계도 또는 순서도Flow Chart와 같은 도형 또는 모형도를 포함한다. 그리고 건축 설계도 또는 건축 모형도 같은 건축저작물도 도형저작물에 포함될 수 있다.

- 컴퓨터프로그램 저작물

컴퓨터프로그램이란 컴퓨터 등 정보처리 장치 내에서 특정 결과를 도출하기 위해서 직, 간접적으로 사용되는 일련의 지시, 명령으로 표현된 창작물을 말하며 컴퓨터프로그램을 위한 설계문서인 '플로우차트'Flowchart, '다이어그램'Diagram 또는 '논리흐름도' 등에 따라 컴퓨터프로그램 언어를 사용하여 코딩을 하게 되는데 최초 코딩된 프로그램을 소스코드Source Code라고 하며 이를 컴파일러Compiler 또는 어셈블러Assembler 프로그램에 의해 변환된 프로그램을 목적코드Object Code라고 하며 이를 보호대상으로 한다.

라. 저작물의 특수 유형

특수한 유형의 저작물로서 분류되어 별도로 보호받는 저작물은 다음 **표 Ⅱ-41**과 같다.

표 Ⅱ-41 저작물의 특수 유형과 예시

유형	예시
2차적저작물	번역물, 패러디, 편곡, 드라마 등
편집저작물	사전, 디렉토리, 백과사전, 전화번호부 등
공동저작물	분리이용 불가한 저작물 (영화 등)
결합저작물	분리이용 가능한 저작물 (뮤지컬 등)
업무상저작물	사용자(법인) 등이 저작권을 취득한 저작물

- **2차적저작물**

2차적저작물이란 원저작물을 번역, 편곡, 변형, 각색, 영상제작 그 밖의 방법으로 작성한 창작물로서 정의된다. 2차적저작물은 원저작물과는 별개의 창작물로서 여타 저작물과도 동일하게 저작인격권과 저작재산권에 의해 독자적으로 보호된다.[180]

- **편집저작물**

편집물이란 저작물이나 부호, 문자, 음, 영상 그 밖의 형태의 자료(이하 소재)를 말하며 저작권의 보호 대상이 되는 편집저작물이란 그 소재의 선택, 배열 또는 구성에 창작성(독창성)이 있는 편집물을 말한다.

편집물이란 저작물이나 부호, 문자, 음, 영상 그 밖의 형태의 자료(이하 소재)를 말하며 저작권의 보호 대상이 되는 편집저작물이란 그 소재의 선택, 배열 또는 구성에 창작성이 있는 편집물을 말한다고 규정하고 있다.

소재의 선택 · 배열 또는 구성에 독창성이 있는 편집물은 온전히 저작권법에 의한 보호를 받는다. 한편 편집물로서 독창성은 없지만 소재의 선택 · 배열 또는 구성에 있어서 체계성이 있다면 **표 Ⅱ-42**과 같이 이는 데이터베이스에 해당이 되어 저작권법에 규정된 데이터베이스 제작자의 권리로서 보호받을 수 있다. 하지만 소재의 선택 · 배열 또는 구성에 체계성이 없는 단순 수집물은 비저작물로서 저작권법에 의한 보호를 받을 수 없다.

---

180 단, 원저작자의 동의를 받아 2차적저작물을 창작한 자는 원저작권자의 동일성유지권을 해치지 아니하는 범위 내에서 별도의 원 저작자의 동의를 얻어 자신이 창작한 2차적저작물 그 자체에 대한 권리(2차적저작물 등의 작성권)를 가진다.

표 II-42 편집물의 유형과 보호 요건

편집물의 유형	소재의 선택 · 배열 또는 구성		저작권법에 의한 보호
	독창성	체계성	
편집저작물	○	○	보호 가능
데이터베이스	×	○	데이터베이스제작자 보호[181]
단순 수집물	×	×	보호 불가

- **공동저작물**

공동저작물이란 2인 이상이 공동으로 창작한 저작물로서 각자의 이바지한 부분을 분리하여 이용할 수 없는 저작물을 말한다. 저작인격권이나 저작재산권은 공유자 전원의 합의가 있어야 행사가 되며 저작재산권에는 공유자의 지분이 인정이 되며 지분이전 시에는 다른 공유저작자의 동의를 필요로 한다.

- **결합저작물**

창작된 저작물의 복수의 저작자들이 각자가 이바지한 부분을 분리하여 이용할 수 있다면 독자적 저작물이 단순 결합에 불과한 결합저작물이라고 볼 수 있다. 그러므로 결합저작물의 저작재산권 또는 저작인격권은 저작자 각자가 다른 공유저작자의 동의가 없이도 독자적으로 행사할 수 있다.

- **업무상저작물**

업무상저작물이란 법인, 단체 그 이외 사용자 등의 기획 하에서 해당 법인 등에서 업무에 종사하는 자가 업무상 창작한 저작물로서 법인 등에 의해 공표된 저작물을 의미하며 계약 또는 근무규칙 등에서 다른 정함이 없는 때에 그 법인 등이 저작권을 취득하는 저작물을 말한다.

업무상저작물이란 법인, 단체 그 이외 사용자 등의 기획 하에서 해당 법인 등에서 업무에 종사하는 자가 업무상 창작한 저작물로서 법인 등에 의해 공표된 저작물을 의미하며 계약 또는 근무규칙 등에서 다른 정함이 없는 때에 그 법인 등이 저작권을 취득하는 저작물을 말한다.

181 데이터베이스제작자의 권리는 데이터베이스의 제작을 완료한 때부터 발생하며, 그 다음 해부터 기산하여 5년간 존속한다.

2. 저작권의 유형과 내용

가. 저작인격권

인간의 존엄성에 관한 인격권[182]의 한 유형으로서 저작인격권은 저작물을 창작한 저작자의 일신에 전속하는 권리로서 사망과 동시에 소멸하는 권리이지만 저작자가 사망한 후에도 인격적 이익의 보호에 관해서는 별도규정에 의해 보호하고 있다.

아울러, 저작인격권은 아래 **표 Ⅱ-43**과 같이 공표권, 성명표시권 및 동일성유지권 3가지 유형으로 구분하여 저작물을 창작한 저작자를 보호하고 있다.

표 Ⅱ-43 저작인격권의 유형과 비교

유형	내용	존속기간
공표권	저작물을 공표하거나 하지 않을 권리와 만일 공표할 경우 그 공표 방법이나 형식 등을 결정할 권리	일신전속권 (사망과 동시 소멸)
성명 표시권	저작자의 성명 표기 여부를 결정할 권리와 성명을 실명, 이명, 별명 또는 가명 등으로 표시할 권리	
동일성 유지권	저작물의 내용이나 형식 및 제호의 동일성을 유지할 수 있는 권리	

권리 유형

• 공표권

공표권이란 저작물을 공표하거나 하지 않을 권리와 만일 공표할 경우 그 공표 방법이나 형식 등을 결정할 권리를 말한다.

공표권이란 저작물을 공표하거나 하지 않을 권리와 만일 공표할 경우 그 공표 방법이나 형식 등을 결정할 권리를 말한다.

공표란 저작물을 공연, 공중송신 또는 전시 그 밖의 방법으로 공중에게 공개하

182 인간의 또 다른 인격권의 한 유형으로서 '초상권'은 자신의 얼굴이나 신체 일부가 촬영되거나 인체 특징이 작성되는 것을 거절할 수 있는 권리를 말한다. 초상권이 단순한 인격적 권리를 넘어서 재산적 권리로서 활용되는 경우에는 이를 '퍼블리시티권'Right of Publicity이라고 한다. 퍼블리시티권은 주로 유명인의 서명, 성명, 음성, 초상 등의 인격적 특징을 상업적으로 활용하는 권리로서 미국, 영국 등 국가에서 인정하고 있는 무체재산권이라 할 수 있다. 우리나라도 22년 12월에 유명인뿐만 아니라 일반인도 자신의 성명 · 초상 · 음성 등과 같은 인격표지를 영리적으로 이용할 권리를 갖는다는 "인격표지 영리권(퍼블리시티권)"을 입법예고한 바 있다.

는 경우와 저작물을 발행하는 것을 말하며, 공표로 추정 또는 간주하는 경우로서 저작재산권이 양도 또는 이용 허락된 경우와 미공표 미술저작물 등 원본을 양도한 경우에는 공표된 것으로 추정되며 또한 2차적저작물 또는 편집저작물이 원저자의 동의를 얻어 공표된 경우 원저작물은 공표된 것으로 간주한다.

- 성명표시권

성명표시권이란 저작자(창작자)가 성명 표기 여부를 결정할 권리를 말하며, 성명을 표기하는 경우 실명, 이명, 별명 또는 가명 등으로 표시할 권리를 말한다.

성명표시권이란 저작자가 성명 표기 여부를 결정할 권리를 말하며, 성명을 표기하는 경우 실명, 이명, 별명 또는 가명 등으로 표시할 권리를 말한다.

저작물을 창작한 자는 저작물에 자신의 성명을 표기하거나 표기하지 않을 권리가 있으며 성명을 표기 시에는 실명이나 이명 등으로 표시할 권리를 가지며 이명에는 예명, 가명, 별명 또는 아호 등이 있다. 하지만 대필계약과 같이 자신의 저작물에 타인의 성명을 등재할 수 있는 가는 일신전속권인 저작인격권 포기와 관련된 문제로서 계약행위에 관한 무효의 문제가 제기될 수도 있다.[183]

- 동일성유지권

동일성유지권이란 저작물의 내용, 형식 및 제호의 동일성을 유지할 권리를 말한다. 동일성유지권은 저작인격권의 핵심적 권리로서 저작물의 종류 또는 유형에 따라 다양한 형태의 쟁송들이 이와 연관하여 발생하고 있다. 예를 들어 어문저작물에서의 표절, 축약 또는 인용하거나 응용 미술저작물에서 기존 디자인의 변경 또는 변형이용 또는 음악저작물의 편곡 등 다양한 창작산업 분야에서 동일성유지권 침해에 관한 다툼이 발생한다. 동일성유지권은 침해개연성이 많이 있으며 이를 엄격히 적용하면 사회적 관점에서 저작물의 접근이용성을 강력하게 제한하여 창작 활동에 큰 저해가 되므로 동일성유지권 침해에 관한 일부 예외규정[184]을 법에서 두고 있다.

나. 저작재산권

저작재산권은 저작물을 창작한 자가 자신의 창작물을 공연, 공중송신, 복제, 배

---

183 최경수, 저작권법 개론, 한울 아카데미 232-234
184 학교 교육을 목적으로 저작물을 이용하고자 하는 변경의 경우, 건축물의 증축, 개축 그 밖의 변형인 경우, 컴퓨터프로그램을 특정 컴퓨터에 보다 효과적으로 이용하고자 하는 변경, 저작물의 특성이나 이용 목적 및 형태에 비추어 부득하게 인정되는 범위 이내에서의 변경 등

포, 대여, 전시 또는 2차적저작물로 작성할 권리로서 창작한 날로부터 저작자의 생존기간과 함께 저작자가 사망한 이후 70년간 보호가 된다.

표 Ⅱ-44 저작재산권의 유형 요약

권리구분	저작권법에 의한 용어 정의	비고
공연	저작물을 상영, 연주, 가창 등의 방법으로 일반공중에 공개하거나 복제물을 재생하여 공개하는 것	
공중송신	저작물을 공중이 수신하거나 접근하게 할 목적으로 무선 또는 유선통신의 방법에 의하여 송신하거나 이용에 제공하는 것	• 방송권 • 전송권 • 디지털음성송신
복제	인쇄 · 사진촬영 · 복사 · 녹음 · 녹화 그 밖의 방법으로 일시적 또는 영구적으로 유형물에 고정하거나 다시 제작하는 것	
배포	저작물 등의 원본 또는 그 복제물을 공중에게 대가를 받거나 받지 아니하고 양도 또는 대여하는 것	
대여	상업용 음반이나 상업적 목적으로 공표된 컴퓨터프로그램을 영리를 목적으로 대여하는 것	• 음반 • 컴퓨터프로그램
전시	미술 저작물 등의 원본이나 그 복제물을 전시하는 것	• 미술저작물
2차적저작물 작성	원저작물을 번역 · 편곡 · 변형 · 각색 · 영상제작 그 밖의 방법으로 작성하는 것	

저작재산권 유형

• **공연권**

공연권이란 저작물을 상영, 연주, 가창 등의 방법으로 일반공중에 공개하거나 복제물을 재생하여 공개할 수 있는 권리를 말한다. 저작권자는 자신의 저작물을 공연할 적극적인 권리를 가지며 이와 함께 타인이 자신의 저작물을 허락 없이 공연을 하지 못하도록 할 권리를 갖는다.

• **공중송신권**

공중송신권은 저작물을 공중이 수신하거나 접근하게 할 목적으로 무선 또는 유선통신의 방법에 의하여 송신하거나 이용에 제공할 수 있는 권리로서 방송권, 전송권 및 디지털음성 송신권 등을 포함한다.

공중송신권은 저작물을 공중이 수신하거나 접근하게 할 목적으로 유 · 무선 방법으로 송신하거나 이용에 제공할 수 있는 권리로서 방송권, 전송권 및 디지털음성송신권을 포함한다. '방송'은 공중이 동시에 수신토록 일방적으로 송신함에 반해 '전송'은 쌍방향으로 수신자가 개별 접근에 의해 저작물을 전달받는 방식이다. '디지털음성송신'은 동시 수신토록 송신함은 방송과 동일한 개념이지만 음을 송신토록 함에 있어서 쌍방향적으로 개별공중의 요청에 의해 송신하는 것을 말한다.

• **복제권**

복제권이란 자기의 저작물을 복제하거나 또는 타인의 무단복제를 금지할 수 있는 권리로서 저작재산권의 핵심적인 권리이다. 주로 어문저작물, 음악, 사진 또는 영상저작물과 관련된 인쇄, 사진촬영, 복사, 녹음 또는 녹화를 통한 복제행위가 그 예시에 해당이 되며 건축저작물인 경우 설계도서에 따라 시공할 수 있는 권리도 복제권에 포함된다.

복제권이란 자기의 저작물을 복제하거나 또는 타인의 무단복제를 금지할 수 있는 권리로서 저작재산권의 핵심적인 권리이다.

• **배포권**

배포란 저작물 원본 또는 복제물을 공중에게 대가를 받거나 또는 받지 아니하고 양도 대여하는 것을 말한다. 배포권이란 저작물의 원본이나 그 복제물을 배포할 권리를 말하며 배포권이 미치지 않는 예외로서 저작물의 원본이나 그 복제물이 해당 저작재산권자의 허락을 받아 판매 등의 방법으로 거래에 제공된 경우에는 그러하지 아니하다며 판매 등에 의한 '권리소진의 원칙'을 명시적으로 인정하고 있다. 아울러 배포의 개념은 유형물의 이용행위에 해당이 되므로 공중송신 또는 공연과 같은 무형적인 이용행위에 관해서는 배포권이 미치지 않는다고 봄이 타당할 것이다.

• **2차적저작물작성권**

2차적저작물작성권이란 저작자가 자신의 저작물을 번역, 편곡, 변형, 각색, 영상제작 등의 방법으로 2차적저작물을 작성하여 이용할 권리를 말하며 저작자의 허락없이 2차적저작물을 작성하였다면 원저작자의 저작재산권을 침해한 것이 된다. 2차적저작물작성권은 동일성유지권 침해 또는 복제권 침해와 함께 침해분쟁에 관한 이슈가 많이 발생되는 권리이다.[185]

2차적저작물작성권이란 저작자가 자신의 저작물을 번역, 편곡, 변형, 각색, 영상제작 등의 방법으로 2차적저작물을 작성하여 이용할 권리

• **대여권**

저작권자 보호를 위해 판매용 음반이나 컴퓨터프로그램을 영리를 목적으로 대여할 권리로서 판매 등에 의한 '권리소진의 원칙'을 예외적으로 인정하지 않고 있다. 판매용 음반이나 컴퓨터프로그램에 관한 대여시장이 발전함에 따라 저작권자가 얻을 수 있는 판매 로열티 이익 등이 침해될 수 있으며, 이를 구제하기 위해 상업적 목적으로 공표된 판매용 음반이나 프로그램에는 대여권을 인정

---

185 원저작물과 대상 저작물 사이에서 접근성, 의거성, 실질적동일성이나 또는 독창성 존재 여부 등에 따라 동일성유지권, 복제권 또는 2차적저작물작성권 등과 관련된 침해 이슈가 제기될 수 있다.

하고 있다.

• **전시권**

전시권이란 미술저작물 등의 원작품이나 복제물을 전시할 권리

전시권이란 미술저작물 등의 원작품이나 복제물을 전시할 권리를 말하며 전시권의 대상이 되는 저작물로서는 미술저작물, 사진저작물, 건축저작물, 도형저작물과 같이 일반 대중이 감상할 수 있는 유형물을 전제로 하며 음악저작물 또는 연극저작물 등은 대상이 될 수 없다.

저작재산권의 제한

하기 법정사유에 해당하는 경우에는 저작물의 출처표시를 명시하고 해당 저작물을 이용하는 경우에는 공정이용Fair Use으로서 인정되어 저작재산권이 제한될 수 있다. 하지만 해당 저작물의 저작인격권 보호는 별도 사안으로서 저작재산권이 제한되는 사유와는 관련성이 없음으로 유의해야 한다.

- 재판절차 등에서의 복제 (제23조)
- 정치적 연설 등의 이용 (제24조)
- 학교교육 목적 등의 이용 (제25조)
- 시사보도를 위한 이용 (제26조)
- 시사적인 기사 및 논설의 복제 (제27조)
- 공표된 저작물의 인용 (제28조)
- 영리를 목적으로 하지 아니하는 공연 방송 (제29조)
- 사적이용을 위한 복제 (제30조)
- 도서관 등에서의 복제 (제31조)
- 시험문제로서의 복제 (제32조)
- 시각장애인 등을 위한 복제 (제33조)
- 방송사업자의 일시적 녹음 및 녹화 (제34조)
- 미술저작물 등의 전시 또는 복제 (제35조)
- 번역 등에 의한 이용 (제36조)

다. 저작물의 권리존속기간

특수저작물은 저작인격권 또는 저작재산권의 존속기간이 일반저작물과는 상이한 특수형태의 저작물로서 **표 II-45**와 같이 공동저작물, 무명저작물, 이명저작물, 영상저작물 및 업무상저작물이 있다.

무명저작물 또는 이명저작물은 창작자가 특정되지 않아 저작인격권의 보호를 받지 못하지만 저작물 공표일로부터 70년간 저작재산권이 보호된다. 영상저작물 또는 업무상저작물도 공표일로부터 70년간 저작재산권 보호가 되며 (마지막)저작자 또는 법인(저작자)의 존속기간까지 저작인격권도 보호된다.

무명저작물 또는 이명저작물은 창작자가 특정되지 않아 저작인격권의 보호를 받지 못하지만 저작물 공표일로부터 70년간 저작재산권이 보호된다. 영상저작물 또는 업무상저작물도 공표일로부터 70년간 저작재산권 보호가 되며 (마지막)저작자 또는 법인(저작자)의 존속기간까지 저작인격권이 보호된다.

표 II-45 저작물 구분에 따른 저작인격권과 재산권의 비교

		저작인격권	저작재산권
일반저작물		저작자의 생존기간 (일신전속 권리)	저작자 생존기간 및 사망 이후 70년
특수 저작물	공동저작물	마지막 저작자 생존기간	마지막 공동 저작자 사망 이후 70년
	무명저작물	보호받지 못함	저작물 공표일로부터 70년
	이명저작물		
	영상저작물[186]	(마지막) 저작자의 생존기간	저작물 공표일로부터 70년 (단, 50년 이내 공표하지 않은 경우는 창작한 때로부터 70년)
	업무상저작물	법인(저작자)의 존속기간	

186 영상저작물은 공동저작물의 형태로 제작되는 경우가 많으며, 이 경우 마지막 공유저작자가 생존한 기간까지 일신전속권인 저작인격권이 보호된다고 볼 수 있다.

3. 저작권의 유사권리 보호 (저작인접권 등)

가. 저작인접권

저작인접권이란 저작물을 직접 창작한 자는 아니지만 창작에 상응하는 활동을 통해서 저작물을 일반공중에 전달하는 자들에게 부여되는 권리로서 저작권에 상응하는 권리들이 제한적으로 허여된다.

저작인접권이란 저작물을 직접 창작한 자는 아니지만 창작에 상응하는 활동을 통해서 저작물을 일반공중에 전달하는 자들에게 부여되는 권리로서 저작권에 상응하는 권리들이 제한적으로 허여된다. 저작인접권이 인정되는 저작물의 전달자들로서는 실연자, 음반제작자 및 방송사업자가 있으며 이들에게 인정되는 저작 권리와 불인정되는 저작 권리는 아래 표 Ⅱ-46과 같다.

- 실연자

실연자란 저작물을 연기, 무용, 연주, 가창, 구연, 낭독 그 밖의 예능적 방법으로 표현하거나 이와 유사한 방법으로 표현하는 실연을 하는 자를 말하며 실연을 지휘, 연출 또는 감독하는 자를 포함한다. 실연자는 자신이 타인의 저작물을 실연을 통해 창작한 저작물에 관해 공표권을 제외한 저작인격권으로서 동일성유지권과 성명표시권을 취득하며 아울러 실연저작물의 저작재산권으로서 복제권, 배포권, 공연권, 방송권, 대여권 및 전송권이 인정이 되며 실연한 때로부터 70년간 존속한다.

- 음반제작자

음반제작자란 '음반을 최초로 제작하는 데 있어 전체적으로 기획하고 책임을 지는 자'를 말한다. 저작물을 직접 창작한 자가 아니므로 저작인격권은 인정될 여지는 없지만 창작된 저작물을 복제, 배포, 대여 또는 전송 행위를 통해 일반공중에게 전달하는 자들로서 이들에 창작산업 보호를 위해 법정권한을 부여함으로써 저작물의 사회적 이용을 활성화함에 있다. 음반제작자가 저작인접권으로서 저작재산권에 상응하는 권리는 음반을 발행한 때로부터 70년간 존속한다.

- 방송사업자

방송사업자는 방송을 업으로 하는 자를 말한다. 음반제작자와 마찬가지로 저작물을 직접 창작한 자가 아니므로 저작인격권은 인정될 여지가 없지만 창작된 저작물을 복제, 공연 또는 동시중계방송 행위를 통해 일반공중에 전달하는 자들로서 해당 행위에 상응하는 법정 저작재산권을 부여함으로써 저작물의 사회적 이용을 활성화함에 있다. 방송사업자의 저작인접권으로서 저작재산권에 상응하는 권리는 방송한 때로부터 50년간 존속한다.

표 II-46 저작인접권자의 권리 비교

<table>
<tr><th>저작인접권자</th><th colspan="3">인정되는 권리</th><th>권리존속기간</th><th>불인정 권리-(×)</th></tr>
<tr><td rowspan="8">실연자</td><td rowspan="2">저작인격권</td><td colspan="2">성명표시권</td><td rowspan="2">일신전속</td><td rowspan="2">• 공표권-(×)</td></tr>
<tr><td colspan="2">동일성유지권</td></tr>
<tr><td rowspan="6">저작재산권</td><td>복제권</td><td rowspan="10">방송디지털 음성송신 및 공연음반 사용에 대한 보상금 청구권[187]</td><td rowspan="6">70년
(실연한 때부터)</td><td rowspan="6">• 2차저작물 작성권-(×)
• 전시권-(×)</td></tr>
<tr><td>배포권</td></tr>
<tr><td>공연권</td></tr>
<tr><td>방송권</td></tr>
<tr><td>대여권</td></tr>
<tr><td>전송권</td></tr>
<tr><td rowspan="4">음반제작자</td><td rowspan="4">저작재산권</td><td>복제권</td><td rowspan="4">70년
(음반 발행한 때부터)</td><td rowspan="7">• 저작인격권 -(×)
• 저작재산권 : 일부인정-(△)</td></tr>
<tr><td>배포권</td></tr>
<tr><td>대여권</td></tr>
<tr><td>전송권</td></tr>
<tr><td rowspan="3">방송사업자</td><td rowspan="3">저작재산권</td><td colspan="2">복제권</td><td rowspan="3">50년
(방송한 때부터)</td></tr>
<tr><td colspan="2">공연권</td></tr>
<tr><td colspan="2">동시중계방송권</td></tr>
</table>

나. 출판권

출판은 저작물을 인쇄 그 밖의 이와 유사한 방법으로 문서 또는 도화 등으로 발행하는 것을 말하며, 출판권이란 이러한 출판을 위해 저작권자가 출판업자와 설정계약을 통해 출판업자에게 허여하는 일종의 독점배타적인 라이선스 권리로서 통상적으로 특약이 없는 한 최초 출판일로부터 3년의 존속기간을 갖는다.

출판권이란 이러한 출판을 위해 저작권자가 출판업자와 설정계약을 통해 출판업자에게 허여하는 일종의 독점배타적인 라이선스 권리로서 통상적으로 특약이 없는 한 최초 출판일로부터 3년의 존속기간을 갖는다.

187 방송디지털 음성송신 및 공연의 음반사용에 관한 사용권리를 보유한 자는 실연자 또는 음반제작자로서 만일 공연을 하는 자, 방송사업자 또는 디지털음성송신 사업자 등이 이러한 실연자 또는 음반제작자의 저작 인접물을 사용하는 경우 상당한 보상금을 지급하여야 한다.

다. 데이터베이스제작자 권리

데이터베이스란 소재를 체계적으로 배열 또는 구성한 편집물로서 개별적으로 그 소재에 접근하거나 그 소재를 검색할 수 있도록 한 것을 말하며, 데이터베이스제작자란 이러한 데이터베이스의 제작 또는 그 소재의 갱신·검증 또는 보충에 인적 또는 물적으로 상당한 투자를 한 자로서 데이터베이스의 전부 또는 상당한 부분을 복제·배포·방송 또는 전송할 권리를 가진다.

데이터베이스란 소재를 체계적으로 배열 또는 구성한 편집물로서 개별적으로 그 소재에 접근하거나 그 소재를 검색할 수 있도록 한 것을 말하며, 데이터베이스제작자란 이러한 데이터베이스의 제작 또는 그 소재의 갱신 · 검증 또는 보충에 인적 또는 물적으로 상당한 투자를 한 자로서 데이터베이스의 전부 또는 상당한 부분을 복제 · 배포 · 방송 또는 전송할 권리를 가진다. 데이터베이스제작자의 권리는 데이터베이스의 제작을 완료한 때부터 발생하며, 그 다음 해부터 기산하여 5년간 존속한다.

라. 온라인서비스제공자의 책임제한

온라인서비스제공자OSP: Online Service Provider란 정보통신망을 통하여 저작권자, 저작인접권자 또는 데이터베이스제작자에 의해 창작된 저작물을 서비스 제공하는 자를 말하며, 오늘날 정보사회에 있어서 저작물의 유통이 정보통신망을 통해 이루어지는 상황에서 온라인서비스제공자에게 온라인상에서 발생하는 저작권 침해에 효과적으로 대처하기 위해 서비스망을 통해 유통되는 침해 저작물에 관해 직접침해 또는 침해방조에 대한 책임이 제한되는 상황을 규정하고 있다. 예를 들어 타인 저작물을 복제, 전송을 함에 있어서 저작권 침해가 발생된다는 사실을 인지하고 즉시 중단시킨 경우 또는 기술적으로 복제, 전송 중단이 불가한 경우에는 저작권 침해에 관해 온라인서비스제공자는 책임을 지지 않는다.

4. 저작권 침해와 구제

가. 저작권 침해관점

저작권 침해를 판단하는 관점은 저작권법에 구체적으로 규정하고 있지 않아서 판례나 학설에 의해 다양할 수 있겠지만 저작권 침해의 성립요건으로서 저작권법에서 인정되는 이용행위가 존재하고[188] 그 행위가 권리자로부터 허락을 받지 않았거나 또는 저작권법에서 허용하지 않는 무단행위가 존재해야 함이 타당할 것이다.[189]

타인의 저작물을 접근했다는 사실은 법에서 허용하는 범위를 넘어서는 의거행위로서 자신이 독창적으로 저작물을 창작해서 만든 것이 아니라 타인의 저작물에 의존하여 만든 것으로서 이는 베낀Copying행위가 있다는 것을 말한다. 하지만 타인의 저작물에 의거했다거나 또는 베낀행위로서의 접근만으로는 저작권 침해행위로 판단함에는 다소 무리가 있다.

베낀Copying행위를 통해 독창성이 없는 저작물을 만든 것은 표절행위로 볼 수 있다. 이는 도덕적 또는 윤리적 관점에서 상당히 비난받아야 할 사안이며 도덕적 책임Moral Liability은 있겠지만 저작권법에 의한 법적 책임Legal Liability을 부가함에는 아직은 이른 감이 있기 때문이다.

베낀Copying행위를 통해 독창성이 없는 저작물을 만든 것은 표절행위로 볼 수 있다. 이는 도덕적 또는 윤리적 관점에서 상당히 비난받아야 할 사안이며 도덕적 책임Moral Liability은 있겠지만 저작권법에 의한 법적 침해책임Legal Liability을 부가함에는 아직은 이른 감이 있기 때문이다.

저작권법에 의한 저작권 침해에 이르기 위해서는 표절한 저작물과 원저작물 사이에 '실질적 유사성'이 있어야 하며 저작권법상 인정되는 공연, 공중송신, 복제, 배포, 2차저작물작성, 대여, 전시행위와 같은 저작물의 이용행위를 통해 저작권자로부터 관련된 저작권을 양도받거나 라이선스 허락을 받지 않고 이를 이용한 경우에는 침해가 성립된다고 봄이 타당할 것이다.[190]

더욱이 저작권 침해가 민 · 형사상 불법행위로 되기 위해서는 침해자의 고의 또는 과실이 성립요건으로 보고 있기 때문에 기존 저작물에 의거한 행위 및 이를

---

188 저작권법에서 규정하고 있는 7가지 유형의 저작재산권들은 이용행위(공연, 공중송신, 복제, 배포, 대여, 전시, 2차적저작물 작성)로서 볼 수 있다.

189 최경수, 저작권법 개론, 한울 아카데미 p.673 저작권 침해의 성립요건 참조

190 우리나라의 대다수 판례에 의하면 저작권 침해판단을 주관적 요건으로 '의거성(접근 및 베끼기)'과 객관적 요건으로서 '실질적 유사성'을 기준으로 한다고 볼 수 있다.

이용한 침해행위에 있어서 침해자의 고의 또는 과실이 있다는 것을 저작권자가 입증을 해야 하기 때문이다.

나. 침해구제

민사적 침해구제로서 저작재산권자 등 저작권법상 권리자는 그 권리를 침해한 자에 대하여 침해의 정지를 청구할 수 있으며, 그 권리를 침해할 우려가 있는 자에 대하여 침해의 예방 또는 손해배상의 담보를 청구할 수 있다.[191]

아울러 저작권법 제136조 1항에 의하면 형사적 구제로서 저작재산권 그 밖에 이 법에 따라 보호되는 재산적 권리를 복제, 공연, 공중송신, 전시, 배포, 대여 또는 2차적저작물작성의 방법으로 침해한 자는 5년 이하의 징역 또는 5,000만 원 이하 벌금에 처하거나 이를 병과할 수 있음을 규정하고 있다.

다. 저작권위원회 등록[192]

저작권자는 자신이 창작한 저작물을 일반공중으로 하여금 자신의 창작물임을 알 수 있도록 저작권위원회에 등록함으로써 침해가 발생하는 경우에 침해구제가 용이하도록 추정력과 대항력을 발생시키는 효과적인 수단으로서 활용할 수 있다.

저작권 침해를 구제받기 위해서 침해자의 고의 또는 과실을 입증하는 것이 쉽지 않음이 현실이다. 저작권의 효력발생은 저작물의 창작과 동시에 발생하며 별도로 출원 또는 등록과 같은 법적 절차가 필요치 않지만 저작권자는 자신이 창작한 저작물을 일반공중으로 하여금 자신의 창작물임을 알 수 있도록 한국저작권위원회에 등록함으로써 침해가 발생하는 경우에 침해구제가 용이하도록 추정력과 대항력을 발생시키는 효과적인 수단으로서 활용할 수 있다.

추정력

등록된 저작권을 침해한 자는 그 침해행위에 과실이 있는 것으로 추정을 받는다. 또한, 저작자로 성명이 등록된 자는 그 등록 저작물을 창작한 저작자로 추정을 받으며, 아울러 저작인접권자 및 데이터베이스 제작자도 이와 같다. 아울러 창작자의 성명등록과 함께 저작물의 창작연월일과 공표연월일 등 해당 사실을 등록하면 저작권법에서 부여하는 추정력을 확보할 수 있다.[193]

---

191 저작권법 123조 1항
192 한국저작권위원회 저작권 등록사이트(www.cros.or.kr)의 홈페이지 내용 참조

만일 저작물이 등록되어 있지 않았다면 창작물의 저작권자는 본인이 창작자라는 사실을 직접 입증해야 하지만, 창작물과 함께 권리자로서 등록한 경우에는 등록된 추정사실에 대한 입증책임을 면하게 되고 해당 추정사실을 부인하려는 자가 법률상 추정사실을 번복할 증거를 제시하여야 한다.

대항력

권리변동에 관한 사실은 등록하지 않아도 당사자 사이에는 변동에 관한 효력은 발생한다. 하지만 당사자가 아닌 제3자가 권리변동 사실을 부인할 때에는 제3자에 대하여 권리변동 행위가 있었음을 주장할 수 없다.

그러므로 저작재산권, 저작인접권, 데이터베이스 제작자의 권리변동에 관한 사실 또는 출판권설정 등을 등록하면 이러한 사실에 대해 제3자에게도 대항할 수 있게 되며 이를 제3자대항력이라고 한다.

법정손해배상금액

저작권 침해발생 시에 저작권자인 원고는 침해구제를 위해서 침해자의 고의 또는 과실입증과 함께 이로 인해 실제로 자신에게 발생된 손해금액을 입증해야만 그에 상응하는 손해배상을 받을 수 있다. 하지만 현실적으로 이러한 침해구제를 위한 사실입증이 용이하지 않기 때문에 한국저작권위원회에 저작물을 등록함으로써 앞서 언급한 추정력과 대항력을 확보하고 법적구제를 용이하게 받을 수 있을 뿐만 아니라 침해발생 시에는 법정 손해배상금액으로 청구도 가능하다.

저작권 침해행위가 일어나기 전에 미리 저작물을 저작권위원회에 등록하였다면 해당 저작물을 등록한 원고가 실제로 손해발생액을 법원에 입증하지 않은 경우에도 저작권법 규정에서 사전에 정한 일정한 금액으로서 손해배상청구할 수 있다. 손해배상청구액으로 인정될 수 있는 법정금액은 저작물마다 1천만 원 또는 영리목적으로 고의의 경우 5천만 원 이하이며 이는 저작권자인 원고의 선택에 따라 법정 손해배상청구를 할 수 있다.

193 단, 저작물을 창작한 때로부터 1년이 경과한 이후에 창작한 일자를 등록하는 경우에는 해당 등록일에 창작한 것으로 추정되지 않을 수 있음에 유의해야 한다.

5. 저작권 국제협약

1987년에 세계저작권협약에 최초로 가입한 이후 1995년 TRIPs협약 가입과 그 이듬해 베른조약에 가입함으로써 한국 저작권법은 국제적 위상을 갖추게 된다. 그 이후 한국은 2004년에 WIPO 저작권조약과 2008년에 로마조약 및 WIPO 실연 및 음반조약에 가입함으로써 저작인접권과 디지털저작물 보호에 있어서도 글로벌 가이드라인에 적극 부합하는 저작권제도를 운영하고 있다.

우리나라는 표 Ⅱ-47에 정리된 저작권 관련 국제협약(조약)에 있어 1987년에 세계저작권협약에 최초로 가입한 이후 1995년 TRIPs협약 가입과 그 이듬해 베른조약에 가입함으로써 한국 저작권법은 국제적 위상을 갖추게 된다. 그 이후 한국은 2004년에 WIPO 저작권조약과 2008년에 로마조약 및 WIPO 실연 및 음반조약에 가입함으로써 저작인접권과 디지털저작물 보호에 있어서도 글로벌 가이드라인에 적극 부합하는 저작권제도를 운영하고 있다.

표 Ⅱ-47 저작권 관련한 주요 국제협약

명칭	년도	주요 내용
• 베른협약	1886	무방식주의에 저작권리 발생, 공정이용(Fair Use)_저작권 제한
• 세계저작권협약 (유네스코협약)	1952	저작권 일부 방식주의 (©성명, 명칭, 제작물 제작연도)
• 로마조약	1961	저작인접권(실연, 음반제작, 방송사업자) 보호 관련 국제협약
• TRIPs협약	1995	무역관련 지식재산권(특허, 저작권, 상표, 영업비밀 등) 보호에 관한 협정
• WIPO저작권조약	1996	디지털저작물(컴퓨터프로그램 및 데이터베이스)에 관한 보호 강화

가. 베른협약

최초의 저작권 보호 관련 국제협약으로서 문학 및 미술저작물 관련 조약이다. 베른협약은 가맹국 국민들을 자국민들과 같이 동등한 조건으로 저작물을 보호하도록 하였으며 저작권의 효력 발생요건으로서 저작물의 등록 등 어떠한 절차나 형식이 필요 없이 창작과 동시에 발생토록 하였고, 동맹국가에서 저작권의 효력이 제한되는 공정이용Fair Use에 관한 사안들에 관해 규율하였다.

나. 세계저작권협약

세계저작권협약은 2차 세계대전 이후 유네스코UNESCO에 의해 추진된 국제협약으로서 1952년 당시 베른조약 비가맹국가로서 저작권 발생에 방식주의를 채택한 북남미 국가와 당시 베른조약 가입국인 서유럽 중심 국가들이 모여 글로벌 관점에서 상이한 저작권의 불균형에 의한 폐해를 조정하기 위해 저작권 표기에 관한 일부 방식주의를 도입한 협약이다.

다. 로마조약

로마조약은 저작물을 전달하는 자들로서 창작물의 유통과정에 있는 실연자, 음반제작자 및 방송사업자들을 저작인접권자로서 규정하고 이들의 상업적 활동 권리보호를 위해 1961년 채택된 국제협약으로서, 내외국민 동등대우의 원칙에 의해 저작인접권자 보호를 위한 최소한의 보호 기준에 관해 협정한 조약이다.

라. TRIPs협약

세계무역기구WTO는 1995년에 무역관련지식재산권협정인 TRIPs협약을 발족시켰으며, 저작권 보호뿐만 아니라 특허, 상표 및 영업비밀 보호 등에 관한 최소보호기준을 설정하여 회원국가들이 자국 내에 별도 지식재산권 법제화를 통해 지식재산을 보호토록 강제하였으며 이를 준수하지 않으면 무역봉쇄 조치도 취할 수 있도록 한 협약이다.

마. WIPO저작권조약

디지털 정보통신 기술의 발전과 인터넷 네트워크의 확산에 의해 디지털 정보화 시대에서 창안되는 별도의 저작물 보호 필요성이 대두되었다. 저작권에 관한 국제협약인 베른조약과 로마협약에서 미진한 부분인 디지털저작물에 관한 보호를 위해서 WIPO저작권조약에서는 컴퓨터프로그램과 데이터베이스를 저작물로서 인정하고 협약 가맹국의 저작권 법률로서 이를 보호토록 한 국제협약이다.

특히, 디지털 전송기술과 창작산업 발전에 따른 저작인접권자들의 보호에 있어서 국제적 협력을 강화하기 위해 WIPO는 'WIPO저작권조약'WCT과는 별도의 협약으로서 'WIPO 실연 및 음반조약'WPPT을 당해연도에 함께 채택함으로써 글로벌 네트워크화로 가속화되는 디지털 정보화 시대에 실연자의 권리 보호에 관한 글로벌 가이드라인을 제시하였다.[194]

194 WCTWIPO Copyright Treaty와 WPPTWIPO Performance and Phonograms Treaty는 1996년에 채택되었으며 이를 WIPO 인터넷조약이라고도 한다. 글로벌 정보기술 산업발전에 따른 디지털저작물보호에 있어서 큰 의미를 가지고 있다. 아울러 WIPO는 댄스그룹, 탤런트, 배우 등 시청각실연자의 권리보호 강화를 위해 '시청각실연에 관한 베이징조약'Beijing Teaty on Audiovisual Performance을 2012년 6월에 채택하였으며 우리나라는 2020년 4월에 가입하였다. 한편 우리나라는 상기 베이징조약 가입에 따른 국내법 개정은 별도로 필요 없는 것으로 보고 있다.

6. 저작권 보호관점의 변화

인간의 사상 또는 감정을 표현한 창작물을 보호하는 저작권은 문화 · 예술분야를 넘어서 오늘날에는 컴퓨터소프트웨어, 디지털콘텐츠, 정보통신, 방송음반 및 데이터베이스 산업 등으로 광범위하게 확산되어 왔다. 특히 4차산업혁명에 의한 디지털 지능화 사회로 급속도로 발전함으로 인해 인공지능에 의한 창작물의 보호 이슈 등과 함께 저작권 보호관점의 변화는 디지털 시대의 R&D이노베이션을 위해 필연적인 과제로 대두되어 있다.

아울러 저작권은 기본적으로 창작과 동시에 무방식주의에 의해 배타적 권리가 발생하기 때문에 그만큼 다양한 분쟁의 소지를 많이 내포하고 있음은 물론 오늘날 '권리의 다발'이라고 일컫는 만큼 다양화되어 있다. 세분화된 창작산업 분야에서 저작권리들이 동시다발적으로 발생함으로 인해 저작권 침해 분쟁소지로 저작물 접근성에 대한 법적 리스크는 이노베이션에 대한 접근성을 저하시키고 이노베이션 사이클을 원활하게 가동하지 못함으로써 새로운 저작물 창출을 현저히 방해하고 저해하는 요인으로 작용할 수 있기 때문이다.

이를 비유하자면 마치 너무 많은 차량들이 과도하게 생산되어('과도한 저작권의 발생') 도로 통행로에 유입됨으로써 특히 교차로에서 차량의 흐름이 원활하게 이루어지지 않아 교통이 정체('저작물의 활용이 저하')되는 교차로 정체에 비유하여 '그리드 락'Grid Lock이라는 사회적 교착현상이 발생되고 이로 인해 이노베이션 창출과 활용이 원활하게 이루어지지 않는다는 것이다.[195]

오늘날 창작산업의 발전과 더불어 과도하게 세분되어 보호되는 창작권리의 다발로 말미암아 이노베이션 창출과 활용이 원활하게 이루어지지 않는 사회적 정체 현상을 저작권 법리 위에서 해결하고자 '오픈 이노베이션'Open Innovation이라고 명명되는 개방형 혁신이 대두되고 있다. 아울러 '오픈 이노베이션'은 4차산업이라고도 일컫는 디지털 시대에서 인공지능, 빅데이터, 사물인터넷, 클라우드 및

195 마이클 헬러 지음; 윤미나 옮김 (2019), 소유의 역습(그리드 락)

블록체인 등 새로운 테크놀로지 기반의 R&D이노베이션 창출, 보호 및 활용을 위해 향후 우리 사회가 새롭게 지향해야 할 지식재산 제도의 변화에 다양한 화두를 제시하고 있다.

가. 개방형 접근 라이선스

오픈 이노베이션의 한 방법론으로서 개방형 접근 라이선스Open Access License 제도는 지식재산 권리화에 관해 반대 입장을 견지하는 정책이 아니며 더욱이 자신의 지식재산 권리를 해제하여 'IP-프리존'Free Zone을 형성하고자 하는 정책도 아니다.[196]

이는 오픈 이노베이션을 지향하고자 하는 새로운 라이선스 전략으로서 저작권을 소유하고 있는 IP 권리자가 타인으로 하여금 자신의 저작물에 접근토록 하여 새로운 이노베이션을 창출함에 있어서 이를 자유롭게 활용토록 하는 이용 허락하는 제도이다. 하지만 이용 허락에 관한 조건으로서 접근 활용을 통해 새롭게 이노베이션을 창작한 자들은 지식재산 권리로서 소유화를 하지 말고 자신이 창출한 이노베이션을 다음 사용자에게 연쇄적으로 활용토록 함으로써 사회에서 필요한 이노베이션을 지속적으로 창출 확산하고자 하는 전략이다.

소프트웨어 저작권 분야에서의 '리눅스 오픈 소스코드 라이선스'Linux Open Source Code License는 대표적인 오픈 이노베이션 사례로써 소프트웨어 저작권자 A는 사용자인 B에게 소스코드를 제공함과 동시에 오류를 수정하는 권한을 제공하고 이를 기초로 새로이 창출한 저작권을 A와 공유하도록 한다. 공동 저작권자인 B는 자신이 창출한 저작권을 C에게 동일한 조건으로 라이선스함으로써 연쇄적 방식으로 유관 이노베이션을 창출 및 확산하는 방식이다.

이렇게 공개된 소스 프로그램은 지속적으로 업데이트되고 오류가 수정 보완됨으로써 저작권에 의해 보호 판매되고 있는 상업용 프로그램보다 더 강력하고 신뢰성 있는 프로그램으로 활용되고 있다. 또한 공공섹터에서 공익적 차원에서 정보제공이 지식정보 접근성이 용이하며 보다 원활한 이노베이션이 많이 창출될 것

196 마이클 골린, 손봉균(역) (2012), 글로벌 지식재산전략

으로 생각할 수도 있지만 실질적으로는 아이러니하게도 개방형 접근 라이선스 모델에 의한 이노베이션 창출이 더욱 역동적으로 이루어지고 있다.

이러한 개방형 접근 라이선스 모델에 의한 R&D이노베이션의 창출과 확산전략은 컴퓨터소프트웨어 저작물 분야에서 출발하여 어문저작물 분야로 확산되고 근자에는 제약산업, 유전자원, ICT 정보통신 분야 등 다양한 산업분야로 응용되며 확산되고 있다.

개방형 접근 라이선스 모델에 의한 R&D이노베이션의 창출과 확산 전략은 컴퓨터소프트웨어 저작물 분야에서 출발하여 어문저작물 분야로 확산되고 근자에는 제약산업, 유전자원, ICT 정보통신 분야 등 다양한 산업분야로 응용되며 확산되고 있다.

나. 크리에이티브 커먼즈 라이선스

이는 어문저작물 분야에서 가장 활발하게 확산되고 있는 개방형 접근 라이선스 모델의 한 유형으로서 미국에 소재하는 '크리에이티브 커먼즈 라이선스'Creative Commons라는 비영리 재단이 자사의 저작물을 어떤 사용자가 이를 접근 활용하여 이를 수정하거나, 인용하거나 또는 2차적저작물을 창작 또는 업그레이드하여 활용할 때 일정한 조건에 의해 이를 무상으로 활용토록 하고 다음 연쇄 사용자에게 공유 라이선스를 함께 제시함으로써 저작물의 활용을 촉진하고 유관 이노베이션을 활성화함에 그 목적이 있다.

'크레이티브 커먼즈 라이선스'에 관한 규약은 우리나라를 비롯해서 세계 각국에서 자국의 저작권법에 부합토록 채택되어 운영되고 있으며 저작권자가 자신의 창작물을 타인으로 하여금 접근 활용토록 하는 경우에 '원저작자 표시'BY, '상업적 용도 활용금지'NC, '2차적저작물 작성금지'ND 및 '동일 라이선스 조건에 의한 창작 허용'SA의 조건을 준수하는 경우에 이를 별도의 이용 허락절차 없이 무상으로 활용토록 하는 개방형 접근 라이선스모델로서 오픈 이노베이션 활성화를 위한 한 모델로서 오늘날 우리 사회에 장려되고 있다.

7. 저작권의 이노베이션 보호전략

저작권전략도 앞에서 살펴본 여타 지식재산전략과 마찬가지로 저작권법 제도에 관해서 심도 있는 이해를 바탕으로 연구자가 자신의 전공분야에서 R&D 저작물 이노베이션을 어떻게 창출할 것이며 보호 활용할 것인가를 다양한 관점에서 고찰함으로써 전략적 관점을 확보할 수 있을 것이다.

저작권은 연구개발을 통해 창출된 R&D결과물로서 공표된 연구논문이나 기술 브로슈어 또는 간행물 등은 어문저작물로서 보호하며 아울러 저작권은 디자인보호법에 의한 물품의 창작적 가치나 상표법에 의한 여타 식별가치를 일반공중에 저작물의 형태로 공표함으로써 저작권 관점에서도 이를 중첩적으로 보호할 수 있다. 아울러 Chap. I 에서도 언급한 바와 같이 가속화되는 디지털 정보화 사회에서는 다양한 문화예술이 종래의 첨단산업 분야 기술과 또 다른 융합을 통해 새로운 창작산업이 출현하고 이를 선도하는 디지털 저작물 기반의 R&D이노베이션들은 저작권 영역에서 적극적으로 보호될 수 있다.

저작권이 인간의 감정이나 사상의 표현을 보호한다는 관점에서 고찰해 보면 오늘날 화두가 되고 있는 4차산업에 의한 디지털 지식경제로 변환에 있어서 핵심기술로서 대두되는 인공지능AI 또는 머신러닝M/L 알고리즘 보호와도 관련성이 밀접하다.

특히 저작권이 인간의 감정이나 사상의 표현을 보호한다는 관점에서 고찰해 보면 오늘날 화두가 되고 있는 4차산업에 의한 디지털 지식경제를 선도하는 핵심기술로서 대두되는 인공지능AI 또는 머신러닝Machine Learning 알고리즘 보호와도 관련성이 밀접하다. 왜냐하면, 인간은 컴퓨터프로그램을 창작함에 있어서 프로그램의 소스코드 또는 목적코드라는 컴퓨터 언어를 활용하여 독창적 표현을 통해 컴퓨터프로그램이라는 저작물을 창작한다고 볼 수 있으며, 이미 디지털 저작물의 창출과 활용을 위한 소프트웨어와 데이터베이스는 저작권 보호체계를 따르기 때문이다.

특히 오늘날 온라인 공간에서 거의 모든 사물과 모든 인간에 의해 전례없는 다양한 데이터 유형으로 창출되며 폭발적으로 증가하고 있는 디지털 데이터를 학습하여 스스로 문제해결과 솔루션을 제시하는 딥-러닝Deep Learning이나 머신-러닝Machine Learning과 같은 인공지능 알고리즘Algorithm은 통상적으로 영업비밀로서 보호하겠지만 이는 파이썬Python이나 자바Java 등과 같은 컴퓨터프로그램 언어로서 표현될 수 있기 때문에 이러한 AI 알고리즘 자체에 관한 이노베이션은 시장에서 유통 가능한 저작물로서도 보호될 수 있다. 특히 인공지능에 의한 이노베이션 창출에 필연적으로 수반되는 AI 학습용 데이터 또한 데이터베이스제작자 보호관점에 의해 저작권의 영역에서 보호 가능할 것이다.

한편, 디지털 기록 보관과 온라인 거래(계약)에 신뢰성과 투명성을 담보할 수 있는 블록체인Block Chain 기술을 창작산업 분야에서 활용함으로써 디지털 콘텐츠의 저작권Authorship과 소유권Ownership을 블록체인 기반의 분산 네트워크에 기록하는 방식으로 NFTNon Fungible Token가 주목을 받고 있다. NFT는 개별 디지털 콘텐츠에 대체 불가능Non Fungible한 토큰Token을 연결함으로써 해당 창작물에 관해 '디지털 자산'Digital Asset으로서의 저작권과 소유권을 입증할 수 있으며, 아울러 소유권의 양도 등 거래 이력에 관한 모든 정보가 블록체인에 저장되므로 위조 자체가 불가능하기 때문이다.

오늘날 디지털 시대에는 '디지털 네이티브'Digital Native 기업과 'AI 스타트업' start-up들에 의해 전 산업분야에 걸쳐 인공지능 알고리즘과 빅데이터 분석론 기반으로 창출되는 AI 이노베이션들은 디지털 전환을 통해 새로운 '비즈니스 모델' Business Model들을 제공하고 있으며 아울러, 블록체인Block Chain 기술을 활용한 '암호화폐'Crypto- currency와 '디지털 자산'Digital Asset은 '스마트계약'Smart Contract과 함께 디지털 시대에 새로운 '거래 플래폼'Transaction Platform으로 성장하고 있으므로 글로벌 경쟁 체제에서 우리는 이러한 디지털 이노베이션들을 창출하고 보호하며 활용하기 위해 저작권을 비롯하여 변화하는 지식재산 전략에 주목할 필요성이 있다.

특히, 디지털 공간에서 방대한 자료를 학습한 생성형Generative 인공지능 서비스인 ChatGPT 플랫폼을 비롯하여 이미지 크리에이터Image Creator 등 빅테크Big Tech 기업들이 제공하는 AI 솔루션 서비스를 연구자가 제공받아 이를 이노베이션 창출에 활용하는 경우에도 앞서 Chap. I의 표 I-2에서 언급한 바와 같이 디지털 시대에서 변화하는 R&D패러다임과 지식재산 전략에 유념할 필요가 있다. 디지털 시대의 이노베이션 창출은 자신의 도메인 분야에서 무엇보다도 올바른(맞는) 문제를 찾고자 하는 R&D전략 관점이 중요하며, 종래의 올바른 솔루션(해답)을 찾고자 접근하는 R&D전략 관점은 고도의 AI 서비스가 만연한 디지털 시대에서는 이젠 더 이상 경쟁력이 없을 수 있기 때문이다.

앞서 Chap. I의 '인공지능의 지식재산 보호 관점' (p.79)에서도 언급한 바와 같이 인간의 기술적 사상이나 표현이 아닌 인공지능AI 서비스를 활용하여 창출된 결과물로서 AI 발명이나 AI 창작물이 이노베이션의 보호라는 관점에서 현행 지식재산권 체계 내에서 어떻게 보호될 수 있는지 또한 지식재산 법패러다임은 인공지능AI 기술의 발전과 함께 어떻게 변화할 것인지 등에 관해 많은 논의가 진행되고 있다.[197]

궁극적으로 향후 AI 서비스에 의한 이노베이션 즉, AI 창작물들은 저작권은 물론 기존의 특허법에 의한 지식재산 보호 체계에서 다양한 이슈와 사회적 문제들을 함께 야기시킬 수 있으며, 더욱이 인공지능AI은 '디지털 기술'Digital Technology 자체로서만이 아니라 기존의 산업분야 또는 전공분야 기술의 또 다른 기술혁신을 위해 사용되며 지속해서 진화할 것이므로, 인간이 인공지능Artifical Intelligence과 함께하는 증강지능Augmented Intelligence 시대에는 새로운 R&D이노베이션과 IP패러다임의 출현으로 인해 저작권에 의한 이노베이션 보호전략은 물론 관련 지식재산 제도의 변화를 예고하고 있다.

197 손경한 · 조용진 편저 (2021), 과학기술법 2.0, 박영사 및 한국인공지능법학회 (2019), 인공지능과 법, 박영사

연구실의 R&D특허전략

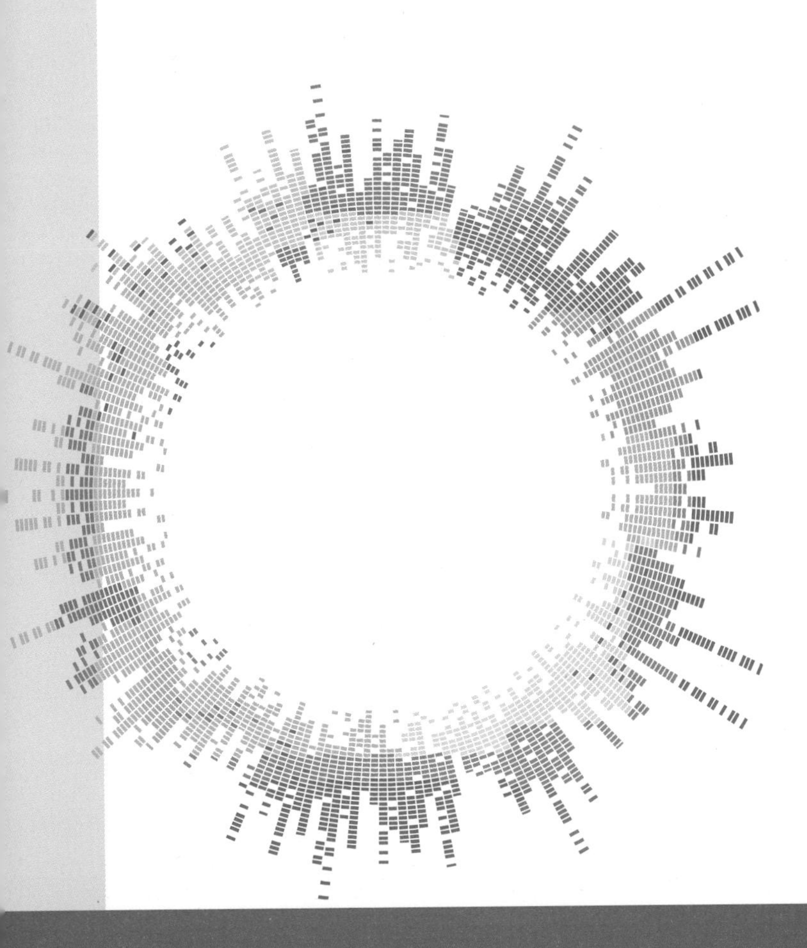

1. 연구실Lab.의 논문 · 특허전략

가. 지식재산 창출의 3단계 과정

창의적인 연구자는 자신이 수행하는 연구과제의 목표나 취지에 부합되는 R&D 결과물을 창출함에 있어서 이를 지식재산권리로서 확보하고 사회에서 유용하게 활용될 수 있도록 노력을 하게 된다.

노하우 등에 의해 영업비밀이 가장 먼저 확보되는 1단계가 진행이 되면 그 다음 2단계로서 논문발표와 특허출원과 등록이 이루어지는 논문 · 특허 단계와 그리고 마지막 3단계로서 이노베이션이 구체적인 제품화가 이루어짐에 따라 디자인 또는 상표권이 확보되는 R&D이노베이션의 사업화단계로 진행된다.

R&D이노베이션 변환에 의한 일련의 과정은 일반적으로 'R&D성과물로서 이노베이션이 창출이 되고 지식재산권의 확보(지식재산 창출)'가 이루어지는 시계열적인 관점에서 크게 3단계로 나누어 살펴보면 **그림 Ⅲ-1**과 같다. 노하우 등에 의해 영업비밀이 가장 먼저 확보되는 1단계가 진행이 되면 그 다음 2단계로서 논문발표와 특허출원과 등록이 이루어지는 논문 · 특허 단계와 그리고 마지막 3단계로서 이노베이션이 구체적인 제품화가 이루어짐에 따라 디자인 또는 상표권이 확보되는 R&D이노베이션의 사업화단계로 진행된다.

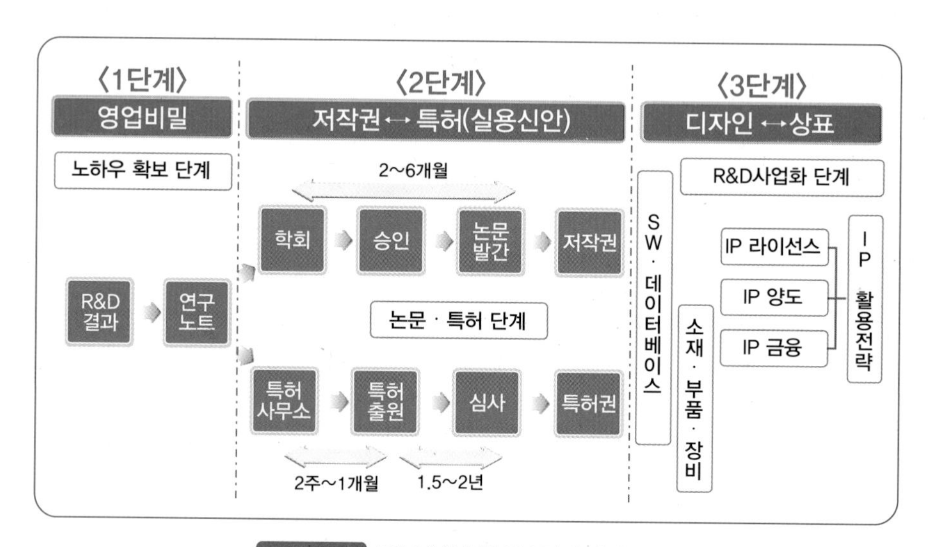

그림 Ⅲ-1 지식재산 창출의 3단계 과정 예시

이 장에서는 '연구실Lab.의 R&D특허전략'이라는 주제 하에 영업비밀과 논문 · 특허 창출 단계인 1~2단계에서 R&D과제를 수행하는 연구자가 숙지해야 하는 주요 이슈들을 R&D특허 보호전략의 관점에서 다루고자 한다. 연구실Lab.에서 창출된 이노베이션이 R&D사업화 단계에 이르는 디자인 및 상표(3단계) 확보시점에서는 IP활용전략이 중심이 되며, 이는 별도 Chap.Ⅴ에서 상세히 다루기로 한다.

노하우 · 영업비밀 확보 (1단계)

지식재산의 관점에서 보면 연구실에서의 다양한 실험과 검증을 통해 창출되는 최초의 연구성과는 연구자 개인이나 또는 연구자 그룹에서만 알 수 있는 기밀정보로서 도출이 되며 이는 해당 연구실Lab.의 영업비밀의 형태로서 확보가 된다. 연구 결과물은 비밀유지 의무가 있는 연구원에 의해 연구노트에 기록이 되며 이러한 기록은 대외비 문서로서 관리함으로써 연구노트에 기재된 정보들은 영업비밀로서 비밀이 유지되는 한 영구적으로 보호받을 수 있다.

저작권 · 특허 확보 (2단계)

하지만 연구실에서 영업비밀로서 확보한 R&D결과물이 공익적 또는 상업적 가치가 있어 전부 또는 일부분을 사회공익을 위해서 해당 정보를 일반공중에 공개를 하거나 연구실이 소속된 조직(기업 또는 대학 · 공공연)이 라이선스 또는 사업화를 목적으로 활용하는 경우에는 저작물로서 이를 공표하여 저작권으로 보호하거나 또는 특허출원을 통해 공개의 대가로서 배타적 특허권리를 확보하게 된다.

디자인 · 상표 확보 (3단계)

R&D성과물이 기술개발과 제품개발의 과정을 통해 사업화가 이루어지면 다양한 지식재산포트폴리오로서 해당 이노베이션을 보호해야 한다. R&D이노베이션이 제품화를 통한 시장개발에 성공을 하면 디자인특허와 함께 이노베이션의 브랜드 가치확보를 위해 상표에 의한 지식재산보호가 필요한 R&D사업화 단계에 이르게 되고 특히 지식재산 활용전략이 중요시 된다.

R&D이노베이션이 제품화를 통한 시장개발에 성공을 하면 디자인특허와 함께 이노베이션의 브랜드 가치보호를 위해 상표에 의한 지식재산보호가 필요한 R&D사업화 단계에 이르게 되고 지식재산 활용전략이 중요시 된다.

나. 연구노트와 영업비밀

영업비밀이란 공연히 알려져 있지 아니하고 독립된 경제적 가치를 가지는 것으로서, 비밀로서 관리된 생산방법, 판매방법, 그 밖에 영업활동에 유용한 기술상 또는 경영상의 기밀정보를 말하며 크게 기술상의 영업비밀과 경영상의 영업비밀로서 구분해 볼 수 있다. 연구노트는 기술상의 영업비밀 정보가 체계적으로 기재된 자료를 말하며 지식재산에 해당되는 무형자산으로서 우리나라에서는 부정경쟁방지 및 영업비밀 보호에 관한 법률에 의해 보호된다. 연구노트에서 확인될 수 있는 기술상의 영업비밀로 분류될 수 있는 정보로는 실험설비 또는 개발부품, 장비 및 시제품 등과 관련된 설계도, 실험방법과 제조공정도, 물질 및 소재의 배합조성비, 각종 실험데이터와 연구개발 과정에서 취득한 기술노하우 등이 포함될 수 있다.

영업비밀의 보호요건

영업비밀은 산업상 경제적 가치로서의 유용성이 있는 정보로서 불특정 다수인 공중에 알려져 있지 않아야 하며 아울러 비밀유지를 위하여 합리적인 노력이 있어야 한다.

R&D이노베이션이 영업비밀로서 보호받기 위해서는 표 Ⅲ-1과 같이 비공지성, 유용성 및 비밀관리성이라는 3가지 요건을 갖추어야 한다. 즉 영업비밀은 산업상 경제적 가치로서의 유용성이 있는 정보로서 불특정 다수인이 인식할 수 있는 상태에 놓여 있지 않아야 하며 아울러 비밀유지를 위하여 합리적인 노력이 있어야 한다.

표 Ⅲ-1 영업비밀의 보호요건과 침해구제

영업비밀 보호요건		침해구제
• 비공지성	불특정 다수인인 공중에게 공공연히 알려져 있지 아니하여야 함	• 금지 및 예방청구 • 폐기 및 제거청구 • 손해배상청구 • 신용회복청구 • 형사적 제재[198]
• 유용성	경영상 또는 기술상 이용가능성이 있어 경제적인 가치가 있어야 함	
• 비밀관리성	비밀로서 유지관리되어야 하며 비밀유지 관리에 합리적인 노력이 있어야 함	

연구노트의 중요성

연구실에서 창출되는 R&D성과물로서 기술노하우 등이 영업비밀로서 보호받기 위해서는 연구노트 작성과 관리가 영업비밀을 입증하기 위한 증빙자료로서 필수적인 사안이다.

198 국내에 유출 시에는 10년 이하 징역 또는 5억 원 이하 벌금형과 국외 유출 시에는 15년 이하 징역 또는 15억 원 이하 벌금형에 처한다.

표 Ⅲ-2 연구노트의 작성 및 관리에 관한 가이드라인[199]

연구노트〈형태〉	묶음 형태로 이루어진 노트	• 임의적 페이지 삽입 또는 삭제를 방지 • 페이지가 바뀌거나 손망실 될 우려가 적음 • 묶임 노트는 색인 또는 검색 등에 유리함 • 바인더 형식의 노트는 사용하지 말 것
연구노트〈표지〉	대외비 표시	• 노트의 표지에 대외비 'Confidential' 표기 • 필요시 자체 '비밀 등급'을 설정하여 관리
	연구주제 기재	• 연구주제 또는 과제 명을 반드시 표기 • 연구과제의 발주 기관 기재
	보존기간 설정	• 연구과제 수행 기간의 표기 • 연구노트의 보존 연한 표기
연구노트〈속지〉	일련번호의 기재	• 노트의 페이지 상단 또는 하단에 일련번호를 기재하여야 함
	관리 정보의 기재	• 실험일자, 발명자(연구자), 기록자, 확인자(증인)의 기록란을 두고 관리해야 함

연구노트는 페이지 일련번호가 매겨져 있어야 하며 겉표지에는 반드시 "기밀문서" 또는 "대외비"Confidential이라는 표식(도장)이 있어야 하고, 연구목적, 가설과정, 실험조건 및 데이터 결과물 등 R&D수행과 관련 내용들이 가능한 구체적으로 연구노트 내부에 기록하여야 하며, 연구노트 내부에 기재된 R&D수행 내용은 작성일자와 해당 연구원(발명자)과 이를 확인한 확인자(증인)의 서명을 통해 관리되어야 한다.

특히, 연구노트는 연구과제별로 별도로 작성하되 연구자가 각자 개별로 작성하고 아울러 연구노트는 서면 또는 전자노트 등의 형식으로 작성할 수 있으며, 연구노트 작성 및 관리에 관한 가이드라인은 표 Ⅲ-2와 같다.

연구노트 작성 시 유의사항

- 필기구는 본문이 지워지지 않는 잉크로 작성되어야 한다.
- 시간의 경과에 따라 연구 내역을 순차적으로 기재하여야 한다.
- 메모하여 연구노트로 옮기는 것은 바람직하지 못하다.
- 기록된 메모지를 연구노트에 붙이는 것은 부적절하다.

199 국가 R&D 특허전략 매뉴얼 (2008), 특허청 또는 〈http://www.e-note.or.kr, 연구노트 포탈 사이트〉 참조

- R&D결과 도출을 위한 일련의 과업들이 특정기간 동안 지속되었음을 날짜와 사실을 근거해 입증하여야 한다.
- 연구노트에 직접 기입할 수 없는 사진, 실험데이터 출력물, 타 연구실의 실험결과 등은 풀로써 고착시킨다.
- 오기부분을 수정 시에는 수정액을 사용하지 말고 볼펜 등으로 줄을 그어 수정하고 오기를 설명하는 주석에 일자를 기재하고 확인자(증인)와 함께 서명한다.
- 추가로 연구노트에 사후에 내용을 삽입하는 경우에도 삽입한 날짜 표기를 하고 확인자(증인)와 함께 서명한다.
- 연구노트에 빈 공간을 남지지 않도록 한다.
- 하단에 여백이 발생할 경우 추가 기입가능성을 배제하기 위해 사선으로 긋는다.
- 발명의 착상, 연구계획 등도 포함해서 작성
- 제3자가 실시가능토록 실험과정과 결과를 기술

다. 논문발표와 특허 권리화

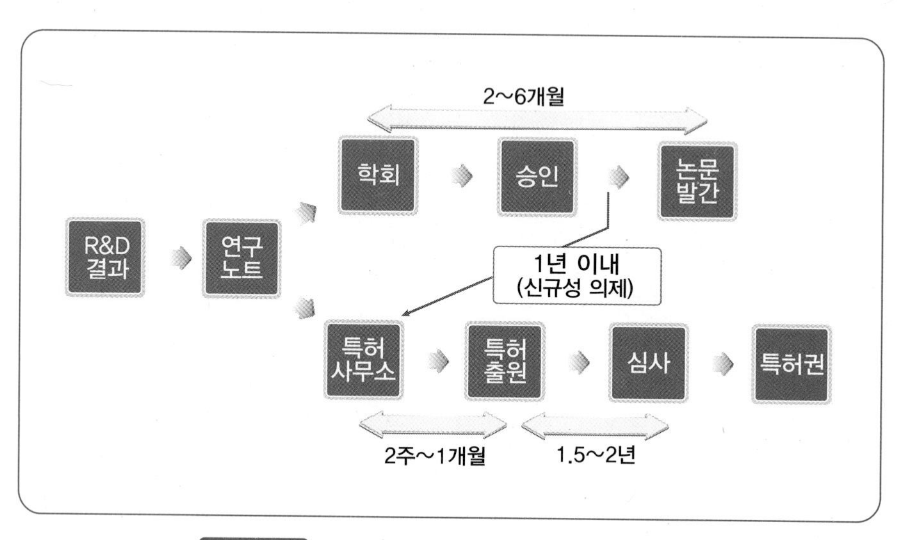

그림 Ⅲ-2 R&D결과물의 논문 발표와 특허 권리화[200]

200 이한영 등 (2005). 과학기술자를 위한 특허정보핸드북

R&D성과물이 사업화 단계에 이르기 전에 R&D결과물을 연구실Lab.차원에서 논문발표, 특허출원 및 영업비밀로서 관리하는 전략이 필요하다. 이때 논문 발표와 특허출원은 **그림 Ⅲ-2**에서와 같이 병행될 수 있으므로 지식재산 권리화 관점에서 서로의 장점을 이해하여 R&D성과물을 체계적으로 관리함이 중요할 것이다.

연구자는 논문발표와 특허출원을 동시에 구사하는 전략으로 특허출원을 하려면 R&D 연구성과물에 대한 특허요건인 "신규성"이 상실되지 않도록 "연구논문의 발표가 특허출원에 앞서지 않도록" 항상 유의해야 한다.

연구자는 논문발표와 특허출원을 동시에 구사하는 전략으로 특허출원을 하려면 R&D 연구성과물에 대한 특허요건인 "신규성"이 상실되지 않도록 "연구논문의 발표가 특허출원에 앞서지 않도록" 항상 유의해야 한다.

논문발표 이후 특허등록 가능성

논문만 발표하고 특허출원을 하지 않는 경우

논문이 발표되어 공지되면 신규성 상실에 의해 특허를 받을 수 없으므로 각별히 유의해야 한다. 하지만 우리나라를 비롯한 일본, 미국 그리고 캐나다 등에서는 논문 발표일(신규성 상실일)로부터 12개월 시점까지 (러시아 또는 유럽 일부 국가에서는 6개월까지) 특허 출원하면 '신규성상실 유예기간'에 해당되어 특허받을 수 있다. 한편, 유럽 다수 국가 또는 중국에서는 표 Ⅲ-3과 같이 신규성 상실 유예 기간에 의해서도 특허받을 수 없으므로 유의해야 한다. 단, 중국의 경우 예외적으로 정부가 공인한 학술 행사에서 발표한 경우에는 6개월의 신규성 상실 유예기간을 인정하고 있다.

표 Ⅲ-3 논문발표에 따른 신규성상실 유예기간

신규성 의제 – "신규성상실 유예기간" (논문발표 후 특허출원 가능기간)	
유럽(일부), 러시아	6개월
한국, 일본, 미국, 캐나다	1년
유럽(다수), 중국	없음

논문을 발표하고 12개월 이내에 특허출원을 한 경우

특허출원 이전에 당해 연구발명의 공지행위(논문발표 등)는 특허등록 요건에 해당하는 신규성을 상실하는 행위로서 원칙적으로 특허를 받을 수 없으나 다만, 중국 및 유럽을 제외한 일부 국가에서는 발표일로부터 6개월 또는 1년의 유예기간 Grace Period 이내에 특허출원을 하면 예외적으로 신규성이 상실되지 않은 것(신규성의제)으로 판단한다.

신규성의제 특허출원(공지예외주장출원)의 등록 가능성

신규성 의제 특허출원은 이러한 신규성상실 유예기간(1년 이내)에 해당이 되어 신규성에 의해서 거절이유가 발생하지 않는다 하더라도 아래와 같은 상황들이 발생할 가능성이 높아 특허를 받을 수 없는 경우가 발생하므로 특별히 유의하여야 한다.

- 등록불가 경우-1

그림 III-3과 같이 A교수가 논문발표한 이후에 1년 이내에 한국 특허청에 특허출원하였더라도 공지된 동일한 논문 내용을 B연구원이 먼저 특허출원하게 되면 A교수는 선출원주의 위반으로 특허받을 수 없으며 B연구원 또한 A교수의 공지된 내용에 의해 신규성이 상실되었으므로 A교수 및 B연구원 모두 특허받을 수 없게 된다.

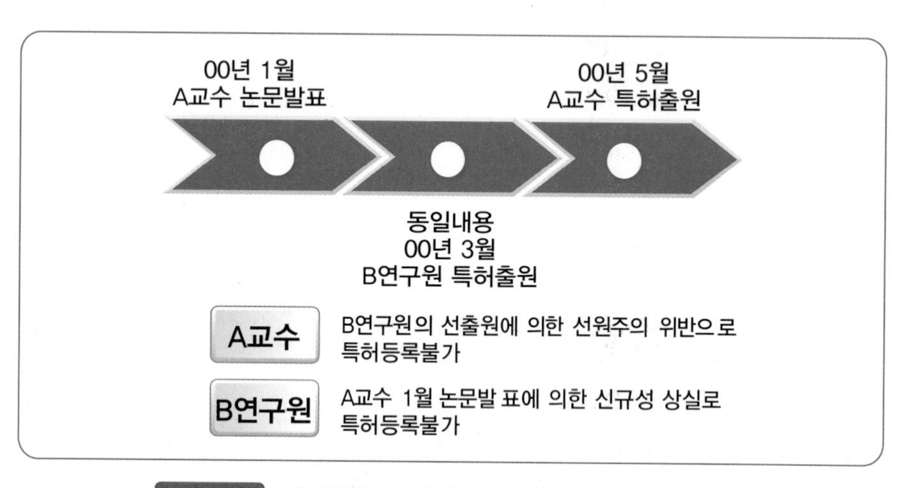

그림 III-3 동일발명의 타인 특허출원이 유예기간 내에 있는 경우

- 등록불가 경우-2

하지만, 통상적으로 동일한 내용을 그대로 모인특허 출원하기보다는 그림 III-4와 같이 동종 분야에서 당업자의 특허 출원은 공지된 내용을 기초로 하여 새로운 아이디어 추가 또는 가공 등을 통해 개량발명이 이루어지므로 학회에서 논문발표된 내용으로부터 B연구원은 개량발명을 출원함으로써 특허등록이 가능할 수 있다. 하지만 A교수는 자신의 논문발표에 의한 신규성상실은 구제받을 수 있을지라도, 향후 특허심사 시 먼저 특허출원된 B연구원의 출원내용과 대비하여 신규성 또는 진보성 결여로 인해 특허등록이 불가할 수 있음에 유의하여야 한다.

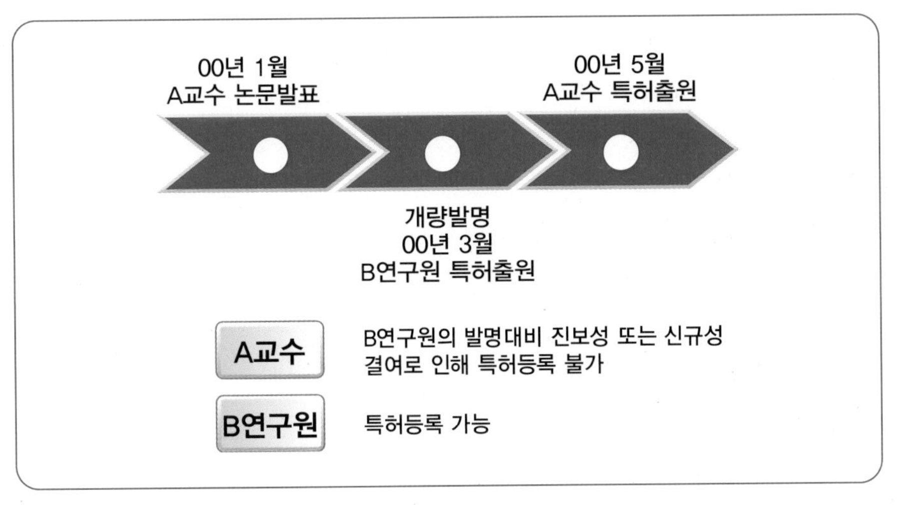

그림 Ⅲ-4 개량발명의 타인 특허출원이 유예기간 내에 있는 경우

| 논문 발표와 동시에 또는 논문 발표 이전에 특허를 출원하는 경우

연구자에 의해 R&D성과물이 도출되면 논문발표와 동시에 또는 논문발표 이전에 특허출원하는 경우는 다음과 같은 장점이 있다.

- 특허출원에 의해 등록되면 배타적 권리와 함께 연구개발 영역을 확보할 수 있음
- 특허출원 과정을 거치면서 논문발표 내용을 다시 점검해 볼 수 있음
- 특허출원 내용은 일정기간(1년 6개월) 공개되지 않아 논문발표에는 차질이 없음
- 특허등록이 되면 기술이전 또는 특허 양도 등을 통해 다양한 경제적인 수익창출

라. 논문과 특허의 비교

연구자들은 자신의 연구목적에 따라 논문과 특허가 가지고 있는 속성을 파악하여 자신의 연구성과물로서 관리하는 전략이 필요하다. 표 Ⅲ-4와 같이 논문은 어문저작물로 보호되며 자연현상 탐구를 통한 독창적인 지식확산과 사회적 이용이 그 목적이라면 특허는 자연법칙에 근거한 기술사상의 창출과 보호를 통한 산업발전이 그 기본적인 목적이라 할 수 있을 것이다.

논문은 어문저작물로 보호되며 자연현상 탐구를 통한 독창적인 지식확산과 사회적 이용이 그 목적이라면 특허는 자연법칙에 근거한 기술사상의 창출과 보호를 통한 산업발전이 그 기본적인 목적이라 할 수 있을 것이다.

표 Ⅲ-4 R&D결과물로서 논문과 특허의 비교

	논문	특허
목적	지식의 확산과 이용	발명의 보호와 활용
형식	실험에 근거한 사실	자연법칙에 근거한 기술적 사상
산업상 이용가능성	선택Optional	필수Mandatory
평가	논문 인용수가 높을수록	사업화 수익에 공헌이 클수록
보호	저작권법 체계	특허법 체계

논문과 특허의 명세서 구조

• 특허와 논문의 비교

하기 **그림 Ⅲ-5**와 같이 논문에 기재되어야 하는 대부분의 내용은 특허명세서의 항목에 대응하여 작성될 수 있다. 단지, 논문에는 존재하지 않는 항목으로써 특허명세서에는 특허청구범위Claim라는 섹터가 존재하게 되는데 이곳에는 발명을 법률적 관점에서 권리화시키기 위해 발명의 요체를 함축적이고 포괄적인 용어로써 작성하는 항목이다.

'특허청구범위'는 연구자가 반드시 알아야 할 중요한 개념으로써 다음 절에서 별도 주제로 다루기로 한다.

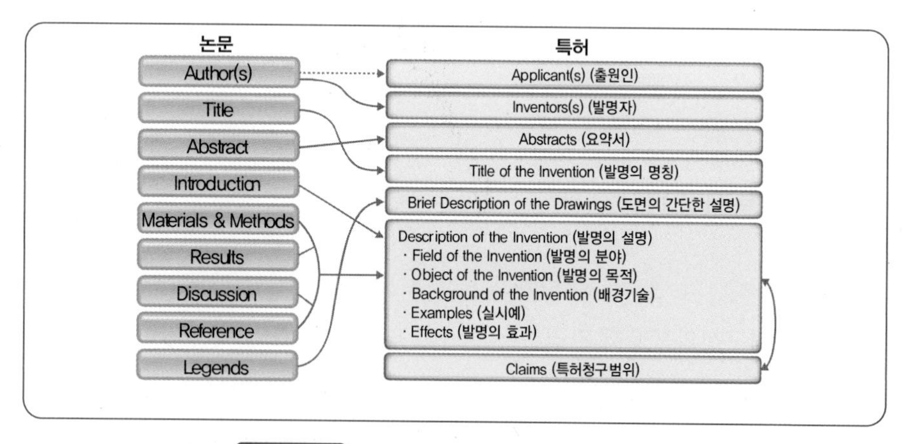

그림 Ⅲ-5 특허명세서와 연구논문의 목차 비교

논문저자와 특허발명자

아래 **표 Ⅲ-5**는 논문저자와 특허발명자가 되기 위한 정당한 요건을 갖춘 자에 대하여 다양한 판례를 정리한 내용이다. 논문저자로서 연구데이터를 제공한 자, 데이터를 수집한 자 또는 단순기술의 지도자는 등재가 불가한 자이며 반면에 기본개념의 설정자, 초고작성자, 자료분석 및 해석자, 주요부분 변경에 개선한 공헌자 등은 정당한 저자에 해당한다. 이와 유사한 개념으로 특허출원할 수 있는 정당발명자도 기본적으로 기술적사상의 착상자 이외에도 타인의 착상에 구체적인 수단을 부가한 자 또는 타인의 착상으로부터 연구를 완성한 자, 타인의 힌트로부터 발명범위를 구체화하거나 확대한 자 등은 정당발명자로서 등재 가능하지만 단순착상자, 일반지식 조언자, 연구설비제공자, 데이터정리자 또는 단순보조자 등은 특허발명자로서 특허 문헌에 게재되지 못하며 원시적으로 특허받을 수 있는 권리를 취득하지 못한다.

표 Ⅲ-5 논문-저자와 특허-발명자의 비교

<table>
<tr><th colspan="2">논문-저자</th><th colspan="2">특허-발명자</th></tr>
<tr><td>기본개념설정자</td><td rowspan="5">불가한 자(×)
연구데이터제공자
데이터를 수집한 자
단순기술지도자</td><td>타인착상+연구</td><td rowspan="5">불가한 자(×)
단순착상자
단순보조자
데이터정리자
일반지식조언자
연구설비제공자
연구자금후원자</td></tr>
<tr><td>연구설계자</td><td>타인착상+구체수단 부가</td></tr>
<tr><td>초고작성자</td><td>타인힌트+발명범위 확대</td></tr>
<tr><td>자료분석 및 해석자</td><td>불완전착상+타인조언</td></tr>
<tr><td>주요부분 변경 및 개선에 공헌자</td><td>기술적사상 착상자</td></tr>
</table>

연구실의 지식재산관리 가이드라인

❶ 연구원이 연구실Lab.에 들어오는 경우 연구실의 지식재산관리 교육을 받는다.

❷ 연구원은 자신의 논문 주제 선정 전에 연구주제 관련된 특허정보를 조사한다.
- 한국, 미국, 일본, 유럽 특허 및 PCT국제출원 공보 등을 검색함
- 특허 검색된 내용 자료를 선정된 주제와의 연관성 분석을 함

❸ 연구실에 대한 비밀정보 관리를 체계적으로 수행한다.
- 신입 연구원 등이 들어온 경우 한 달 이내 비밀유지서약서를 작성
- 비밀유지서약서를 비치한 후 방문자에게 연구내용 공개 시에 서명을 받음

❹ 연구노트를 체계적으로 관리한다.
- 법적 요건을 갖춘 연구노트를 제작하여 Lab. 연구원에게 배포함
- 연구원 등이 퇴소 시 연구노트를 회수하여 연구실에서 관리함

– 주기적으로 연구노트에 대한 날인, 증인서명을 실시함

❺ 논문과 특허를 전략적으로 관리한다.

– 연구성과에 대한 학술지 기고 및 학술대회 참석 전 특허출원 여부를 확인함
– 연구원 등의 논문심사 전 선행특허를 사전에 조사하고, 출원 여부를 확인함
– Lab에서 특허출원 분야를 종합적으로 분석하여 연구개발 방향을 관리함

❻ 연구 결과를 강한 특허권으로 보호한다.

– 특허출원 시 청구범위가 적절하게 작성되어 있는지를 확인함

❼ 연구성과 활용과 관련하여 조직의 지식재산전담관리 부서와 협력한다.

표 Ⅲ-6 연구실의 특허관리에 관한 체크리스트[201]

주요 사항	예	아니오	모름
연구실 특허관리매뉴얼을 갖추고 있는가?	□	□	□
연구실 특허관리 담당자를 지정하고 있는가?	□	□	□
연구실 구성원에게 특허관리 매뉴얼을 교육했는가?	□	□	□
연구팀에게 비밀유지의 중요성을 설명하고 비밀유지 양식에 서명을 받았는가?	□	□	□
적절한 양식의 연구노트를 배포하고 연구노트 작성방법을 알려주어 체계적으로 관리하고 있는가?	□	□	□
연구주제 선정 시 선행 특허조사를 하고 있는가?	□	□	□
기술이전 조직에 발명신고를 하고 있는가?	□	□	□
발명신고 시 기술이전조직 전문가와 마케팅전략을 수립하는가?	□	□	□
연구성과를 논문과 특허로 동시에 출원할 것인지에 대한 전략을 수립하였는가?	□	□	□
적절한 변리사를 선정하고 원활하게 의사소통을 하고 있는가?	□	□	□
충실한 명세서를 작성하여 특허권을 확보하였는가?	□	□	□
기술마케팅 또는 실험실 창업을 적극 수행하거나 기술이전 조직에 협력하는가?	□	□	□

201 국가 R&D특허전략 매뉴얼 (2008), 특허청

2. 특허침해와 권리보호

가. 특허청구범위의 중요성

특허청구범위란?

특허받기 위해 출원서와 함께 제출하는 특허명세서는 그림 Ⅲ-6과 같이 크게 '발명의 설명'과 '특허청구범위'로 구분하여 작성하여야 한다. '발명의 설명'에는 발명분야, 발명의 목적, 배경기술, 해결하고자 하는 기술적 과제, 발명의 실시예 및 발명의 효과 등을 해당 기술분야에 속하는 당업자가 용이실시할 수 있을 정도로 상세히 기재하여야 하며, "특허청구범위"는 앞서 상술한 '발명의 설명'에 의해 뒷받침되어 R&D성과물 중에서 법적으로 보호받고 싶은 사항을 함축하여 명료하게 기재하여야 하며 이는 특허침해와 권리보호범위를 정하는 법적기준이 된다.

"특허청구범위"는 앞서 상술한 발명의 설명에 의해 뒷받침되어 R&D 성과물 중에서 법적으로 보호받고 싶은 사항을 함축하여 명료하게 기재하여야 하며 이는 특허침해와 권리보호 범위를 정하는 법적기준이 된다.

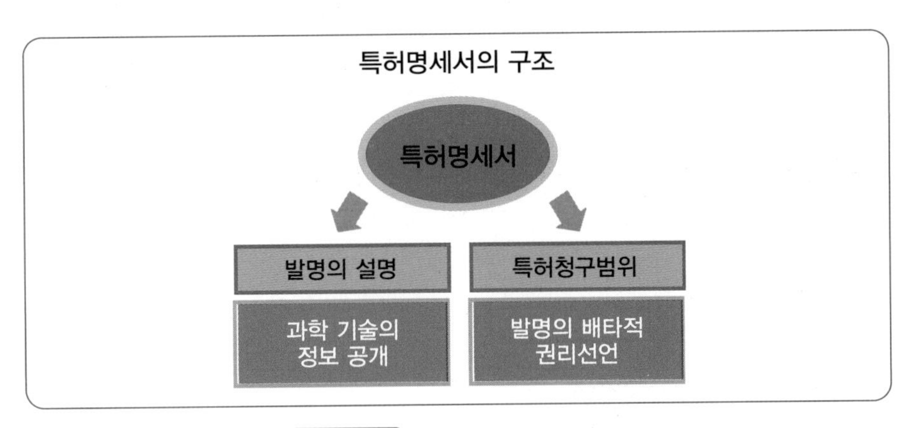

그림 Ⅲ-6 특허 명세서의 주요 역할

특허청구범위Patent Claim의 구성

특허청구범위에는 보호받으려는 사항을 명확히 할 수 있도록 발명을 특정하는 데 필요하다고 인정되는 구조 · 방법 · 기능 · 물질 등과 관련된 구성요소와 이들의 결합관계 등을 명확하고 간결하게 기재하되 발명의 설명에 의해 뒷받침되어야 한다.

특허청구범위에는 1개 이상의 독립청구항을 기재하여야 하며 아울러 그 독립 청구항을 한정하거나 부가하여 구체화하는 종속청구항을 기재할 수 있다.

특허청구범위에는 보호받으려는 사항을 명확히 할 수 있도록 발명을 특정하는 데 필요하다고 인정되는 구조 · 방법 · 기능 · 물질 등과 관련된 구성요소와 이들의 결합관계 등을 기재한다.

통상적으로 많이 활용되고 있는 젭슨청구항Jepson Claim 기재방식에 의한 독립청구항의 기재방법은 전제부preamble, 전환부transition, 본체부body로 구분하여 작성한다.

전제부와 본체부를 전환부로서 명시하여 구분하고 전제부preamble 부분에는 선행(배경)기술의 요지를 기재하고 본체부body에는 발명을 특정하는 구성요소와 결합관계를 기재함으로써 보다 명확하게 종래기술과 차별화된 발명의 권리범위를 설정하여 특허청구할 수 있다.

- **전제부**: 발명의 기본적인 골격을 보여주는 부분으로, 해당 발명의 카테고리를 설명해 주거나 또는 발명이 속하는 기술의 분야를 한정하는 역할을 한다.
- **본체부**: 발명의 구성을 기재한 부분으로, 발명의 가장 핵심적인 구성요소들을 그 연결관계를 설명하면서 기재한다.
- **전환부**: 한국어로는 '… 구성된', '… 포함하는', '… 가지는', 영어로는 'comprising', 'consisting of', 'consisting of', 'consisting essentially of'라는 단어를 사용하는 부분으로 구성요소 간의 관계를 나타내준다. (comprising을 사용한 개방형 전환부의 경우는 consisting of를 사용한 폐쇄형 전환부의 경우보다 통상적으로 권리범위가 넓게 해석됨)

독립항과 종속항

특허청구항은 그 발명 요체의 개념구성에 따라 표 Ⅲ-7과 같이 독립항(상위개념)과 종속항(하위개념)으로 구분된다.

표 Ⅲ-7 독립항과 종속항의 특성 비교

	독립항	종속항
상대적 권리범위	넓음	좁음
청구항 기재방법	다른 청구항을 인용하지 않고 구성요소(와 결합관계)를 기재함	독립항(종속항)을 한정하거나 부가하는 방식으로 구체화함
상대적 권리화 개념	상위개념	하위개념
	원천발명	개량발명
	포괄적 개념	구체화 개념

종속항의 경우 독립항에서 청구한 포괄적 용어(상위개념)를 인용하여 이를 한정하여 구체화하거나(하위개념) 또는 독립항의 구성요소(상위개념)를 인용하여 이를 부가하여 구체화함(하위개념)으로써 보호범위를 보다 명확하게 할 수 있다.

종속항의 권리범위는 독립항과 비교해 권리범위가 한정되거나 또는 부가적으로 작성되어 구체화된 하위개념으로서 독립항의 권리범위에 비해 협소하다고 할 수 있다.

종속항의 권리범위는 독립항과 비교해 권리범위가 한정되거나 또는 부가적으로 작성되어 구체화된 하위개념으로서 독립항의 권리범위에 비해 협소하다고 할 수 있다.

하지만 특허 심사과정이나 등록 이후 심판 또는 소송과정에서 종속항 또는 독립항은 각각 독립된 권리로 취급되며, 따라서 각각의 청구항에 대하여 심사관의 거절이유가 되며 또한 개별적으로 무효가 가능하다.

특허청구범위 작성 시 유의사항

- 형식적 기재요건에 부합할 것
  - 청구항은 발명의 특징(구성)이나 관점에 따라 적당한 수로써 기재하되 종속항Daughter Claim을 기재할 때는 인용하는 독립항Mother Claim 또는 종속항의 번호를 적어야 한다.
  - 필요한 경우 종속항은 독립항 또는 다른 종속항 중에서 1 또는 2 이상의 항을 인용하여 이를 한정 구체화하는 방식으로 종속항을 작성할 수 있다. 〈다중인용 종속항의 인정〉
  - 2 이상의 항을 인용하는 종속항은 인용되는 항의 번호를 택일적으로 기재한다.[202]
  - 2 이상을 인용하는 종속항을 작성 시에는 2 이상 항을 인용한 다른 종속항을 인용하는 방식으로 작성하지 못한다. 〈다중인용 종속항의 범위 제한〉
  - 인용되는 청구항은 인용하는 청구항보다 먼저 기재하되 각 청구항은 항마다 행을 바꾸어 기재하고 그 기재하는 순서에 따라 아라비아 숫자로 일련번호를 붙인다.
- 발명의 설명에 뒷받침될 것
  - 배타적 특허 권리가 허여되는 특허청구범위는 명세서의 기재사항 중 '발명의

202 택일적 기재의 예시: 제1항 또는 제2항에 있어서... 제1항 내지 제3항 중 어느 한 항에 있어서...

설명'의 내용을 일반공중에게 공개하는 대가로써 허여되는 권리이므로 '발명의 설명'에 기재된 내용을 넘어서거나 또는 발명의 설명에 뒷받침되지 못하면 특허청구범위로써 허용될 수 없다는 취지이다.

- 명확하고 간결하게 기재될 것 〈기재불비의 예시〉
  - 청구항에 구성요소가 나열식으로만 기재되어 결합관계가 불명확한 경우
  - 청구항에 기재된 발명의 카테고리가 불명확한 경우
  - 동일한 내용이 중복적으로 기재되거나 장황하여 불명확한 경우
  - 지시 대상이 불명확하여 발명 구성에 관한 특정이 불명확한 경우
  - 발명의 구성을 불명확하게 하는 표현이 기재된 경우[203]

특허청구범위의 종류

표 Ⅲ-8 특허청구범위 종류에 따른 특징

특허청구범위 종류	특징	사용
젭슨Jepson	통상적 발명(전제부+본체부)	제품의 구성특허
Product-by-Process	제조방법 발명	제법, 물질특허
마쿠쉬Markush	발명의 조합적 요소	BT, 화합물특허
개조식	발명의 시계열적인 요소	순차적 공정특허
기능식 Means-plus-Functional	포괄적인 기능 용어	기능적인 작용 (실제적으로 등록불가 요소 포함)

특허청구범위는 그 발명의 요체가 제품의 구성발명 또는 공정, 제법, 화학적 발명 등 발명유형에 따라 표 Ⅲ-8에서와 같이 다양한 유형으로서 존재하며, 그 표현형태 또는 방법이 특허청구범위 유형에 따라 달라진다.

- 젭슨청구항

통상적으로 방법 또는 물건발명에 있어서 많이 사용되는 방식으로서 '전제부'와 '특징부(본체부)'로 구분되어진다는 특징이 있다. 전제부에는 공지영역의 상위개념으로서 선행(배경)기술 또는 공지기술 분야를 기재하고 이와 대비하여 배

203 불명확한 표현의 예시: 예를 들면, 필요에 따라, 적합한, 적당양의, 거의, 대략적으로, 약, 주로, 주성분으로, 많은, 높은, 대부분, 등과 같이 비교의 기준이나 척도가 불명확하거나 ~을 제외하고, ~이 아닌, 등 부정적 표현을 사용하거나 ~ 이상, ~ 이하 등과 같이 수치한정 발명에서 상한이나 하한이 불명확한 경우

타적 권리범위로서 청구하고자 하는 구체화된 하위개념으로 당해 발명의 구성요소와 결합관계 등을 특징부(본체부)에 기재하는 방식이다.

• 마퀴쉬청구항

주로 BT(바이오 화학)분야 또는 화합물의 제조발명 등은 마쿠쉬 형식에 의해 발명의 조합적 구성요소를 청구범위로 표현 작성하는 방식[204]으로서 구성요소가 조합되거나 또는 임의선택토록 기재된 청구항은 발명의 보호범위를 불명확하게 하기 때문에 원칙적으로 인정되지 않지만 발명이 2 이상의 병렬적인 개념으로 이루어지고 이를 총괄하는 발명의 개념이 있는 경우에 마퀴쉬 청구항 방식으로 허용이 된다.

• Product-by-Process청구항

물건Product 발명의 경우에는 원칙적으로 물건의 구성요소와 구조적 특성을 청구항에 기재하는 것이 원칙이지만 구성요소를 특정하거나 구조적 특성을 작성하기 여려운 경우에 예를 들어 '~의 방법으로 제조된 물건', '~장치로 제조되는 물건' 등의 형식으로 '제조되는 방법에 의해 한정되는 물건청구항'으로 작성할 수 있다.

• Means-plus-Function청구항

기능식 청구항이라고도 불리어지는 Means-Plus-Functional청구항은 구성요소를 특정할 수 있는 적합한 명칭이 존재하지 않거나 불필요한 경우에 예를 들어 '~를 하기 위한 수단'이라는 형식으로 기재하는 청구항이다. 청구항에서 특정 기능을 수행하는 수단과 대응하는 구체적인 구성에 관한 내용이 '발명의 설명'에 기재되어야 한다. 기능적 용어는 포괄적 용어로서 권리가 광범위하게 설정되므로 출원인에게는 유리하겠지만 실무적으로 권리범위가 불명확하다는 이유로서 등록받기는 어렵다고 할 수 있다.

• 개조식청구항

발명의 핵심요체(발명의 명칭)를 구성요소들보다 먼저 기재한 다음에 시계열적인 발명의 구성요소들을 개조식 형태로서 기재하는 청구항이다.[205] 특히 순

Chapter III

204 마퀴쉬청구항의 예시: a1, b2, c1 및 d2로 구성된 군(그룹)으로부터 선택된 A1' (영어식 표현: A1 selected from the group consisting of a1, b2, c1 and d2)

205 다음의 각 공정으로 이루어지는 가공 방법 가) ~하는 제 1공정; 나) ~하는 제 2공정; 다) ~하는 제3공정.

차적 방법 또는 공정에 의해 이루어지는 방법발명인 경우 발명의 내용을 명확하게 특허청구범위에 표현할 수 있다는 장점이 있다.

나. 강한 특허와 표준특허

강한 특허란?

- 권리범위가 넓게 설정 ⇒ 제3자가 회피설계가 용이하지 않도록 하며,
- 특허침해가 있는 경우 ⇒ 제3자의 특허침해를 용이하게 입증해야 하며,
- 무효심판, 소송제기 시 ⇒ 효율적으로 특허를 방어할 수 있도록 작성해야 함

- 특허청구범위의 구성요소는 가급적 적게
- 포괄적인 용어를 사용
- 구성요소에 대한 불필요한 제한 금지
- 단계적 청구항 사용 [독립항–종속항]
- 발명요체를 다양한 독립청구항 형태로 확보

표준특허

- 침해입증이 용이하도록 작성하며,
- 회피설계가 불가능
- 기술표준에 관한 규격서Specification가 특허청구범위에 포함

- 기술표준 문서에 명시된 내용 중심으로 작성하고 일반적인 명세작성과는 차별화한다.
- 가출원, 분할 가출원, 해외 가출원[우선권주장출원] 등 전략적 특허출원이 필요하며,
- 응용특허로의 권리등록을 배제하고 기술표준에만 필요한 필수적인 표준규격서로 작성

특허유형과 보호강도

R&D결과물로서 확보되는 응용기술은 주로 개량특허로서 창출되며 이는 기존의 기술적 과제해결을 통해 확보된다. 이러한 개량특허는 통상적으로 회피설계가 가능하며 만일 특허침해가 발생하더라도 이를 입증하기가 쉽지 않다. 그리고 이러한 개량특허는 종래의 원천 또는 핵심특허와 이용 또는 저촉관계에 있을 가능성이 크기 때문에 업으로써 실시하고자 하는 경우 원천특허 권리자로부터 라이

선스를 허여받아야 한다.

하지만 기반(플랫폼)기술 분야에서 R&D결과물로 확보되는 원천성이 강한 기술은 표 Ⅲ-9에서 개량기술과 비교한 바와 같이 다양한 분야로의 응용기술 개발이 가능성이 큰 핵심기술이자 플랫폼기술이라 할 수 있다. 이러한 플랫폼기술들이 특허로서 확보가 되면 원천특허 또는 핵심특허가 된다. 원천특허는 회피설계가 어려우며 침해입증이 상대적으로 용이하다. 또한 기존의 특허를 이용 또는 저촉에 의한 침해할 가능성은 희박하며 핵심(원천)특허로서 라이선스 활용 가능성이 높은 특허이다.

원천특허는 회피설계가 어려우며 침해입증이 상대적으로 용이하다. 또한 기존의 특허를 이용 또는 저촉에 의한 침해할 가능성은 희박하며 핵심(원천)특허로서 라이선스 활용 가능성이 높은 특허이다.

표 Ⅲ-9 일반(개량)특허와 원천(핵심) 및 표준특허의 비교

	개량(일반)특허	원천(핵심)특허	표준특허
• 기술유형	응용기술	플랫폼(핵심)기술	기술표준
• 침해회피	회피설계 가능	회피설계 어려움	회피설계 불가능
• 침해입증	침해입증 어려움	상대적 용이함	매우 용이함
• 이용 · 저촉 가능성	높음	희박	없음
• 라이선스 활용	낮음	높음	매우 높음

표준특허와 라이선스

이노베이션의 표준화와 연관된 기술표준은 표 Ⅲ-9에서와 같이 또 다른 관점에서 보다 더 강력한 플랫폼 기술이라 할 수 있다. 기술표준이란 특정 기술분야에서 다양하게 창출되거나 향후 창출될 R&D이노베이션들을 체계적 관점에서 규격화와 표준화를 이루고 이를 기반으로 지속가능한 추가적인 이노베이션을 창출토록 하는 리서치툴Research Tool과도 같은 강력한 플랫폼기술이다.

기술표준이란 특정 기술분야에서 다양하게 창출되거나 향후 창출될 R&D이노베이션들을 체계적 관점에서 규격화와 표준화를 이루고 이를 기반으로 지속가능한 추가적인 이노베이션을 창출토록 하는 리서치툴Research Tool과도 같은 강력한 플랫폼기술이다.

통상적으로 리서치툴에 해당이 되면 이는 추가적인 연구개발 R&D를 위한 기본적인 수단으로 인식하고 사회 공익적 관점에서 배타적 특허권리로서 사유화하는 것은 제한하고 있다. 그럼에도 불구하고 기술표준을 만드는 데에는 국제 표준화 전문기구를 통해서 해당 분야의 글로벌 전문가 워킹그룹과 기술위원회 등의 활동을 통해 다양한 의견수렴을 이끌어 국제 표준기술로서 이르는 데에는 많은 창의적인 노력과 함께 투자가 필요하기 때문에 이를 표준특허로서 보호하고 장려함에는 그다지 무리가 없어 보인다.

글로벌 기술표준이 특허로서 획득된다면 원천성의 관점에서 회피설계가 불가능하며 침해입증 또한 매우 용이할 뿐만 아니라 라이선스 활용 가능성도 매우 높은 표준특허가 된다.

글로벌 기술표준이 특허로서 획득된다면 원천성의 관점에서 회피설계가 불가능하며 침해입증 또한 매우 용이할 뿐만 아니라 라이선스 활용 가능성도 매우 높은 표준특허가 된다. 하지만 표준특허는 앞서 언급한 바와 같이 리서치툴과 같은 원천적인 플랫폼기술로서 해당 업계에서 지속 가능한 이노베이션을 위해 누구라도 접근성이 용이하게 활용할 수 있어야 한다. 이러한 이유로서 국제표준기구에서는 회원국가에서 표준특허로서 등록이 되는 경우에는 표준화기술에 해당된다고 공개해야 하며 아울러 공정하고 합리적인 조건으로 차별성 없이 라이선스를 허여해야 한다는 FRAND 조건[206]이 있다.

하지만 특허는 고유한 국가별 속지주의 권리로서 국제표준화기구의 표준특허에 관한 가이드라인은 회원국가에서 법적구속력이 없으며 표준특허권자가 이를 지키지 않는 경우에도 불이익으로서 강제할 규제가 없다. 시장 우월적 지배구조를 가지는 표준특허권자가 시장경쟁자의 라이선스를 거부한다든지 과다한 라이선스 비용을 요구하는 것을 방지하기 위해 각 회원국가에서는 독과점방지 또는 부정경쟁 방지 등의 관련 법률 입법화를 통해 표준특허에 의한 사회 부작용을 규제하고 있다.

다. 특허침해를 보는 관점

특허침해를 보는 관점은 자신의 R&D이노베이션에 관한 보호는 물론 타인 특허를 접근활용함에 있어서도 중요한 사안이며, 아울러 연구자가 사업화 활용관점에서 경쟁력 있는 발명특허를 창출을 위해서도 반드시 알아야 할 중요한 개념이다.

표 Ⅲ-10 특허침해와 보호범위 해석의 관점

	주변한정주의	중심한정주의
주요해석대상	특허청구범위 (문언적 해석)	특허 명세서 (기술사상 해석)
특허청구범위	핵심적 역할	보조적 역할
침해이론근거	AER(구성요소완비) 침해의 관점	균등론(DOE) 침해의 관점
주요국가동향	영미법계 (미국)	대륙법계 (독일)
	현재에는 대부분 국가에서 양대 관점을 절충하여 판단하고 있음	

206 이러한 라이선스 조건을 프랜드FRAND: Fair, Reasonable And Non-Discriminatory라고 하며 표준기술로서 획득한 특허는 '공정하고 합리적이며 비차별적인 라이선스'를 해야 한다는 것을 의미한다.

한국특허법 97조에 의하면 특허발명의 보호범위는 청구범위에 적혀있는 사항에 의해 정하여진다고 규정되어 있으며, 특허발명의 침해를 판단하는 특허발명의 보호범위를 판단하는 각국의 법원 판례는 표 Ⅲ-10에서와 같이 '주변한정주의'와 '중심한정주의' 관점으로 크게 구분해 볼 수 있다.

'주변한정주의'는 주로 영미법계에서 인용되는 관점으로서 보호범위를 '특허청구범위'를 중심으로 문언적 해석을 통해 판단하며 명세서에 기재된 '발명의 설명'까지 확장하는 것을 제한하는 관점이라 할 수 있다. 그러므로 특허청구범위에 기재된 AERAll Element Rule(구성요소완비원칙)에 의한 침해는 주변한정주의에 의한 특허침해 관점에 이론적 근거를 두고 있다고 할 수 있다.

'주변한정주의'는 주로 영미법계에서 인용되는 관점으로서 보호범위를 '특허청구범위'를 중심으로 문언적 해석을 통해 판단하며 명세서에 기재된 '발명의 설명'까지 확장하는 것을 제한하는 관점

이와 대비되는 관점으로 발명의 실질적인 기술사상의 해석이 중심이 되는 '중심한정주의'를 취하는 대륙법계 관점이 있으며 이는 특허청구범위에 기재된 사항에 구속되지 않고 보호범위를 특허 명세서에 기재된 기술사상을 중심으로 해석하며 특허청구범위는 이를 보완하는 역할을 하는 것으로 보는 관점이다. 그러므로 침해판단의 대상물이 특허청구범위의 문언과 대비하여 다르다고 할지라도 균등하다고 볼 수 있는 일정요건이 해당되면 침해로 판단하는 균등론DOE: Doctrine of Equivalents 침해관점에 그 이론적 근거를 두고 있다고 할 수 있겠다.

오늘날 특허침해와 보호범위를 판단함에 있어서 어느 관점을 취하든 특허보호범

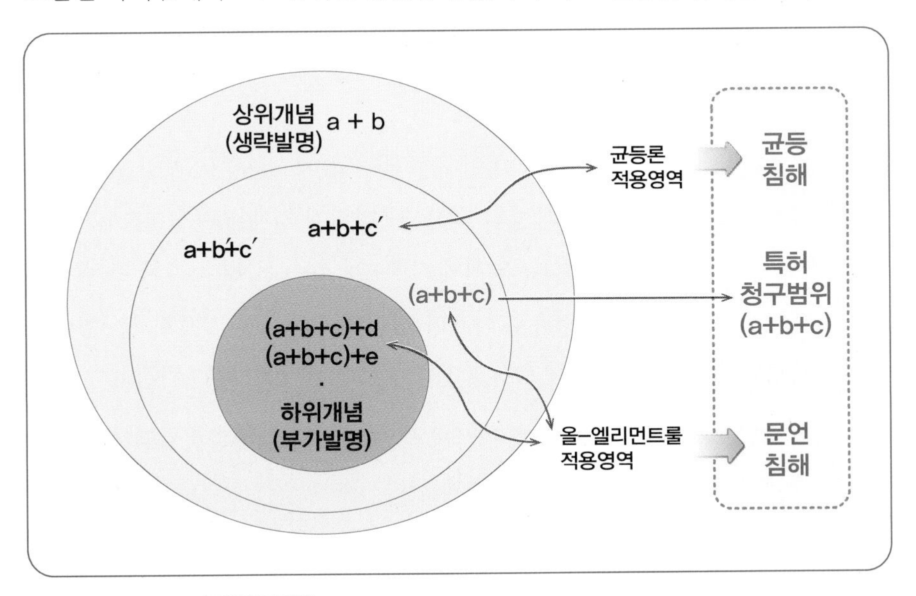

그림 Ⅲ-7 문언침해와 균등침해에 관한 적용 영역 (예시)

위의 기준은 양자의 관점들이 상호절충하여 균형적인 관점으로 접근하고 있다.

우리나라도 특허보호범위를 판단함에 있어서 특허청구범위를 기준으로 명세서에 기재된 발명의 설명과 도면, 선행기술과 공지된 사실 그리고 출원경과 등을 종합적으로 참작하여 판단하고 있다.

문언침해

문언침해란 '구성요소완비원칙'All Element Rule에 의한 침해라고도 하며 특허청구범위에 기재된 구성요소들이 침해품에 모두 포함되어 있는 경우에 이를 직접침해 또는 문언침해라고 한다.

문언침해란 '구성요소완비원칙'All Element Rule에 의한 침해라고도 하며 특허청구범위에 기재된 구성요소들이 침해품에 모두 포함되어 있는 경우에 이를 직접침해 또는 문언침해라고 한다.

그림 Ⅲ-7과 같이 특허받은 발명이 (a+b+c) 구성으로 이루어져 특허청구범위에 상기한 구성요소들이 명기되어 있다고 가정한다면, 해당 특허의 권리가 미치는 범위는 침해대상품이 (a+b+c)+d 또는 (a+b+c)와 같이 '올엘리먼트룰'에 의해 특허청구범위의 구성요소들이 모두 포함되거나 구성요소와 동일한 경우에 문언침해로 판단된다고 할 수 있다.

하지만 올엘리먼트룰에 의하면 침해품이 (a+b) 또는 (a+c)+f 등과 같이 특허청구범위 (a+b+c)에 명기된 일부 구성요소가 생략이 되거나 또는 특허청구범위의 구성요소를 모두 포함하지 않고 실시되는 경우에는 해당 특허를 침해하지 않는 것으로 본다.

균등침해 (DOE)

균등론Doctrine of Equivalents 침해란 확인대상의 구성(예: a+b'+c 또는 a+b'+c')이 **그림 Ⅲ-7**과 같이 특허받은 발명의 특허청구범위에 기재된 구성(예: a+b+c) 중 치환 내지 변경된 부분이 있는 경우(예: b → b', c → c')에 이러한 구성이 특허청구범위의 구성과는 문언적으로 다르다 하더라도 균등한 것으로 볼 수 있는 요건들이 충족이 된다면 여전히 특허발명을 침해한 것으로 보는 관점이다.

균등론에 의한 침해판단은 법원 판례[207]에 의해 정립된 침해관점으로서 통상적으로 다음 5가지의 기준으로 검토를 하게 된다.

---

207 대법원 2011.09.29. 선고 2010다65818 판결

- **해결원리의 동일성**

  기술적 과제를 해결하고자 하는 원리가 상호 동일한지를 판단할 때에는 특허명세서의 발명의 설명이나 공지기술을 참작하여 기술사상의 핵심을 판단한 결과 이로부터 과제의 해결원리가 동일하여야 한다.

- **치환가능성**

  치환에 의하더라도 특허발명에서와 같은 목적을 달성할 수 있고 실질적으로 동일한 작용효과를 나타내어야 한다.

- **치환용이성 (자명성)**

  치환하는 것이 발명이 속하는 기술분야에서 통상의 지식을 가진 자(당업자)라면 누구나 용이하게 생각해 낼 수 있는 정도로 자명하여야 한다.

- **공지기술 아닐 것**

  침해대상 제품 등이 특허발명의 출원 시 이미 공지된 기술과 동일한 기술 또는 통상의 기술자가 공지기술로부터 용이하게 발명할 수 있었던 기술에 해당되지 않아야 한다.

- **특단사정 없을 것**[208]

  침해대상 제품의 치환구성이 특허받은 발명의 출원등록 절차에 비추어 볼 때

표 Ⅲ-11 문언침해와 균등침해에 관한 특허침해 판단 (예시)

침해 관점		특허발명 (예시)	확인대상 (예시)	특허침해 여부 판단
AER All Element Rule 구성요소완비원칙	부가 발명	(a+b+c)	(a+b+c)	문언침해
		(a+b+c)	(a+b+c)+d	
	생략 발명	(a+b+c)	a+b	1. 원칙 → 침해 아님 2. 예외 → 간접침해
DOE Doctrine of Equivalents 균등론		(a+b+c)	(a+b'+c') (a'+b+c) (a+b'+c') . .	1. 해결원리 동일성 2. 치환가능성 3. 치환용이성 4. 공지기술 아닐 것 5. 특단사정 없을 것

208 이는 포대금반언의 원칙File Wrapper estoppel 또는 출원경과참작의 원칙이라고 하며 특허심사 등록 과정에서 거절이유극복을 위해서 출원인이 보정을 통해 권리를 축소하거나 의식적으로 제외시킨 사실이 있다면 특허등록된 이후 이에 반해서 권리를 확장 해석하는 것은 허용되지 않는다는 원칙이다.

특허청구범위로부터 의식적으로 제외된 것에 해당하는 등 특별한 사정이 없어야 한다.

직접침해 vs 간접침해

특허권자의 허락 없이 특허발명을 그대로 업으로 실시하는 경우 직접침해로 하며 간접침해는 직접침해로 이어지는 예비단계에서 침해 개연성이 높은 행위를 침해로 간주하는 경우이다.

특허권자의 허락 없이 특허발명을 그대로 업으로 실시하는 경우 직접침해로 하며 간접침해는 직접침해로 이어지는 예비단계에서 침해 개연성이 높은 행위를 침해로 간주하는 경우이다. 특허법 127조는 간접침해를 침해로 보는 행위로서 표 Ⅲ-12와 같이 규정하고 있다.

표 Ⅲ-12 간접침해와 직접침해에 해당하는 행위

	간접침해 (침해 예비단계)		직접침해
물건발명	물건의 생산에만 사용되는 물건을~	생산, 양도, 대여, 수입, 양도 · 대여의 청약 행위[209]	정당한 권원이 없는 자가 특허발명을 업으로서의 실시행위[210]
방법발명	방법의 실시에만 사용되는 물건을~		

- 직접침해

정당한 권원이 없는 자란 특허권자가 아닌 자로서 전용실시권 또는 통상실시권을 허락받지 않은 자를 말하며 이러한 자가 해당 특허발명을 업으로서 실시하는 경우에 직접침해라고 한다. 직접침해는 간접침해에 대비되는 보다 큰 개념으로서 앞서 살펴본 바와 같이 특허청구범위에 기재된 구성을 모두 포함하여 실시함으로써 침해에 해당이 되는 문언침해인 AERAll Element Rule와 특허권의 효력이 회피설계Invent Around 영역까지 확대되는 균등론 DOEDoctrine of Equivalents에 의한 특허침해까지도 포함할 수 있다. 하지만 직접침해를 문언침해로만 한정하고 특허침해의 유형을 문언침해, 균등론침해 그리고 간접침해로서 3가지 유형으로써 분류하는 것이 일반적인 관점이다.

209 단, 물건의 생산 또는 방법의 실시에만 사용되는 물건을 사용하는 행위는 직접침해에 해당한다.
210 실시란 물건을 생산, 사용, 양도, 대여 또는 수입하거나 그 물건의 양도 또는 대여의 청약(양도 또는 대여를 위한 전시하는 행위를 말한다.

- **간접침해**[211]

간접침해란 **표 Ⅲ-12**에서 대비한 바와 같이 침해 전단계 또는 예비단계에 있는 침해로서 특허법에서는 침해로 보는 행위라고 규정하고 있다. 물건의 발명인 경우 해당 물건의 생산에만 사용되는 물건(전용물 또는 전용부품)을 생산, 양도, 대여, 수입, 양도·대여의 청약하는 행위를 간접침해로 보며 아울러 방법 발명인 경우에 해당 방법의 실시에만 사용되는 물건(전용물 또는 전용부품)을 생산, 양도, 대여, 수입, 양도·대여의 청약 행위를 간접침해 행위로 본다. 간접침해 행위는 예비적 행위로서 직접침해와는 달리 민사적 구제만 가능하며 형사적 구제로서 특허 침해죄 처벌의 대상이 아님에 유의할 필요가 있다.

이용관계 vs 저촉관계

지식재산 권리충돌에 의해 침해의 문제가 발생되는 경우는 일방적인 권리충돌과 쌍방에 의한 권리충돌이 발생하는 경우로서 **그림 Ⅲ-8**과 같이 크게 2가지 형태로 나누어 볼 수 있다. 일방적인 권리충돌이 발생하는 경우를 이용관계에 의한 권리충돌이라 하며 쌍방에 의한 권리충돌이 발생하는 경우를 저촉관계에 의한 권리

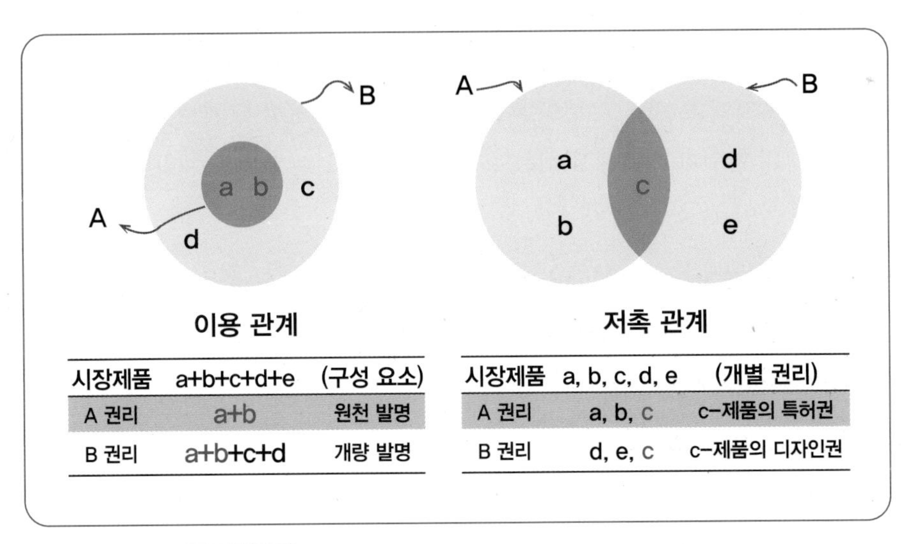

시장제품	a+b+c+d+e	(구성 요소)
A 권리	a+b	원천 발명
B 권리	a+b+c+d	개량 발명

시장제품	a, b, c, d, e	(개별 권리)
A 권리	a, b, c	c-제품의 특허권
B 권리	d, e, c	c-제품의 디자인권

그림 Ⅲ-8 이용 또는 저촉관계에 의한 권리상충에 관한 예시

211 미국 특허법은 유도침해Induced Infringement와 기여침해Contributory Infringement 등으로 특허침해를 폭넓게 인정하고 있다. 한국에서도 전용물에만 적용되는 간접침해 규정을 제한적 범위에서 비전용물 또는 범용부품 등으로 확대 개정하여 특허권자 보호를 강화하자는 주장도 있다.

저촉관계에 의한 침해 문제는 쌍방의 권리가 서로 충돌하고 있는 상황으로서 어느 일방이 부여받은 권리행사를 적법하게 행사하더라도 상대방의 부여받은 권리범위를 침해하는 문제가 발생하는 경우이다.

충돌이라 한다.

이용관계에 의한 침해 문제는 자신이 부여받은 권리행사를 적법하게 행사함에도 불구하고 다른 이가 부여받은 권리를 이용하고 있기 때문에 이용권리에 대하여 일방적인 침해의 문제가 발생하는 경우이다.

하지만 저촉관계에 의한 침해 문제는 쌍방의 권리가 서로 충돌하고 있는 상황으로써 어느 일방이 부여받은 권리행사를 적법하게 행사하더라도 상대방의 부여받은 권리범위를 침해하는 문제가 발생하는 경우이다.

◪ 이용관계 판단 예시

그림 Ⅲ-8 좌측에 도시한 이용관계 예시에서 A의 구성은 (a+b)로 이루어진 원천발명이라고 가정하고 B의 구성은 A의 발명을 포함한 개량발명으로서 (a+b)+c+d로 이루진 구성이라고 가정하다면 B의 개량발명은 A의 원천발명의 구성을 포함하는 이용발명이라 할 수 있다. 이용관계에 있는 발명에 관해 그 특허등록 판단과 특허 침해의 관점에 관해 살펴보기로 한다.

먼저 특허등록 요건 심사에 있어서 신규성은 1:1 구성대비 판단을 하게 되며 개량발명 B는 원천발명 A의 구성요소와는 상이하므로 신규성이 있다. 새로이 부가된 구성c+d에 의한 B의 발명(a+b)+c+d가 원천발명 A를 포함한 공지기술과 비교하여 목적의 특이성, 구성의 곤란성 및 효과의 현저성 등 진보성을 판단함에 있어서 국내 당업자 수준에서 이를 용이하게 도출할 수 없다면 개량발명 B는 특허로서 등록이 가능할 수 있다.

하지만 특허등록에 관한 심사요건과는 달리 특허침해의 관점은 또 다른 법리적인 관점과 기준에 의해 판단될 수 있다는 것에 유의해야 한다.

구성요소완비원칙All Element Rule에 의한 문언적 침해관점에서 살펴보면 원천발명 A의 구성(a+b)을 모두 포함한 이용발명이자 개량발명인 B의 구성요소는 (a+b)+c+d로서 원천발명A의 구성요소(a+b)를 모두 포함하고 있으므로 만일 개량발명 B가 특허등록 받았다 하더라도 원천발명A의 특허권자로부터 허락없이 업으로 실시하는 경우 앞에서 살펴본 구성요소완비원칙All Element Rule에 의한 특허침해가 성립된다. 이러한 경우에 우리는 이를 이용관계에 의한 특허침해라고 한다.

그러므로 이러한 관점에서 특허권은 권리자가 특허받은 권리를 독점적으로 실시할 수 있는 적극적인 권리가 아니라 단지 특허받은 권리범위에 타인이 이를 실시하지 못하도록 허여받은 소극적권리로서의 배타적권리임을 유의해야 한다. 즉, 특허등록받을 수는 있지만 타인의 선행특허 또는 여타 지식재산 권리와 이용관계에 있거나 또는 저촉관계에 있다면 반드시 허락을 받아서 특허발명을 업으로 실시할 수 있는 권리임을 인식해야 할 것이다.

특허권은 권리자가 특허받은 권리를 독점적으로 실시할 수 있는 적극적인 권리가 아니라 단지 특허받은 권리범위에 타인이 이를 실시하지 못하도록 허여받은 소극적권리로서의 배타적권리임에 유념해야 한다.

저촉관계 유형 예시

일방적인 권리충돌에 의해 침해가 발생하는 이용관계와는 달리 이노베이션을 보호하는 어느 일방의 권리실시도 다른 상대방의 권리를 침해함으로써 권리가 상호충돌 관계에 있는 경우를 저촉관계에 있다고 한다.

저촉관계는 권리속성이 서로 다른 경우에 주로 발생이 되는데 예를 들어 물품의 외관 형태를 보호하는 디자인 권리자와 물품의 기능 또는 구조를 보호하는 특허권자 또는 실용신안권자가 서로 다른 경우에 저촉관계에 의한 권리충돌이 발생할 수 있다.

이러한 경우 디자인권의 실시행위는 특허권을 침해하게 되고 이와 동시에 상대방의 특허권의 실시행위도 디자인권리를 침해하게 된다. 즉 어느 일방에 의한 실시행위가 상대방이 보유한 권리와 충돌하면서 권리침해의 문제를 유발시키는 경우 이를 저촉관계에 의한 침해라고 한다.

표 Ⅲ-13 저촉관계에 의해 권리충돌 예시

이노베이션 유형	(상호)저촉 가능 권리 (예시)
응용미술 물품	응용미술저작권, 디자인권, 실용신안권 등
입체형상의 식별표지	상표권, 디자인권, 저작권 등
캐릭터 형상(이미지)	화상디자인권, 상표권, 저작권 등
제조 유통 물품	실용신안권, 특허권, 디자인권 등

저촉관계에 의한 권리충돌이 발생하는 이유는 특정 이노베이션이 식별성, 심미성, 독창성 등 여러 창의성의 관점에서 무형적인 지식재산의 가치를 복합적으로 보유하고 있는 경우에 이를 보호하는 관련 지식재산권리 소유자들이 상이할 수 있기 때문이다.

예를 들어 **표 Ⅲ-13**에서와 같이 응용미술 물품의 이노베이션을 보호하는 관점을 독창적인 표현 보호라는 관점에서 보아 응용미술저작권이 발생하고 아울러 응용미술 물품이 동일한 형태로써 양산될 수 있다면 이는 디자인권의 보호 대상이 될 수 있으며 만일 실용적 구조와 기능을 포함하고 있다면 실용신안권의 보호대상이 될 수 있다. 그러므로 만일 이러한 지식재산권리 소유자들이 서로 다르다면 저촉관계에 의해 권리침해 문제가 발생할 수 있다.

이외에도 입체형상의 식별표지, 캐릭터 형상(이미지) 또는 제조 유통물품 등 다양한 이노베이션 유형에 무형적 지식재산 가치를 보호하는 디자인권, 상표, 특허 및 저작권 등이 중첩된 권리들로서 보호될 수 있으며 만일 이러한 권리 소유자들이 서로 다른 경우에는 저촉관계에 의한 권리분쟁이 발생할 소지가 있음에 유의할 필요가 있다.

3. R&D특허 보호전략

표 Ⅲ-14 R&D특허 보호전략 (예시)

구분	보호 방법	비 고
大 ↑ 공격전략	IP소송	침해금지가처분, 침해금지청구, 손해배상청구, 형사소송
	침해감정	클레임차트 분석, 감정서, 권리범위확인심판(적극적)
	경고장	보상금(특허공개) 또는 손해배상(특허등록) 예고(경고) 통지
	IP모니터링	IPC 또는 Key-word 모니터링 또는 영역검색 (IP동향분석)
	IP(특허)포트폴리오	1. 핵심 이노베이션 중심의 유관 IP포트폴리오 구축 (디자인, 실용신안, 상표, 저작권, 영업비밀, SW등록 등) 2. 핵심특허를 중심의 유관 특허포트폴리오 확보 (방법특허, 구성특허, 물질특허, 기능특허, 제품특허 등) 3. 패밀리 특허IP포트폴리오 구축 (우선권주장: 특허/디자인-1년, 상표-6월) 다수국가 권리화
방어전략 ↓ 大	IP(특허)포트폴리오	
	IP모니터링	IPC 또는 Key-word 모니터링 또는 영역검색 (IP동향분석)
	햇불전략	IP(특허) 표기 등 침해소송 방지를 위한 자구적 방어 활동
	IP진단	FTO, IP실사, 클레임차트 분석, 권리범위확인심판(소극적)
	반소(무효)전략	특허 무효심판(소송), 통상실시권허여심판(이용 · 저촉, 선사용..)

가. 포트폴리오 구축전략

연구실에서 창출한 R&D이노베이션이 보다 가치 있는 지식재산으로 보호 · 활용되기 위해서는 핵심 이노베이션을 중심으로 IP포트폴리오Portfolio 구축전략이 그 중심에 있다. IP(특허)포트폴리오 구축은 **표 Ⅲ-14**에서와 같이 공격전략과 방어전략을 수행함에 있어 공통적으로 활용되며 출발점이 되는 중요한 사안이다.

연구실에서 창출한 R&D이노베이션이 보다 가치 있는 지식재산으로 보호 · 활용되기 위해서는 핵심이노베이션을 중심으로 IP포트폴리오IP Portfolio 구축전략이 그 중심에 있다.

크게 3가지 형태로써 포트폴리오 구축전략을 생각해 볼 수 있다.

- **IP(지식재산)포트폴리오 구축전략**

  연구개발 과정을 통해 창출된 R&D이노베이션은 창의성을 기반으로 기밀성, 신규성, 진보성, 독창성, 심미성, 자타 식별성 등 다양한 관점에서 지식재산의 가치를 동시에 포함하고 있으며 또한 이러한 이노베이션은 시간적으로 변화하고 공간적으로 확산하는 특성이 있음을 우리는 Chap. I 장에서 학습한 바가 있다. 그러므로 IP포트폴리오 구축전략이란 핵심 이노베이션을 중심으로 영업비밀, 특허, 디자인, 실용신안, SW프로그램 저작권 등록, 상표권 등의 다양한 지식재산으로 해당 이노베이션에 내재하고 있는 여러 유형의 창의적 가치들을 전략적 관점에서 포착하여 권리의 다발로써 지식재산권을 확보하는 전략을 말한다.

- R&D특허포트폴리오 구축전략

연구개발 과정을 통해 창출된 연구실Lab.의 R&D이노베이션의 핵심은 신규한 기술사상에 있으며 이는 특허권에 의해 보다 효과적으로 보호받을 수 있다. 핵심적인 기술사상 즉 발명의 요체는 다양한 관점에서 파악이 가능하며 이러한 관점에 따라 핵심 이노베이션을 중심으로 방법특허, 구조특허, 물질특허, 기능특허, 제품특허, 디자인 특허 등 다양한 관점의 발명특허로서 보호할 수 있으며 이는 R&D특허포트폴리오 구축전략으로 완성될 수 있다.

- 패밀리특허 포트폴리오 구축전략

특허권은 출원등록된 개별국가에서만 효력이 미치는 속지주의 권리이기 때문에 특허가 다른 국가에서 보호받기 위해서는 별도의 특허출원 절차를 통해 권리화하여야 한다. 동일성 있는 특허가 다양한 국가에 출원등록되어 있는 것을 패밀리특허Family Patent라고 하며 이는 PCT국제출원이나 파리협약에 의한 우선권주장출원을 통해 패밀리특허 포트폴리오로서 구축함으로써 글로벌 영역에서 해당 이노베이션의 보호와 활용가치를 강화할 수 있다.

나. IP모니터링전략

IP모니터링전략도 IP포트폴리오 전략과 함께 공격전략과 방어전략을 수행함에 있어 공통적으로 활용되는 중요한 전략이다.

상기 **표 Ⅲ-14**에서와 같이 IP모니터링Monitoring전략도 IP포트폴리오 전략과 함께 공격전략과 방어전략을 수행함에 있어 공통적으로 활용되는 중요한 전략이다.

경쟁사 또는 제3자가 본인 또는 자신의 조직이 보유하고 있는 이노베이션에 접근하여 이를 모방하거나 또는 회피전략을 구사하여 IP권리화하는 것을 사전에 미리 인지하고자 하는 전략이다. 최신 IP정보가 제공되는 온라인 데이터베이스 또는 웹사이트에 접근하여 키워드 또는 기술분류 검색 등을 통해 관련 정보를 입수하거나 오프라인에서는 거래처, 박람회 또는 관련 시장 등에서 유통되는 유사 기술, 모조기술 또는 경쟁기술 등을 모니터링함으로써 선제적으로 공격전략을 구사하고 자사의 이노베이션을 지속적으로 확장할 수 있을 것이다.

IP모니터링은 지식재산 창출전략에 있어서도 중요한 관점이다. 자사의 R&D특허 보호를 위한 IP공격전략의 출발로서도 필요하지만 자사의 이노베이션과 유관된 타사 또는 경쟁사의 IP모니터링과 IP정보분석은 IP-R&D(지식재산관점의 연구개발)전략을 수행함에 있어서 핵심사안이기 때문이다. 이에 관한 구체적인 실무내용은 다음 Chap.Ⅳ에서 보다 상세하게 다루기로 한다.

자사의 R&D특허 보호를 위한 IP공격전략의 출발로서도 필요하지만 자사의 이노베이션과 유관된 타사 또는 경쟁사의 IP모니터링과 IP정보분석은 IP-R&D(지식재산관점의 연구개발) 전략을 수행함에 있어서 핵심사안이기 때문이다.

다. IP(특허) 공격전략

경고장

IP모니터링을 통해 자사의 R&D이노베이션을 허락 없이 업으로써 실시하는 침해행위를 발견한 경우에는 지체 없이 경고장Warning Letter을 발송하여 지식재산권리로서 보호받는 이노베이션임을 알려야 한다.

자사의 R&D이노베이션이 아직 특허등록되어 있지 않고 출원계류 중인 경우에는 조기공개 신청을 통해 출원특허를 대중에 공개하고 경고장을 발송함으로써 불응 시 추후 특허등록이 되면 보상금청구권을 소급하여 발생시킬 수 있다.

만일 특허가 등록이 된 경우라면 배타적 권리를 침해하고 있으므로 경고장 발송을 통해 침해행위를 중단할 것을 경고할 수 있으며 아울러 불응 시에는 부당이득반환, 손해배상청구 등 민사적 침해구제와 함께 형사적 제재 절차에 착수할 수 있을 것이다.

침해감정

경고장을 받은 침해자가 침해행위가 아님을 항변하거나 또는 실시권(라이선스)을 허여받고자 하는 의사가 없는 경우에는 침해소송을 준비해야 할 것이며 이를 위한 사전단계로서 침해감정Infringement Analysis에 착수하게 된다.

경고장을 받은 침해자가 침해행위가 아님을 항변하거나 또는 실시권(라이선스)을 허여받고자 하는 의사가 없는 경우에는 침해소송을 준비해야 할 것이며 이를 위한 사전단계로서 침해감정(Infringement Analysis)에 착수하게 된다.

특허 침해감정의 목적은 구체적으로 침해자의 실시행위가 자사가 보유하고 있는 지식재산의 보호 권리범위를 어떻게 침해하였는지를 문언침해, 균등침해 또는 간접침해 등 다양한 관점에서 논리적이고 구체적으로 파악하는 절차로써 그 보호범위를 정하는 기준이 되는 특허청구범위를 먼저 체계적으로 분석하는 절차가 필요하다.

이를 클레임차트Claim Chart 분석이라고도 하며 앞서 상술한 바와 같이 독립항 또는 종속항으로 이루어진 특허청구범위에서 권리청구하고 있는 구성요소와 결합관계를 전체 청구항의 인용관계에서 파악이 용이하도록 특정하는 것이 바람직하다. 클레임차트 분석을 통해 특허 권리범위를 파악하고 감정 대상이 되는 침해제품과 대비분석함으로써 앞에서 언급한 문언침해, 균등론침해 또는 간접침해 등에 해당이 되는지 그 여부를 파악하고 만일 침해에 해당된다면 침해 감정서 작성을 법률 전문가의 도움을 받아 완성할 수 있을 것이다.

침해감정은 지식재산 법률전문가의 도움을 받아서 수행하되 해당 R&D이노베이션을 창출한 연구자 또는 연구그룹에서 먼저 명확하게 이를 침해행위로서 인식되었다는 전제하에서 다음 단계로서 IP소송을 통한 공격전략을 수립함이 바람직하다.

특허침해로서 법원의 판단을 강제할 수 있는 법적 구속력은 없지만 특허침해 감정에 관한 보다 공신력 있는 침해감정으로서 역할을 할 수 있는 적극적 권리범위확인심판을 특허심판원에 청구할 수 있다.

특허침해로서 법원의 판단을 강제할 수 있는 법적 구속력은 없지만 특허침해 감정에 관한 보다 공신력 있는 침해감정으로서 역할을 할 수 있는 적극적 권리범위확인심판을 특허심판원에 청구할 수 있다. 침해품이 특허받은 권리범위에 속한다는 취지의 특허심판원의 심결을 받아 침해자가 실시권(라이선스)을 허여받도록 압박하거나 IP소송단계에서 활용할 수 있을 것이다.

IP소송

침해를 구제받기 위한 공격전략의 핵심은 IP소송IP Lawsuit전략에 있다. IP소송전략은 법률전문가의 자문을 받아 소송을 통해서 얻고자 하는 궁극적인 목표에 의해 다양하게 추진이 될 수 있을 것이다. 침해자를 시장의 파트너로서 파악하고 라이선스전략 또는 인수합병M&A를 위한 절차로서 IP소송을 진행하거나 또는 시장 진입자를 퇴출시키거나 배제하기 위한 수단으로 침해 물품의 폐기와 제조설비의 제거를 위한 소송을 진행하기도 한다.

법원에 침해금지가처분신청을 통해 침해로 인한 피해를 최소화하고 침해자로 하여금 침해행위를 중단토록 할 수 있다. 또한 IP침해의 개연성이 높은 경우에 침해예방청구를 할 수 있으며 침해로 인해 피해가 발생한 경우 손해배상청구는 물론 부당이득반환청구 및 업무상 신용을 실추케 한 경우에는 신용회복청구를 법원에 할 수 있다. 최근 우리나라도 징벌적손해배상 제도[212]의 도입으로 인해 보다 IP소송을 통한 침해구제는 보다 강화되고 있다.

라. IP(특허) 방어전략

횃불전략

횃불전략은 IP(특허) 보유표시 등 침해소송 방지를 위한 자구적 홍보활동으로서 맹수들에게 횃불로써 겁을 주어 접근을 방지하고자 하는 데서 유래되었다. 만일 맹수들이 접근을 하게 되면 방어수단으로서 횃불을 들고 휘두르게 되고 어떠한 맹수라도 곧 후퇴하여 도망가게 마련이다. 특히 이러한 횃불Burning Stick전략은 상대적으로 시장지배력이 크거나 기술력이 우세한 경쟁자들을 대상으로 규모가 작은 스타트업 또는 개인발명가 등이 자신의 이노베이션을 보호하기 위해 유용한 방어전략이다. 자사 이노베이션에 IP(특허) 출원번호 또는 등록번호 표기 등을 통해 적극적으로 IP를 보유하고 있음을 사전에 경고하고 홍보함으로써 방어하는 전략이라 할 수 있다.

횃불전략은 상대적으로 시장지배력이 크거나 기술력이 우세한 경쟁자들을 대상으로 규모가 작은 스타트업 또는 개인발명가 등이 자신의 이노베이션을 보호하기 위해 유용한 방어전략이다.

IP진단

자사가 보유하고 있는 지식재산 권리에 관해 방어적 관점에서도 IP진단이 필요하다. 특히, 이노베이션을 사업화하는 시점에서는 IP법률전문가의 도움을 받아 타사의 IP권리 침해 여부를 사전에 조사분석하는 절차로서 "FTO"Freedom-To-Operate 분석을 수행하여 "자유실시에 관한 견해서"를 확보하는 것은 중요한 방어전략이라 할 수 있다. FTO는 향후 특허 침해 소송 등의 문제가 제기되는 경우, 비고의성의 입증을 통해 사업화 리스크를 크게 줄일 수 있을 뿐만 아니라 관련 시장의 경쟁업체들의 기술권리화 등에 관한 주요 정보를 사전에 확보할 수 있기 때문이다. 또한 실시 중인 이노베이션과 연관된 자사 보유의 특허, 디자인, 상표 및 저

212 우리나라에서 고의로 특허 또는 영업비밀을 침해한 경우 손해로 인정된 금액의 3배를 손해배상토록 하는 제도로서 2021년부터 도입 시행되고 있으며, 저작권 침해의 경우도 입법 예고되었다.

작권 등을 권리 보호범위 관점에서 구체적으로 분석진단을 함으로써 IP포트폴리오를 방어적 관점에서 강화할 수 있을 것이며, 아울러 이노베이션을 보호하는 자사특허의 클레임차트 분석과 진단은 실질적으로 보유특허의 방어수단의 효용성과 연차료 등 IP비용관리전략과도 직결되기 때문에 주기적인 IP실사의 필요성이 있다.

만일 침해이슈가 발생하여 경고장을 받거나 침해소송이 진행되는 상황이라면, 소극적 권리범위확인심판 청구를 통해 자사가 업으로 실시하고 있는 발명기술 또는 자사가 보유하고 있는 특허가 침해 문제를 제기하는 타사 보유의 특허권리 범위에 속하지 않는다는 특허심판원의 심결 확보를 통해서 보다 공신력 있는 IP 진단을 추진할 수 있을 것이다.

반소(무효)전략

공격의 근거로서 활용하고 있는 타사 IP(특허)권리의 특허청구범위에 관해 면밀한 검토를 무효사유를 확보하고 IP(특허) 무효심판(소송)을 통해 전부 무효 또는 일부 무효화함으로써 효과적으로 대처할 수 있다.

가장 효과적인 방어로서는 IP소송 공격의 근원이 되는 타사의 IP권리 부존재를 입증하고 해당 IP권리를 반소제기Counterattack를 통해 무효화시킬 수 있다. 공격의 근거로서 활용되는 타사 IP(특허)권리의 특허청구범위에 관해 면밀히 검토하여 무효사유를 확보하고 IP(특허) 무효심판(소송)을 통해 전부 무효 또는 일부 무효화함으로써 효과적으로 대처할 수 있다. 특허 무효심판을 통해 1차적으로 특허의 무효를 다툴 수 있으며 만일 특허심판원에서 무효가 이루어지지 않으면 이에 불복하고 상급심인 특허법원과 대법원을 통해 단계별로 다툴 수 있다.

방어전략의 기초로서 업으로 실시하고 있는 자사 이노베이션을 보호하는 IP포트폴리오가 충분히 잘 구축되어 있다면 이를 기반으로 지속적인 실시를 할 수 있으며, 만일에 자사의 보유IP가 공격의 근원이 되는 타사의 IP를 이용하여 등록되었거나 또는 저촉관계 등으로 침해하고 있다면 통상실시권허여심판청구를 통해 실시권을 취득하고 적법한 절차로써 지속적으로 실시할 수 있을 것이다.

마. 경고장 대응전략

침해 분쟁의 출발점은 경고장이 접수되면서 시작된다. 당사자 간에 협상과 중재가 원만하게 이루어지지 못해 소송절차에 진입하게 되는 경우에 능동적으로 대응을 하는가 또는 수동적으로 대응하는가에 따라 **그림 Ⅲ-9**와 같이 특허침해와

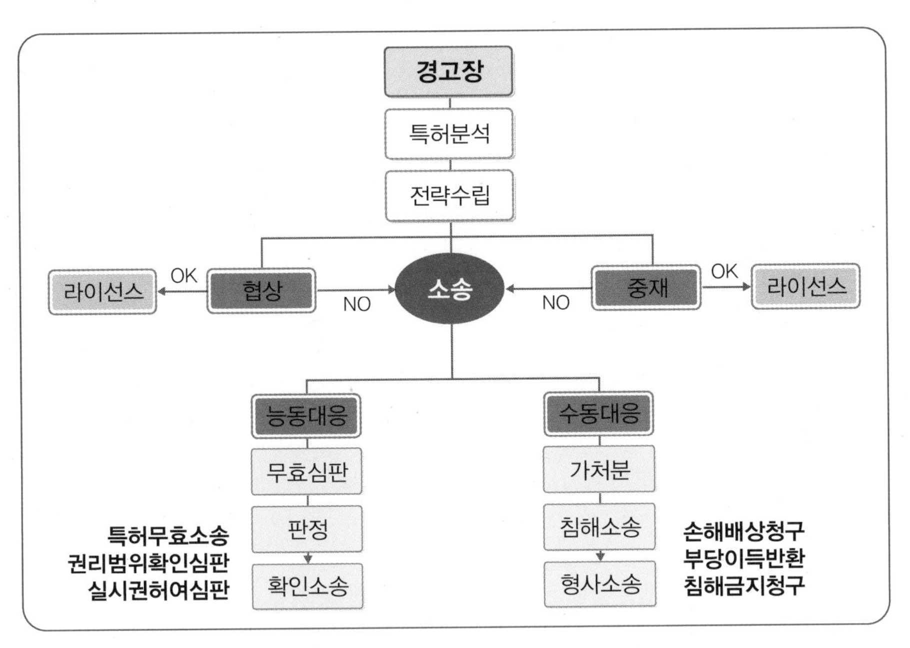

그림 Ⅲ-9 경고장 접수에 따른 대응 전략의 비교

관련된 법적 분쟁절차들을 2가지 대응 유형으로 구분하여 예상해 볼 수 있다.

먼저 특허권자의 소송에 대항하여 능동적인 대응을 하고자 하는 경우 특허권의 원인이 되는 권리를 특허 무효심판(소송)을 통해 무효화하거나, 특허권리범위에 속하지 않는다는 취지의 판결을 구하는 소극적 권리범위확인심판 청구 또는 실시권 허여심판 등으로 적극적 IP소송으로 대응하는 법적 절차들로 진행될 수 있다.

하지만 만일 침해소송에 능동적으로 대응하지 않고 수동적으로 대처하는 경우에는 **그림 Ⅲ-9**와 같이 특허권 보유자로부터 민사적 구제로서 침해금지가처분 소송이나 손해배상청구 소송, 부당이득반환청구 또는 형사소송까지도 진행되어 법적 책임이 가중될 수 있음에 유념해야 한다.

한편, 경고장이 발송이 되면서 본격적인 IP(특허)분쟁이 발생되는 경우 권리자 또는 침해자의 입장에서 취할 수 있는 주요 사항들을 예시를 통해 살펴보면 다음과 같다.

권리자의 입장에서

앞에서 상술한 바와 같이 경고장 발송, 침해감정 및 IP소송과 관련된 공격전략에 기초하여 다양한 대응전략(침해구제)들이 도출될 수 있을 것이며 중요하게 거론될 수 있는 관점을 예를 들면 다음과 같다.

- **자기 권리범위에 대한 명확한 이해**

  특허 권리범위는 클레임차트 분석과 침해감정을 통해 특허청구범위에 기재된 사항을 중심으로 파악을 하고 자신의 권리범위에 대한 명확한 이해가 필요하다.

- **침해증거의 수집**

  타인이 자신의 권리를 침해했다고 생각되는 경우 가장 중요한 것은 권리의 주장에 앞서 침해자의 실시행위와 연관된 침해품의 실물, 카탈로그, 사진 등 침해의 증거자료의 확보가 필요하다.

- **경고**

  제3자의 침해를 발견하였을 경우 즉시 민사, 형사상의 침해구제 조치를 취할 수도 있으나, 일단 침해에 대한 경고장을 내용증명으로 보낸 후 대처하는 것이 바람직하다. 민 · 사상의 법정 소송절차를 거치지 않아도 침해문제가 원만히 협상 또는 중재를 통해 해결될 수도 있을 것이며, 만일 경고 이후에도 침해가 지속되어 법정소송으로 이어진다면 고의추정의 효과가 있게 되어 고의에 의한 형사처벌과 고의 또는 과실에 의한 손해배상 등 여러 가지 측면에서 소송에서 유리하기 때문이다.

> 제3자의 침해를 발견하였을 경우 즉시 민사, 형사상의 침해구제 조치를 취할 수도 있으나, 일단 침해에 대한 경고장을 내용증명으로 보낸 후 대처하는 것이 바람직하다.

- **침해금지 및 침해예방청구권**

  자기의 특허권을 현재 침해하고 있는 제3자에 대하여 침해의 금지를 청구할 수 있을 뿐만 아니라, 제조된 침해물품의 폐기, 몰수, 또는 제조설비의 제거 등을 청구할 수 있다.

- **손해배상청구권 및 신용회복청구권**

  손해배상을 청구할 수 있을 뿐만 아니라 산업재산권자의 업무상의 신용을 실추케 한 자에 대하여 산업재산권자의 신용을 회복하기 위한 조치를 청구할 수 있다.

- **형사 처벌**

  고의로 산업재산권(특허, 실용신안, 디자인, 상표)을 침해한 자를 산업재산권 침해죄로 고소할 수 있으며, 침해자는 7년 이하의 징역, 1억 원 이하의 벌금형에 처해진다.

침해자의 입장에서

앞에서 상술한 바와 같이 횃불전략, IP실사 및 반소(무효화)전략 등과 관련된 방어전략에 기초하여 다양한 대응전략들이 도출될 수 있을 것이며 중요하게 거론될 수 있는 관점을 예를 들면 다음과 같다.

• 권리의 분석

타인으로부터 침해의 주장을 받았을 경우 제일 먼저 해야 할 일은 타인의 권리에 대해 분석하는 것이다. 지식재산권은 구체적인 형태가 없는 무체재산권이므로 기술적, 법률적 검토를 통해 그 권리범위를 파악하는 것이 매우 중요하며, 심지어 자신도 자기의 권리를 이해하지 못하고 침해를 주장하는 경우도 많다. 따라서 침해의 주장을 받았을 경우 당황하지 말고 지식재산 법률전문가의 도움을 받아 주장 내용을 면밀히 검토한 후 그 권리를 분석하고 그 결과에 따라 다음과 같이 여러 가지 대응방안이 강구될 수 있다.

만일 상대의 권리가 무효의 사유가 있는 것으로 잘못 등록된 것이라면 그 근거자료를 수집하여 무효심판을 청구하는 한편 이러한 사실을 상대방에게 알리고 원만한 합의를 도출하도록 해야 할 것이다.

타인으로부터 침해의 주장을 받았을 경우 제일 먼저 해야 할 일은 타인의 권리에 대해 분석하는 것이다. 지식재산권은 구체적인 형태가 없는 무체재산권이므로 기술적, 법률적 검토를 통해 그 권리범위를 파악하는 것이 매우 중요하며, 심지어 자신도 자기의 권리를 이해하지 못하고 침해를 주장하는 경우도 많다.

• 권리범위에 속하는 경우

이용 · 저촉관계에 의해 권리범위를 침해하고 있다면 통상실시권허여심판청구를 통해 실시권을 확보할 수 있을 것이며 해당 특허가 출원 당시에 사용하고 있었던 발명이라고 한다면 선사용권에 의한 통상실시권을 주장할 수 있다. 하지만 이러한 법정실시권을 청구할 수 있는 권원이 없다면 협상을 통한 약정라이선스를 취득하는 것이 바람직하며 라이선스를 확보하는 경우에는 다양한 장점이 있다.[213]

• 권리범위에 속하지 않는 경우

상대방에게 권리범위에 속하지 않음을 합리적으로 설명하고 상대방이 무리한 주장으로 입은 손해에 대해서는 책임을 져야 할 것임을 주지시키는 한편, 특허심판원에 권리범위확인심판 등을 청구하여 권리범위에 속하지 않는다는 공적인 판단을 구하도록 하는 것이 바람직할 것이다.

Chapter III

213 라이선스를 통해 기존 IP소유자의 고객을 확보할 수 있으며, 시장지배력을 강화하고 라이선스에 기초한 개량 이노베이션을 확보할 수 있는 등 다양한 장점이 있다.

4. 공동 연구성과물의 권리화 전략

가. 공동연구와 R&D특허전략

공유특허 확보 시 유의사항
: 특허법 제99조에 의하면

- 특허권이 공유인 경우에는 각 공유자는 다른 공유자 모두의 동의를 받아야만 그 지분을 양도하거나 그 지분을 목적으로 하는 질권을 설정할 수 있다.
- 특허권이 공유인 경우에는 각 공유자는 계약으로 특별히 약정한 경우를 제외하고는 다른 공유자의 동의를 얻지 아니하고 그 특허 발명을 실시할 수 있다.
- 특허권이 공유인 경우에는 각 공유자는 다른 공유자 모두의 동의를 받아야만 그 특허권에 대하여 전용실시권을 설정하거나 통상실시권을 허여할 수 있다.

만일 대학 또는 공공연이 기업과 함께 산학 공동 R&D과제 수행을 통한 결과물을 공유특허로서 확보한다면 기업은 공유특허의 지분율이나 또는 공동 연구자인 대학 또는 공공연의 동의가 없어도 단독으로서 해당 특허발명 전부에 관해 자유롭게 업으로써 실시 가능하다.

만일 대학 또는 공공연이 기업과 함께 산학 공동 R&D과제 수행을 통한 결과물을 공유특허로서 확보한다면 기업은 공유특허의 지분율이나 또는 공동 연구자인 대학 또는 공공연의 동의가 없어도 단독으로서 해당 특허발명 전부에 관해 자유롭게 업으로서 실시 가능하다.

하지만 대학(공공연)은 제조생산 또는 유통판매와 같은 직접 실시행위를 하지 않는 비실시기관의 특성 때문에 해당 공유특허를 활용할 수 있는 방법은 공유특허권자인 기업의 동의를 받아서 실시권을 허여(라이선스)하거나 또는 보유한 특허 지분을 양도할 수 있을 따름이다.

우리나라 공유특허법에 의하면 특별 약정이 없는 경우 기업은 공유자인 대학(공공연)의 동의가 없이도 특허발명 전부에 관해서 자유실시가 가능하기 때문에 기업과 대학 공공연이 공동으로 특허권자가 된다는 것은 사실상 그 기업으로 무상의 라이선스(기술이전)가 이루어진 것으로 볼 수 있다. 즉 기업의 이윤창출에 대한 수익분배가 불가하며, 대학(공공연)이 특허권 지분에 근거하여 타 기업으로 기술이전(라이선스)하여 기술의 사회적 확산과 수익을 창출하고자 해도 공유지분을 가진 기업의 동의가 필요하므로 기술이전(라이선스)이 현실적으로 어렵게 된다.

공유지분을 가진 기업의 입장에서는 대학(공공연)이 타사에게 기술이전(라이선스)을 하는 것은 시장 경쟁자로 하여금 자사의 보유기술 또는 시장을 위협하는 행위로서 인식하기 때문에 특별한 사정이 없는 한 동의를 받기는 어렵기 때문이다.

표 Ⅲ-15 산학 공동연구와 대학(공공연)의 R&D특허전략

		공동 R&D성과물의 권리화 방법	대학(공공연)의 우선순위
R&D특허 권리귀속	대학 · 공공연 단독 소유	참여기업에 우선실시권(라이선스) 허여	1순위
	공동소유 (기업과 대학 · 공공연)	대학(공공연)이 단독등록 이후 참여기업에 지분양도	2순위
		대학(공공연)이 단독출원 이후 참여기업과 공동명의	3순위
		특허출원 시 대학(공공연)과 참여기업의 공동출원	4순위

이러한 이유 때문에 대학 · 공공연 연구실에서 R&D특허 확보전략은 표 Ⅲ-15와 같은 순서로서 정리할 수 있다.

즉 기업과의 공동연구의 경우에는 연구성과물에 대한 R&D특허의 권리귀속은 대학(공공연)이 단독으로 소유하고 참여기업에는 우선실시권을 부여하는 방법이 1순위로서 가장 바람직하다. 하지만 대학(공공연)과 참여기업의 공동소유로밖에 할 수 없는 경우에는 2순위에 명시된 바와 같이 대학(공공연)에서 단독출원한 특허가 향후 등록이 되면 해당 참여기업에게 우선적으로 별도의 기술이전 계약을 통해 지분을 양도함으로써 공동으로 특허를 소유하는 방식이 바람직하다.

기업과의 공동연구의 경우에는 연구성과물에 대한 R&D특허의 권리귀속은 대학(공공연)이 단독으로 소유하고 참여기업에는 우선실시권을 부여하는 방법이 1순위로서 가장 바람직하다.

왜냐하면 만일 공동출원 이후에 참여기업의 부도 또는 기업이 사업을 포기하게 되면 향후에 특허등록이 된다고 하더라도 부도 또는 사업 포기한 공유기업으로부터 동의 절차를 받아서 다른 수요기업에 권리이전 또는 라이선싱이 이루어져야 하므로 현실적으로 대학(공공연)의 공유특허의 관리에 많은 애로사항이 발생하기 때문이다.

하지만 대학(공공연)과 산학공동 R&D에 참여하는 기업의 입장에서는 특허등록 이후 별도의 특허 지분을 양도받는 방식에는 부정적일 수 있다. 공동연구 개발 과정에서 기업의 기여도를 R&D특허 권리화 과정에 적극적으로 반영하기를 희망한다면 3순위와 같은 방식으로 대학(공공연)의 단독출원된 R&D특허를 출원

인명의변경신고를 통해 공동출원인으로 등재할 수 있다. 즉 대학(공공연)은 특허받을 수 있는 권리를 공동R&D 수행과정에서 기업에게 일부양도하기로 약정함으로써 보다 기업의 니즈를 반영할 수 있다.

마지막 4순위로서 대학(공공연)이 참여기업과 공동명의 출원인으로서 R&D특허를 출원하게 되는 경우이다. 이는 대학(공공연) 입장에서는 가장 바람직하지 않은 R&D특허 확보전략임에 유의해야 한다.

왜냐하면 앞서 상술한 바와 같이 우리나라의 공유특허 제도를 비추어 보면 대학(공공연)과 기업이 공동명의로서 특허출원이 이루어지는 시점에 이미 해당 대학(공공연)의 발명특허 기술은 공동출원인인 기업에게 기술이전 또는 라이선스가 독점적으로 이루어진다고 보는 것이 상당하기 때문이다.

이러한 공동명의에 의한 공유특허출원은 역으로 기업이 비실시기관인 대학 또는 공공연과 공동R&D를 통한 공유특허 확보전략 관점에서 본다면 매우 바람직하며 기업의 입장에서는 1순위가 되는 공유특허 확보전략이다. 기업의 입장에서는 특허출원 시점에 특허비용의 분담 등에 일부 부담이 있다고 하더라도 공동으로 특허를 출원하는 것이 가장 바람직한 전략이라 할 수 있다.

기업의 관점에서의 대학(공공연)과의 산학 공동연구에 의한 우선순위 특허확보 전략은 표 Ⅲ-15에서 명기된 순서와는 역순위로서 이해할 수 있다.

기업의 관점에서 대학(공공연)과의 산학 공동연구에 의한 우선순위 특허확보 전략은 표 Ⅲ-15에서 명기된 순서와는 역순위로서 이해할 수 있다.

나. 공동연구 성과물의 귀속

공동으로 R&D과제 수행을 위한 계약서를 작성하는 경우 중요하게 대두되는 이슈는 공동 창출한 R&D성과물에 대한 지식재산권의 귀속문제와 이를 기초하여 창출될 개량 R&D성과물의 소유권 문제이다.

이를 보다 심도 있게 고찰하기 위해 그림에서와 같이 공동연구를 통해 공유하고자 하는 공동업무영역을 설정하고 각각의 계약 당사자의 기존 R&D영역 업무에 의해서 독자적으로 창출되는 영역과 공동연구의 성과물로서 창출되는 공동 창출영역을 명확하게 구분할 필요가 있다.

우선 논의의 출발점으로서 양 당사자가 공동R&D 수행을 위해서 서로 공유하는 공동업무범위가 설정이 되었다면 각 계약당사자는 공동업무영역 내에서 일방이 단독으로 연구개발을 할 수도 있고 당사자들이 공동으로 함께 공동개발품Joint Creation을 창출할 수 있을 것이다. 만일 각 당사자가 공동업무영역 밖에서 연구성과물을 창출하였다면 이를 각자가 자유롭게 소유하는 데에는 아무런 이의가 없을 것이며 이는 공동R&D 계약의 범위를 벗어나는 것이다.

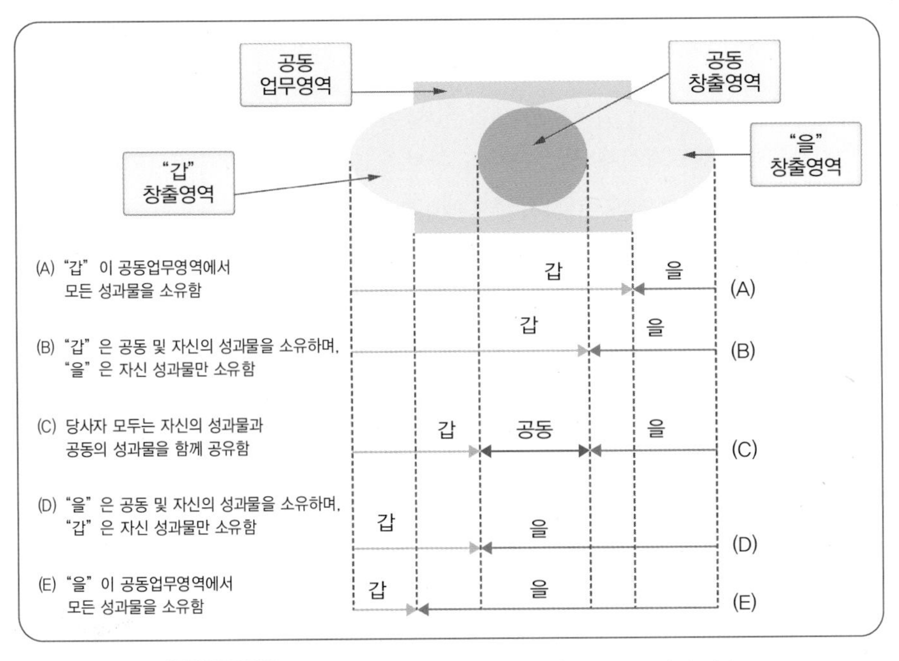

그림 Ⅲ-10 공동연구 계약에 따른 지식재산(R&D성과물)의 귀속

하지만 당사자가 공유하기로 합의한 공동업무영역에서 공동의 R&D로서 창출되거나 또는 당사자 독자적인 R&D로서 창출된 R&D성과물에 관한 귀속이 협의 대상이 될 수 있으며 이는 **그림 Ⅲ-10**에서와 같이 5가지 경우Case로 구분하여 고려할 수 있다.[214]

당사자가 공유하기로 합의한 공동업무영역에서 공동의 R&D로서 창출되거나 또는 당사자 독자적인 R&D로서 창출된 R&D성과물에 관한 귀속이 협의 대상이 될 수 있으며 이는 그림 Ⅲ-10에서와 같이 5가지 경우Case로 구분하여 고려할 수 있다.

Chapter Ⅲ

- Case A, E

먼저 2가지 극단적인 경우를 보면 A와 E와 같은 상황으로서 계약을 체결함에 있어서 양 당사자 중에 어느 일방이 공동창출영역에서 이루어진 공동개발품Joint Creation과 함께 공동업무영역에 존재하는 모든 성과물을 어느 일방 당사자의 지식재산 권리로서 귀속시키도록 약정하는 경우이다.

214 Michale A. Gollin (2008), Driving Innovation, Cambridge University Press, Chapter 15.

- Case B, D

Case A, E의 경우와 비교하여 지식재산 권리의 공유 측면에서 좀 더 완화된 2가지 경우는 B와 D의 경우이다. 계약 당사자의 어느 일방이 공동창출영역의 공동개발품Joint Creation과 함께 자신의 업무창출영역에서 완성한 지식재산권리만을 귀속시키는 경우가 있다.

- Case C

나머지 한 경우는 C의 경우로서 계약 각 당사자는 자신의 업무창출영역에서 독자적으로 완성한 지식재산을 각자가 확보하고 공동창출영역에서의 공동개발품Joint Creation만을 공동의 지식재산권으로 소유하게 하는 경우가 있다.

그림에서 C의 경우가 공동R&D에 있어서 지식재산권의 귀속과 관련해서 가장 단순하고 합리적인 방안으로 보인다. 하지만 이 또한 2가지 경우에 문제가 될 수 있다.

먼저 이러한 경우는 각자의 업무창출영역이 속하는 공동업무영역에서 당사자들이 독자적인 개량연구 성과물을 확보할 수 있게 됨으로써 어느 일방의 연구영역이 침해될 가능성이 높아 공동R&D의 취지와 목적을 훼손시킬 우려가 크다. 두 번째로 법률계약상의 명확한 정의와 통제가 없이 단순히 공동 지식재산권에 대한 합의는 향후에 문제가 될 소지가 많이 있다.

그러므로 다음과 같은 또 다른 절충안이 가장 좋은 안이 될 수 있다. 계약 당사자의 일방이 현재 추진 중인 과제에서 가장 중요한 개량물[215]은 자신의 지식재산으로 귀속할 수 있도록 하고, 향후에 필요시에는 개량물의 지식재산을 상대방에게 라이선스할 수 있도록 협약하는 것도 하나의 좋은 대안이 될 수 있다.

앞서 언급한 바와 같이 공동연구개발 약정에 있어서 양 당사자의 공동업무영역에서 일방의 당사자가 독자적인 R&D를 통해 창출한 개량연구성과물에 관한 지식재산권을 공유차원에서 어떻게 귀속하고 활용할 것인가에 관해 명확한 합의가 필요하다. 만일 독자적인 개량발명으로 일방에 귀속한다면 공동업무영역에서 정보를 제공한 다른 당사자의 무형적 재산에 관한 침해 피해가 예상되기 때문이다.

---

215 공동업무영역에서 당사자들이 독자적인 R&D를 통해 창출한 개량 연구에 의한 성과물

이와 더불어 특히 공동R&D의 핵심으로서 창출된 공동개발품Joint Creation을 기반으로 향후 창출되는 개량발명에 관한 소유권 귀속에 관한 약정도 중요하다. 왜냐하면 이를 기반으로 향후 어느 일방이 해당 연구 분야에 관한 추가적 연구기획과 지속적 활용에 있어서 R&D주도권을 확보할 수 있기 때문이다.

다. 기업과의 공동연구 계약

대학(공공연)과 기업이 주력하는 연구개발R&D영역은 Chap. V에서 별도의 주제하에 다루겠지만 기술성숙도TRL: Technology Readiness Level의 관점에서 대학(공공연)과 기업의 산학 공동연구가 이루어지는 영역은 통상적으로 Chap. V의 **그림 V-4**에서와 같이 TRL 4~6단계로서 주로 연구실Lab. 수준의 소재 · 부품 및 시스템 성능평가 또는 시험생산Pilot 규모의 시제품제작 및 성능평가 등 R&D사업화를 위한 다양한 상용화 기술개발이 공동연구 계약의 주요 주제가 된다.

앞서 살펴본 공동연구성과물의 지식재산권 귀속에 관한 고찰은 대학(공공연)과 기업과의 공동연구 계약에 있어서도 중요한 관점이 된다. 산학연의 공동연구에 있어서 공유특허의 확보전략을 통해 살펴본 바와 같이 공유특허 권리화 과정에서 기업과 대학 · 공공연은 서로 상반된 입장에 있다. 그러므로 개량발명의 소유권 귀속도 추후 연구개발 과제의 주도권이 누구에게 있는지를 고려하여 협상을 통해 약정해야 할 주요 사안이며, 아울러 공동 R&D성과물의 기술이전 및 사업화 관련해서도 당사자 간의 이해관계가 원만히 협의되어야 할 것이며 기타 대외비 관련 조항도 공동연구의 계약약정 시 고려되어야 할 것이다.

개량발명의 귀속

대학(공공연)이 기업과의 공동연구개발 계약이나 또는 실시권허여(라이선스) 계약 등을 체결할 때 공동개발품Joint Creation을 기반으로 차후 창출한 개량발명의 귀속에 관하여 계약당사자 상호 간에서 논쟁의 여지가 많다. 만일 개량연구성과물의 귀속에 관해 지식재산권을 공동소유로 약정한다면 개량연구에 의한 이노베이션 성과물의 당사자 기여도를 확인하는 것도 어렵지만 개량발명으로 인해 계약당사자 일방의 연구영역이 침해될 소지가 높기 때문이다.

> 만일 개량연구성과물의 귀속에 관해 지식재산권을 공동소유로 약정한다면 개량연구에 의한 이노베이션 성과물의 당사자기여도를 확인하는 것도 어렵지만 개량발명으로 인해 계약당사자 일방의 연구영역이 침해될 소지가 높기 때문이다.

원천기술을 보유하고 있는 대학 또는 공공연 연구자가 기업과의 공동연구 계약을 체결하는 경우에는 개량발명에 대한 소유권을 연구자가 보유하고 기업에는 우선실시권을 허여하는 방안으로 약정하는 것이 바람직한 전략이다.

지식재산권(R&D성과물)의 귀속

연구자는 공동연구를 통해 창출되는 R&D성과물에 관한 지식재산권리 귀속에 관한 약정을 체결함에 있어서 앞서 살펴본 바와 같이 공유특허에 관한 규정을 면밀히 인지하고 향후 특허의 원활한 실시를 위해 표 Ⅲ-15에서 기재된 순서와 같이 전략적으로 접근할 필요가 있다. 이해가 충돌될 수 있는 공동연구 당사자들의 입장에서 R&D성과물이 효과적이고 원활히 활용이 되도록 지식재산권(특허)의 귀속에 관해 적절한 합의를 도출해야 할 것이다.

대학 또는 공공연의 연구자가 자신의 연구분야에서 기업과의 공동연구를 통해 창출되는 발명은 직무발명에 해당하게 되어 사용자에게 귀속되므로 이를 유의해야 한다. 특히 대학 또는 공공연의 연구자 개인이 직무발명 신고를 하지 않고 이를 기업과 공유특허로서 취득하거나 또는 특허받을 수 있는 권리를 임의로 기업에게 양도해서는 아니 됨에 유의해야 한다.

연구비를 국가가 지원하는가? 주관기관이 기업으로서 국가가 연구비를 지원하는가? 또는 기업에서 전적으로 연구비를 지원하는가? 등에 따라 공동 연구성과물의 권리귀속이 현실적으로 달라질 수 있다. 특히 정부R&D 지원부처에 따라 지식재산권의 관리 규정이 일부 다를 수 있음에 유의하여야 한다. 만일 기업에서 연구비를 전적으로 지원하는 경우 상호협약 또는 사전 공동합의계약에 따르는 게 원칙이므로 이러한 공동연구계약서 작성은 대학 공공연의 산학협력 전담조직이나 또는 법률전문가의 검토와 자문받아서 작성하는 것이 바람직하다.

대학 · 공공연 또는 정부R&D 지원을 통해 창출된 공동 연구개발과제인 경우에는 기업의 사업화 의지가 미약하거나 또는 부도 도산 등으로 인해 사업화가 불가능한 경우를 대비하여 제3자실시권을 확보하는 것이 중요하다.

기술이전 및 사업화 관련

연구자가 기업과의 공동연구 계약을 통해 창출한 연구성과물은 공동연구의 당사자인 기업을 통해 기술이전이 이루어져 사회로 확산되는 것이 가장 바람직하다. 하지만 대학 · 공공연 또는 정부R&D 지원을 통해 창출된 공동 연구개발과제인 경우에는 기업의 사업화 의지가 미약하거나 또는 부도 도산 등으로 인해 사업화가 불가능한 경우를 대비하여 제3자실시권을 확보하는 것이 중요하다.

기타 대외비 등

공동연구 계약의 주체들은 각 계약 당사자의 입장에서 산학 공동연구에 따른 정보공유범위에 관해 설정하고 이를 상호 간에 기밀로서 유지한다는 대외비에 관한 조항을 두는 것이 바람직하며 아울러 계약 당사자에 의한 연구성과물의 기술이전 또는 사업화 성공에 관한 보증이나 지식재산권의 침해보증 등 보증조항은 향후 분쟁의 소지가 될 수 있으므로 신중히 검토하여야 하며 가급적 배제하는 것이 바람직할 것이다.

대학(공공연)의 연구자가 기업과의 공동 연구개발 약정을 체결 시에는 대학(공공연)의 기술이전 전담부서TLO: Technology License Office에 일차적인 자문을 받은 후 유관 전문가의 지원을 받아 공동연구 계약을 추진함이 바람직하다. 개량발명의 귀속, 특허권 소유, 기술이전사업화, 대외비, 손해배상조항 등과 같이 주요한 사항들을 당장 현안에 미치는 별다른 사항이 없다고 간과하여 계약을 체결하게 되면 추후 문제가 될 소지가 있으므로 유의해야 한다.

대학(공공연) 연구자가 기업과의 공동 연구개발 약정을 체결 시에는 대학(공공연)의 기술이전전담부서TLO: Technology License Office에 일차적인 자문을 받은 후 유관 전문가의 지원을 받아 공동연구 계약을 추진함이 바람직하다.

특히 정부R&D 사업비 지원을 받아 공동연구를 통해 창출한 R&D성과물을 기술이전 또는 기술사업화를 통해 활용함에 있어서 기업과 대학 · 공공연은 서로 다른 관점에 있을 수 있다. 그러므로 당사자 간에 사전협상을 통해 도출된 협의사항들을 전문가의 자문을 받아 공동연구의 계약서 약정에 반영할 필요가 있다. 기타 공동연구 개발에 필요한 양 당사자가 보유하고 있는 다양한 자원과 가용 정보에 대한 공유범위를 협의하고 아울러 상호 비밀유지의무에 관한 조항 그리고 약정위반 시의 책임과 계약해지에 관한 사항 등에 합의하여 계약서를 완성함이 바람직할 것이다.

CHAPTER IV

IP(특허)정보 관점의 R&D전략

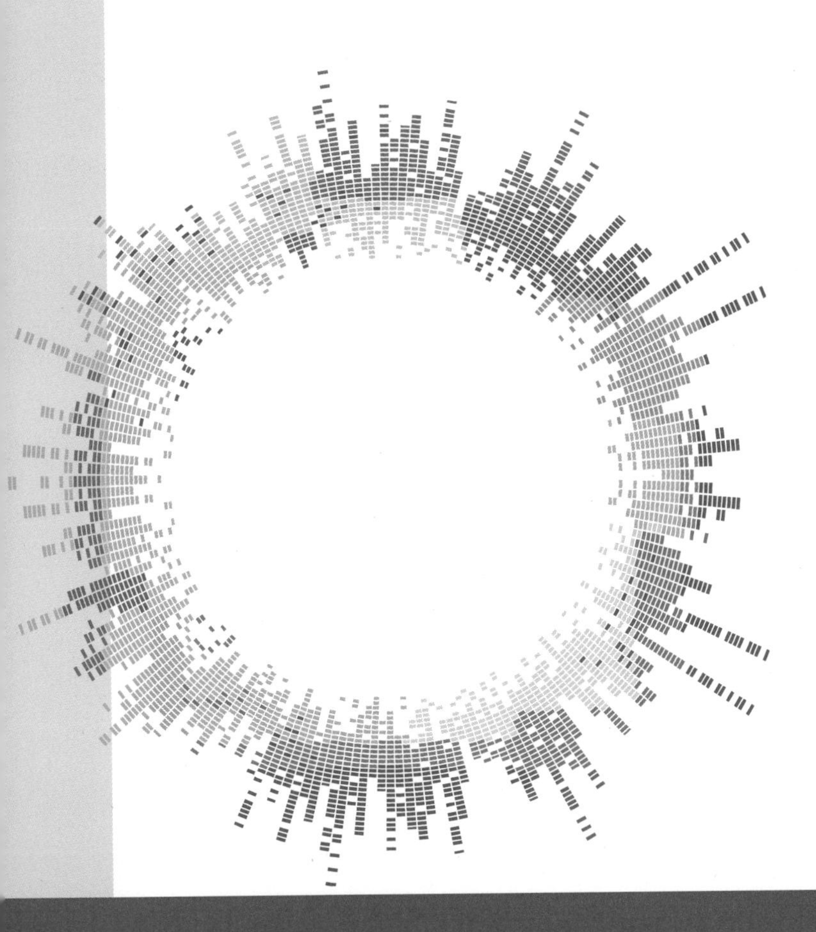

1. 연구개발R&D의 방법론

가. 연구개발R&D의 유형

R&D란 연구 및 개발Research & Development의 약칭으로서 일반적으로 연구개발의 유형을 크게 2분법 관점에서 구분하면 가설기반 R&D와 비가설기반 R&D로 나누어 볼 수 있다.

우리는 이미 Chap. Ⅰ에서 R&D수행 관점에서 양대 관점과 그 차이점에 관해 표 Ⅰ-1을 통해 살펴본 바 있다. 여기서는 R&D전략이라는 또 다른 관점에서 그 차별성에 관해 요약해보면 표 Ⅳ-1과 같다.

표 Ⅳ-1 가설hypothesis기반의 R&D vs 비가설Non-hypothesis기반의 R&D

가설hypothesis기반의 R&D	비가설Non-hypothesis기반의 R&D
기초과학 기술	응용공학 기술
가설 또는 추론의 검증화	검증된 가설의 상용화
원천기술, 플랫폼기술	상용기술, 개량기술
정합성, 비정합성, 근원성	재현성, 안전성, 효용성
연구논문Paper 〉〉 **R&D특허**Patent	**R&D특허**Patent 〉〉 **연구논문**Paper

가설hypothesis기반의 R&D

가설기반의 연구개발 방식은 주로 기초과학 기술연구 분야에 있어 다양한 가설 또는 추론의 이론적 또는 실증적 검증이나 자연현상에 관한 원리탐구 또는 기초메커니즘 연구 등에 적용이 되며 어떠한 연구주제와 관련된 구체적인 가설검증이나 원천기술에 관한 연구개발이 주요한 목표로서 설정될 수 있다.

가설기반의 연구개발 방식은 주로 기초과학 기술연구 분야에 있어 다양한 가설 또는 추론의 이론적 또는 실증적 검증이나 자연현상에 관한 원리탐구 또는 기초메커니즘 연구 등에 적용이 되며 어떠한 연구주제와 관련된 구체적인 가설검증이나 원천기술에 관한 연구개발이 주요한 목표로서 설정될 수 있다.

가설기반의 R&D성과물은 원천기술이나 주로 플랫폼기술로 확보될 수 있으며 연구개발에 있어서 연구자들이 주요 관심의 대상이 되는 연구 특성은 가설 또는 추론 기반에 관한 논리적 타당성, 가설 또는 추론의 정합성 연구는 물론 비정합성[216] 연구도 해당이 되며 R&D의 특성은 근본적인 기본원리 탐구에 있다. 가설기반 R&D에 의해 정합성 검증이 이루어진 연구성과물은 사회적 파급 효과가 큰 분야로서 비가설기반 연구개발의 주제로서 활용될 수 있다.

비가설Non-hypothesis기반의 R&D

비가설기반의 연구개발은 실험실Lab. 수준에서 이미 기초적인 작동원리 또는 기본 작동메커니즘에 대한 과학 기술적 관점에서 가설검증이 이루어진 분야에서 진행된다. 주로 응용과학 또는 공학기술 관점에서 기술적과제 해결을 위한 신기술 또는 신제품 개발을 통해 이노베이션의 재현성Reliability, 안전성Safety 및 효능성Efficiency 등 상용화 연구개발에 중심을 두고 있다.

비가설기반의 연구개발은 실험실Lab. 수준에서 이미 기초적인 작동원리 또는 기본 작동메커니즘에 대한 과학기술적 관점에서 가설검증이 이루어진 분야에서 진행된다. 주로 응용과학 또는 공학기술 관점에서 기술적과제 해결을 위한 신기술 또는 신제품 개발을 통해 이노베이션의 재현성Reliability, 안전성Safety 및 효능성Efficiency 등 상용화 연구개발에 중심을 두고 있다.

즉 원리 규명 목적과 기초과학에 기반한 가설기반의 연구개발과는 달리 비가설 R&D를 통한 연구개발 목표는 상용화R&D를 응용기술 개발에 초점이 맞추어져 있으므로 비가설기반의 연구개발은 논문발표 또는 저널게재뿐만 아니라 특허, 실용신안, 디자인 출원 및 등록을 통해 산업재산권으로서 R&D성과물을 보호하고자 하는 경향이 상대적으로 강한 연구개발 분야라고 할 수 있다.

나. 연구개발R&D전략의 관점 변화

Chap. I 의 서두에서 언급한 바와 같이 오늘날 융·복합 R&D기반의 연구개발 과정에서는 상기한 2분법적 R&D구분이 모호하여 명확하지 않은 경우가 많다. 즉 R&D 수행과정에서 다양한 가설기반의 검증과 원리규명이 지속적으로 필요함과 동시에 수시로 상용화R&D를 위한 비가설 기반의 실증 데이터 확보가 요구되고 있으며 이는 디지털R&D라는 새로운 R&D패러다임과 함께 기존의 R&D의 사결정과 추진방식 등의 R&D전략 변화를 예고하고 있음을 확인한 바 있다.

R&D전략에 관한 실무적인 접근방법이 오늘날에는 표 Ⅳ-2와 같이 다양한 관점으로 변화하여 왔다. 특히 R&D(연구개발)에 투입되는 연구비용과 시간 그리고 인력 등과 대비해서 연구성과물의 질적인 효용성은 조직경영에 있어서 중요한 사안으로서 대학 및 공공 연구소 등과 같은 공공분야이든 민간기업 분야든 R&D 효율성을 강화하기 위한 다양한 실무 방법론은 연구자들에게 많은 주목을 받고 있다.

216 가설기반의 R&D주제는 정합성에 관한 연구도 관심의 대상이 되지만 왜 가설 또는 추론이 맞지 않는지에 관한 비정합성Negative Research 연구분야도 R&D주제가 될 수 있다. 비정합성에 관한 R&D성과물의 상당 부분은 연구논문Research Paper으로서 보호가치가 상당할 수 있겠지만 '산업상 이용가능성'이 요구되는 R&D특허Patent에 의한 연구 성과물로서는 보호받지 못할 가능성이 크다.

표 Ⅳ-2 R&D전략의 다양한 관점 (예시)

	R&D전략의 다양한 관점		
	R&BD[217]	C&D[218]	IP-R&D[219]
R&D전략의 핵심 관점	**사업화 관점**의 R&D전략	**외부연계 관점**의 R&D전략	**지식재산 관점**의 R&D전략
R&D 추진 방법	사업화(시장성)를 우선 고려한 연구개발 추진	개발 비용 및 연구개발 리스크 최소화 추진	IP (지재권) 분석 및 선점 후 연구개발 추진
이노베이션 확보전략 (사업화 전략)	개량(시장)기술 확보 전략Market Pull	오픈 이노베이션 (개방형 혁신전략)	원천(공백)기술 확보전략Tech Push

먼저 통상적으로 R&BD 또는 R&DB라고 명명하는 사업화 관점의 R&D전략이 있다. 이는 연구개발 과정에서 비즈니스 즉 사업화를 최우선 관점에서 연구개발을 추진하고자 하는 전략으로서 시장이 열릴 사업화 가능성이 희박하거나 시장 출시에 따른 사업화 리스크가 큰 연구개발을 가능한 배제시키는 전략으로서 고객시장에서 요구되는 수요기술 중심으로 추진하는 R&D전략이라 하겠다. 즉 연구개발을 기술개발 또는 제품개발의 관점보다 비즈니스(사업)개발에 우선 중점을 두고 진행하고자 하는 전략을 말하며 기술개발 또는 제품개발을 추진함에 있어서 비즈니스 개발을 우선시함으로써 사업화 리스크를 최소화하고자 하는 전략을 의미한다.

C&D방식은 개방형혁신(오픈 이노베이션) 전략이라고도 하며 자체적인 연구개발 비용 또는 연구개발 리스크를 최소화함으로써 R&D 효용성을 극대화 하고자 하는 전략이라 할 수 있다.

다음으로 화두가 될 수 있는 R&D전략으로서 외부연계 관점의 R&D전략이라 할 수 있는 C&DConnect & Development 전략이다. 외부에서 이루어진 연구 성과물을 자사의 제품개발로 활용하고자 하는 전략으로서 외부의 연구성과물을 기술이전 받거나 또는 외주개발을 통하여 자사의 이노베이션과 제품개발에 활용하고자 하는 전략이다. 즉 이러한 C&D방식은 개방형혁신(오픈 이노베이션) 전략이라고도 하며 자체적인 연구개발 비용 또는 연구개발 리스크를 최소화함으로써 R&D 효용성을 극대화하고자 하는 전략이라 할 수 있다.

217 R&BD: Research & Business Development _ 사업화 관점의 연구개발
218 C&D: Connect & Development _ 외부소통(연결) 또는 아웃소싱을 통한 연구개발
219 IP-R&D: Intellectual Property- Research & Development _ 지식재산 관점의 연구개발

IP-R&D[220]와 R&D-IP의 관점 비교

오늘날 글로벌 기술경쟁이 본격화되면서 신기술을 배타적 권리로서 선점하고 이를 활용하려는 지식재산전략이 기업은 물론 대학 또는 공공 연구기관의 R&D주체들의 생존전략이 되면서 연구개발전략들은 빠르게 지식재산 중심의 기술획득전략으로 변화하고 있다.

오늘날 글로벌 기술경쟁이 본격화되면서 신기술을 배타적 권리로서 선점하고 이를 활용하려는 지식재산전략이 기업은 물론 대학 또는 공공 연구기관의 R&D주체들의 생존전략이 되면서 연구개발전략들은 빠르게 지식재산IP중심의 기술획득전략으로 변화하고 있다.

표 Ⅳ-3 R&D 과정에서의 IP 확보 시점에 관한 전략 비교[221]

구분	R&D-IP	IP-R&D
핵심개념	**"R&D수행 이후 IP확보"** • R&D중심의 기술획득전략	**"IP선점 이후 R&D수행"** • 지재권중심의 기술획득전략
R&D 방향	• 선진국(기업) 대상의 핵심기술 추격형 R&D	• 핵심특허, 원천, 표준특허 조기 선점형 R&D
목표	• Fast Follower	• First Mover
출원전략	• 개량특허 중심의 방어형 특허	• 원천특허 중심의 공격형 특허

IP-R&D전략이라고 일컫는 지식재산관점의 연구개발전략은 궁극적으로 IP(지재권)중심의 기술획득전략이라고 말할 수 있다. 즉 IP-R&D전략이란 지식재산(특허) 빅데이터 분석을 기반으로 한 사고실험Thinking Experiment을 통해 본격적인 R&D수행 이전에 R&D 과제와 연관된 핵심특허 또는 원천특허를 조기에 선점하고자 하는 일종의 개념특허Paper Patent 확보를 위한 공격형 특허출원 전략이라고 할 수 있다. 이는 시장창출형 R&D전략으로서 기술시장을 주도하는 선도형 주자First Mover가 되기 위한 핵심적인 전략이라 할 수 있다.

하지만 **표 Ⅳ-3**과 같이 IP-R&D전략의 관점과는 대조되는 관점으로서의 R&D-IP 전략은 선도기업 또는 대학 공공연 등 R&D 주체들에 의해 기확보된 원천특허 또는 핵심특허 등으로부터 확보된 기술시장에서 개량기술 또는 틈새 기술 분야에서의 연구개발 통해 확보한 R&D결과물을 중심으로 지재권IP을 확보하고자 하

220 IP라 함은 지식재산Intellectual Property을 통칭하는 용어로서 특허, 영업비밀, 저작권 및 상표 등이 있지만 IP-R&D전략에서는 협의의 IP로서 특허Pat.와 관련된 R&D전략에 관해 국한하여 설명하고자 한다. 물론 저작권, 영업비밀, 상표, 디자인 특허 등 다른 IP 분야에 관해 이러한 IP-R&D전략을 유추 확대 적용 가능하다.

221 한국지식재산전략원 (2012), 특허관점의 R&D혁신전략, 특허청 산업재산정책과

는 추격형 R&D전략이라 할 수 있다. 이는 개량특허 확보 중심의 방어형 특허출원전략으로서 신생기업이나 후발 R&D 주자들이 선도기업 또는 선진 R&D 주체들을 빠르게 따라가는 신속 추격자Fast Follower가 되기 위한 핵심적인 전략이라 할 수 있다.

다. IP-R&D관점의 R&D특허전략

일반적으로 R&D단계는 R&D기획단계, R&D 수행단계 그리고 R&D 성과단계로 구분할 수 있으며 상기한 3가지 절차적 단계의 전후 시점에서 그림에서 도시된 바와 같이 지식재산전략이라는 관점에서 이슈화되는 R&D특허의 창출, 보호 및 활용에 관한 핵심 사안들에 관해 살펴보기로 한다.

다음 **그림 Ⅳ-1**은 IP-R&D의 관점에서 연구개발 수행과정(R&D 순주기)에 따른 R&D특허의 창출, 관리 및 활용 전략에 관한 예시이다.

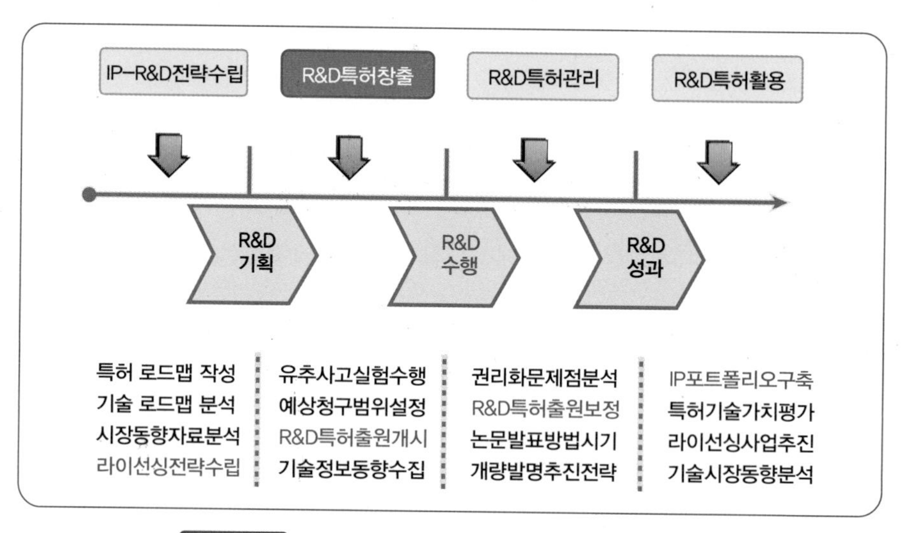

그림 Ⅳ-1 연구개발 수행과정에 따른 R&D특허전략 (예시)

먼저 R&D의 단계는 크게 수행과정에 따른 시계열적인 관점에서 크게 3가지 단계로 나누어 볼 수 있으며 R&D기획단계, R&D수행단계 그리고 R&D성과단계로 구분할 수 있다. 상기한 3가지 절차적 단계의 전후 시점에서 **그림 Ⅳ-1**에 도시된 바와 같이 지식재산전략이라는 관점에서 이슈화되는 R&D특허의 창출, 보호 및 활용에 관한 핵심 사안들에 관해 살펴보기로 한다.

R&D기획 이전단계

R&D기획을 위한 IP-R&D전략수립에 관한 밑그림이 그려지는 중요한 단계이다. 연구개발 대상과 관련된 논문, 기술로드맵, 특허맵 및 시장동향 자료 등에 접

근하여 관련 자료에 대하여 면밀한 분석이 이루어지는 단계이다. 특히 향후 R&D 수행을 통해서 확보해야 할 지재권과 관련된 활용방안으로서 라이선싱(사업화)전략을 먼저 검토하고 R&D전략을 수립하는 것이 핵심적인 사안이다. 연구개발 하고자 하는 기술분야에서 해결하고자 하는 기술과제와 관련된 다양한 논문 및 특허 등 공지 자료들로부터 기술성, 시장성 및 권리성 분석을 하고 향후 확보해야 할 지재권에 관한 활용전략을 사전에 수립함으로써 이를 기반으로 R&D기획단계에 진입할 수 있을 것이다.

R&D기획 ↔ R&D수행

R&D기획 단계에 진입한 이후 R&D수행 단계 이전에 해야 할 핵심적인 절차로서 R&D특허창출을 위한 사전 절차에 착수하는 것이다. R&D수행을 통한 구체적인 연구성과물 또는 R&D결과물이 없이도 특허출원이 가능한 것인가에 관해 의문을 제기하는 것은 당연한 사실이다. 하지만 앞서 IP-R&D 관점과 R&D-IP 관점 비교를 통해 살펴본 바와 같이 특허 대상이 되는 발명은 '자연법칙을 이용한 기술적 사상'Technical Concept or Embodiment으로 정의하고 있으며 시장제품 또는 시제품으로서 완성되어 구체적인 실효성이 검증되지 않았다 할지라도 새로운 기술적 사상으로 기술구현에 관한 산업상 이용 가능성과 함께 신규성 및 진보성 등 특허요건이 입증된다면 특허받을 수 있다.

그러므로, R&D기획이 완료되면 기술적으로 해결해야 할 과제에 대한 연구개발의 목표를 설정하고 R&D 착수 이전에 **그림 Ⅳ-2**와 같이 논문 및 선행 특허 분석을 기반으로 '사고실험'Thinking Experiment을 통해 가설기반 또는 비가설 기반의 발명Invention 추론 실험을 수행해 보는 것은 매우 중요한 과정이다.

특히, 본 Chap.Ⅳ의 3장에서 다루게 될 IP-R&D전략 수립을 위한 단계별 절차(**표 Ⅳ-9** 참조) 적용을 통해 R&D수행 이전에 핵심특허군을 선정 분석하고 회피설계와 창의적 발명 R&D과정을 진행함으로써 연구자는 기술적 사상으로서 발명을 추론하고 발명 요체의 다양한 관점에서 시뮬레이션과 유추적 사고실험을 통해 발명을 완성하여 이를 배타적인 특허 권리로서 사전에 선점할 수 있을 것이다.

기술적 사상으로서 발명을 추론하고 이를 발명 요체의 다양한 관점에서 시뮬레이션과 유추적 사고실험을 통해 이를 배타적인 발명을 완성하여 권리로서 사전에 선점할 수 있을 것이다.

즉 R&D기획이 완료가 되면 선행기술조사와 특허 빅데이터 분석을 바탕으로 해당 분야에서 해결해야 할 기술적 과제를 파악하고 신규성이 있는 해결수단이나 솔루션들을 창의적으로 확보하고 예상되는 특허청구범위(클레임차트)로서 설정하여 이를 뒷받침할 수 있는 발명의 설명 또는 문제해결 과제에 관한 실시 예들의 제공 등을 통해 발명의 특허청구범위와 관련하여 배타적인 권리를 선점할 수 있다.

물론 이러한 배타적 특허권리가 설정이 되는 해결수단이나 솔루션들은 기존의 공지기술과 대비하여 새로운 것으로서, 해당 분야의 당업자로서는 용이하게 도출해낼 수 없는 진보성 있는 발명이어야 하기 때문에 향후 R&D수행 과정에서 권리화 문제점들을 분석하고 R&D특허 출원에 관해 수정보완하는 절차들이 이루어져야 할 것이다.

R&D수행 ↔ R&D성과

상기 **그림 Ⅳ-1**에서 확인이 되듯이 R&D수행을 착수한 이후 R&D성과가 창출되기 전에 이루어지는 절차로서 R&D특허출원에 대한 수정 또는 보완은 물론 지식재산 권리화에 관한 문제점을 이 단계에서 검토하고 전략을 수립해야 할 것이다. 특히 R&D수행 결과를 논문발표 또는 외부 공지를 하고자 하는 경우에는 자신의 연구성과물일지라도 특허받을 수 있는 신규성이 상실되기 때문에 연구자는 논문발표 방법과 시기에 관해 전략적으로 고민해야 한다.

R&D수행과정에서 추진 중인 세부연구 분야들에 대한 지속적인 R&D특허 동향분석은 기출원된 특허권리화에 대한 문제점 분석과 함께 장벽특허에 대한 회피전략 또는 개량발명에 대한 전략 수립과도 밀접한 상관성이 있으므로 이 과정에서는 특히 주기적으로 특허동향을 모니터링하고 특허동향분석Landscape Analysis 결과물들을 업데이트해야 할 것이다.

R&D성과 단계 이후

핵심 연구성과물이 지식재산에 의해 보호되고 견고한 권리화를 이루기 위해서는 해당 성과물을 R&D특허 이외에도 영업비밀, 디자인 특허 또는 저작권, 상표 브랜드 등 다양한 관점에서 보호 추진함으로써 R&D이노베이션을 지식재산포트폴리오로 구축할 수 있을 것이다.

끝으로, R&D성과물들이 본격적으로 창출되는 단계에서는 R&D특허를 출원하는 시점이 아니라 R&D특허 권리화가 완성되어 활용이 이루어지는 시점이라는 것을 인식해야 한다. 연구성과물이 지식재산에 의해 보호되고 견고한 권리화를 이루기 위해서는 해당 성과물을 R&D특허 이외에도 영업비밀, 디자인 특허 또는 저작권, 상표 브랜드 등 다양한 관점에서 보호 추진함으로써 R&D이노베이션을 지식재산포트폴리오로 확보할 수 있을 것이다.

R&D과제 수행을 통해서 그 성과물로서 R&D특허 또는 연구논문을 보유하면서

도 자기실시에 의한 활용이 불가한 주체로서 대학 또는 정부출연 연구소가 있다. 대학 또는 공공연에서 연구성과물로서 확보한 R&D특허는 스타트업의 사업화 아이템으로 적극 활용하거나 기존 기업으로 기술이전 라이선스를 통해 공격적으로 활용되어야 할 것이다.

라이선스 수익 등 R&D특허활용 대가의 선순환적인 R&D재투자는 R&D이노베이션의 사회적 가치실현은 물론 일자리 창출과 혁신성장을 위한 지식재산 관점의 R&D생태계를 구축함에 있어서 중요한 사안이라 할 수 있기 때문이다.

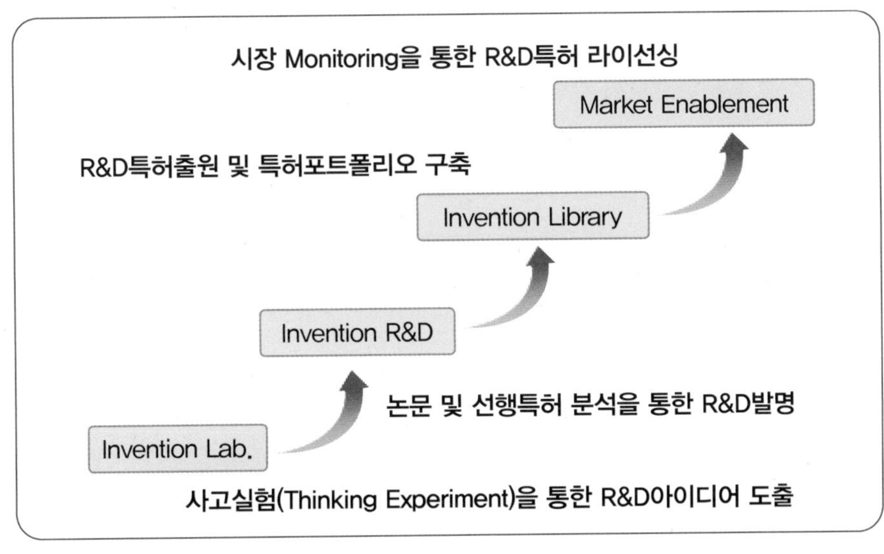

그림 Ⅳ-2 NPE[222]의 인벤션 라이브러리를 통한 라이선싱 전략

발명연구실Invention Lab.에서 다양한 사고실험을 통해 R&D아이디어를 도출하고 이를 기반으로 논문과 선행특허기술 분석을 통해 R&D아이디어를 가공하고 구체화하여 다양한 발명을 창출하여 데이터베이스로서 확보하는 것을 인벤션라이브러리 Invention Library라고 한다.

NPE(비실시기관)의 라이선싱 전략

상기 그림 Ⅳ-2는 IP-R&D전략에 기초를 두고 있는 비실시기관인 NPENon Practicing Entity의 인벤션 라이브러리(발명 데이터베이스 체계) 구축을 통한 라이선스 전략을 설명하고 있다. 발명연구실Invention Lab.에서 다양한 사고실험Thinking Experiment을 통해 R&D아이디어를 도출하고 이를 기반으로 논문과 선행 특허기술 분석을 통해 R&D아이디어를 가공하고 구체화하여 다양한 발명을 창출하여

222 NPENon Practicing Entity란 비실시기관을 지칭하며 지식재산권(특허 등)을 업으로써 실시하기 위한 목적으로 보유하지 않고 라이선스를 통한 수익창출을 비즈니스 모델로 하는 특허관리회사로서 또 다른 관점에서 Patent Troll(특허괴물)이라고도 한다.

데이터베이스로서 확보하는 것을 인벤션라이브러리Invention Library라고 한다. NPE들은 인벤션 라이브러리에 의해 다양한 관점에서 창출된 R&D발명을 개념특허Paper Patent로서 출원 등록을 하여 IP포트폴리오 권리로서 확보하게 된다. IP포트폴리오를 보유하고 있는 NPE들은 관련 시장제품이나 서비스를 모니터링하고 자사가 확보한 IP권리가 침해당하고 있다면 법적소송을 제기하여 손해배상받거나 또는 IP라이선스를 유도하여 수익을 창출하는 비즈니스 모델Business Model을 가지고 있다.

제조 생산활동을 하는 기업들이 주로 NPE의 라이선스 표적 대상이 되고 있으며 제조기업들은 NPE의 이러한 비즈니스 활동에 관해 당연히 부정적 시각을 가지고 있으며 이러한 NPE를 특허괴물Patent Troll이라 지칭하며 규제를 요구하고 있다.

즉, 이러한 비실시기관NPE들은 IP(특허)의 보유 목적이 자사 제품생산이나 제조활동 보호를 위함이 아니라 보유 특허와 관련해서 시장에서 침해 모니터링을 통해 라이선스를 유도함으로써 로열티 수입을 주된 비즈니스 모델로 하고 있다. 제조생산활동을 하는 기업들이 주로 NPE의 라이선스 표적 대상이 되고 있으며 제조기업들은 NPE의 이러한 비즈니스 활동에 관해 당연히 부정적 시각을 가지고 있으며 이러한 NPE를 특허괴물Patent Troll이라 지칭하며 규제를 요구하고 있다.

하지만 NPE들은 라이선스 수익화 사업을 위해 다양한 IP 포트폴리오 구축이 필요하며 이를 위해 개인발명가 또는 대학 · 공공연에서 보유하고 있는 특허들도 적극적으로 매입하고 있다. 개인발명가 또는 대학 · 공공연은 제조 또는 생산 활동을 하지 않는 R&D주체들로서 비실시기관NPE들에 의한 특허매입은 개인발명가 또는 대학 · 공공연으로 하여금 발명 창출의 의욕을 제고시키며 개인발명가를 포함한 비실시기관들이 보유하고 있는 특허 지재권의 활용촉진의 관점에서 본다면 긍정적인 사회적 기능을 하고 있다고도 볼 수 있다.

2. R&D특허정보 검색과 방법론

가. 특허정보의 중요성

특허정보 중요성

특허정보는 기술정보 자원으로서 권리정보의 성격을 가지고 기업 또는 연구개발 주체의 R&D전략의 수립은 물론 연구개발, 기술개발과 제품개발 등 이노베이션 창출을 위한 R&D수행의 각 단계에서 기업 또는 연구자의 의사결정에 중요한 역할을 한다. 특히 **그림 Ⅳ-3**과 같이 R&D착수 이전에 중복연구 방지와 연구개발 방향설정은 물론 향후 R&D결과물을 기술사업화 또는 라이선스에 강한 확실한 배타적 권리로서 획득하기 위해는 연구개발 착수 이전과 연구개발 수행과정에서 특허정보의 조사분석은 그 중요성이 매우 크다고 하겠다.

R&D착수 이전에 중복연구 방지와 연구개발 방향설정은 물론 향후 R&D결과물을 기술사업화 또는 라이선스에 강한 확실한 배타적 권리로서 획득하기 위해는 연구개발 착수 이전과 연구개발 수행과정에서 특허정보의 조사분석은 그 중요성이 매우 크다고 하겠다.

중복연구 방지 | 연구개발 방향설정 | 강한 권리획득

그림 Ⅳ-3 특허정보 조사분석의 중요성

특허정보의 의의

특허정보조사를 통해 대상기술의 흐름이나 미래기술 동향은 물론 기술 시장성과 함께 당해 기술의 배타적 권리 현황을 파악할 수 있다. 특허맵Patent Map은 대상기술에 관한 특허정보 조사분석의 결과물을 체계적으로 정리한 자료로서 특허정보 조사분석을 위한 가이드라인으로도 활용될 수 있다.

논문정보에서 발견하지 못하는 기술 권리성과 시장성에 관한 정보를 특허 데이터베이스 정보분석을 통해 확인할 수 있으며 특허의 정형화된 데이터 정보는 기술정보로서의 접근과 활용은 물론 다양한 통계적 기법을 사용하여 2차적 정보로서 가공과 활용이 용이하다.

연구자는 주기적으로 특허정보에 관한 조사분석을 통해 연구개발의 방향설정, 수정 변경 또는 문제해결에 대한 아이디어를 구하는 것이 바람직하다. 특히 기존에 완료된 연구를 중복으로 개발하지 않도록 해당 분야와 연관되어 공개된 특허기술

연구자는 주기적으로 특허정보에 관한 조사분석을 통해 연구개발의 방향설정, 수정 변경 또는 문제해결에 대한 아이디어를 구하는 것이 바람직하다.

을 지속적으로 모니터링하고 경쟁자나 타 연구자들이 어떠한 방향으로 연구개발을 하고 있으며 또한 종래의 기술적 문제점과 이를 해결하기 위한 기술수단, 작용 및 효과 등을 파악하여 연구개발에 효율성을 기하도록 함이 바람직할 것이다.

특허정보의 활용관점 (예시)

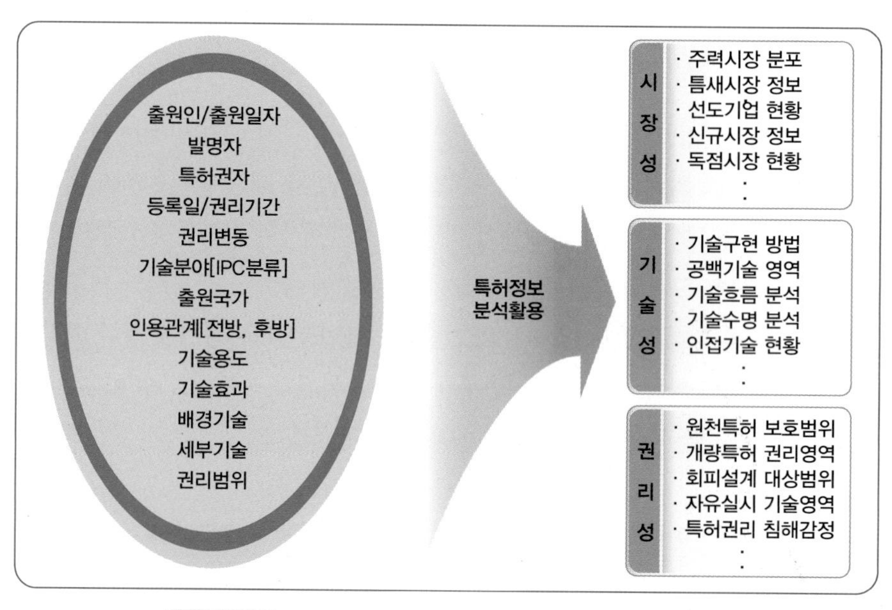

그림 Ⅳ-4 특허정보분석을 통한 특허정보의 활용 관점 (예시)

특허정보 데이터는 출원시점에 제출한 특허출원서와 첨부서류(명세서 및 요약서, 도면)와 특허청에서 행정절차 과정에서 발생하는 다양한 정보를 체계적으로 추출하여 데이터베이스화한 정보이다.

> 특허 데이터로부터 추출된 로우데이터Raw Data정보들을 다양한 방법으로 취합하고 가공분석함으로써 2차적 정보를 도출할 수 있는데 이를 크게 특허정보의 활용관점에서 구분해 보면 기술성, 시장성 및 권리성 정보로서 분류할 수 있다.

그림 Ⅳ-4의 예시로써 제시한 바와 같이 출원인, 발명자, 대리인 등과 같은 인적 정보는 물론 출원일, 공개일, 우선권 주장일, 등록일, 설정등록일, 권리소멸일 등과 같은 날짜 정보와 함께 IPC(국제특허분류)코드 등을 통해 기술분야(분류) 정보 등을 파악할 수 있으며 특허명세서에 기재된 발명의 설명으로부터 배경기술, 기술구성, 기술효과, 실시 예 등을 파악할 수 있으며 아울러 특허청구범위로부터 배타적 권리를 분석할 수 있다. 특허 데이터로부터 추출된 로우데이터Raw Data정보들을 다양한 방법으로 취합하고 가공분석함으로써 2차적 정보를 도출할 수 있는데 이를 크게 특허정보의 활용관점에서 구분해 보면 기술성, 시장성 및 권리성 정보로서 분류할 수 있다. 아울러 이러한 특허정보의 기술성, 시장성 및 권리성의 관점은 다음 장 Chap. V에서 다루게 될 특허의 가치평가를 위한 관점과도 동일하다.

그림 Ⅳ-4와 같이 특허정보 분석을 통해 알 수 있는 시장성과 관련된 정보로서 시장의 주도자인 연구그룹Research Groups과 선도기업Major Players 현황정보와 함께 시장 규모, 틈새시장 현황 또는 주력시장 분포와 독과점 현황분석 등을 파악할 수 있다.

또한 기술성 관련된 정보로서 핵심기술의 구현방법과 기술수명, 기술의 원천성 또는 개량기술, 기술성숙도 등 다양한 정보를 파악할 수 있다. 아울러 권리성과 관련된 정보는 핵심특허로부터 클레임차트 분석, 특허포트폴리오 분석 등을 통해 특허의 배타적 권리 보호범위와 보호강도에 관해 분석할 수 있으며 이로부터 자유실시 영역조사, 특허권리 침해감정 그리고 개량특허 창출 또는 회피설계 등으로 다양한 권리 정보 분석과 활용이 가능하다.

이러한 특허정보분석에 관한 구체적인 방법과 절차에 관해서는 IP-R&D를 위한 방법론으로서 다음 장에서 다루게 될 특허동향Patent Landscape 분석과정을 통하여 보다 구체적으로 살펴보기로 한다.

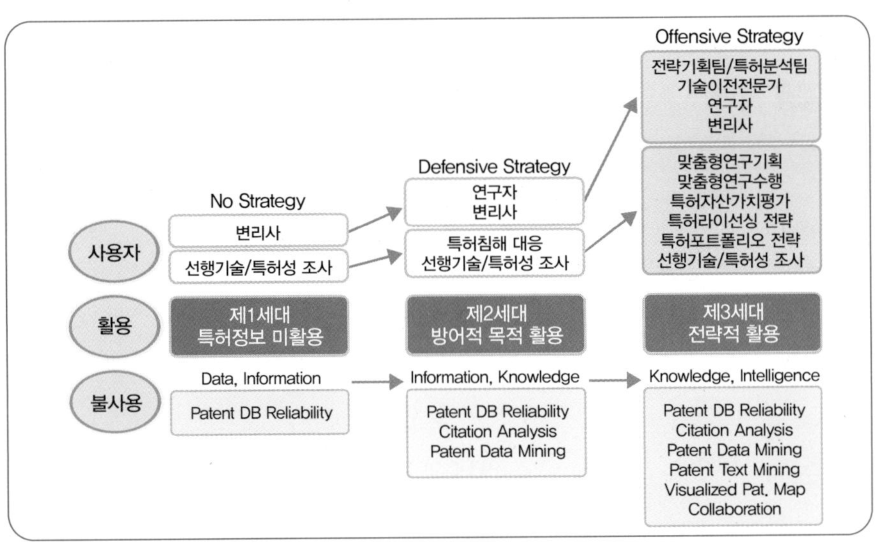

그림 Ⅳ-5 특허정보 활용에 관한 단계별 발전 과정[223]

연구자는 스스로 R&D과정에서 어느 단계에서 자신의 연구를 수행하고 있는지 냉철하게 판단하여 볼 필요가 있으며, 연구기획 과정 또는 연구개발 과정에서 특

223 출처: 현재호, 전략정보분석 방법론Patent Mapping의 개념

허정보를 충분히 활용하지 못하고 있다면 이에 대한 대응전략 마련이 시급하다고 할 것이다. 연구자의 직관이나 경험에만 의거하여 연구방향을 설정하고 이에 대한 성과 있는 결과물을 기대한다는 것은 매우 위험한 일이기 때문이다. **그림 Ⅳ-5**는 특허정보활용에 관한 단계별 변천과정을 보여준다. 제1세대 및 제2세대에서의 특허정보 활용은 산업화 시대에서 특허성 조사 또는 침해대응을 주목적으로 진행되어 왔다. 하지만 오늘날 지식정보화 시대에 적합한 제3세대 특허전략은 연구자가 주도자가 되어 기술이전 전문가, 특허분석 전문가 및 변리사 등 법률전문가 참여를 통한 R&D특허전략이 이루어져야 할 것이다. 그러므로 연구자는 R&D주제와 관련하여 앞서 언급한 시장성, 기술성 및 권리성에 관한 특허정보 분석결과를 바탕으로 현재의 기술수준, 관련기술의 도입여부, 신기술의 융합가능성 등을 종합적으로 검토하여 R&D기획이 객관적이고 구체적인 방향설정이 이루어질 수 있도록 하여야 할 것이다.

연구자의 직관이나 경험에만 의거하여 연구방향을 설정하고 이에 대한 성과 있는 결과물을 기대한다는 것은 매우 위험한 일이기 때문이다.

특허정보검색사이트

각 국가별로 특허정보를 검색할 수 있는 DBData Base사이트가 다양하게 존재하며 주요 특허정보검색사이트의 주소와 간략한 특징은 다음 **표 Ⅳ-4**와 같다.

표 Ⅳ-4 특허정보 제공 주요 DB사이트 (예시)

구분	특허 DB	주요 웹사이트	솔루션 (Model)	비교
민간섹터 Private Sector **유료 (회원제)**	Relecura	https://relecura.com	Tech Tracker	**최적화 데이터** Optimized data
	DWPI	https://clarivate.com/derwent	Derwent World Patent Index	
	LexisNexis	http://www.lexisnexis.com	Total Patent/ Patent Optimizer	
	WisDomain	http://www.wisdomain.com	IP-Intellisource	
	Wips	http://www.wipson.com	Wintelips	
공공섹터 Public Sector **무료 (비회원제)**	KIPRIS	http://www.kipris.or.kr	KIPO- Database (한국특허청)	**1차 가공 또는 로우 데이터** Raw data
	Google	http://www.google.com/patents/	Google-Database (구글)	
	PatentScope	http://patentscope.wipo.int	WIPO- Database (WIPO-사무국)	
	EspaceNet	http://worldwide.espacenet.com	EPO- Database (유럽특허청)	
	USPTO (미국특허청), JPO (일본특허청), CNIPA (중국특허청) 등 각국의 특허청과 연동된 온라인 Web-Site에서는 해당국가의 특허정보 DB를 무료로 제공하고 있음			

• 민간섹터

특허정보를 제공하는 민간부문의 대표적인 사이트는 표 Ⅳ-4에서 예시한 바와 같이 윕스, 위즈도메인, 렉서스넥시스, 릴레큐라 그리고 클라이베이트의 더웬트 데이터베이스 등이 있다, 이러한 민간섹터의 특허데이터베이스 제공사이트는 가공된 고부가 가치의 2차적인 특허정보를 제공하는 사이트로서 회원제로 운영되고 있으며 상당한 비용을 지불하여야 한다. 민간섹터 데이터베이스에서는 단순한 키워드검색을 넘어 의미검색까지 확장하여 다양한 검색기능을 갖추고 있으며 데이터를 다양하게 시각화하여 기술성, 시장성 또는 권리성 등과 관련된 특허정보를 보다 신속 정확하게 레포팅하는 기능들을 제공하고 있다. 아울러 특허소송과 관련된 법률 데이터 정보를 별도로 구축한 데이터베이스와 연동하여 다양한 관점에서 리스크 분석과 R&D방향 제시 등의 서비스 제공을 하고 있다.

• 공공섹터

한국특허청KIPO에서 제공하는 KIPRIS(키프리스) 특허정보 검색사이트를 비롯하여 미국USPTO, 일본JPO 및 중국CNIPA 등 세계 각국의 특허청은 자국의 언어로 된 출원된 특허에 관한 다양한 정보를 무료로 제공하고 있다. 아울러 세계지식재산기구WIPO의 Patentscope데이터베이스 사이트에서는 세계 각국에서 공개 및 등록된 특허 문헌에 관한 전문 정보는 물론 국제특허출원(PCT-특허출원)과 관련된 국제조사보고서ISR와 국제예비심사의 견해서IPRP에 관한 정보를 열람할 수 있다. 유럽특허청EPO에서 제공하는 Espacenet의 특허정보사이트에서는 특허 인용정보와 함께 해외에 출원, 공개 또는 등록된 특허패밀리INPADOC Patent Family 정보를 체계적으로 제공하고 있다. 패밀리 특허정보 검색을 통해 해당특허의 시장성 규모를 추정할 수 있으며, 전방인용하고 있는 특허Citing Document정보와 후방인용특허Cited Document에 관한 정보 조사를 통해 개량특허 또는 원천특허에 관한 다양한 기술성 정보를 파악할 수 있다.

세계지식재산기구WIPO의 Patentscope 데이터베이스 사이트에서는 세계 각국에서 공개 및 등록된 특허 문헌에 관한 전문 정보는 물론 국제특허출원(PCT-특허출원)과 관련된 국제조사보고서ISR와 국제예비심사의 견해서IPRP에 관한 정보를 열람할 수 있다. 유럽특허청EPO에서 제공하는 Espacenet의 특허정보사이트에서는 특허 인용정보와 함께 해외에 출원, 공개 또는 등록된 특허패밀리INPADOC Patent Family 정보를 체계적으로 제공하고 있다.

특허 잠복기간 (출원 이후 공개유예기간)

특허출원된 발명의 내용이 공개가 이루어져 특허 공개공보로서 발간되어 정보검색의 대상이 되는 시점은 특허출원일로부터 18개월(1년 6개월)이다. 상기 특허정보 미공개 기간은 특허청에 출원된 발명내용을 비밀유지토록 함으로써 출원

특허 잠복기간인 출원 공개유예기간에는 특허정보 검색이 불가하기 때문에 연구 기획서 또는 R&D제안서를 작성함에 있어서 선행기술로서 검색이 되지 않는 잠복특허가 존재할 수 있음에 유념해야 할 것이다.

공개로 인한 모인발명 등의 피해를 최소화하기 위한 공개유예기간이다. 조약우선권주장에 의한 해외출원의 경우에는 최초 1국 출원일로부터 18개월이 되는 시점에 공개가 이루어짐으로 유의해야 한다. 그러므로 **그림 Ⅳ-6**과 같이 특허 잠복기간인 출원 공개유예기간에는 특허정보 검색이 불가하기 때문에 연구 기획서 또는 R&D제안서를 작성함에 있어서 선행기술로서 검색이 되지 않는 잠복특허가 존재할 수 있음을 유념해야 할 것이다.

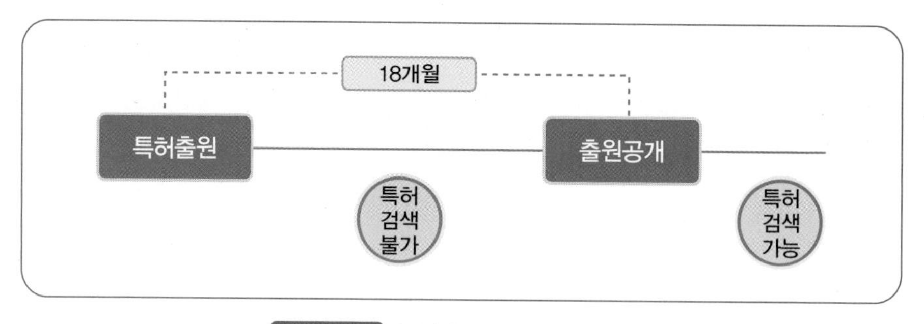

그림 Ⅳ-6 특허정보검색이 불가한 기간

특허출원한 R&D결과물이 출원 후 18개월 시점에서 공개되지 않고 출원 우선일자를 연속적으로 확보할 수 있는 국내우선권주장출원제도가 있다. 선출원으로부터 1년 이내 후출원을 국내 우선권주장출원을 한다면 선출원은 1년 3개월에 취하간주가 되며 공개가 되지 않기 때문에 국내우선권주장출원을 연속적으로 활용한다면 선행기술로서 장기간에 걸쳐 특허검색되지 않고 향후 필요한 시점에 공개 또는 특허등록이 될 수 있는 잠수함특허가 존재할 수 있음을 특히 유념해야 할 것이다.

나. 특허문헌 정보의 이해

특허문헌 정보의 구성

검색의 대상이 되는 특허문헌 정보는 서지정보Bibliographic, 초록(요약)Abstract 및 전문Full Text(명세서 포함) 정보로서 크게 3가지로 구분해 볼 수 있다. 특허발명의 실체적 내용을 요약한 요약서 정보와 발명의 명칭, 발명의 설명, 도면 그리고 특허청구범위 명세서Specification는 물론 발명 특허의 실체적인 기술 내용과는 상관없는 인명정보와 날짜정보 그리고 특허분류정보 등으로 이루어진 서지정보를

표 Ⅳ-5 특허검색 대상의 특허문헌 정보

구분	항목	특허분류코드
서지정보	출원번호, 출원일 공개번호, 공개일 공고번호, 공고일 등록번호, 등록일 우선권 주장 발명자, 출원인, 대리인, 심사관	**– 특허분류코드 –** IPC(국제특허분류) CPC(선진특허분류)
명세서	발명의 명칭	
	발명의 설명	
	특허청구범위	
	도면	
요약서	요약(초록)	

모두 포함하는 전문 정보가 있다.

특허정보검색의 대상이 되는 분야로서 발명의 명칭, 요약서(초록), 특허청구범위, 서지정보, 전문(명세서) 등을 검색필드Field라고 하며 특허 데이터베이스 검색기능과 필드를 조합 선택함으로써 특허 데이터베이스와 관련하여 정보검색의 추출 데이터 양이 달라질 수 있다. 검색실무에서는 주로 키워드 검색, 특허번호 검색, 일자검색, 특허분류검색 등의 검색기능을 상기 검색필드와 조합하여 특허정보데이터를 추출한다.

특허정보검색의 대상이 되는 분야로서 발명의 명칭, 요약서(초록), 특허청구범위, 서지정보, 전문(명세서) 등은 검색필드라고 하며 특허 데이터베이스 검색 기능에서 필드를 조합 선택함으로써 특허 데이터베이스와 관련하여 정보검색의 추출 데이터 양이 달라질 수 있다.

앞서 언급한 바와 같이 특허정보 제공에 관한 공공섹터로서 세계 각국의 특허청은 특허 데이터베이스를 구축하고 이를 무료로 제공하고 있는데 인터넷을 통해 다운로드받을 수 있는 특허문헌으로 공개공보와 등록공보 2가지 유형의 특허문헌이 있다.

공개공보(A)와 등록공보(B)

특허문헌은 크게 2가지 형태의 문서로서 일반대중에게 공지되며 공개공보와 등록공보가 있다. 공개공보(A)는 특허출원 이후 일정기간 18개월이 되거나 또는 별도의 공개요건이 충족이 되면 일반공중에 공지되는 특허문헌을 말하며 식별부호로서 알파벳 (A)를 함께 표기한다.

특허출원은 대부분 공개절차를 거친 이후 특허심사를 통해 거절이유가 발견되지 않으면 특허권이 설정등록이 되어 공지되는데 이 특허문헌을 등록공보(B)라고 하며 우리나라는 알파벳 (B1)를 함께 표기한다. 아울러 공개실용신안공보는 문헌식별후보로서 알파벳 (U)를 함께 표기하고 등록된 실용신안공보는 (Y1)를 그리고 디자인공보는 (S)로서 함께 표기한다.

상기한 특허문헌으로 부터 **표** Ⅳ-5에 기재된 인명정보, 날짜정보, 특허분류코드 정보 등과 같은 서지정보는 물론 명세서 및 요약서 관련 정보를 확인할 수 있다.

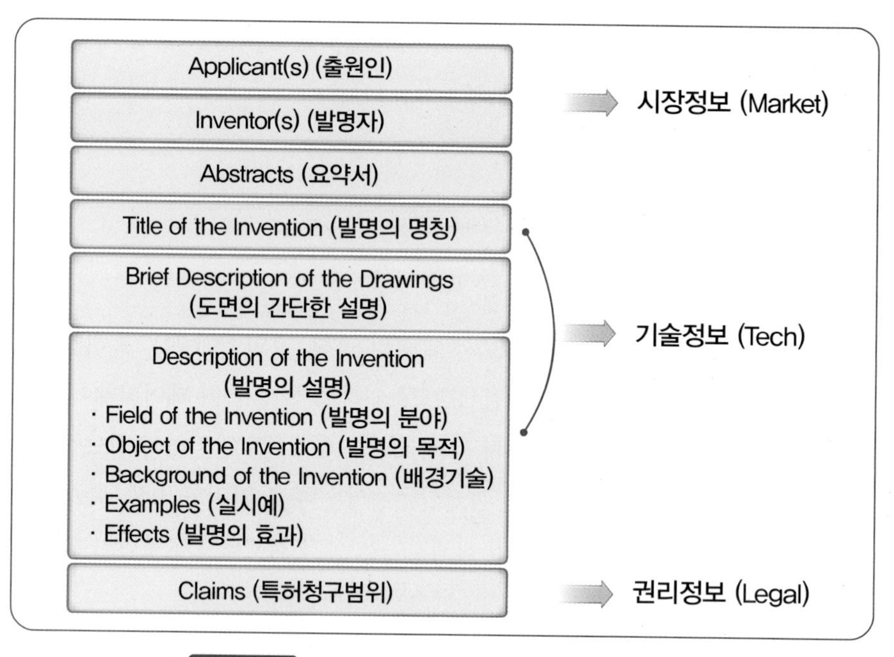

그림 Ⅳ-7 특허문헌에 포함된 주요 정보에 관한 개괄도

특허발명과 관련하여 알 수 있는 정보로서 시장성Market, 기술성Technology 그리고 권리성Legal으로 크게 3가지로 구분해 볼 수 있었다.

앞서 살펴본 바와 같이 특허정보조사를 통해 확보한 특허 데이터 분석으로부터 해당 특허발명과 관련하여 알 수 있는 정보로서 시장성Market, 기술성Technology 그리고 권리성Legal으로 크게 3가지로 구분해 볼 수 있었다.

이는 **그림** Ⅳ-7에서와 같이 특허 데이터베이스의 통계분석이 아닌 단일 특허문헌으로부터도 앞서 언급된 해당 특허 발명과 관련하여 시장성, 기술성 및 권리성 정보를 파악할 수 있음을 확인할 수 있다. 출원인 또는 발명자 등 서지정보로부터 시장성에 관한 정보를 알 수 있으며 발명의 설명으로부터는 구체적인 기술정보를 파악할 수 있을 뿐만 아니라 아울러 특허청구범위에 관한 클레임차트 분석을 통해 해당 특허에 관한 권리성을 파악할 수 있다.

특허정보분석에 관한 관점은 권리성과 연관된 법률적 보호범위 관점과 시장정보와 관련된 사업성 관점 그리고 해당 전공분야의 기술성 관점을 융합적으로 이해해야 할 것이다.

그러므로 특허정보 분석활용을 통한 효과적인 R&D이노베이션 창출, 보호 관리 및 활용을 위해서는 무엇보다도 자신의 기술전공 분야에 전문성을 가지고 있는 연구자가 지식재산 제도에 관한 이해와 학습을 기반으로 자신의 연구분야를 중심으로 해서 다양한 융・복합기술 분야에 구축되어 있는 특허 빅데이터에 접근성을 강화하고 본 Chap.에서 다루게 될 IP(특허)정보분석에 관한 다양한 실무전략들을 이해함으로써 이를 R&D수행의 全과정에서 적용하고 활용하는 것이 중요하다고 할 수 있다.

산업재산권의 출원 공개 및 등록번호

표 Ⅳ-6 산업재산권 유형과 진행 단계에 따른 식별번호

권리 식별번호		출원번호 또는 공개번호	등록번호
특허	10	권리 식별번호- 당해연도-일련번호 예시: 10-2020-0009401 (특허출원)	권리 식별번호-일련번호 예시: 30-0466913 (디자인등록)
실용신안	20		
디자인	30		
상표	40		

특허청에서 관리하고 있는 산업재산권으로서 특허, 실용신안, 디자인, 상표가 있는데 각각의 권리들은 표 Ⅳ-6과 같이 별도의 식별번호가 부여되어 있다. 특허청에 상기 권리를 허여받기 위해 출원하는 경우 출원서류 접수와 함께 특허청에서 부여되는 출원번호와 일정기간 경과 후에 심사 이전에 특허청 관보에 공개가 되는 경우 공개공보에 부여되는 공개번호는 그 형식이 동일하다. 즉 해당 산업재산권을 구분하는 식별번호 이후에 출원 또는 공개되는 당해 연도를 기재하고 그 다음에 일련번호로서 표기를 한다. 반면, 산업재산권이 설정등록되면 해당 권리별로 등록번호가 부여되는데 이때에는 별도의 연도가 기재되지 않고 권리 식별번호 다음에 일련번호로서 등록번호가 표기된다.

해당 산업재산권을 구분하는 식별번호 이후에 출원 또는 공개되는 당해 연도를 기재하고 그 다음에 일련번호로서 표기를 한다. 반면, 산업재산권이 설정등록되면 해당 권리별로 등록번호가 부여되는데 이때에는 별도의 연도가 기재되지 않고 권리 식별번호 다음에 일련번호로서 등록번호가 표기된다.

특허문헌의 코드정보INID[224]

INID코드란 특허문헌의 서지적인 사항에 관해 식별하기 위해 국제적 협약에 의해 정해진 특허정보에 관한 식별번호를 말하며 10~90으로서 9가지로 대분류로 구성하고 각각의 10단위별 세부번호에 해당하는 특허문헌정보들을 표식하고 있다.

특허문헌은 해당 국가의 언어로 공개 및 등록되기 때문에 외국의 특허문헌을 식별하여 그 의미와 내용을 파악하기 어렵다. 이러한 이유로 특허문헌정보에 기재되는 각각의 세부정보 분류별로 식별기호를 부여함으로써 용이하게 해당 정보에 접근토록 하기 위함이다.

특허문헌 즉 공개공보 또는 등록공보에 있는 기재되는 서지정보에 관한 항목번호는 INID코드에 의해 국제적으로 통일이 되어 있다. 즉 INID코드란 특허문헌의 서지적인 사항에 관해 식별하기 위해 국제적 협약에 의해 정해진 특허정보에 관한 식별번호를 말하며 10~90으로서 9가지로 대분류로 구성하고 각각의 10단위별 세부번호에 해당하는 특허문헌정보들을 표식하고 있다.

| INID코드의 예시

11: 특허문헌(공보)의 번호
12: 특허출원일
32: 우선권주장 일자,
54: 발명의 명칭
71: 출원인
72: 발명자
74: 대리인

그림 Ⅳ-8 서지정보 유형에 따른 국제적 식별번호(코드) 예시

특허분류코드

특허분류는 발명이 속하는 기술분야를 특정함으로써 특허심사를 위한 선행기술조사를 용이하게 하고 아울러 특허문헌이 검색대상이 되는 경우 신속하고 정확한 기술정보로서 활용될 수 있도록 숫자, 기호 및 문자를 이용하여 체계화한 코드이다.

---

224 INID코드는 Internationally Agreed Number for Identification of Data(서지적 사항의 식별코드)의 약자이며 특허문헌(공보)의 각 서지 사항정보를 숫자 코드화함으로써 다른 언어에도 쉽게 각 서지정보의 의미를 파악할 수 있도록 한 코드이다.

표 Ⅳ-7 특허분류코드 유형에 따른 기술분류 체계 (순서)

코드 명칭	코드 예시	분류수	분류 체계 (순서)	창안 주체
USPC (UPC)	349/106	~15만	클라스(3자리) / 서브클라스(3자리)	USPTO (미국)
IPC	A01B 33/08	~7만	섹션-클라스-서브클라스-메인그룹-서브그룹	WIPO (세계지식재산기구)
ECLA	A01B 33/08 B2	~13만	IPC + 영문자 & 숫자 (세분류)	EPO (유럽)
FIFile Index	A01B 33/08 301/A	~21만	IPC + 전개기호(3자리) / 식별기호 (영문 1자)	JPO (일본)
F-Term	4B027 FB 02	~35만	테마코드(5자리)+관점(영문2자) + 전개(숫자2자)	
CPC	A01B 33/08 27	~26만	IPC 코드(Y-Section 추가) + 인덱싱코드(숫자2자)	USPTO(미국) +EPO(유럽)

특허분류코드의 특징은 특허 기술을 분류함에 있어서 상위개념에서 하위개념으로 분류화되는 계층적 구조Hierarch Structure 특징을 가지며 기술의 발전과 변화에 따라 세분화되어 진화하는 특성이 있다.

하나의 발명특허문헌에는 여러 개의 특허분류코드가 부여될 수 있으며 이는 다양한 관점에서 기술검색이 가능하다는 것을 의미한다. 검색대상의 기술과 특허분류에 의한 기술주제의 범위가 거의 일치할 수도 있지만 대부분 특허분류에 의한 기술주제가 좁을 수도 있고 또는 넓을 수도 있기 때문에 특허검색 시에는 실무적으로 키워드검색을 중심으로 시행하고 검색 결과에 있어 노이즈제거 등의 목적으로 특허분류코드검색을 보조적으로 활용하는 것이 바람직하다.

- IPC(국제특허분류) 코드

표 Ⅳ-7에서와 같이 최초 특허분류코드는 미국특허청에서 창안한 USPC코드로서 '클라스와 서브클라스' 분류에 의해 약 15만 개 정도로 세분화되어 있다. IPCInternational Patent Classification코드는 1968년에 WIPO(세계지식재산기구)에 의해 창안되어 국제적으로 통용이 되면서 개별국가(특허청)에 특허정보검색과 접근성이 강화되었으며 체계적인 특허기술 정보구축이 이루어지게 되었다. IPC코드는 모든 국가의 특허문헌에 대하여 세부기술 분야별로 국제적으로 통일되는 분류하기 위해 창안된 국제분류코드로서 '섹션-클라스-서브클라스

IPC코드는 모든 국가의 특허문헌에 대하여 세부기술 분야별로 국제적으로 통일되는 분류하기 위해 창안된 국제분류코드로서 '섹션-클라스-서브클라스-그룹-서브그룹'의 분류체계에 따라 약 7만개 정도로 세부기술이 분류되어 있다.

-그룹-서브그룹'의 분류체계에 따라 약 7만 개 정도로 세부기술이 분류되어 있다.

- 각국 특허청의 특허분류코드

IPC(국제특허분류)코드가 창안된 이후 이를 기초로 유럽특허청EPO과 일본특허청JPO에서는 각각 독자적인 특허분류코드인 ECLAEuropean Classification 코드와 FIFile Index코드를 만들었다. ECLA코드는 유럽특허청이 IPC코드에 영문자와 숫자로 이루어진 세분화 분류를 추가하여 약 14만 개로 세분화 분류하여 자체적으로 운영하고 있으며, 일본특허청[225]은 IPC분류코드에 전개기호와 식별기호를 추가로 세분화하여 약 19만 개로 분류한 FIFile Index코드를 창안하여 자체적으로 자국의 특허분류에 활용하고 있다.

- CPC(선진특허분류) 코드

한국특허청KIPO에서도 현재 IPC코드와 함께 CPC코드를 활용하고 있으며 CPC코드는 국제특허분류코드의 새로운 표준으로서 자리 잡고 있다.

CPC코드는 미국특허청USPTO과 유럽특허청EPO이 공동주관으로 새로이 창안한 분류코드로서 Y섹션이 추가된 IPC코드에 인덱싱코드로서 추가 세분류화하여 약 26만 개의 기술분류로서 세분화하여 활용하고 있다. 한국특허청KIPO에서도 현재 IPC코드와 함께 CPC코드를 활용하고 있으며 CPC코드는 국제특허분류코드의 새로운 표준으로서 자리 잡고 있다.

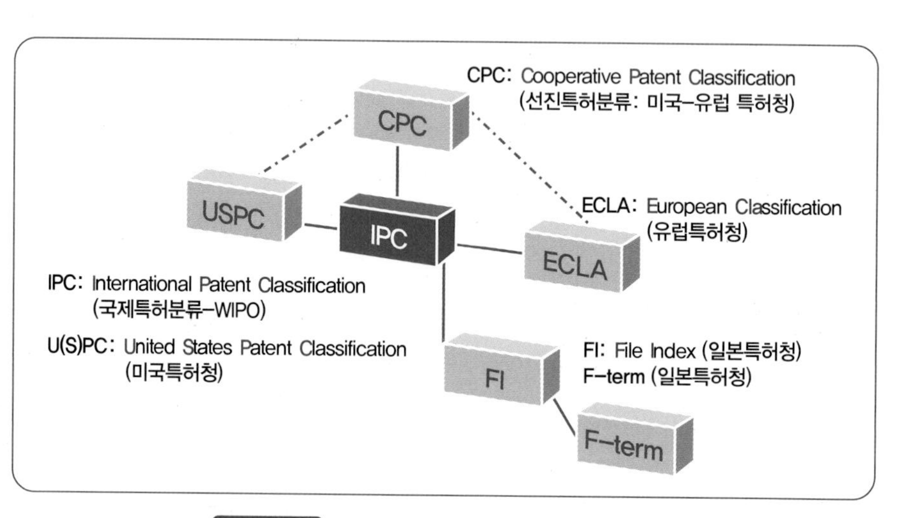

그림 Ⅳ-9 해외 특허분류코드 유형과 상호 연계성

225 일본특허청은 FI코드와 함께 독자적인 분류코드로서 약 34만 개로 분류된 F-Term을 창안하였으며 한편, 2016년에는 IoT(사물인터넷) 관련기술에 관해 별도로 특허분류ZIT를 신설한 바 있다.

상기 그림 Ⅳ-9에서 오늘날 국제적으로 통용되고 있는 특허분류코드의 5가지 유형과 이들의 상호 연계성을 알 수 있으며 각각의 특허분류코드가 창안된 순서[226]를 살펴보면 다음과 같다.

미국특허청이 창안한 USPC코드가 1931년 세계최초로 만들어졌으며 1968년에는 국제특허분류코드인 IPC코드가 창안이 되었다. 국제특허분류코드 IPC를 기반으로 유럽특허청은 1968년에 독자적인 특허분류로서 ECLA코드를 만들었고 이후 일본 특허청도 1984년에 FI/F-term코드를 고유한 자체 특허분류코드로서 창안하였다. 가장 최근인 2013년에는 미국특허청과 유럽특허청이 주축이 되어 IPC코드에 기반하여 더욱 세분화된 특허분류로서 선진특허분류코드인 CPC코드가 탄생하게 되었다.

다. 특허문헌 정보조사 방법과 유형

특허정보조사의 관점은 그 목적과 방법에 따라 다양하게 분류해 볼 수 있겠지만 일반적으로 크게 검색의 수단이 어떠한 것인가에 따라 구분해 볼 수 있는 '자연어검색과 통제어검색' 그리고 검색 대상의 범위가 어디인가에 따라 '타깃검색과 영역검색'으로 크게 2가지 유형으로 나누어 볼 수 있다.

일반적으로 크게 검색의 수단이 어떠한 것인가에 따라 구분해 볼 수 있는 '자연어검색과 통제어검색' 그리고 검색 대싱의 범위가 이디인가에 따라 '타깃검색과 영역검색'으로 크게 2가지 유형으로 나누어 볼 수 있다.

자연어검색 vs 통제어검색

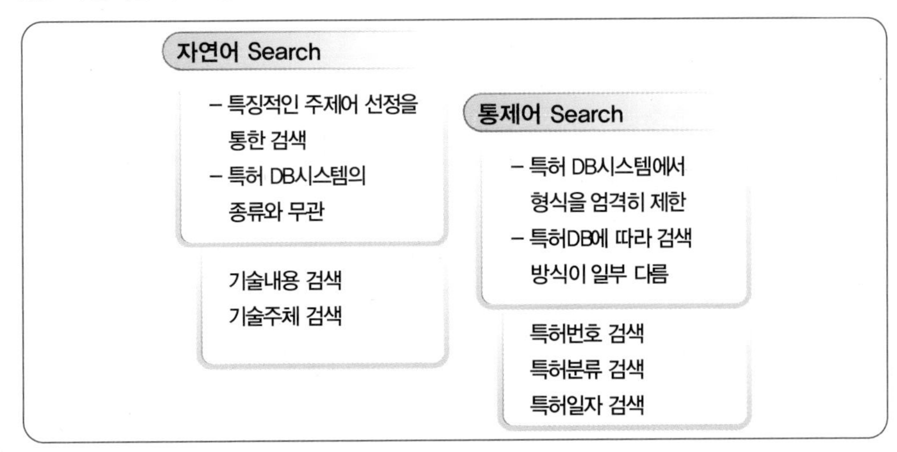

그림 Ⅳ-10 자연어검색과 통제어검색의 비교

226 특허분류코드의 창안순서: USPC(1931) → IPC(1968) → ECLA(1968) → FI/F-term(1984) → CPC(2013)

• 자연어검색

자연어검색이란 통제어검색과 대비되는 개념으로서 검색하고자 하는 대상에 대한 특징적인 주제를 자연어 추출을 통해 검색을 하는 것을 말한다. 특허정보 제공을 하는 데이터베이스의 종류와는 상관없이 다양한 특허검색DB를 대상으로 활용 가능하다. 특허검색 시에 키워드 또는 성명 등 자연어를 검색 수단으로 활용하여 특허기술의 내용이나 특허기술의 주체 등을 검색하는 방법이다.

• 통제어검색

통제어검색이란 자연어검색과 대비되는 개념으로서 특허 데이터베이스에 따라 검색방법이 달라질 수 있는 검색을 말한다. 특허출원번호, 공개번호 및 등록번호, 특허분류코드 또는 특허공개 또는 등록일자 등과 같이 특허 내용과 무관한 서지정보와 관련된 용어들을 통제어라고 하며 이러한 통제어를 검색하는 방법은 해당 특허정보 데이터베이스에 따라 상이하므로 유의해야 한다.

특허출원번호, 공개번호 및 등록번호, 특허분류코드 또는 특허공개 또는 등록일자 등과 같이 특허 내용과 무관한 서지정보와 관련된 용어들을 통제어라고 하며 이러한 통제어를 검색하는 방법은 해당 특허정보 데이터베이스에 따라 상이함으로 유의해야 한다.

키워드검색 vs 분류코드검색

'키워드검색과 분류코드검색'은 '자연어검색과 통제어검색'의 하나의 유형 사례로써 통상적으로 실무에서 많이 활용되는 검색방법이다.

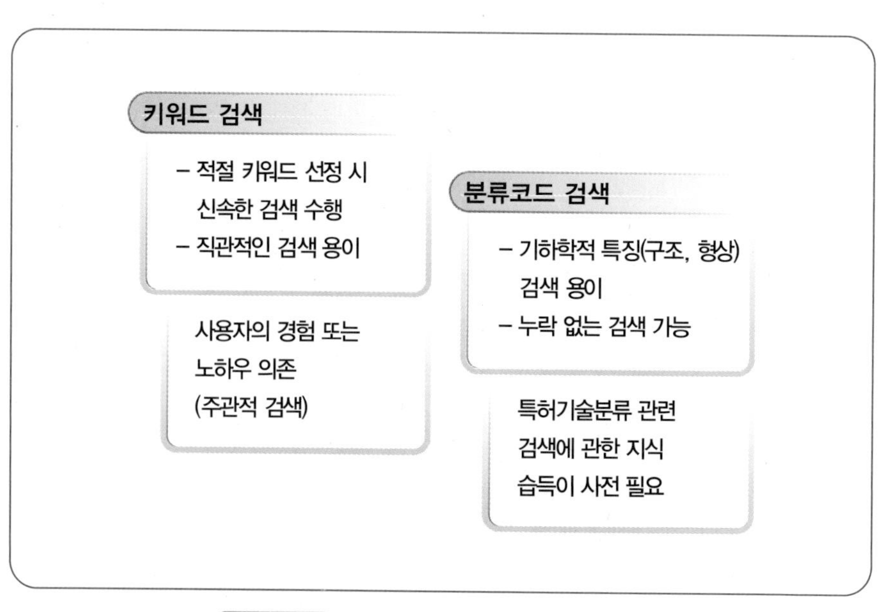

그림 Ⅳ-11 키워드 검색과 분류코드 검색의 비교

- **키워드검색**

키워드검색은 자연어검색의 한 유형으로서 다양한 특허데이터베이스에 별다른 사전교육 없이도 신속하게 접근 활용가능한 방식이다. 특히 직관적인 검색이 용이하며 적절한 키워드 선정 시에는 원하는 정보에 신속하게 접근이 가능하지만 사용자의 경험이나 노하우에 의해 키워드검색 결과가 달라질 수 있으며 이는 주관적인 검색결과로써 정보의 신뢰성이 결여될 수 있다는 단점이 있다.

- **분류코드검색**

분류코드검색은 통제어검색의 한 유형으로서 특허기술분류 관련 내용에 관한 사전지식 습득에 시간이 필요하지만 키워드검색과 적절히 조합을 통해 누락 없는 정보검색과 함께 신뢰성이 강화된 정보를 확보할 수 있다는 장점이 있다. 특히 분류코드검색은 구조 또는 형상의 기하학적인 특징을 가진 특허정보를 검색하고자 하는 경우 분류코드에 대한 사전지식이 있다면 해당 정보에 보다 용이하게 접근할 수 있다.

분류코드검색은 통제어검색의 한 유형으로서 특허기술분류 관련 내용에 관한 사전지식 습득에 시간이 필요하지만 키워드검색과 적절히 조합을 통해 누락 없는 정보검색과 함께 신뢰성이 강화된 정보를 확보할 수 있다는 장점이 있다.

타깃Target검색 vs 영역Range검색

표 Ⅳ-8 타깃Target검색과 영역Range검색의 비교

	타깃Target검색	영역Range검색
적용 분야	특허출원 또는 심판자료 검색 특정기술 관련 선행기술 조사	특허관련 기술의 동향조사 특허관점의 R&D전략수립
유의 사항	〈핵심키워드〉 선정이 중요	〈기술분류표〉[227] 작성이 중요
활용 분야	특허출원 또는 권리분쟁 대응	기술동향 또는 R&D전략 수립

- **타깃Target검색**

통상적인 특허정보검색은 표 Ⅳ-8과 같이 주로 타깃Target검색의 방법으로 많이 이루어진다. 특정기술과 관련하여 공지된 선행기술을 조사 시에 관련성이 있는 선행특허를 검색하는 방식으로서 타깃Target검색은 핵심키워드 선정이 중요하다. 구체화된 아이디어 또는 연구결과물을 특허출원 하거나 또는 기존에 등

227 기술 분류표는 테크트리Tech Tree라고도 하며 통상적으로 '대분류–중분류–소분류' 3단계로 분류하여 작성된 도표를 말하며 각각의 기술 소분류별로 별도의 검색식들이 작성되어 검색을 하게 된다.

록된 특허를 무효화하고자 하는 경우 많이 활용하는 방식이다. 즉, 특정기술과 관련하여 공지된 선행특허를 조사할 때 활용하는 방식으로서 검색하고자 하는 목표Target기술이 명확한 경우이다.

먼저 데이터 도출을 위한 특허 데이터마이닝Data Mining 추출단계에서는 R&D 주제와 연관된 핵심키워드 선정이 중요하다. 핵심키워드가 선정이 되면 시소러스Thesaurus로서 유사어, 동의어와 확장어 등을 확보하고 검색식을 작성하게 된다. 작성된 키워드검색식을 특허데이터베이스에서 데이터 스크리닝Screening 검색을 통해 IPC분류가 어떠한 것들이 가장 많이 도출이 되는지를 개괄적으로 파악하여 핵심IPC를 찾는 과정이 필요하다. 또한 핵심IPC와 연관되어 검색 도출되는 연관 IPC는 어떠한 분류코드가 있는지를 파악한 다음에 IPC분류코드와 키워드검색을 적절하게 조합검색하거나 또는 검색대상이 되는 특허문헌을 검색 필드의 범위를 축소 선택함으로써 원하지 않는 특허정보인 노이즈Noise를 줄일 수가 있다.

- 영역Range검색

영역검색이란 기술분류를 통해 특허조사 대상이 되는 영역범위를 설정하고 기술분류별로 추출한 특허검색 데이터들을 통계기법을 통해 분류조합하여 분석하는 방법이다.

영역검색이란 기술분류를 통해 특허조사 대상이 되는 영역범위를 설정하고 기술분류별로 추출한 특허검색 데이터들을 통계기법을 통해 분류조합하여 분석하는 방법이다. 표 Ⅳ-8과 같이 분석대상이 되는 기술과 관련된 산업 분야에서 특허동향조사 또는 특허관점의 연구개발전략을 수립하는 경우에 활용된다. 분석대상이 되는 기술과 관련하여 기술분류표Tech Tree를 먼저 정의하고 세부기술 분류별로 검색식을 작성하여 특허 데이터를 추출한 후 이를 다양한 통계분석기법을 활용하여 정량 또는 정성분석을 한다.

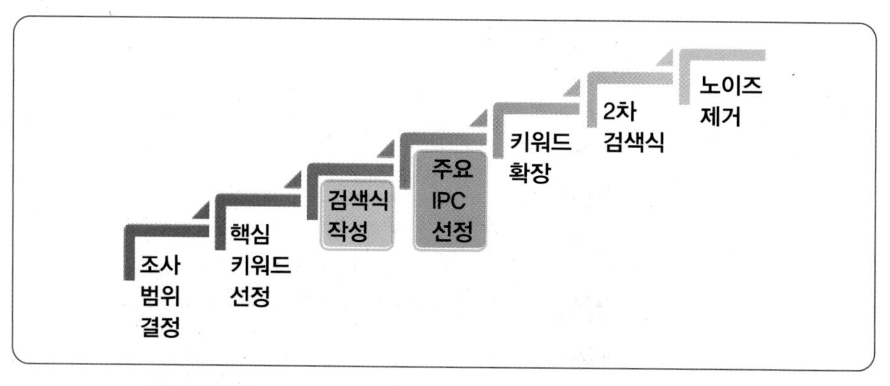

그림 Ⅳ-12 키워드검색과 IPC검색 조합을 통한 노이즈 제거 (예시)

영역검색 또는 타깃검색을 수행 시에 원하지 않은 데이터 정보로서 노이즈Noise가 포함이 될 수 있고 또한 원하는 데이터 정보가 포함되지 않을 수도 있다. 이러한 경우를 대비하여 **그림 Ⅳ-12**에서 제시된 절차와 같이 핵심키워드와 유관IPC에 의한 조합검색 또는 확장키워드와 핵심IPC 선정에 의한 조합검색을 통해 특허데이터 확장과 노이즈 제거를 통해 보다 신뢰성이 있는 로우데이터Raw Data를 확보할 수 있을 것이다.

3. IP(특허)동향분석과 R&D전략

IP(특허)동향분석을 기반으로 지식재산관점의 연구개발IP-R&D전략을 수립하는 과정은 R&D유형과 R&D분야의 특성에 따라 다양한 방법으로 추진될 수 있겠지만 공통적으로 적용될 수 있는 통상적인 방법론으로서 표 Ⅳ-9에 요약한 바와 같이 3단계 절차[228]로써 요약해 볼 수 있다.

표 Ⅳ-9 IP-R&D전략 수립을 위한 단계별 절차 (예시)

단계별 절차			분석내용과 세부전략
1단계	환경분석		연구논문, 시장고객, 기술표준, 정책동향 등
2단계	특허 동향 분석	영역분석	기술분류표 → 데이터추출 → 정량분석 → 정성분석
		핵심특허	핵심특허 기준설정 → 후보군 특허 선정 → 클레임차트 분석 → 핵심특허 도출
3단계	핵심특허 분석과 R&D 전략	핵심 특허대응	• 비침해 경로검토 • R&D회피설계 전략 • 무효화 vs 라이선스
		신규 특허창출	• Idea Generation Tools • 인벤션-R&D & 개념특허 • 트리즈: 모순정의 → 40발명+분리원리 • OS-Matrix 분석 & 틈새(공백)기술 Targeting

가. 1단계: 환경분석

환경분석은 R&D전략 수립을 위한 IP(특허)동향분석에 착수함에 있어서 첫 단추를 끼는 중요한 단계로서 특허분석의 방향을 결정하며 IP-R&D전략을 수립함에 있어 초석이 된다.

환경분석은 R&D전략 수립을 위한 IP(특허)동향분석에 착수함에 있어서 첫 단추를 끼는 중요한 단계로서 특허분석의 방향을 결정하며 IP-R&D전략을 수립함에 있어 초석이 된다.

R&D주제와 연관하여 인터넷 또는 공공 지식영역에 존재하는 논문, 전문서적이나 기술동향 리포터, 특허맵 또는 시장보고서, 기고문, 기술정책서 등 관련된 자

228 한국지식재산전략원 (2012). 특허관점의 R&D 혁신 전략. 특허청 산업재산정책과

료들을 가능한 다양한 이슈 관점에서 심층적으로 분석함으로써 R&D주제에 정합성이 높은 기술분류표Tech Tree를 작성할 수 있을 것이다.

IP(특허)동향분석의 全과정을 통하여 기술분류표Tech Tree는 추출할 특허 데이터의 유효성을 결정하는 중요한 방향설정이므로 환경분석단계에서 이를 반드시 사전에 염두를 두고 추진하는 것이 바람직하다. 기술분류표 작성과 관련된 상세한 내용은 2단계 영역분석과정을 통해 구체적으로 설명하기로 한다.

특허 빅데이터로부터 분석하고자 하는 R&D주제와 관련하여 연구동향은 물론 연관된 기술표준 또는 기술정책 동향 등과 관련된 환경분석과 함께 시장성 관점에서 시장규모, 성장가능성 및 시장고객 현황 등에 관한 환경분석이 이루어져야 할 것이다.

사전 환경분석을 통해 확보한 기술시장성에 관한 분석정보들은 본격적인 특허동향조사 분석과정에 있어서 핵심특허의 도출과 특허 빅데이터의 정량 및 정성분석 과정에서 유용한 기준으로 활용될 수 있으며 지식재산관점의 R&D전략 수립함에 있어서 중요한 정보로서 활용될 수 있다. 그러므로 환경분석은 가능한 다양한 관점에서 R&D주제와 연관되어 있는 기술시장성에 관련된 정보 자료에 관한 접근성이 확보되어야 할 것이며 만일 IP정보분석 전문가를 통해 아웃소싱Outsourcing이 이루어지는 환경분석에는 충분한 시간과 함께 해당 분야의 전문 연구인력의 도움이 절대적으로 필요하다. 만일 연구자가 직접 자신의 R&D 해당 분야에서 특허동향분석을 위한 환경분석을 추진한다면 그 누구보다 신뢰성 있게 그리고 효율적인 방법으로 진행할 수 있을 것이다.

표 IV-10 IP-R&D전략 수립을 1단계 환경 분석 (예시)

<table>
<tr><th colspan="2">환경분석 대상 정보물</th><th colspan="2">세부 분석 내용</th></tr>
<tr><td rowspan="6">과학기술
분야
↑
↓
산업기술
분야</td><td>과학 정책동향</td><td rowspan="2">연구자, 리서치 그룹, 연구주제,
R&D 원천성 등</td><td rowspan="6">R&D목표
(주제)
글로벌 R&D
컨소시움,
글로벌
이니셔티브 등</td></tr>
<tr><td>연구논문</td></tr>
<tr><td>과학기술 동향(보고서)</td><td rowspan="2">기술트렌드, 오피니언 리더, 미해결과제,
글로벌 플레이어, 리서치 그룹, 기술 수명 등</td></tr>
<tr><td>TRM(기술로드맵)</td></tr>
<tr><td>기술표준</td><td rowspan="2">개발자, 기술표준 워킹그룹, 융복합 주제,
스케일-업 기술 R&D 활용성 등</td></tr>
<tr><td>산업 정책동향</td></tr>
</table>

사전 환경분석을 통해 해당 R&D주제와 연관된 기술분야에 관한 범위를 특정할 수 있으며 이를 기초로 IP(특허)동향분석을 위한 기술분류표를 작성할 수 있기 때문이다.

환경분석을 위한 접근 대상으로서 지식정보물은 상기 표 Ⅳ-10에서 살펴본 바와 같이 R&D유형이 가설기반 연구가 중심이 되는 과학기술 R&D분야에 해당되는지 아니면 비가설 기반 연구가 중심이 되는 산업기술 분야 R&D에 관련성이 높은지 그 유형과 연관성에 따라 달라질 수 있다.

과학기술 분야의 R&D원천성 연구에 기반을 둔 R&D주제의 경우에는 주로 연구논문이나 정책동향보고서 또는 과학기술 동향저널 등을 통해 해당 분야에서 연구자 또는 리서치 그룹 동향, 연구주제 변화와 R&D원천성 등에 관해 환경분석이 필요하다.

산업기술 분야와 같이 R&D활용성 연구에 기반을 둔 R&D과제의 경우에는 주로 해당 기술과 연관된 기술로드맵TRM: Technology Road Map 또는 특허맵Patent Map 등과 같은 동향분석자료와 정책보고서 그리고 기술표준자료에 관한 사전분석을 통해 해당 분야에서 연구개발자, 기술표준의 워킹그룹 동향, 융복합 주제와 스케일업Scale Up기술과 R&D활용성 등에 관해 환경분석이 필요하다.

특히 과학기술이든 또는 산업기술이든 그 구분과는 무관하게 IP(특허)빅데이터 분석을 통한 R&D전략수립을 위해 진행되는 환경분석절차에는 R&D주제와 연관된 기술시장성에 관한 사전분석이 필요하다. 즉 해당 분야의 미해결과제와 기술트렌드 분석, 글로벌 플레이어, 리서치 그룹, 기술수명 등 기술시장성과 관련된 다양한 환경분석을 통해 해당 분야에서 이슈가 되는 세부기술들을 파악하여 해결하고자 하는 공통적인 기술 특징이나 다양한 수단들을 분류할 수 있어야 한다.

아울러 R&D목표(주제)와 관련하여 글로벌공동연구가 진행되는 분야라면 R&D 컨소시움, 글로벌이니셔티브 등 다양한 국제공동연구 주체들의 연구동향에 관한 사전 환경분석도 필요할 것이다.

이러한 사전 환경분석을 통해 해당 R&D주제와 연관된 IP(특허)기술분야에 관한 정보분석 범위를 특정할 수 있으며 이를 기초로 IP(특허)동향분석을 위한 기술분류표를 작성할 수 있기 때문이다.

연구논문

과학기술 또는 산업기술은 물론 인문사회 과학과 문화예술 영역 등의 영역에서 창의적인 연구활동과 관련된 연구결과물들이 연구논문으로서 축적되어 있으며 이는 환경분석의 주요 대상이 된다.

표 Ⅳ-11 환경분석을 위한 연구논문 데이터베이스 (예시)

DB 명칭	논문 DB 특성	도메인 주소
Google Scholar	연구논문초록, 논문 DB 링크 연동 제공	http://scholar.google.co.kr
Science Direct	전공 연구 분야의 1800종 저널, PDF e-book 제공	http://www.sciencedirect.com
DB Pia	학술논문검색, 전자저널, 학술대회 자료, 단행본, 전문잡지 수록, 논문 제공	http://www.dbpia.co.kr
SCOPUS	과학기술, 의학, 사회과학분야 저널 및 SCI급 연구논문과 인용 정보	https://www.elsevier.com/solutions/scopus
KISS	학술 데이터베이스 검색, 논문, 학술지, 단행본, 신문 검색 서비스 제공	http://kiss.kstudy.com
RISS	학술지, 학위논문, 해외저널, 연구주제 동향분석	http://www.riss.kr
ScienceON	과학기술정보 통합 서비스. 논문, 특허, 보고서, 동향, 연구자 정보 등	http://scienceon.kisti.re.kr
Web of Science (WoS)	지식-웹, 과학, 사회, 예술, 인문계열 학문 정보 제공	https://mjl.clarivate.com/home

표 Ⅳ-11은 환경분석을 위한 연구논문 데이터베이스에 관한 예시로써 연구자는 인터넷 접속을 통해 다양한 연구논문 정보에 접근할 수 있다. 상기 논문 데이터베이스들이 제공하는 정보유형과 방식을 간략히 살펴보면 다음과 같다. NDSL(과학기술정보센터)사이트는 ScienceON(사이언스 온)과 통합되어 국내외 과학기술 분야의 연구논문 이외도 특허정보와 과학기술 동향보고서 및 정책 보고서 등 다양한 연구보고서를 검색할 수 있는 과학기술 분야의 전문 데이터가 제공되고 있다.

한편 RISS사이트에서는 인문, 사회, 자연과학, 공학 등 전문분야 학술논문 이외에도 연구주제 동향분석 정보를 제공하고 있으며, KISS-데이터베이스는 학술 데이터베이스 검색, 논문, 학술지, 단행본, 신문 검색 서비스가 제공하고 있으며 DB Pia사이트에서도 학술논문검색, 전자저널, 학술대회 자료, 단행본, 전문잡지 수록, 논문을 제공하고 있다.

글로벌 기반의 연구논문 전문 데이터베이스로서 과학기술 분야의 약 2,500여 전문저널과 함께 연구 논문검색 서비스를 제공하며 아울러 26,000개의 e-book을 검색할 수 있는 Science Direct사이트가 있다. 엘스비어Elsevier사에서 Science Direct DB사이트와 함께 운영하고 있는 SCOPUS사이트는 약 20,000여 건의 저널정보를 수록하고 있으며 이로부터 논문문헌 검색은 물론 아울러 SCI, SSCI, A&HCI 저널들을 대상으로 인용정보와 함께 저널의 영향력 지수로서 임팩트 팩터Impact Factor를 제공하고 있다.

SCOPUS사이트와 경쟁 대비되는 글로벌 학술논문 DB사이트로 WoS가 있다. Web of Science는 과거 톰슨로이터에서 운영하였지만 현재 클라리베이트에서 인수운영하고 있으며 SCOPUS DB와 같이 논문의 인용정보 제공에 강점을 가지고 있으며 약 12,000건의 저널의 논문초록 정보와 인용문헌 검색은 물론 인용보고서와 이를 시각화한 인용맵Citation Map 정보 등을 제공하고 있다. 구글 스칼라Google Scholar는 인터넷 글로벌 포털사인 구글에서 제공하는 학술정보 데이터베이스를 통해 연구논문, 학술지, 간행물 등의 검색과 논문 다운로드가 가능하며 학술논문 데이터베이스에 연동링크를 제공하고 있다.

기술동향리포트 (기술로드맵)

연구자는 자신의 연구주제와 연관되어 있는 유관 기술의 연구동향에 관해 환경분석 조사함으로써 R&D방향성 설정과 연구전략 수립에 많은 도움을 얻을 수 있다.

공공 지식영역에서 다양하게 존재하는 기술동향과 관련된 연구보고서는 우리의 기대 이상으로 많이 찾아볼 수 있다. 공공기관 또는 정부출연연구소 등에서 R&D정보 제공을 위한 공익적 목적으로 용역사업 등을 통해 작성된 연구보고서는 인터넷 연구논문 DB사이트에서 대부분 무상으로 접근할 수 있는 다양한 자료들로서 존재한다.

한편 정보획득에 있어서 비용이 요구되거나 또는 활용 접근성에 제한 조건들이 있는 시장보고서, 기술로드맵, 신기술트렌드 등의 다양한 형태의 시장동향보고서들은 주로 민간분야의 전문 컨설팅 업체 또는 기업 연구소에서 작성하여 일정 대가를 지급받고 제공하거나 또는 제한적 조건으로 접근활용할 수 있다.

연구자가 해결하고자 하는 연구주제에 관해서 선진 각국의 R&D선각자들이 먼저 동일유사한 문제를 제기하고 해당 연구과제에 대한 솔루션을 도출한 R&D결과물은 상상 이외로 많이 존재할 수 있다는 사실을 직시해야 한다. R&D방향성

연구자가 해결하고자 하는 연구주제에 관해서 선진 각국의 R&D선각자들이 먼저 동일유사한 문제를 제기하고 해당 연구과제에 대한 솔루션을 도출한 R&D 결과물은 상상 이외로 많이 존재할 수 있다는 사실을 직시해야 한다.

설정과 전략수립을 위한 환경분석에서 이러한 기술로드맵Technology Road Map, 기술시장보고서Market Report 및 연구논문Research Paper 등 선행연구 분석자료에 접근성을 강화함으로써 R&D특허동향 분석을 보다 신뢰성을 가지는 결과로 이끌 수 있기 때문이다.

기술표준 및 정책동향

기술표준 또는 정책동향에 관한 환경분석의 중요성은 산업기술의 R&D방향성과 밀접하게 연관되어 있다. R&D결과물의 활용 여부는 만일 R&D결과물이 기술표준과 연관된 시장제품이라면 궁극적으로 연구자가 창출한 R&D결과물을 기술표준으로서 이끌 수가 있는가? 만일 그렇지 못하다면 연관된 기술표준에 부합하여 활용이 가능할 것인가? 등에 관한 질문에 대한 답변에 초점을 두고 환경분석이 이루어져야 할 것이며 아울러 기술표준과 정책동향분석을 통해 기술표준을 구성하는 다양한 세부기술들의 유형과 R&D방향에 관해 파악하고 조사분석이 이루어져야 할 것이다.

산업분야에 따라 ISO, IEC 또는 ITU 등 국제표준화기구[229]들과 기술표준이 이슈가 되는 분야는 다양하게 있을 수 있으며 특히 전기전자, 정보통신, 바이오화학, 에너지, 메카로봇, 3D프린팅, 연관산업 전반에 소재 · 부품의 모듈화 또는 제품화에 있어서 R&D성과물들이 국제적인 기술표준으로 이어지도록 표준특허 창출 또는 사업화 기술정책에 관해 추진 중인 기존전략들에 관해[230] 사전에 분석이 필요하다.

신소재, 생명공학, 식의약, 방사광기술, 핵공학, 나노물질 연구 등과 같은 R&D 분야는 산업적 특성이나 기술사업화 스펙트럼에 있어서 제품개발 또는 상용화기술개발보다는 플랫폼기술 또는 원천기술형 연구개발분야로서 그다지 기술표준에 이슈가 대두되지 않는 R&D분야라 할지라도 향후 상용화로서 응용될 수 있는 최종제품의 표준화 방향 또는 신기술 정책 방향에 관해서도 가능한 충분한 환경분석이 이루어지는 것이 바람직할 것이다.

229 ISOInternational Organization for Standardization(국제표준화기구), IECInternational Electrotechnical Commission(국제전기위원회) 및 ITUInternational Telecommunication Union(국제전기통신연합) 등 대부분의 국제 표준화 기구들은 총회와, 기술위원회를 두고 표준화 절차를 수행한다.

230 한국지식재산전략원(현, 한국특허전략개발원) KISTA (2016), 표준특허길라잡이, 특허청

표 Ⅳ-12 R&D환경분석을 위한 산업기술 분야 데이터베이스 (예시)

DB명/ Product명	WEB Address	비고
중소기업 기술로드맵	http://smroadmap.smtech.go.kr	유망기술로드맵
ISTANS 산업연구원	http://www.istans.or.kr	산업별/주제별 통계자료
산업기술 R&D 정보 포털	https://itech.keit.re.kr/	산업기술 이슈리포트
IEEE (디지털 라이브러리)	http://ieeexplore.ieee.org	글로벌 산업기술 간행물 산업별 기술표준
e나라 표준인증	http://www.standard.go.kr/	한국(국제)산업표준 기술표준화 동향
표준특허 포털	http://biz.kista.re.kr/epcenter/	표준특허 전략-맵 세미나 자료/길라잡이
e-특허나라	http://biz.kista.re.kr/patentmap/	정부 R&D특허 동향조사 보고서, 특허-맵 제공
WIPO-특허동향보고서 Patent Landscape	http://www.wipo.int/patentscope/en/programs/patent_landscapes/	특허 분석용 오픈소스 매뉴얼 제공

상기 표 Ⅳ-12는 R&D 환경분석을 위해 접근가능한 산업기술 분야 데이터베이스에 관한 예시이다. 한국특허전략개발원KISTA에서 제공하는 표준특허포털과 e-특허나라에서는 정부R&D를 통한 연구결과물에 대하여 특허동향조사보고서와 특허맵을 작성한 자료들을 검색할 수 있다. 특히 e-특허나라 또는 WIPO-Patent Landscape 등에서 제공하는 특허동향보고서와 특허 분석용 오픈소스 메뉴얼은 이 장에서 학습하게 될 특허동향분석 수행절차 또는 이와 유사한 절차를 통해 확보한 특허 빅데이터의 분석결과물과 특허분석 방법론에 관한 내용을 보다 상세히 확인할 수 있다. 그러므로 환경분석의 단계에서는 반드시 R&D주제와 유사한 기술동향에 관해 특허동향조사보고서와 함께 글로벌 특허DB 제공 사이트 등을 유관 인터넷 사이트를 통해 파악하고 이를 특허 동향조사분석에 참고하는 것이 바람직하다.

국가기술표준원에서 제공하는 e-나라 표준인증포털사이트에서 한국산업표준과 국제산업표준과 관련된 기술동향과 함께 표준정책에 관한 정보를 알 수 있다. 중소기업기술로드맵 사이트에서는 중소기업의 사업화 유망기술에 관한 기술 시장성 동향에 관한 분석보고서를 제공하고 있으며 산업기술R&D 정보포탈에서는 산업기술R&D와 연관된 이슈리포트를 발간을 통해 기술정책과 시장동향에 관한 정보를 제공하고 있다. IEEE 디지털라이브러리에서는 인용도가 높은 간행물과 컨퍼런스 자료와 함께 공학, 컴퓨터, 과학 및 관련된 기술 콘텐츠와 산업별 기술 표준과 다양한 전문 기술정보를 제공하고 있다.

상기 도표들에서 예시로 제시한 DB사이트 이외에도 국가R&D사업의 성과물로서 논문, 특허 및 연구보고서 등 지식정보 서비스를 제공하는 NTIS 포탈(http://www.ntis.go.kr) 사이트를 비롯하여 자연과학, 공학기술 또는 산업기술 다양한 분야의 R&D결과물로서 연구논문, 연구정책 또는 기술동향보고서, 이슈리포트, 기술로드맵, 특허맵 또는 시장보고서 등의 저작물들을 제공하는 인터넷 정보망 사이트들이 다양하게 존재하며 우리는 해당 사이트들에 접근하여 환경분석을 위한 기초자료로서 활용할 수 있을 것이다.

예시로 제시한 DB사이트 이외에도 자연과학, 공학기술 또는 산업기술 다양한 분야의 R&D결과물로서 연구논문, 연구정책 또는 기술동향보고서, 이슈리포트, 기술로드맵, 특허맵 또는 시장보고서 등의 저작물들을 제공하는 인터넷 정보망 사이트들이 다양하게 존재하며 우리는 해당 사이트들에 접근하여 환경분석을 위한 기초자료로서 활용할 수 있다.

나. 2단계: 특허동향분석Landscape Analysis

일반적으로 특허동향분석이란 특허 빅데이터(데이터베이스)에 접근하여 다양한 통계학적인 분석기법들을 활용하여 분석 목적에 부합하는 정보를 확보하는 절차를 말한다. 특허동향분석에 관한 절차와 방법은 아주 다양하겠지만, WIPO의 지원을 받아 Anthony Trippe에 의해 보다 체계적으로 정리된 '특허동향분석을 위한 가이드라인'이 e-책자로서 WIPO-사이트에서 다운로드 제공되고 있다.[231]

한편, 연구자가 자신의 R&D 주제와 관련하여 IP-R&D 관점에서 특허동향 분석하는 경우 크게 2가지의 접근 방법으로 구분해 볼 수 있다. 먼저 특허 빅데이터로부터 보다 효율적으로 가공분석할 수 있는 소프트웨어 알고리즘을 개발하여 유상으로 정보서비스를 제공하는 전문업체의 특허분석프로그램을 활용하는 방법과 또 다른 하나는 연구자가 직접 국내외 특허청 데이터베이스에서 무상으로 제공하는 특허데이터베이스 사이트[232]에 접속하여 데이터를 다운로드해서 스프레이드 시트(엑셀) 프로그램 등을 이용하여 정량 또는 정성분석을 통해 원하는 특허정보를 확보하는 방법이 있다.

231 Anthony Trippe (Patinformatics, LLC) (2015), Guidelines for Preparing Patent Landscape Reports, WIPO, ⟨http://www.wipo.int/publication/en, Accessed April 30, 2023⟩

232 Chap.IV 표 IV-4 특허정보 제공 주요 사이트 참조

지식재산정보서비스 시장에서 특허동향분석 솔루션을 전문적으로 제공하는 기업들은 이노베이션 창출을 위한 R&D기획, 기술분쟁 대응과 소송전략 확보 또는 라이선스 활용전략 수립 등 다양한 지식재산 서비스 분야에서 고객수요에 대응하고 있다.

앞서 표 Ⅳ-4의 특허정보검색 사이트에 표기된 민간섹터 분야에서 특허 유료정보서비스를 제공하는 업체들은 특허동향분석 솔루션을 개발하여 정보서비스하는 기업으로서, 이들은 자체적으로 개발한 소프트웨어 알고리즘에 기초한 통계학적 분석기법을 활용하여 특허 데이터정보를 가공하여 정량 또는 정성분석의 결과물로서 시각화 제시하거나 고객이 원하는 관점에서 특허동향분석에 관한 결과물을 제공한다.

특히 빅데이터 분석을 위해 4차산업의 핵심기술로서 부각되는 인공지능 기술과 디지털 네트워크와 클라우드 기술발전은 향후 특허정보분석에 적극적으로 활용되고 있으며, 정량 및 정성분석의 결과물들을 고객이 원하는 시점과 수요자의 관점에서 더욱 신속정확한 특허정보로 제공함은 물론 미래 신기술의 예측과 기술시장의 변화와 혁신을 주도할 것으로 예견된다.

하지만 여기서는 연구자가 스스로 공공 데이터베이스에 접근하여 자신의 R&D 주제와 관련된 특허 유효데이터를 직접 추출하여 이를 스프레드 시트Excel Program 등을 활용하여 추출된 특허 로우데이터Raw Data를 통계분석하는 방법론에 관해 예시들을 중심으로 살펴보고자 한다.

특허데이터 동향분석을 위한 절차

통상적으로 R&D전략수립을 위한 예시로써 특허데이터 분석과정을 표 Ⅳ-13과 같이 크게 3단계로 구분해 보면 다음과 같다. 먼저 특허 공공데이터베이스에 접근하여 분석에 필요한 특허 데이터마이닝Data Mining을 통해 데이터를 추출하는 1단계, 이로부터 확보된 특허데이터를 가공하는 2단계가 있다. 2단계의 특허데이터를 가공하는 절차로서 클러스터링Data Clustering(정량-분류화)하는 작업과 오가나이징Data Organizing(정성-체계화)하는 과정으로 나누어볼 수 있다.[233] 마

233 2단계에서는 연구자의 특허동향 분석 목적이나 방법에 따라 특허 데이터가 분류화 및 체계화가 순차적으로 이루어지거나 또는 둘 중의 하나만으로서 특허 데이터 가공이 진행될 수도 있다. 클러스터링(분류화)은 정량분석

지막 3단계에서는 이러한 분류화 및 체계화를 통해 가공된 데이터를 기반으로 특허정보를 심층분석Data Analyzing하게 되는 절차로 구분해 볼 수 있다.

표 Ⅳ-13 특허데이터 동향분석을 위한 절차 (예시)

Mining (추출화)	Clustering (분류화)	Organizing (체계화)	Analyzing (분석화)
1단계-특허 Data 추출	2단계-특허 Data 가공		3단계-특허 Data 분석
Data Mining 절차 핵심키워드 ⇒ 시소러스(유사어, 확장어) ⇒ 검색식 작성 ⇒ IPC 선정(핵심 및 유관 IPC) ⇒ 노이즈 제거 ⇒ Data 도출 **Data Mining 유형** • 자연어Key-word vs 통제어Number • 타깃Target 검색 vs 영역Range 검색 • 용어Terminology vs 의미Semantic 검색	Data 가공 〈스프레드 시트〉 특허분석 프로그램 Clustering (**정량-분류화**) ↕ Organizing (**정성-체계화**)		• **기술성** 기술수명, 기술순환 주기TCT, 기술 원천성 등 (전방인용도, 후방인용도) • **시장성** 공백기술 또는 틈새 시장 OS-Matrix, 독과점 분석, 패밀리 특허분석 등 • **권리성** 클레임 차트 분석, 특허 포트폴리오 분석 등 **IP(특허) 관점의 R&D전략** • 핵심특허 회피 설계 • 인벤션R&D (IP창출방안) • 공백기술 확보방안 등

검색대상이 되는 기술분야에서 당업자들 사이에서 관용적으로 사용되는 전문용어Terminology들을 반드시 리스트업List-Up하여 이를 중심으로 핵심 키워드 및 유사키워드를 선정하고 키워드 상호 간에는 적절한 검색연산자를 조합하여 검색식을 작성하며 필요시에는 특허분류코드(IPC 또는 CPC) 검색필드 적절한 검색연산자들로서 최적화된 검색식을 작성하여 노이즈Noise가 최소화된 특허 로우데이터Raw Data를 추출하는 것이 중요하다.

검색대상이 되는 기술분야에서 당업자들 사이에서 관용적으로 사용되는 전문용어Terminology들을 반드시 리스트업List-Up하여 이를 중심으로 핵심 키워드 및 유사키워드를 선정하고 키워드 상호 간에는 적절한 검색연산자를 조합하여 검색식을 작성하며 필요시에는 특허분류코드(IPC 또는 CPC) 검색필드 적절한 검색연산자들로서 최적화된 검색식을 작성하여 노이즈Noise가 최소화된 특허 로우데이터Raw Data를 추출하는 것이 중요하다.

검색식작성

검색식을 작성하기 위해서는 검색하고자 하는 대상정보와 연관되어 핵심요지를 내

에 필요한 특허 데이터들을 개별 특성의 관점에서 결집시키는 과정이라면, 오가나이징(체계화)은 정성분석에 필요한 특허 데이터들의 공동특성의 관점에서 결합시키는 데이터 가공 과정이라 할 수 있겠다. 한편, 클러스터링 과정이 DB 사이트로부터 다운로드한 로우데이터를 정비하고 데이터 유형별로 분류화시키는 과정이라고 한다면, 체계화 과정은 분류된 특허 데이터 그룹들이 가지는 공통 특성을 파악하고 재분류화시키는 과정으로서 특히, 3단계 특허 Data 분석 관점과 상호 연계성을 가지고 피드백을 통해 지속보완하는 과정으로 볼 수 있다.

포하는 용어들을 1차적으로 핵심키워드로서 발굴선정한다. 확장키워드 발굴을 위해서 1차적으로 선정된 핵심키워드의 시소러스(유의어, 동의어, 유사어)를 파악함으로써 확장키워드들을 추가로 확보하고 이를 포함하는 검색식을 작성할 수 있다.

핵심키워드로부터 확장키워드를 도출하는 과정은 상기한 바와 같이 시소러스 조사를 통해서도 파악 가능하지만 핵심키워드와 관련된 연관 특허분류코드(IPC 또는 CPC) 검색을 통해 다양한 특허기술분류 분야에서 활용되는 전문용어Terminology들을 스크리닝검색을 통해 조사함으로써 광범위하게 확장키워드를 발굴할 수 있다.

검색식은 특허데이터베이스에 있는 빅데이터를 대상으로 검색 추출하기 위한 명령어이다. 키워드검색 시에는 검색식에 포함되는 '핵심키워드' 또는 '확장키워드'들은 표 Ⅳ-14와 같이 괄호연산자, AND 연산자, OR 연산자 또는 절단연산자 등에 의해 사전약속된 연산기능에 의해 확장 또는 제한된 검색결과로써 데이터를 확보하게 된다.

표 Ⅳ-14 KIPRIS(키프리스) 검색사이트의 연산자와 검색식 작성 (예시)

KIPRIS 검색		검색 내용	검색 예시
용어 검색	단어 검색	특정 단어가 포함된 특허 문헌 검색	미세
	구문 검색	검색어가 순서대로 인접하여 나열되어 있는 특허문헌 검색 (공백과 복합명사, 조사, 특수문자가 포함된 경우도 검색)	'미세한 먼지'
논리 연산자 (키워드 검색)	AND 연산[*]	입력된 키워드 2개가 모두 포함된 문헌 검색	'미세*먼지'
	OR 연산[+]	입력된 키워드 중 한 개라도 포함된 문헌 검색	'미세+나노'
	NOT 연산[*!]	입력된 키워드 2개 중 한 개는 반드시 포함하고 한 개는 포함되지 않는 문헌 검색	'미세*!극소'
	괄호연산( )	검색식 내에 공통 키워드를 AND 연산과 OR 연산을 통해 간결하게 작성토록 함	(미세+극소)*(먼지+입자) ⇒ (미세먼지+미세입자+극소먼지+극소입자)

기술분류표Tech Tree 작성

테크트리는 통상적으로 대분류–중분류–소분류 3단계에 의해 분류하며 특허동향분석에 있어서 방향성과 범위를 결정하는 핵심적인 도표로서 1단계 환경분석을 한 결과에 기초하여 작성된다.

테크트리는 통상적으로 대분류–중분류–소분류 3단계에 의해 분류하며 특허동향분석에 있어서 방향성과 범위를 결정하는 핵심적인 도표로서 1단계 환경분석을 한 결과에 기초하여 작성된다.

표 Ⅳ-15 기술분류표Tech Tree 작성을 위한 기술분류 관점 (예시)

대분류	중분류의 관점 (예시)	소분류의 관점 (예시)
R&D 핵심주제	물질R&D, 구성R&D, 방법R&D 등의 R&D대상 관점 등	R&D대상 물질의 다양화 관점
		R&D방법의 다양성 관점
		소재변경, 구성치환, 개량확장 등의 관점
		…
	용도R&D, 기능R&D, 디자인R&D, 품질기능전개[234] 관점 등	용도 다양성 R&D 관점
		기능 고도화 R&D 관점
		품질 특성화 R&D 관점
		…
	부품화R&D, 모듈화R&D, 공정R&D, 표준화R&D 등 상용화R&D 관점	제조 신뢰성, 내구성 R&D 관점
		공정 단순화, 효율성 R&D 관점
		제품 안정성, 재현성 R&D 관점
		…

기술분류표 상의 대분류는 연구주제와 관련된 분야에서 해결해야 할 기술적 과제 또는 R&D를 통해 규명하고자 하는 현상 또는 기술에 관한 핵심주제를 명확 간결하게 기재하는 것이 중요하다. 대부분 연구자들은 자신의 전공 연구분야에서 R&D를 통해 달성하고자 하는 목표와 연계하여 대분류를 정의함에는 무리가 없을 것이다.

기술분류표의 중분류는 대분류에 명기된 핵심 연구주제를 파악하는 관점에 따라 다양하게 파악될 수 있다. 대분류에 명기된 연구주제와 관련하여 하기 도표에 제시된 예시와 같이 제품개발 또는 연구개발R&D 수행과정에 필요한 방법, 구성, 물질, 기능 등의 관점에서 기술을 분류하거나 또는 소재개발, 공정개발 및 제품개발 등과 같이 시계열적인 관점에서 핵심주제를 분류함으로써 중분류에 관한 영역Range으로 설정할 수 있을 것이다.

테크트리의 중분류의 설정은 R&D핵심주제에 관해 환경분석을 통해 확보한 다양한 이슈들을 중심으로 표 Ⅳ-15와 같이 물질R&D, 구성R&D, 방법R&D, 용도R&D, 기능R&D, 제조R&D, 공정R&D, 부품R&D, 모듈화R&D, 제품화 또는

234 중분류의 관점으로 기술성숙도가 높은 제품개발 R&D중심의 특허분석의 경우에는 품질기능전개QFD 관점을 적용하여 기술분류화하기도 한다. 이는 시장고객의 품질 피드백 관점에서 파악한 제품시스템 기술, 외관 디자인 기술 그리고 모듈 부품화 기술 및 공정 프로세스 기술별로 세분화하는 방법이다.

표준화R&D, 품질기능전개QFD 등의 관점에서 이를 통찰함으로써 주어진 핵심 R&D 주제와 관련하여 보다 신뢰성이 높은 기술영역으로 기술의 분류를 세분화할 수 있다.

테크트리 상에서의 중분류 관점을 어떻게 설정하고 기술분류를 정의하는가에 의해 동향분석의 결과물이 아주 달라질 수 있으므로 유의해야 한다.

테크트리 상에서의 중분류 관점을 어떻게 설정하고 기술분류를 정의하는가에 의해 동향분석의 결과물이 아주 달라질 수 있으므로 유의해야 한다. 중분류 설정을 위해서는 해당 R&D 핵심주제와 관련하여 해결하고자 하는 기술적 과제들이 1단계 환경분석을 통해 특허동향분석Landscape Analysis에 관한 영역범위가 이미 사전에 파악이 되어야 하며 이를 중심으로 도표에서 제시한 예시와 같이 다양한 R&D관점에서 주제들을 통찰력있게 선정할 수 있어야 할 것이다.

테크트리 상에서 중분류를 더욱 세분화한 소분류는 해당분류별로 검색식이 작성이 되고 해당분야에서 특허 검색이 진행이 되는 주제로서 중분류와 공통적인 연계성이 있는 관점에서 추가적으로 해결하고자 하는 기술적 과제 또는 해결수단, 방법 등 **표 Ⅳ-15**의 예시와 같이 다양한 관점에서 소분류 기술분야들을 보다 체계적으로 세분화하여 설정할 수 있을 것이다.

검색식작성과 데이터마이닝

작성 완료된 기술분류표Tech Tree의 소분류의 기술영역에 존재하는 특허 데이터를 검색 추출하기 위해서는 먼저 각각의 기술 소분류별 해당주제에 적합한 검색식을 작성하여 데이터마이닝을 하게 된다.

표 Ⅳ-16 특허 데이터마이닝 건수에 따른 특허정보분석 (예시)

데이터 마이닝	분석 내용	정보 분석 내용
~50건 이내	핵심특허 심층분석	핵심특허 선정기준[235]의 설정 (클레임차트, OS매트릭스 분석 등)
~500건 이내	유효특허 통계분석	유효특허 데이터 선정기준 (정량 및 정성분석 등 통계분석)
~2,000건 이내	특허 데이터스크리닝	노이즈 제거 기준 확립(중복 데이터 제거)
~10,000건 이내	특허 데이터마이닝	세부기술 분류별(테크트리) 특허검색

235 핵심특허의 선정기준은 정보분석의 목적 또는 해당 R&D 분야의 특성에 따라 다르게 설정이 되지만 주로 특허인용도, 패밀리 특허 현황 또는 경쟁자의 보유 특허 등에 의한 기준에 의해 표 Ⅳ-20의 예시와 같이 설정될 수 있다.

• 특허 데이터마이닝

특허 DB제공 사이트로부터 직접 로우데이터Raw Data를 다운로드해 스프레드시트(엑셀) 프로그램을 통해 통계분석을 하고자 한다면 대상 R&D주제에 대한 기술분류표Tech Tree를 적절하게 작성하고 해당 기술분류의 소분류별로 검색식 작성을 작성하여 표 Ⅳ-16과 같이 각각 로우데이터 약 1,000~2,000 정도 추출한 이후 분석대상이 되는 유효데이터로서 300~500건을 대상으로 분석을 실시할 수 있으며 핵심특허로서 약 10~50건 정도에서 심층분석을 실시할 수 있을 것이다.

유효데이터 통계분석

• 정량 및 정성분석

통상적으로 로우데이터를 1,000~2,000건이 추출되었다면 중복데이터 제거하고 노이즈Noise 제거를 통해 일반적으로 유효데이터를 300~500건 정도 추출하고 이를 통계분석의 대상으로 실시하며 정량분석 및 정성분석의 대상이 된다.

표 Ⅳ-17 특허데이터 분석 관점 및 분석대상 (예시)

특허 데이터 분석 관점		분석대상 (데이터)
정량 분석	기술의 수명 주기상의 현재 상태, 주요 경쟁자 파악	출원인수 vs 출원건수
	기술 시장(국가)의 분포현황 파악	출원국가 vs 출원건수
	국가(지역)별 주요 플레이어, 연구자 그룹현황	출원국가 vs 출원인
	기술 분야별 원천특허, 부상기술 파악	기술(특허)분류 vs 출원건수
	출원인별 핵심기술 또는 공백기술 파악 기술분야별 주요 플레이어(출원인) 정보	기술(특허)분류 vs 출원인
정성 분석	핵심기술 또는 출원인별 기술특성을 연도별로 분석	기술발전도
	특허를 5가지 관점에 의해 구분하고 기술내용 요약	TEMPEST[236] 분석
	기술의 '해결 수단' vs '기술과제'에 관한 분석	OS-Matrix분석
	전방인용도(원천성) 및 후방인용도(개량성) 분석	인용도분석
	특허청구항의 권리범위(권리성) 분석	클레임차트분석

236 TEMPEST 특허분석이란 다음 5가지 영문자의 약어로서 Time(시계열 관점-프로세스/방법), Energy(에너지-작동원리/동력), Material(재료/소재), Personaliity(기능/특성), Space(구조/구성) 5가지 관점에서 특허의 특성을 분석하는 방법이다.

상기 표 Ⅳ-17에 예시한 바와 같이 특허 로우데이터로부터 분석대상이 될 수 있는 서지정보로서 출원인, 출원건수, 출원국가, 출원일자, 등록일자, 기술(특허)분류 등이 포함될 수 있다. 이러한 특허정보 데이터를 추출하여 스프레드시트에서 특허데이터를 분류화 또는 체계화 과정을 통해 데이터 상호 연관성을 창의적으로 고찰하고 이를 도식화 또는 계량화함으로써 기술시장성의 관점에서 특허동향분석을 할 수 있다.

예를 들어, 표 Ⅳ-17에 표기된 바와 같이, 특정 기술분야에서 출원인 정보와 출원건수 데이터 정보 상호 간에 있어서 상관성 분석을 하면 해당 기술시장의 수명주기로서 태동기 → 발전기(성장기) → 성숙기 → 쇠퇴기 → 부활기 상에서 현재 해당 기술이 어떠한 위치에 있는지 파악할 수 있다. 한편, 출원국가와 출원건수 간의 상관성을 분석하면 기술시장(국가)의 분포현황을 파악할 수 있으며 출원국가와 출원인의 특허 데이터의 상관성을 분석함으로써 국가(지역)별 주요 플레이어, 연구자 그룹현황을 도식화 분석할 수 있다. 아울러 기술(특허)분류데이터와 출원건수 데이터에 관한 상관성 분석을 통해 기술분야별 원천특허, 부상기술 파악할 수 있으며, 해당 기술분야에서 특허기술 분류코드 데이터와 출원인의 상관성을 분석하면 출원인별 핵심기술 또는 공백기술 파악과 함께 기술분야별로 주요 플레이어(출원인) 정보를 알 수 있다.

아울러 표 Ⅳ-17에 예시된 바와 같이 유효데이터의 정성분석을 위해서는 핵심기술 또는 출원인별 기술특성을 연도별로 분석함으로써 기술발전도를 분석할 수 있다. 해당 기술분야에서 해결하고자 하는 기술적 과제와 해결 가능한 기술적 수단들을 파악하고 이를 행렬표로 구성한 OS-매트릭스분석을 통해 대상 기술 영역에서 존재하는 틈새기술이나 공백기술 분야 등을 탐색Targeting할 수 있다.

한편 분석대상 특허의 인용관계인 전방인용도Forward Citation 또는 후방인용도Backward Citation를 분석함으로써 해당 기술의 원천성과 개량성을 파악할 수 있으며 아울러 기술순환주기TCT: Technology Cycle Time를 분석함으로써 기술수명도 개괄적으로 추정할 수 있다. 주로 정성분석은 핵심특허를 선정하고 표 Ⅳ-17에서 예시한 바와 같이 인용도, 발전도, TEMPEST 또는 OS-매트릭스 또는 클레임차트 분석 등으로 심층분석하여 이를 기반으로 특허정보분석 관점의 다양한 R&D이노베이션 전략들을 수립하는 과정이라 할 수 있다.

| 분석 예시1

- **OS-Matrix 분석: 틈새(공백)기술 Targeting**

OS-매트릭스분석이란 해당 기술분야에서 해결하고자 하는 기술적 과제Object 들과 이를 해결하기 위한 수단Solution들을 파악하여 이들을 각각 가로축과 세로축 상에 표기하여 행렬도표Matrix로서 표 Ⅳ-18과 같이 도식화하고 해당 교차점에 대응되는 유관 특허를 검색 추출하여 분석하는 방식을 말한다.

매트릭스 양축 상에 표기되어 있는 해결하고자 하는 기술적 과제(목적)들과 해결 가능한 수단(솔루션)들이 교차하는 각각의 지점에서 특허정보조사를 통해 R&D연관도와 집중도를 분석파악할 수 있다. 즉 해결하고자 하는 기술적 과제 관점에서 어떠한 해결수단들이 활용되어 연구개발이 진행되는지 그리고 해당 연구개발이 얼마나 활발하게 진행되는지를 정량적 또는 정성적으로 분석할 수 있다.

표 Ⅳ-18 미세먼지 제거 OS-매트릭스 작성 (예시)

		해결하고자 하는 기술과제 (목적: Object)			
		VOC (포름알데이드) 분해	초미세 먼지차단	악취 제거	곰팡이 (미생물) 제거
해결 가능한 수단-(Solu-tion)	해파필터	10-2007-51874 10-2005-117345	10-2014-174733	10-2005-117345	
	탄소필터		10-2015-61925 10-2016-33367		
	광촉매 분해	10-2010-107737 10-2007-133361		20-2000-7543 10-2007-60089	10-2011-131920 10-2017-43498
	고전압 정전기		10-2007-13291 10-2006-30859		
	제올라이트	10-2005-74673	10-1996-34879		
	플라즈마		10-2015-175183 10-2014-71135	10-2010-7620	10-2014-113019 10-2016-11947

OS-매트릭스분석을 통해 교차점에 상응되는 특허데이터가 희박하거나 또는 공백부분으로 파악되는 부분은 해당 기술적 과제에 대하여 현재에 파악된 기술로는 이를 해결할 수 없거나 또는 적절하게 제시된 기술적 수단이 없다는 것을

OS-매트릭스분석을 통해 교차점에 상응되는 특허데이터가 희박하거나 또는 공백부분으로 파악되는 부분은 해당 기술적 과제에 대하여 현재에 파악된 기술로는 이를 해결할 수 없거나 또는 적절하게 제시된 기술적 수단이 없다는 것을 의미한다.

의미한다. OS-매트릭스 분석표 상의 이러한 공백기술 또는 소수만이 존재하는 기술부분은 해당 기술분야에서 현재 존재하는 틈새시장이 될 수 있으며 또한 새로운 연구개발 도전과제의 주제로서 도출될 수 있다.

OS-매트릭스 분석을 통해 상대적인 공백기술 또는 경쟁 심화기술 분야를 도식적으로 파악할 수 있으며 검색 추출된 특허정보의 심층분석을 통해 시장 경쟁자들의 R&D현황과 기술개발 방향 등도 다양한 관점에서 파악할 수 있다.

| 분석 예시2

• 기술시장 성장단계 분석 (특허출원건수 vs 특허출원인수)

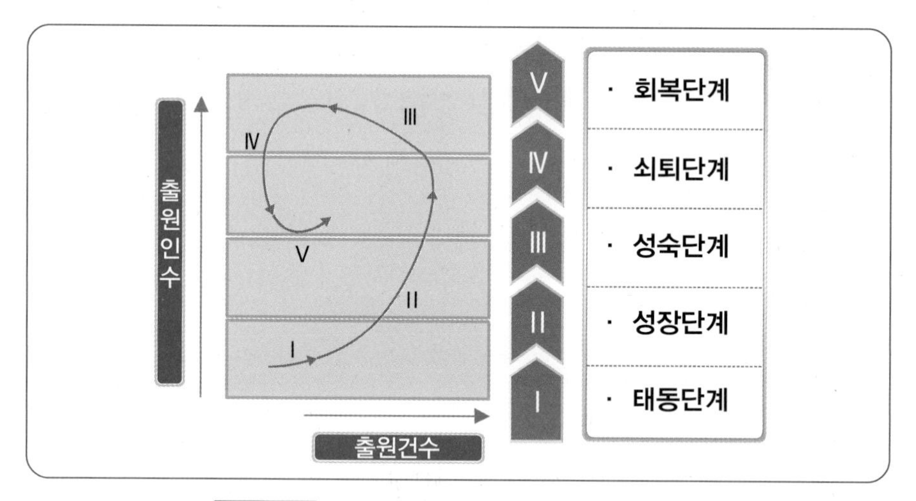

그림 Ⅳ-13 특허기술(시장)의 성장단계 분석 (예시)[237]

기술시장의 성장단계에 관한 분석이란 특정 세부기술에 관한 특허검색 결과를 특허출원건수와 특허출원인의 상관관계를 정량적으로 분석함으로써 해당 기술에 관한 성장단계와 기술수명을 분석할 수 있다.

통상적으로 새로운 신기술이 태동하여 성장을 하게 되면 그림 Ⅳ-13의 Ⅱ단계와 같이 특허출원 건수가 증가하면서 아울러 특허출원인(기업)의 숫자도 선형적으로 증가하게 되는데 이러한 단계는 기술의 성장단계로 파악이 된다. 하지만 해당 기술개발 또는 제품개발이 성숙하게 되고 시장에서 경쟁이 심화되면서

237 출처: 한국특허정보원(특허정보전략팀) Patent21, 특허정보 분석을 위한 지표 및 기법

특허 출원인수의 증가 추이가 정체하게 되며 시장경쟁에서 퇴출되는 출원인들이 발생하고 **그림** Ⅳ-13의 Ⅲ의 단계와 같이 특허 출원건수가 감소하게 되는데 이러한 단계를 기술 성숙단계로 파악할 수 있다.

한편 성숙기에 접어든 기술은 상기 **그림** Ⅳ-13의 Ⅳ와 같은 쇠퇴단계로서 대체기술이 출현하고 개량기술이 발전함에 따라 해당 기술의 출원건수와 출원인이 동시에 감소하는 기술 쇠퇴기가 오게 되며 기술의 수명이 다하게 된다. 하지만 일부 기술의 경우에는 해당 기술에 관해 새로운 특허기술이 재발견되거나 또는 대체기술이 쇠퇴하는 경우 해당 기술이 출원인과 특허건수가 선형적으로 증가하는 형태를 보이며, 상기 **그림** Ⅳ-13의 Ⅴ와 같은 기술 회복단계(부활기)에 진입하는 경우도 있다.

| 분석 예시3

- **특허 통계분석 지표**

일반적인 빅데이터의 통계분석을 통해 알 수 있는 다양한 정보들은 특허데이터 분석에도 유추하여 활용될 수 있으며 이와 관련하여 하기 **표** Ⅳ-19는 특허정보 분석에 주로 활용되는 통계지표와 기법에 관한 예시이다.[238]

일반적인 빅데이터의 통계분석을 통해 알 수 있는 다양한 정보들은 특허데이터 분석에도 유추하여 활용될 수 있으며 이와 관련하여 하기 표 Ⅳ-19는 특허정보분석에 주로 활용되는 통계지표와 기법에 관한 예시이다.

연구논문 또는 논문 저널의 영향력과 우수성을 판단하는 지표로서 활용되는 논문 인용도지수CPP: Citation per Paper는 특허에도 동일하게 적용할 수 있다. 단위 등록특허를 피인용하는 횟수를 전방인용도Forward Citation라 하고 이를 특허 인용도지수CPP라고 한다. 등록특허 분석을 통해 인용도지수가 높다는 것은 해당 기술이 원천성이 높다는 것을 의미한다. 이와 상반되어 등록특허가 선행특허를 인용한 횟수를 파악하여 산정하는 지표로서 후방인용도Backward Citation가 있다. 등록특허가 선행특허를 적게 인용한 경우 후방인용도가 낮은 경우로서 근자에 독자로 개발된 초기단계 기술일 가능성이 높으며 후방인용도가 높은 경우는 선행특허의 인용이 많은 경우로서 시장에서 오래 성숙된 기술이며, 또한 개량특허 가능성이 높다고 추정할 수 있다.

Chapter Ⅳ

238 한국특허정보원(특허정보전략팀) Patent21, 특허정보 분석을 위한 지표 및 기법 참조

표 Ⅳ-19 특허정보 분석에 활용되는 통계지표 (예시)

특허분석 지수	의의
후방인용도Backward Citation	등록특허가 선행특허들을 인용한 횟수를 파악하여 산정하며 후방인용도가 높을수록 개량특허 가능성이 높음
인용도지수CPP (전방 인용도)	등록특허를 후행특허들이 피인용한 횟수를 파악하여 측정하며 전방인용도Forward Citation가 높을수록 원천특허 가능성이 높음
시장확보지수PFS	해외 특허출원된 패밀리 특허를 파악하여 시장 확보력을 추정하는 지표로서 해외 패밀리Family 특허출원이 많을수록 기술시장성이 크다고 볼 수 있음
기술순환주기TCT	피인용특허들과 당해 특허의 연도 차이를 각각 산출하고 이들의 평균값 또는 중간값으로 기술혁신 활동을 속도를 측정함으로써 당해 기술 수명을 추정할 수 있다.
허핀달지수HHI (CR4 지수–상위 4사 간의 점유율 지수)	단일 기술시장에서 파악된 전체 특허(건수)에 대비하여 해당 업계 플레이어(업체, 대학, 연구소 등)들의 상대적으로 각각 보유하는 특허(건수)를 정량적으로 측정함으로써 해당시장의 독과점 경쟁현황에 관한 분석

〈기타 특허분석 유관 지수〉
* 특허활동지수AI: 특허 활동도 및 기술 혁신집중도
* 특허영향지수PII: 단위 혁신성과의 평균적 중요도 영향력
* 현재영향지수CII: 과거 5년의 혁신성과가 현재 미치는 영향력
* 기술력지수TS: 질적, 양적 측면이 모두 반영된 기술경쟁력
* 과학연계지수SL: 기초과학과의 연계도
* 특허당 청구항 수Avg Claims: 실질적인 혁신성과의 양적규모

대상 기술의 시장성과 관련된 통계지표로서 시장확보지수PFS: Patent Family Size, 허핀달지수HHI: Hirschman-Herfindahl index 및 CR4 지수 등이 있다. 시장확보지수는 해외출원된 패밀리 특허정보를 나타내는 지표로서 이로부터 기술시장성의 규모를 추정할 수 있다. 해당 기술분야의 평균 패밀리 특허를 파악하고 당해 출원인의 패밀리 특허를 상대적으로 비교함으로써 시장확보지수를 산정할 수 있다. 허핀달지수는 특정 산업 또는 기술분야에서 독과점시장에 관한 집중도를 분석하는 지표이다. 해당 특허기술과 관련된 전체 특허보유건수에서 주요 출원인들이 차지하는 특허보유 건수비율을 상대적으로 분석함으로써 시장의 독과점 경쟁현황을 파악할 수 있다. 특히 상위 4대기업에 의한 집중도를 보여주는 CR4Concentration ratio: CR4지수는 특정 산업(시장)분야에서 상위 4개사를 대상으로 독과점시장의 경쟁현황을 알 수 있는 지표로서 허핀달지수의 특수형태라고 볼 수 있다.

이외에도 통계분석지표를 활용한 특허분석지표로서 특허활동지수AI: Activity Index, 특허영향지수PII: Patent Impact Index, 현재영향지수CII: Current Impact Index, 기술력지수TS: Technology Strength, 과학연계지수SL: Science linkage 등 다양한 분석 지표들이 있으며 이에 관한 설명은 표 Ⅳ-19를 참고하기로 한다.

다. 3단계: 핵심특허 분석과 R&D전략

IP(특허)정보 분석 관점에서 R&D전략 수립은 R&D이노베이션 분야의 시장 특성이나 R&D대상 기술의 성숙도 등에 따라 다양한 접근방법들이 논의될 수 있다. 여기서는 R&D주제 분야와 연관하여 선행특허조사와 동향분석결과를 기초로 경쟁사 또는 잠재 경쟁사들의 핵심특허를 선정하고 이러한 경쟁사의 핵심특허 대응전략 수립과 함께 신규(개념) 특허 창출전략에 관해 살펴보기로 한다.

핵심특허 선정 및 분석

유효데이터 300~500건으로부터 핵심특허 후보군 데이터를 추출하는데 핵심특허 선정에 관한 기준은 특허분석의 목적에 따라 다양하게 고려될 수 있겠지만 통상적으로 표 Ⅳ-20과 같이 설정될 수 있다. 핵심특허 선정을 위한 후보군 대상으로 약 10~50건 정도로 특정하고 이를 중심으로 심층분석을 진행하는 것이 바람직하다.

표 Ⅳ-20 핵심특허 선정기준과 근거 (예시)

핵심특허 선정기준		선정 근거	
패밀리 특허정보	삼극특허[239] 또는 해외 다출원 특허	해외특허출원이 많을수록 시장성이 크며 가치가 높음	특허회피 R&D 전략 및 개량특허 확보 R&D 전략
전방(후방) 인용도	전방(후방)인용도 높은 특허	전방인용도가 높아 피인용된 횟수가 많은 특허일수록 원천특허	
		후방인용도가 높아 인용 횟수가 많은 특허일수록 개량특허	
클레임 챠트 조사	독립청구항 내에 구성요소가 간결하고 작은 특허	다기재협범위 - 특허청구범위 내에 기재된 구성요소가 많을수록 배타적 보호 권리는 협소해짐	
	독립청구항 또는 종속 청구항의 수가 많은 특허	다양한 보호관점에서의 특허권리 포트폴리오 구축이 이루어져 권리보호범위가 넓어짐	
연구주제 관련성	연관성 및 유사도	핵심특허로서 권리성, 시장성 및 기술성이 다소 낮더라도 연구주제와의 연관성이 높은 특허	

핵심특허 기준으로서 해외 패밀리특허가 많이 확보되어 시장성이 큰 특허이거나 특허의 전방 또는 후방인용도 정보를 파악하여 원천성 또는 개량성이 높은 특허를 후보군으로 도출할 수 있다.

다음은 클레임(특허청구범위)분석을 통해 핵심특허로서 도출될 수 있는 기준이다.

- 독립청구항 내에 구성요소가 간결하고 작은 특허
  다기재협범위 – 특허청구범위 내에 기재된 구성요소가 많을수록 배타적 보호 권리는 그 범위가 협소해짐
- 독립청구항 또는 종속청구항의 개수가 많은 특허
  다양한 보호 관점에서의 특허 포트폴리오 구축과 권리 구체화가 이루어져 권리 보호범위가 넓어지고 강화됨

이 밖에도 자사 R&D수행 과정에서 반드시 확보해야 하는 기술이거나 또는 라이선스를 받거나 양도 등을 통해 활용이 어려운 장벽특허인 경우도 핵심특허에 포함될 수 있을 것이다.

특히 R&D사업화 분야에서 소송계류 중에 있는 특허이거나 기술표준과 연관된 특허로서 플랫폼기술 관련 특허는 핵심특허로서 의미를 가진다. 하지만 무엇보다도 핵심특허는 앞서 살펴본 권리성, 기술성 또는 시장성 관점에서 중요도가 다소 낮더라도 R&D주제와의 연관성 및 유사도가 높은 선행특허 또는 장벽특허가 핵심특허로서 선정되는 것이 바람직할 것이다.

핵심특허 대응 전략수립

R&D를 수행하고자 하는 목표 또는 과정에 경쟁사 보유의 핵심특허들이 존재하는 경우 이들은 장벽특허로 판단하고 핵심특허의 클레임(특허청구범위)에 대해 심층 권리분석이 사전에 이루어져야 한다.

- 클레임차트 분석
  클레임차트란 인용 또는 피 인용된 청구항의 구성요소들을 도식화(차트)하여

239 미국, 일본 및 유럽 특허청 3곳 모두에 출원된 특허를 삼극특허라고 지칭하며, 한편 글로벌 특허출원의 80% 이상을 차지하는 한국, 미국, 중국, 일본 및 유럽 5개국의 특허청 협의체를 IP5라고 지칭한다.

파악함으로써 특허로서 확보된 구성요소에 대한 배타적 권리범위를 용이하게 파악하기 위한 수단을 말한다.

핵심특허에 관해서 클레임차트를 작성하고 이해하는 작업은 R&D전략을 수립함에 있어서 우선적으로 해야 할 사안이다. 특허청구항은 특허로서 보호대상이 되는 발명 요체의 구성요소와 결합관계[240]를 특정하여 이에 관해 배타적인 권리를 청구함으로써 특허권리가 설정되는 부분이므로 청구항에 기재된 구성요소와 결합관계들을 분석함으로써 회피전략 또는 신규 특허창출 전략을 수립함에 있어 중요한 출발점이 된다.

특허청구항은 특허로서 보호대상이 되는 발명의 요체의 구성요소와 결합관계를 특정하여 이에 관해 배타적인 권리를 청구함으로써 특허권리가 설정되는 부분이므로 청구항에 기재된 구성요소와 결합관계들을 분석함으로써 회피전략 또는 신규 특허창출 전략을 수립함에 중요한 출발점이 된다.

특허청구항은 크게 독립항Mother Claim과 종속항Daugther Claim으로 구분된다. 독립항은 별도로 인용하는 청구항이 없는 독립된 특허청구항으로서 종속항에 비해 상대적으로 권리범위가 넓은 청구항으로서 종속항이 구성하는 발명의 요체의 상위개념에 해당이 된다.

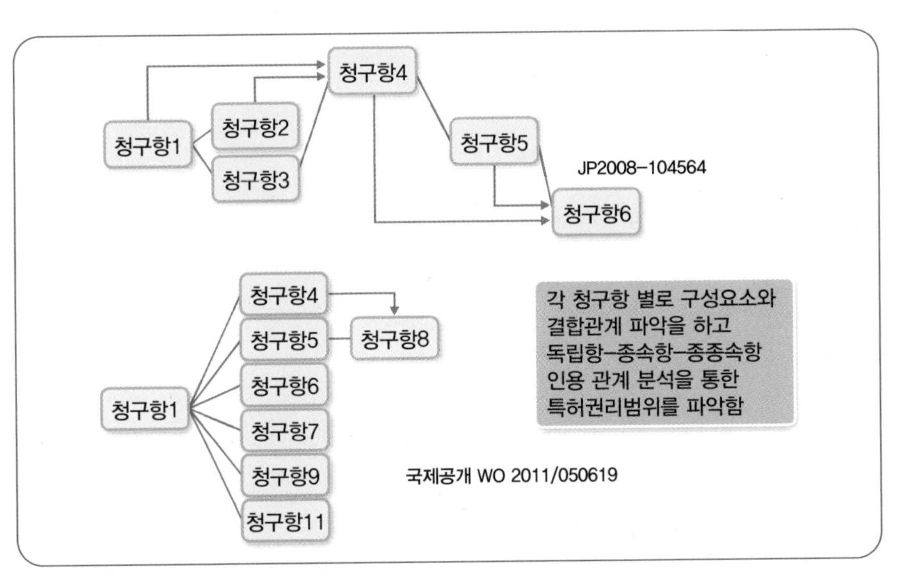

그림 Ⅳ-14 수평형 쥬스 착즙기에 대한 청구항 트리 분석 (예시)

240 구성요소들에 관한 결합관계 또한 별개의 구성요소에 해당이 되며, 이러한 관점에서 파악된 청구항의 모든 구성요소Element들은 특허의 배타적인 권리범위로서 설정되며 특허 침해판단에 있어서 AERAll Element Rule – '구성요소 완비의 원칙'을 적용하는 기준이 된다. 만일 특허 발명이 물건 또는 물질 발명이 아닌 공정 또는 방법 발명이라도 청구항에 기재된 발명의 순차적인 과정 또는 절차적 방법적 요소로서 시계열적인 구성요소가 파악이 될 것이며 이러한 시계열적인 구성요소Element에 배타적인 특허 권리범위가 설정된다.

종속항은 독립항 전체를 인용하거나 또는 독립항에 명기된 구성요소를 인용하여 이에 구성요소를 추가, 부가하거나 또는 해당 구성요소를 제한, 한정함으로써 보다 독립항에 기재된 발명의 포괄적인 범위를 보다 명확하게 특정하는 역할을 한다.

종속항은 독립항 전체를 인용하거나 또는 독립항에 명기된 구성요소를 인용하여 이에 구성요소를 추가, 부가하거나 또는 해당 구성요소를 제한, 한정함으로써 보다 독립항에 기재된 발명의 포괄적인 범위를 보다 명확하게 특정하는 역할을 한다. 아울러 종속항을 다시 인용하는 형식으로 작성된 청구항을 종-종속항Grand Daugther Claim이라고 하는데 종속항의 구성요소를 모두 포함하여 특정함으로써 권리범위는 더욱 구체화된다.[241]

예시에서 보듯이 청구항1은 독립청구항이며 나머지 청구항들은 종속청구항 또는 종속항을 순차적으로 인용하는 종속항들로 구성되어 있음을 할 수 있다. 이러한 종속항에 의한 권리범위를 계층적 구조로서 파악함으로써 보다 발명의 권리범위를 명확하게 하고 독립항에 기재된 구성요소와 연관하여 연속된 개량 발명에 의한 권리범위를 사전에 선점하거나 경쟁자들에 의한 후속 개량발명을 저지할 수 있는 효과가 있다.

- 핵심특허의 비침해 경로 검토

클레임차트 분석 결과로부터 AERAll Element Rule에 의한 문언침해Literal Infringement 적용으로부터 벗어날 수 있는 논리를 개발하거나 또는 회피설계를 하는 것이다.

핵심특허 대응을 위한 비침해 논리개발에 있어서 지식재산 권리의 유형이나 이노베이션의 종류에 따라 다양한 접근방법들이 있겠지만 특허 관점에서 볼 때 가장 우선적으로 검토되어야 하는 것은 **그림 Ⅳ-15**와 같이 클레임차트 분석 결과로부터 AERAll Element Rule에 의한 문언침해Literal Infringement 적용으로부터 벗어날 수 있는 논리를 개발하거나 또는 회피설계를 하는 것이다.

클레임차트 분석을 통해서 핵심특허의 독립청구항에 기재된 구성요소의 일부를 제거하는 회피설계가 가능하여 이를 적용한 발명의 실시가 가능하다면 이는 '구성요소완비의 원칙'AER에 의한 침해가 적용되지 않는 대응전략이 될 수 있기 때문이다.

하지만 핵심특허에 명기된 발명의 구성요소를 생략하거나 또는 제거 등을 통해 상위개념의 발명으로 회피설계하고자 할 때 유의할 점은 회피설계가 당해 특허 발명에만 사용되는 구성부품이나 전용물로서 설계된다면 이는 간접침해에 해당이 될 수 있다.[242]

---

241 특허청구항의 권리범위는 다기재협범위 원칙에 의해 구성요소의 수가 많을수록 협소해진다.
242 우리나라 특허법상 간접침해로 적용하는 범위를 특허 발명과 연관된 전용물에 한해서 적용하는 데 비해 미국, 유럽 및 일본 등 여타 선진국에서는 비전용물을 포함하여 침해 유도행위 또는 침해 개연성 높은

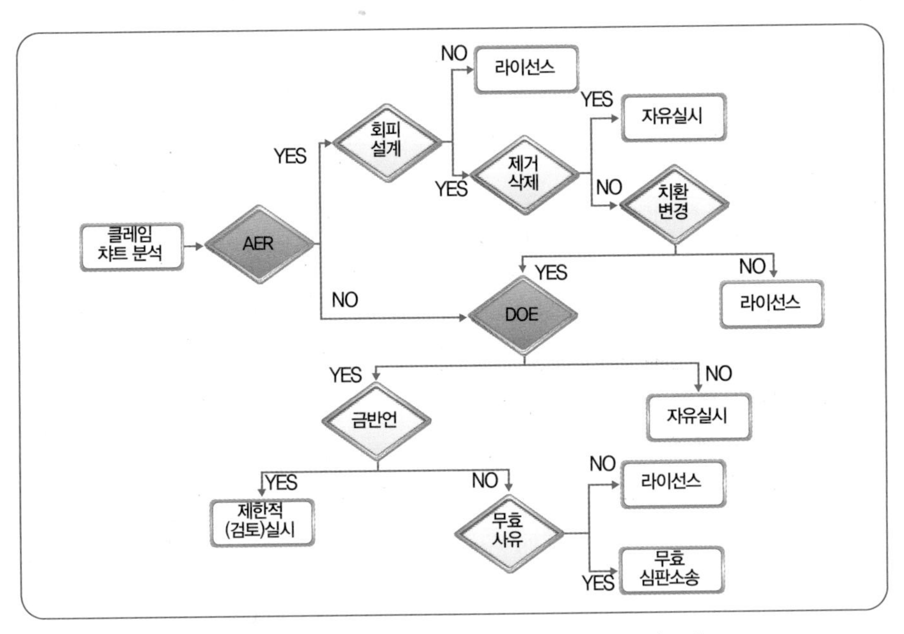

그림 Ⅳ-15 비침해 경로 검토 또는 회피설계 전략 (예시)

현실적으로 많이 활용될 수 있는 핵심특허에 대한 회피 방안은 **그림 Ⅳ-15**와 같이 AER 검토 이후 그 다음 단계로서 DOEDoctrine of Equivalents(균등론) 검토[243]를 통한 회피설계이다. 핵심특허의 클레임차트 분석을 통해 독립청구항에서 파악된 구성요소의 일부를 치환하거나 변경하되 균등론에 의한 침해판단이 적용될 수 없는 영역에서 회피 설계를 하는 전략이다.

균등론Doctrine of Equivalents에 의한 침해를 적용하는 경우 상호 해결하고자 하는 과제원리가 동일하거나 공통성이 있어야 하며 아울러 구성요소 치환이 가능하고 당업자 관점에서 구성요소의 치환 또는 변경이 용이한 경우에 해당이 되므로 이러한 요건 적용을 회피하여 R&D이노베이션을 설계하는 전략이다.

만일 핵심특허의 구성요소 치환 또는 변경을 통한 회피설계가 진보성을 판단함에 있어서 해당 기술분야의 당업자 관점에서 자명하지 않다면 이는 선행기술인 핵심특허와 대비하여 특허등록 요건이 충족이 될 수도 있다.

한편, 균등론에 의한 침해검토 시에 특히 유의할 점은 출원경과과정에 비추어

행위에도 간접침해의 범위가 확대되어 있다.

243 Chap. Ⅲ 연구실의 R&D특허전략, 균등침해(page 254) 참조

금반언에 해당되지 않아야 한다는 점이다. '금반언의 원칙'에 의하면 과거에 출원인이 심사과정에서 심사관으로부터 특허권 확보를 위해 포기한 균등 발명영역에 대하여 이를 번복하고 권리주장할 수 없다는 원칙이다.

특허가 등록될 시점에서 심사관이 거절이유로서 제시한 선행기술과 관련된 균등발명들에 대하여 출원인은 거절이유극복을 위해 권리범위를 제한 한정하거나 또는 구체화 특정하여 등록을 받은 이후에 이를 균등론 영역으로 확장 해석하여 권리 주장하는 경우에는 '금반언의 원칙'이 적용되기 때문이다.

미공개 특허출원 상태로서 검색되지 않거나 또는 특허출원되지 않은 기술 노하우로서 영업비밀에 의해 보호 받는 이노베이션인 경우에는 역공학설계Reverse Engineering를 통해 회피설계가 가능하다.

현실적으로 오늘날 특허침해에 관한 쟁송은 균등론의 적용관점에서 다양한 논리 다툼이 일어나고 있기 때문에 비침해 경로를 파악하기 위해서 우선적으로 특허의 등록과정에 있어서 File Wrapper Estoppel(포대금반언, 출원경과금반언)을 우선적으로 검토하는 전략이 중요하며 이러한 출원 심사과정에서 거절이유극복을 위한 답변서 및 보정서 그리고 의견제출통지서와 같은 특허정보는 특허청 사이트에 특허정보로서 명세서, 도면, 초록 및 서지정보 등과 함께 심사 이력을 검색 가능하도록 공시되어 있다.

한편, 미공개 특허출원 상태로서 검색되지 않거나 또는 특허출원되지 않은 기술 노하우로서 영업비밀에 의해 보호 받는 이노베이션인 경우에는 역공학설계Reverse Engineering를 통해 회피설계가 가능할 것이다.

역공학 설계란 기술시장에서 이노베이션 실체의 구조적 형상, 특성 또는 기능 등을 역공학적인 절차를 통해 분해하거나 측정 또는 조사분석하여 데이터를 확보하고 이러한 기초적 데이터를 활용하여 공학적 개념이나 형상 모델을 추출하고 이를 기반으로 새로운 혁신 창출을 위한 회피설계로서 활용하는 방법이다.

핵심특허의 무효화 검토 또는 라이선스 전략

핵심특허에 대한 클레임차트 분석을 통해서 자사의 시장제품이나 신제품 개발구성이 핵심특허의 'AER'(구성요소완비-문언침해) 또는 'DOE'(균등침해)에 해당되어 회피설계가 어렵다고 판단되는 경우에 궁극적으로는 **그림 Ⅳ-15**에서와 같이 해당 핵심특허에 관해 무효화시킬 수 있는 경로를 검토하거나 또는 라이선스전략이 검토될 수 있다.

• 무효화 검토

핵심특허의 무효화 검토는 심사관이 심사과정에서 핵심특허와 관련된 공지기술이나 선행기술에 대한 충분한 검색과 분석이 이루어졌는지를 먼저 특허정보 조사분석을 통해 확인하는 과정이 수반된다.

물론, 특허 무효화 사유는 Chap. II의 1장에서 학습한 바와 같이 특허등록요건으로서 주체적 요건과 절차적 요건에 반하여 등록이 된 경우에도 해당이 된다. 하지만 주로 실무적으로는 핵심특허가 실체적 등록요건으로서 신규성, 확대된 선원주의 또는 진보성 등에 위반되어 등록되었다는 증빙자료를 선행기술 자료 또는 특허문헌 검색을 통해 확보하고 이를 입증함으로써 등록특허를 무효화할 수 있을 것이다.

먼저 신규성의 검토는 핵심특허의 구성과 동일성이 있는 발명이 핵심특허의 출원일 이전에 일반공중에 공지된 사실이 있는지를 검토한다. 만일 자신의 발명이라 하더라도 특허출원일 이전에 논문으로서 발표 공지하였거나 박람회 또는 전시회 출품 등을 통해 비밀유지의무가 없는 불특정 다수에게 발명이 공개된 경우에는 신규성 상실에 의해 특허받을 수 없기 때문이다. 또한 특허받은 구성요소와 동일성 있는 타인의 선행기술 문헌이 출원일 이전에 존재한다면 이 또한 신규성이 간과된 무효사유를 가지고 있으므로 무효화할 수 있다.

선행기술로서 조사 검색된 타인의 특허문헌이 핵심특허가 출원할 당시에는 특허출원 중으로 공개되지 않아 심사관이 신규성 위반에 의한 거절사유에 해당되지 않았더라도 추후 공개된 선행특허 문헌에 게재된 도면 또는 명세서의 실시예의 일부가 핵심특허의 구성요소와 동일하다면 이는 확대된선원주의 위반으로서 모인출원에 해당되는 무효사유가 될 수 있다.

특허의 무효화에 있어서 다툼이 많은 특허 요건에 관한 사유로서 진보성(비자명성)의 흠결을 입증할 수 있는 선행특허 기술 또는 공지기술에 관한 관련 자료 확보가 특허정보 조사분석을 통해 이루어져야 할 것이다.

특허 무효화에 있어서 쟁송이 많은 사유로서 진보성은 심사관이 국내 당업자의 관점에서 기술가치를 판단하는 것으로 국내외에서 공지된 선행기술들을 복수 조합하여 판단하며 주로 공지(선행)기술과 대비하여 목적의 특이성, 구성의 곤란성 및 효과의 현저성의 관점에서 당해 발명을 용이하게 도출할 수 있는지를 판단하게 된다.

무효화 증빙자료 검색과 분석을 통해 선행특허 청구범위의 구성요소를 일부 생략하거나 제거하였음에도 특허로서 등록된 경우는 선행발명의 배경기술 또는 공지기술에 해당되거나 진보성이 결여된 발명으로 볼 수 있다. 선행 특허문헌들의 구성요소를 용이하게 결합하거나 단순치환한 경우에도 당업자의 관점에서 용이하게 발명할 수 있음으로 이는 특허무효의 사유가 될 수 있을 것이다.

만일 회피설계를 할 수 없거나 무효화에 이를 수 없는 핵심특허인 경우에는 라이선스 전략을 수립해야 한다. 특히 자사의 시장제품이나 신제품 또는 개발품을 보호하고 있는 특허, 실용신안, 디자인권 등이 타인의 핵심특허와 이용 또는 저촉관계에 있는 경우에는 자신이 업으로서의 실시하기 위해서는 라이선스 전략수립이 필요하다.

만일 회피설계를 할 수 없거나 무효화에 이를 수 없는 핵심특허인 경우에는 라이선스 전략을 수립해야 한다. 특히 자사의 시장제품이나 신제품 또는 개발품을 보호하고 있는 특허, 실용신안, 디자인권 등이 타인의 핵심특허와 이용 또는 저촉관계에 있는 경우에는 자신이 업으로서의 실시하기 위해서는 라이선스 전략수립이 필요하다.

합리적인 조건으로 라이선스를 받게 되면 오히려 라이선스를 통해 시장지배력을 강화하게 되며 아울러 라이선스 받은 기술을 기반으로 조직의 R&D이노베이션 역량이 강화되는 등 다양한 장점들이 있을 수 있기 때문이다.

라이선스 전략에 관해서는 다음 Chap. V 지식재산 활용전략에서 별도의 주제로서 자세히 살펴보기로 한다.

신규(개념) 특허 창출전략

IP(특허)동향 분석을 위한 단계별 절차로서 **표 Ⅳ-9**에서 예시한 바와 같이 3단계 핵심특허 분석과 R&D전략의 내용으로서 앞서 상술한 핵심특허 대응전략과 함께 신규(개념) 특허 창출전략이 주요 이슈가 된다.

신규(개념) 특허 창출전략은 **그림 Ⅳ-1**에서와 같이 R&D수행 단계 이전에 연구자가 반드시 검토해야 사안으로서, 우리는 이를 위해 지식재산과 이노베이션의 상관성, 이노베이션 보호를 위한 지식재산 제도, 그리고 OS-매트릭스 분석을 통한 틈새(공백)기술 탐색, 이노베이션 회피설계 등 다양한 관점에서 새로운 발명(이노베이션) 창출을 위한 IP-R&D 개념과 방법론들을 학습하였다.

특히, 신규(개념) 특허 창출을 위한 아이디어 도출Idea Generation에 있어서 보다 기초적인 접근방법과 수단으로서 창의적 공학설계 기법[244] 들이 제시되어 있으며

244 김은경 (2020), 창의적 공학설계(3판), 한빛아카데미

이러한 창의적 기법들을 앞서 상술한 핵심특허 대응전략과 함께 고찰함이 바람직하다. 관련 예시로써 브레인스토밍, 브레인라이팅, 역공학 설계Reverse Engineering 연꽃기법, 마인드맵, 스캠퍼SCAMPER 역브레인스토밍, 트리즈TRIZ, 수렴적 사고기법과 유추기법Analogy(바이오미메틱스) 등이 있으며 이러한 창의적 도구들의 활용을 통해 연구자는 보다 혁신적인 개념특허를 IP-R&D 방법론의 관점에서 창출할 수 있을 것이며, 이를 기반으로 하는 R&D기획과 R&D수행 과정을 거쳐서 다양한 IP(특허)포트폴리오로서 R&D성과물을 확보함으로써 R&D경쟁력을 제고할 수 있을 것이다.

특히 트리즈TRIZ 방법론은 Chap. I 'R&D수행 관점의 구분'에서 주석의 언급을 통해 살펴본 바와 같이 이는 특허문헌 분석을 통해 알츠슐러가 정립한 창의적 문제해결 이론으로서 기술적 모순과 물리적 모순해결을 위한 분리원리, 39공학변수, 40발명원리와 모순행렬표 그리고 70가지 표준해 등 신규발명 창출에 관한 솔루션들이 제안되어 있다. 또한 트리즈에서 제시하고 있는 창의적 문제해결을 위한 다양한 기법들을 실제 실무 현장에서 활용하기 위해 조직 내부의 자원으로부터 이노베이션 창출에 효과적으로 적용할 수 있는 트리즈 관점의 '인소싱 이노베이션'Insourcing Innovation[245] 등 다양한 이노베이션 창출기법들이 추가적으로 개발되어 있다. 그러므로 R&D과제를 수행하는 연구자는 이러한 창의적인 이노베이션 창출 기법과 가이드라인을 통찰력 있게 이해함으로써 자신의 연구개발 분야에서 보다 강력한 R&D이노베이션 창출을 위한 통찰력과 실무역량을 확보할 수 있을 것이다.

245 David Silverstein (2008), Insourcing Innovation, Auerbach Publication

CHAPTER V

지식재산IP의 활용전략

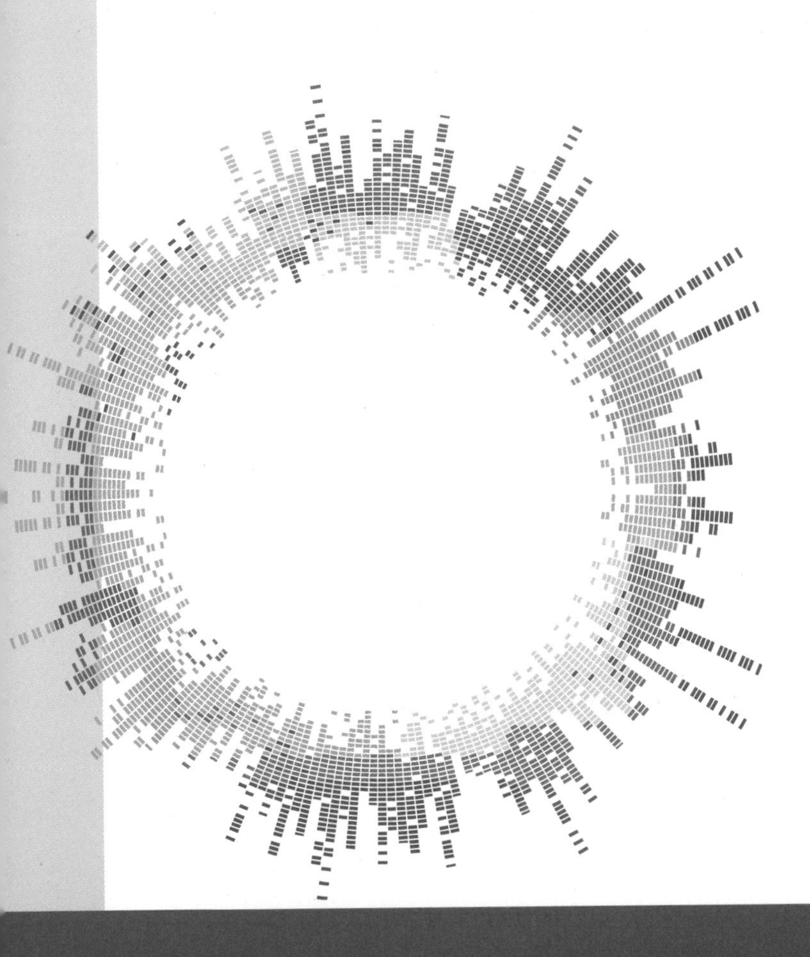

1. IP(지식재산)의 활용유형과 파트너링

가. IP(지식재산)의 활용유형

연구자의 창의성과 노력의 결실로써 창출된 R&D이노베이션을 우리 사회에 유용한 가치로 확산시키고 적극 활용하기 위해서는 지식재산(권)에 의해 포착 보호할 수 있어야 하며, 특히 디지털 시대의 우리 삶과 사회를 더욱 풍요롭게 하는 R&D이노베이션을 지식재산의 관점에서 창출하고 지식재산 포트폴리오로서 보호하며 이를 활용하기 위한 구체적 방법과 실무전략은 이 책을 통해 독자들이 이해해야 할 핵심주제이다.

지식재산에 의해 보호되고 있는 이노베이션이 우리 사회에서 유통 가능한 자산가치로 활용되기 위해서는 필수적으로 해당 지식재산에 대한 가치평가가 선행되어야 하며 IP활용에 있어서 출발점이 되는 IP가치평가는 별도의 주제로서 다음 장에서 자세히 다루도록 한다.

지식재산에 의해 보호되고 있는 이노베이션이 우리 사회에서 유통 가능한 자산가치로 활용되기 위해서는 필수적으로 해당 지식재산에 대한 가치평가가 선행되어야 한다.

오늘날 디지털 지식경제 사회의 무형 자산으로써 IP(지식재산) 활용의 중요성은 날로 더욱 커지고 있으며, IP활용의 유형은 당사자간 거래에 의한 활용과 금융기관 개입에 의한 활용으로써 표 V-1과 같이 크게 IP금융과 IP거래로서 구분해 볼 수 있다.

표 V-1 IP활용의 유형 (예시)

	IP거래			IP금융		
	양도	라이선스	경매	대출	증권	보험
IP 활용 (예시)	IP 매매거래	IP 사용허가	IP 경쟁매매	IP 담보융자	IP 유동화 증권	IP 소송 대납
	당사자 거래		경매기관	시중은행	SPV[246]	보험회사
	IP가치평가 기반					

246 Special Purpose Vehicle SPV 또는 Special Purpose Company SPC라는 특수목적법인을 설립하여 IP유동화 증권을 발행하고 증권 판매를 통해 비유동성 자산인 지식재산IP을 현금화함으로써 유동성을 확보한다.

IP금융에 의한 유형은 시중의 금융기관이 개입되어 IP활용이 이루어지는 형태로서 기존의 금융시장에서 거래상품과 동일하게 지식재산이 금융상품으로서 활용되는 것을 말한다. IP금융의 유형으로는 도표에서와 같이 시중은행에서 금융상품으로 활용되는 IP대출 방식과 증권회사에서 유동화 채권 발행을 통해 IP를 금융상품으로 활용하는 IP증권 방식이 있으며, 또한 IP소송 시에 소송비용에 관한 리스크를 보장하는 금융상품으로서 IP보험 등이 있다.

IP거래에 의한 유형은 표 V-1에서와 같이 지식재산이 IP수요자와 공급자인 IP거래 당사자 사이에서의 상호약정을 통해 소유권이 이전 매매되는 방식으로 IP양도 거래가 있다. 이와는 달리 IP거래 시 지식재산 소유권은 변동 없이 IP의 실시권 또는 사용권을 허락하는 거래방식으로 IP라이선스가 있다. IP거래의 또 다른 유형으로서 시장의 다수 구매자를 모아 경쟁 매매를 주관하는 중개기관이 IP양도 거래에 개입이 되는 방식으로 IP경매가 있으나 이는 IP양도 거래의 한 특수한 형태로서 볼 수 있다.

나. IP(지식재산)금융의 유형

IP대출IP Backed Loan

지식재산 소유자가 IP자산을 담보로 시중은행으로부터 자금대출을 받고 만일 대출이자 또는 대출원금을 상환하지 못하는 경우에는 IP자산을 양도하겠다는 약정을 하는 경우이다. 이러한 IP거래 방식은 부동산을 담보로 대출을 받고 대출이자 또는 원금상환이 불가한 경우에는 부동산에 관한 소유권을 양도하는 경우와 아주 유사한 상황이다. 이러한 IP자산이 보유하고 있는 담보 기능의 활성화는 IP활용을 더욱 촉진시킬 수 있다. IP의 글로벌 유동성 확보와 IP자산에 관한 투자 활성화를 위해 국제적인 IP자산 등기사무소가 필요하다는 의견도 있다.[247]

IP증권IP Backed Securites

지식재산의 핵심가치를 라이선스를 통한 미래 수익창출과 담보자산으로서의 가치에 주목하고 이를 담보로 하는 증권발행을 통해 현금유동화하는 IP활용 방법이

247 Howard Knopf (2001), "Security Interests In Intellectual Property: An International Comparative Approach," 9th Annual Fordham Intellectual Property Law And Policy Conference

다. IP라이선스에 의해 미래에 발생하는 현금흐름Cash Flow수익(로얄티 수익)을 담보로 하는 유동화증권을 발행하고 투자자로부터 자금을 조달하는 방식이다. IP 유동화증권을 발행하기 위해 증권회사는 특수목적법인SPV: Special Purpose Vehicle을 설립하고 IP권리보유자 또는 IP의 미래 현금흐름수익의 권리보유자 등은 모든 IP 권리를 SPV로 완전히 이전하고 IP의 미래수익을 담보로 하는 채권발행을 통해 시장에서 투자자로부터 현금유동성을 확보하는 것이 통상적인 방식이다.

IP보험IP Insurance

IP보험의 보상 유형에는 자사가 침해소송을 당하는 경우(IP방어전략의 차원) '항변보상'이 이루어지는 IP보험상품이 있으며, 아울러 타사를 대상으로 침해소송을 하는 경우(IP공격전략의 차원)는 '기소보상'이 이루어지는 보험상품이 있다. 상기한 IP보험상품은 보험회사가 보험 가입자를 대상으로 IP소송비용 발생과 부담으로 인한 경제적 손실 또는 소송이익을 보호하기 위해 개발된 보험상품이다. IP보험상품은 관련 전문가들에 의해 IP시장성, IP권리성, IP소송발생 리스크 등에 관한 다양한 위험요인 분석 등을 기반으로 금전보상과 배상범위 등을 결정하고 이를 기준으로 보험 가입금액에 대한 보험료 비율로써 보험요율을 결정하게 된다.

다. IP(지식재산)거래의 유형

IP거래 유형에는 수요자와 공급자 사이에서 상호약정에 의해 이루어지는 거래 형태로서 표 V-2와 같이 IP소유권과 함께 IP권리 전부가 이전되는 방식의 IP양도가 있으며 이와는 달리 IP소유권은 변동없이 IP를 사용수익할 수 있는 IP권리 일부(용익권)만 이전이 이루어지는 IP라이선스 방식으로 구분할 수 있다.

표 V-2 IP(지식재산)의 양도와 라이선스의 비교

<table>
<tr><th>권리이전</th><th>IP양도</th><th colspan="2">IP라이선스</th></tr>
<tr><td>범위</td><td>권리 전부이전</td><td colspan="2">권리 일부이전</td></tr>
<tr><td rowspan="2">유형</td><td rowspan="2">소유권이전</td><td rowspan="2">실시권
허여</td><td>전용실시</td></tr>
<tr><td>통상실시</td></tr>
<tr><td>비고</td><td colspan="3">판례: '양도'라고 표기되어 권리이전되어도 소송권리가 유보되었다면 '라이선스'라고 판시</td></tr>
</table>

IP양도IP Assignment

IP양도란 IP권리 전부가 이전되는 거래를 말하며 IP소유권이라는 법적권리가 양도자로부터 양수자에게 넘겨지는 것을 의미한다. IP양도에 의한 IP거래의 대표적인 사례로서는 고용계약 행위에 연관되어 종업원이 고용주에게 직무발명, 또는 업무상저작물, 영업비밀에 관한 IP권리를 고용주인 사용자에게 전부 이전할 것을 약정하는 경우이다.

또 다른 예로써 특정 기업이 시장에서 다른 기업을 인수하거나 또는 합병하는 경우에 통상적으로 IP권리도 함께 전부이전되는 IP양도의 형태로서 인수합병이 진행된다. 하지만 이와는 달리 어떤 기업이나 개인이 특정 기업으로부터 주식을 양도받는 경우는 IP권리나 기타 IP자산의 변동과는 전혀 상관이 없다.

IP양도계약을 체결함에 있어서 최소한으로 요구되는 계약 방식은 양도거래 형식을 갖춘 문서를 사용하고 양도하고자 하는 IP자산을 명기하고 양수인과 양도인을 기재한다. 대부분 계약서류에는 양 당사자의 서명 확인이 필요하겠지만 양도계약에는 양도인의 서명만으로도 최소한 계약으로서 효력을 가진다.

IP라이선스IP License

지식재산 권리가 이전되는 사례는 양도에 의한 방식보다 라이선스에 의한 방식이 더욱 빈번히 이루어진다. IP양도와는 달리 IP라이선스란 지식재산에 관한 양도인의 소유권은 이전이 되지 않고 IP권리 일부로서 지식재산을 사용수익할 수 있는 IP용익권이 양수인에게 이전되는 것이다.

> IP양도와는 달리 IP라이선스란 지식재산에 관한 양도인의 소유권은 이전이 되지 않고 IP권리 일부로서 지식재산을 사용수익할 수 있는 IP용익권이 양수인에게 이전되는 것이다.

IP라이선스는 활용 대상이 되는 지식재산 권리의 유형에 따라 다양한 형태의 소프트웨어 라이선스, 저작권 라이선스, 상표 라이선스, 기술 라이선스, 물질이전계약, 개방형접근 라이선스 등 다양한 형태의 계약이 존재할 수 있다. 또한 라이선스를 허락하는 자인 라이선서Licensor로부터 라이선스를 허여받은 자인 라이선시Licensee가 활용할 수 있는 독점배타적 권리의 확보 여부에 따라 전용라이선스Exclusive License 또는 통상라이선스Non-Exclusive License 그리고 독점적 통상라이선스 등으로 분류해 볼 수 있다. 아울러 기타 라이선스 유형으로 라이선시가 자신이 허여받은 범위에서 내에서 라이선스를 제3자에게 재차 허락하는 서브라이선스Sub-License가 있으며, 또한 라이선스 양 당사자가 라이선스를 주고받는 방식의 크로스 라이선스Cross License가 있다. 이에 관한 구체적인 내용은 별도의 주제로서(Chap. V의 4장) 다루기로 한다.

IP경매IP Auction[248]

IP자산에 대한 양도가 이루어지는 특별한 방법으로서 경매에 의한 양도가 있다. IP경매는 인터넷에 의한 사이버 공간에서 이루어질 수 있으며 글로벌 영역에서 2006년부터 오션토모www.oceantomo.com에 의해 실제로 경매에 의한 IP권리양도가 이루어지고 있다. 지식재산 소유자는 최소한의 가격을 제시하고 이보다 높은 가격이면 IP권리를 양도하겠다는 양도 약정서를 제출하고 제시한 금액보다 높은 최고 경매가격에 IP자산을 양도한다. 경매중개를 하는 중개기관에서는 판매자와 구매자로부터 소정의 수수료를 받는 비즈니스 모델로서 경매 사이트를 운영하고 있다.

248 특허청 · 한국발명진흥회 IP-Market www.ipmarket.or.kr '국가지식재산거래 플랫폼' 사이트에서는 온라인 경매를 통한 지식재산을 사고팔 수 있는 IP경매 서비스를 제공하고 있다.

2. 파트너링 절차와 IP(지식재산)활용

가. IP활용계약을 위한 파트너링 절차 (예시)

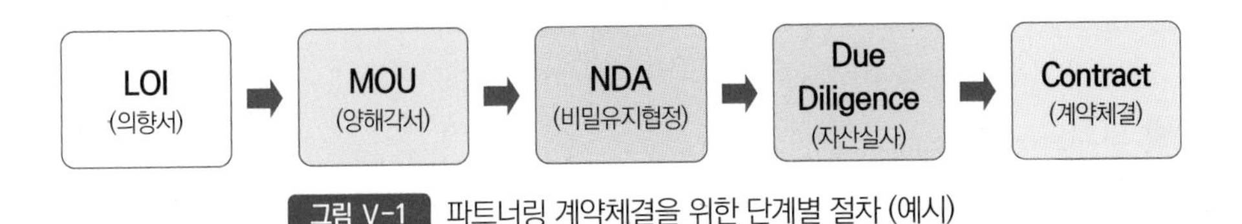

그림 V-1 파트너링 계약체결을 위한 단계별 절차 (예시)

오늘날 생존경쟁이 심화된 시장경제에서 기업들은 지속적 이노베이션 창출과 시장 지배력을 강화하기 위한 수단으로서 파트너십Partnership 구축을 통한 지식재산의 전략적 활용을 추구하고 있다. 우호적 관계의 협력자는 물론 시장 경쟁자들과도 자사의 경쟁력 강화를 위해 지식재산의 상호 공유와 공동활용을 목적으로 하는 전략적 제휴협력이 빈번하게 일어나고 있다.

지식재산의 공유와 활용을 목적으로 하는 전략적 제휴협력 과정으로서 파트너링 과정을 개괄적으로 살펴보면 **그림 V-1**과 같다.

일반적으로 의향서LOI에 의해 양 당사자가 제휴협력에 관한 의사가 확인이 되면 이후 협력방안에 관한 양해각서MOU 체결이 이루어진다. MOU체결을 통해서 다른 경쟁자 또는 시장 고객들에게 양자 협력에 관한 공식적인 공표가 이루어지게 된다. 통상적으로 MOU체결 이후 '비밀유지협정'NDA 또는 CDA이 체결이 되면 이는 MOU와 달리 계약에 의한 약정으로서 향후 실사과정에서 취득한 정보는 기밀로서 유지해야 한다. NDA가 체결이 되면 비밀유지를 전제로 관련 정보를 공유하고 본격적인 지식재산의 가치평가를 위한 자산실사Due Diligence가 이루어지며 자산실사 과정을 기반으로 양 당사자는 지식재산 활용에 관한 본 계약을 체결하게 된다.

IP활용 기반의 계약 유형으로서 라이선스계약License Agreement, 양도계약Assignment Contract, 인수합병M&A Contract, 공동R&D계약 등 다양한 형태의 전략적 제휴협력을 위한 파트너링 계약이 이루어질 수 있다.

IP활용 기반의 계약 유형으로서 라이선스계약 License Agreement, 양도계약Assignment Contract, 인수합병 M&A Contract, 공동 R&D계약 등 다양한 형태의 전략적 제휴협력을 위한 파트너링 계약이 이루어질 수 있다.

상기에 언급한 IP활용을 위한 파트너링 과정은 통상적 관념에서 순차적으로 발생하는 이벤트를 중심으로 살펴본 것으로 당사자들의 상황에 의해 일부 절차가 생략되어 IP활용 계약이 체결되기도 하겠지만 IP가치평가를 위한 실사과정은 반드시 본 계약 이전에 당사자들이 합의해야 할 중요한 절차임에는 분명하다.

나. 파트너링의 단계별 절차과정의 이해

LOI Letter of Intent: 의향서

의향서LOI란 당사자 상호 간에 필요성에 의해 다양한 형태로서 이루어지는 파트너링 계약 체결을 위한 시작 단계이자 비즈니스 협상에 있어서 통상적으로 출발점이 되는 공식 문서이다.

의향서LOI란 당사자 상호 간에 필요성에 의해 다양한 형태로서 이루어지는 파트너링 계약 체결을 위한 시작 단계이자 비즈니스 협상에 있어서 통상적으로 출발점이 되는 공식 문서이다. 통상적으로 불특정 다수를 대상으로 제시한 공식적인 제안 요청서인 RFPRequest for Proposal에 대한 답변 형식으로서도 협력 의향서가 제시되기도 한다. 하지만 설령 공식적인 제안서 요청이 없다 하더라도 IP 활용을 위한 파트너링을 희망하는 주체들이 당사자 협력 의향서LOI의 통지와 접수를 통해서 협력 주체와 파트너링 분야에 대한 당사자의 상호 인지는 당사자 간의 제휴협력 또는 파트너링 계약 업무를 위한 공식적인 시작이 된다.

MOU Memorandum of Understanding: 양해각서

MOU 체결을 통해 양 당사자는 협력을 통해 확보하고자 하는 전략적 목표에 대한 상호 간의 니즈를 공유하고 협력의사를 확인하는 단계로서 양해각서에 합의된 사항들이 향후 당사자 간에 지켜지지 않더라도 법적인 책임은 없다.

LOI를 통해 공개적 협력의사가 전달되었든 또는 비공식적으로 협력의사가 전달되었든 당사자 상호 간에 보유하고 있는 지식재산을 포함한 다양한 자원의 활용을 목적으로 하는 상호 협력의사가 존재하고 이를 외부에 공지하고자 하는 절차적 행위로서 양해각서를 체결한다. MOU체결을 통해 양 당사자는 협력을 통해 확보하고자 하는 전략적 목표에 대한 상호 간의 니즈를 공유하고 협력의사를 확인하는 단계로서 양해각서에 합의된 사항들이 '계약의 요건'을 충족하지 않는다면 향후 당사자 간에 지켜지지 않더라도 통상적으로 법적인 책임은 없다.

NDA Non Disclosure Agreement: 비밀유지협정

양해각서MOU를 통해 상호협력하고자 하는 분야가 합의되고 개괄적인 협력 방향이 설정이 되면 일반적으로 본격적인 파트너링 계약체결을 위해 양 당사자는 자산실사Due Diligence과정 이전에 비밀유지 협정을 먼저 체결한다. 즉 IP를 포함한 다양한 자산을 활용하기 위한 계약 체결의 사전단계로서 양 당사자는 IP자산에 대한 실사과정에 앞서 실사과정에서 취득한 상대방의 내부정보에 관해 비밀유지할 것을 약정하는 절차이다. 일반적으로 MOU와는 달리 NDA는 법적구속력이 있는 계약으로서 만일 상대방과 비밀유지키로 합의한 내부정보를 상대방의 의사에 반하여 유출하게 된 경우에는 법적인 책임이 따르게 된다.

Due Diligence (듀-딜리전스): IP자산실사 (가치평가)

자산실사의 범위에는 무형자산과 유형자산에 관한 실사과정Due Diligence이 모두 포함된다. 하지만 무형자산인 IP 활용을 목적으로 하는 자산실사 과정에는 유형자산에 관한 실사 과정들이 생략되거나 간과될 수 있을 것이다.

IP자산 실사과정에서 무엇보다도 중요한 것은 IP의 가치평가를 통해 보유하고 있는 IP포트폴리오에 관한 재무적인 가치를 산정하는 것이다. IP가치평가는 IP 활용을 위한 자산실사 과정에서 핵심적인 사안일 뿐만 아니라 개별 IP의 양도 또는 라이선스에 있어서 그 재무적 가치를 산정하는 중요한 사안이므로 IP가치를 평가하는 방법론에 관해서는 별도 주제로서 자세히 다루고자 한다.

IP자산실사는 그 범위 설정이 중요한 이슈가 되며 IP실사 범위는 조직의 유형과 IP를 활용하고자 하는 유형에 따라 달라질 수 있다. 예를 들어 스타트업이 보유하고 있는 IP자산인가 아니면 제품시장을 가지고 기존기업의 IP자산인가 또는 비영리 조직인 대학 · 공공연에서 보유하고 있는 IP자산에 따라 그 범위는 다양하게 달라질 수 있다. IP자산을 실사하는 경우에는 주로 조직에서 IP자산 확보를 위해 이루어지는 각종 자원의 투입과정, 가공과정과 산출과정인 3가지 과정으로 나누고 각 과정별로 특허(실용신안 및 디자인), 영업비밀, 저작권 및 상표 등 조직이 보유하고 있는 지식재산을 기준으로 실사용 체크리스트[249]를 작성하여 이를 기초로 IP자산실사가 이루어진다.

IP자산을 실사하는 경우에는 주로 조직에서 IP자산 확보를 위해 이루어지는 각종 자원의 투입과정, 가공과정과 산출 과정인 3가지 과정으로 나누고 각 과정별로 특허(실용신안 및 디자인), 영업비밀, 저작권 및 상표 등 조직이 보유하고 있는 지식재산을 기준으로 실사용 체크리스트를 작성하여 이를 기초로 IP자산실사가 이루어진다.

249 Michale A. Gollin (2008), Driving Innovation, Cambridge University Press, Chapter 11.

Contract: 계약체결

먼저 IP가 상대방에게 권리 이전을 통해 활용이 이루어지는 관점에서 본다면 IP양도 계약과 IP라이선스 계약으로 크게 구분해 볼 수 있다. 이와 더불어 IP사업화를 위한 IP활용의 관점에서 본다면 IP자산 실사에 기반한 투자유치, 기업인수Acquisition 또는 합병Merge, 크로스 라이선스Cross License, IP대출, IP경매, IP증권, IP보험 그리고 공동 R&D 등 다양한 당사자간 거래 행위에 있어서 IP를 기반으로 하는 비즈니스 계약Contract들이 체결될 수 있다.

IP활용을 위한 파트너링 계약체결의 유형은 다양한 관점에서 분류해 볼 수 있다. 먼저 IP가 상대방에게 권리 이전을 통해 활용이 이루어지는 관점에서 본다면 IP 양도 계약과 IP라이선스 계약으로 크게 구분해 볼 수 있다. 이와 더불어 IP사업화를 위한 IP활용의 관점에서 본다면 IP자산 실사에 기반한 투자유치, 기업인수 Acquisition 또는 합병Merge, 크로스 라이선스Cross License, IP대출, IP경매, IP증권, IP보험 그리고 공동 R&D 등 다양한 당사자 간 거래 행위에 있어서 IP를 기반으로 하는 비즈니스 계약Contract들이 체결될 수 있다.

다. IP(지식재산) 파트너링 계약의 유형

IP활용계약이 이루어지기 위해서는 다른 일반적인 계약과 마찬가지로 당사자 상호 간에 권리와 의무 이행을 위한 약정이 필요하다. IP활용계약에 있어 약정의 대상이 되는 IP자산은 무형적인 지식재산 권리의 제공을 의미하며 때로는 제공되는 IP 자산에 대하여 아무런 이의제기 하지 않겠다는 약정도 포함된다. IP권리의 취득과 변동은 관련 IP법률에 의한 규정이나 계약 당사자 간의 양도, 라이선스 또는 기부 등에 관한 상호약정에 의해 이루어진다.

IP활용계약의 대상이 되는 IP자산의 유형에 따라 지식재산 소유권을 획득, 보유 및 권리 이전하는 절차도 달라진다. 물론 당사자의 입장이나 특별한 이해관계에 따라 지식재산을 거래하는 계약방식과 내용도 다양하게 달라질 수 있다.

표 V-3은 당사자 간 IP활용을 위한 파트너링계약 유형을 보여주는 예시로써 크

표 V-3 IP활용 관점의 파트너링 계약의 유형 (예시)

계약 유형 (예시)		파트너링 형태 (예시)
IP 일부이전	라이선스 계약 (기술이전)	IP실시권, 사용권 계약
	물질이전 계약	수탁물질 활용 R&D 계약
IP 전부이전	양도 계약	IP매매, IP경매, IP기부
	M&A 계약	기업 인수 합병 계약
기타 IP 활용	공동 R&D 계약	IP-R&D 공동과제 수행
	제휴협력 계약	IP공동(공유)활용 계약
	투자유치 계약	벤처캐피털(지분) 투자유치

게 3가지 유형으로 구분하자면 IP권리 일부이전과 IP권리 전부이전 유형 그리고 기타 IP활용으로 분류해 볼 수있으며 구체적인 내용을 살펴보면 다음과 같다.

IP일부이전

IP권리에 관한 일부이전 계약은 상기한 IP활용을 위한 파트너링 절차를 통해 일반적으로 라이선스 계약이라는 형태로 이루어지고 있다. IP활용계약에 있어서 가장 많이 이루어지는 형태로서 IP소유권은 권리이전 없이 IP를 이용수익할 수 있는 허가(라이선스)권만이 당사자 계약을 통해 권리일부가 이전되는 형태의 계약이다. 특허, 디자인 및 실용신안에 관한 라이선스 계약을 실시권허락 계약이라고 한다면 상표에 관한 라이선스의 경우에는 사용권에 관한 허락계약이라 할 수 있으며 저작권의 경우는 이용행위에 관한 라이선스라 할 수 있다. IP활용계약에 있어서 특허권 실시계약, 상표권 사용계약 또는 저작권 이용계약은 IP권리일부가 이전되는 계약이다. 영업비밀에 관한 지식재산권을 이용수익하는 형태로서 IP권리일부가 이전되는 형태로서 물질이전 계약이 있다. 물질이전 계약도 위탁자로부터 수탁된 물질을 활용하여 이를 이용수익할 수 있는 IP활용계약의 한 유형이라 할 수 있다.

IP전부이전

앞서 IP거래 계약의 유형에서도 살펴본 바와 같이 IP소유권이 이전되는 형태의 IP활용계약으로서 IP양도, IP경매 또는 IP기부 등의 거래 계약이 있다. IP양도와 IP경매 계약과는 달리 IP기부는 피기부자에게 기부 형태로서 무상으로 IP소유권이 전부이전되는 경우이다. 하지만 당사자 간 계약을 통해 권리이전되는 대상이 IP자체뿐만이 아니라 IP소유 주체로서 기업의 소유권이 이전되는 경우에도 IP전부이전에 상응하는 IP활용 계약이 이루어진다. 특히 IP활용을 위한 기업의 전략적 파트너링(제휴협력)의 경우 IP를 기반으로 기업 주체 상호 간에 다양한 형태의 IP활용 계약이 이루어지며 그 대표적인 IP활용 계약이 기업의 인수합병M&A 형태의 계약이다. 기업성장 또는 시장가치의 근간이 되는 대상 기업의 IP자산이 포함된 실사과정을 통해 인수기업이 전략적으로 대상 기업의 소유권을 인수합병하는 계약으로서 궁극적으로 인수되는 기업의 IP소유권도 전부이전된다. 특히 신기술을 보유한 IP자산 중심의 스타트업의 경우는 종종 대기업에 인수

합병의 형태로 IP전부이전을 통한 IP활용계약이 앞서 살펴본 IP 파트너링 절차를 통해 이루어진다.

기타 IP활용 – 공동R&D 계약

R&D이노베이션 창출을 목적으로 하는 IP활용계약의 유형으로서 공동R&D 계약이 있다. 공동R&D 수행을 위한 IP활용계약은 당사자들이 기존에 보유하고 있는 IP자산을 상호 실시를 통해 공동R&D에 활용하여 새로운 이노베이션과 IP창출을 추진하는 경우이다. IP를 공동으로 창출하기 위한 연구개발R&D 계약의 주체로서 대학, 연구소 및 산업체(기업)로 구분해 볼 수 있다. 이러한 산학연 연구개발 섹터 주체들은 당사자 기관이 지향하는 미션과 R&D 전문영역을 중심으로 공동R&D가 활발하게 이루어질 수 있으며, 특히 정부R&D 과제 중심으로 이노베이션의 창출과 사업화를 위한 산학연 공동R&D가 중요시되고 있다. 이를 위해서 무엇보다도 파트너링 절차를 통해 양사가 보유하고 있는 지식재산 관점에서의 공동R&D 기획과 함께 R&D수행을 통한 연구결과물의 IP권리화 방법과 공동활용에 관한 파트너링 계약이 중요하다. 이와 관련된 주요 이슈들과 전략은 Chap.Ⅲ의 4장(공동연구성과물의 권리화 전략)에서 학습한 바 있다.

기타 IP활용 – 제휴협력 또는 투자유치 계약

일반적으로 시장에서 사업화 주체들인 기업들이 경쟁사와의 전략적 제휴협력을 목적으로 각자가 보유하는 IP를 공동 활용토록 하는 크로스라이선스 계약이 있다. 시장 경쟁력 확보라는 전략적 목적으로 경쟁사와 파트너링 절차를 통해 파트너십을 체결하고 IP파트너링 계약을 통해 자사가 보유하고 있는 IP를 파트너 회사에게 라이선스를 허여하는 대가로서 상대방 회사 IP를 자사가 라이선스 받는 크로스라이선스 방식으로 IP활용을 하는 경우이다.

기타, 또 다른 형태의 IP활용계약의 유형으로서 IP가 핵심 보유자산인 스타트업이 벤처캐피털이나 엔젤투자자 등 투자자로부터 투자자금을 유치하는 계약을 하는 경우이다. 투자자와 파트너링 절차를 통해 LOI, MOU 및 NDA 계약을 거쳐 IP자산실사를 통해 가치평가를 실시하고 이를 기반으로 상호 협상을 통해 스타트업은 자사의 주식지분을 제공하고 이에 대한 대가로서 투자자금을 유치하는 계약도 IP(지식재산)의 전략적 활용이 핵심이 된다.

3. 지식재산의 가치평가

지식재산이 단지 이노베이션을 보호하는 데 머물지 않고 거래에 유통되고 금융시장에서 원활히 활용되기 위해서는 지식재산에 관한 자산가치가 우선적으로 산정되어야 하며 이를 위해서 가치평가가 선행되어야 한다.

지식재산 가치평가의 대상으로서 표 V-4와 같이 이노베이션을 보호하는 핵심적인 지식재산의 유형은 Chap. I 에서 살펴본 바와 같이 영업비밀, 특허, 상표 및 저작권으로 크게 4가지로 구분할 수 있다. 지식재산의 가치평가를 하기 위해서는 해당 지식재산이 보호하는 구체적인 이노베이션이 무엇인지를 특정하여 해당 이노베이션을 보호하는 지식재산의 보호범위를 공간적 및 시간적 차원에서 파악하고 아울러 해당 이노베이션의 시장성과 기술성(창작성) 관점과 이를 보호하는 지식재산의 권리성 관점에서 지식재산의 자산가치를 평가할 수 있다.

지식재산의 가치평가를 하기 위해서는 해당 지식재산이 보호하는 구체적인 이노베이션이 무엇인지를 특정하여 해당 이노베이션을 보호하는 지식재산의 보호범위를 공간적 및 시간적 차원에서 파악하고 아울러 해당 이노베이션의 시장성과 기술성(창작성) 관점과 이를 보호하는 지식재산의 권리성 관점에서 지식재산의 자산가치를 평가할 수 있다.

표 V-4 지식재산 가치평가의 주요 대상 (예시)

지식재산 가치평가		국제주의International		속지주의Domestic	
	지식재산권	Copyright (저작권)	Trade Secret (영업비밀)	Patent (특허)	Trade mark (상표)
	이노베이션	**저작물 (소프트웨어)**	**노하우 (제법)**	**기술 (디자인)**	**표장 (브랜드)**

가. IP가치평가 입문

종종 우리는 기술가치평가라는 용어를 지식재산(특허)의 가치평가와 혼용하여 사용하는 경우가 많다. 기술이라는 이노베이션 그 자체만을 라이선스 활용이나 거래대상이 되는 자산가치로서 평가한다는 것은 일부 개념적 오류가 있다. 왜냐하면 기술이라는 이노베이션 자체는 공간적으로 확산하며 또한 시간적 경과에 따라 변화하는 속성을 가지고 있기 때문이다. 즉 이노베이션의 속성상 기술의 가치평가가 완료된 과거 시점의 기술은 현재의 자산가치로서 활용될 수 있는 기술이 아니기 때문이다.

그러므로 우리가 이해하고 있는 자산가치로서 거래 가능한 기술가치 평가를 하기 위해서는 해당 기술 이노베이션을 특정한 시간적 시점과 공간적 영역에서 배타적 권리로서 보호할 수 있는 특허, 실용신안 또는 영업비밀 등과 같은 지식재산 권리로 특정하여 평가하여야 한다. 즉 비유하자면 해당 이노베이션을 평가하는 특정 시점에서 지식재산 권리라는 사진기로서 '스냅샷'Snapshot을 촬영하여 특정하여야만 해당 기술 이노베이션은 평가 가능한 객체로서 특정될 수 있는 것이다. 즉, 특정 시점과 지역적 영역에서 지식재산 권리로서 보호받지 못하는 기술은 가치평가의 대상으로서 특정할 수 없음에 주목해야 할 것이다. 즉 기술가치 평가라 함은 해당 기술을 보호하는 다양한 관점의 특허, 실용신안권과 함께 기술의 공정 또는 제법이나 노하우를 보호하고 있는 영업비밀 등과 같은 지식재산 권리를 종합적으로 파악하고 관련 지식재산권에 관한 가치를 평가함으로써 해당 기술에 관한 자산적 가치를 추정할 수 있을 것이다.

기술가치 평가라 함은 해당 기술을 보호하는 다양한 관점의 특허, 실용신안권과 함께 기술의 공정 또는 제법이나 노하우를 보호하고 있는 영업비밀 등과 같은 지식재산 권리를 종합적으로 파악하고 관련 지식재산권에 관한 가치를 평가함으로써 해당 기술에 관한 자산적 가치를 추정할 수 있다.

지식재산의 권리성 평가

지식재산의 권리성 가치평가 시에 표 V-5와 같이 속지주의 보호권리로서 특허와 상표에 보호받는 이노베이션의 경우는 해당 국가에 출원등록 여부를 먼저 검토해 보아야 한다. 가능한 다양한 국가에 출원등록이 되어 있다면 해당 이노베이션의 가치는 특정 국가에만 출원등록된 것보다 공간적 영역에서 권리범위가 상대적으로 넓게 확보되어 해당 지식재산의 가치는 높게 평가될 것이다.

표 V-5 지식재산의 권리성 평가 (예시)

	지식재산의 권리성 평가		
	시간적 범위	공간적 영역	권리 강도 (관점)
특허	출원일 20년	속지주의 (국가별 출원 등록)	특허청구범위
상표	등록일 10년(갱신)		보호 지정상품
저작권	생존기간 + 최소 사후 50년	국제주의 (출원 등록 무관)	권리의 다발성
영업비밀	제한 없음		기밀유지 노력

아울러 시간적 관점에서도 특허는 출원일로부터 20년 유효하고 상표권은 갱신등록 가능한 권리로서 등록일로부터 10년 동안 유효하다. 그러므로 지식재산의

권리존속기간을 파악함으로써 상대적인 지식재산가치를 평가할 수 있다.

특허권의 경우에는 존속기간이 한정된 권리이므로 특허만료 시까지 존속기간이 많이 남은 특허가 상대적으로 존속기간의 만료가 적게 남은 특허보다 가치가 높게 평가될 수 있다.

하지만 상표의 경우에는 갱신등록 가능한 권리이므로 특허와는 다른 관점에서 가치평가가 이루어질 수 있다. 상표는 시장에서 사용하며 보유한 권리존속기간이 길면 길수록 상표에 시장의 고객흡입력이 확보되는 특성이 있으므로 상표 출원 등록일로부터 오랜 시간을 보유한 상표권 일수록 그렇지 않은 상표보다 상대적인 가치가 높게 평가된다.

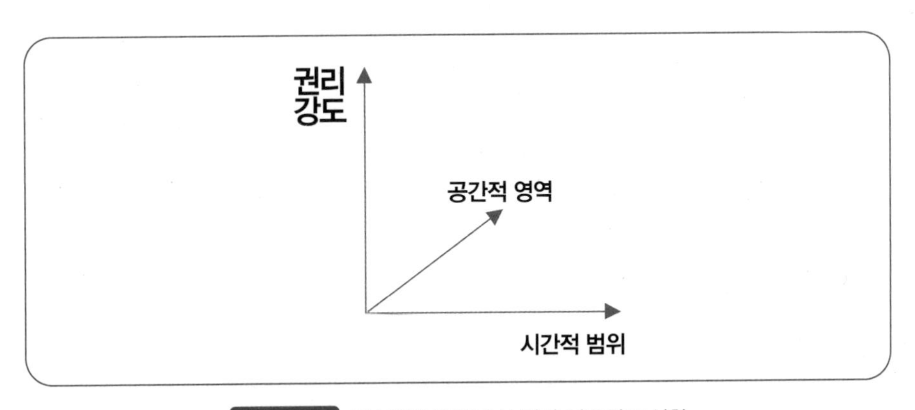

그림 V-2 지식재산의 권리성 평가 기준의 도식화

저작권의 권리존속기간은 창작자의 생존기간과 함께 최소 사후 50년(한국-70년) 이상 보호되는 권리이므로 특허 관점과 마찬가지로서 존속기간이 많이 남은 권리일수록 상대적으로 가치가 높게 평가될 것이다. 영업비밀은 기밀이 유지되는 한 영구적으로 권리가 보호되므로 시간적 범위로서 상대적 가치를 파악하는 것은 그다지 큰 의미가 없다.

공간적 영역에서 권리보호범위는 특허 및 상표에 비교하여 영업비밀과 저작권의 가치는 상대적으로 크다고 볼 수 있다. 특허와 상표는 해당 권리를 별도 국내법에 의해 출원등록받아야 가치를 평가받을 수 있지만 저작권과 영업비밀은 해당 국가에 별도의 출원 또는 등록 절차가 없어도 창작 또는 비밀유지노력 등과 같이 해당 지식재산권에 관한 효력 발생요건이 갖추어지면 권리가 발생하기 때문에 상대적으로 공간적 영역에서 권리범위가 넓다고 볼 수 있다.

그림 V-2에서와 같이 지식재산의 권리성 평가가 시간 및 공간적 관점에서 이루어지면 마지막으로 권리강도의 측면에서 별도의 평가를 하여야 한다.

지식재산권리의 강도가 높을수록 지식재산의 가치는 높아진다. 지식재산의 권리강도를 특정하는 것은 지식재산의 유형에 따라 각각 다르다. 특허로 보호받는 발명은 특허 명세서에 기재된 특허청구범위에 의해 보호강도가 결정이 된다. 클레임차트 분석을 통해 특허청구범위의 권리범위를 파악하고 침해여부와 함께 권리성을 확인하는 구체적인 방법에 관해서는 Chap IV의 '핵심특허 대응 전략수립'에서 살펴본 바 있다.

상표는 지정상품의 확장에 의해 권리범위가 보다 강하게 확보될 수 있다. 상표로서 보호받을 수 있는 지정상품은 상표 등록원부에 의해 파악이 가능하며 지정상품별로 권리양도 또는 사용권라이선스가 가능하다.

저작권의 권리강도는 보호하는 저작물의 유형과 특성에 따라 권리보호 강도가 달라진다. 어문저작물, 음악저작물, 연극저작물 등 저작물의 유형에 따라 확보 가능한 공연권, 공중송신권, 복제권, 배포권 등 저작재산권의 유형도 달라지기 때문이다. 저작권은 권리의 다발이라고 할 만큼 하나의 창작물에 다양한 저작재산권은 물론 저작인격권과 저작인접권의 권리가 형성이 될 수 있으며 저작권의 시간적 범위와 공간적 효력범위 이외에 다양한 형태의 저작재산권, 저작인격권 및 저작인접권의 권리로서도 파악되며 권리의 다발성 관점에서 가치평가되어야 할 것이다.

이노베이션의 자산가치

지식재산의 가치평가는 상기에서 살펴본 바와 같이 일차적으로 이노베이션을 보호하고 있는 지식재산권의 법률 권리성 관점에서 파악할 수 있었다. 이노베이션을 보호하는 지식재산 권리성 관점에서의 평가가치에 추가로 표 V-6과 같이 이노베이션 자체가 가지고 있는 시장성과 창의성의 관점에서도 자산가치가 추가로 이루어져야 할 것이다.

지식재산권에 의해 보호되는 이노베이션이 보유하는 시장성의 가치는 해당 이노베이션이 어떠한 시장에서 활용되는지 그리고 해당 수요시장의 성장률과 시장규모가 어떠한지 등이 검토되어 반영이 될 수 있다. 이노베이션의 시장규모는 미래

표 V-6 지식재산의 가치평가를 위한 관점 (예시)

지식재산 (권리성) 관점		이노베이션의 자산가치		
		창의성		시장성
• 시간적 범위 • 공간적 영역 • 권리강도	특허 (발명/디자인/고안)	신규성 (진보성)	기술성 가치	• 시장의 성장률 • 미래 시장규모 (수요 예측 추정) • 현재 시장규모 (매출 자료 추정) • 기타, 경쟁 상황 등
	상표 (브랜드)	자타 식별성	브랜드 가치	
	저작권 (저작물)	독창성 (창작성)	창작성 가치	
	영업비밀 (노하우)	기밀성	노하우 가치	

에 발생하는 합리적인 수요예측을 통해 미래의 시장규모가 추정 가능하며 유관 이노베이션과 관련된 현재의 시장의 매출자료 분석을 통해 현재 형성된 시장규모 분석과 이노베이션과 관련된 잠재적인 시장성 가치를 추정할 수 있다. 시장 성장률과 시장규모가 큰 지식재산일수록 상대적으로 높은 시장성의 가치로서 평가될 수 있기 때문이다.

아울러 지식재산권으로 보호가 되는 이노베이션은 창의성 관점에서의 가치도 지식재산 평가에 있어서 반드시 고려되어야 할 사안이다. 즉 표 V-6과 같이 특허권으로 보호받는 발명(기술)은 신규성 또는 진보성으로서 이는 기술성이라는 평가 관점에서 지식재산의 가치평가에 반영이 될 것이다. 저작권으로 보호되는 이노베이션인 경우에는 창작성 또는 독창성이 되며 이는 창작 예술성이라는 가치로서 반영된다. 아울러 상표의 경우는 자타 식별성의 가치로서 상표 브랜드 가치가 반영이 될 것이며 그리고 영업비밀의 경우에는 기밀성이 핵심적 가치로서 비밀유지 노력에 가치에 반영될 수 있다.

IP가치평가의 주요 방법

지식재산의 재무적 가치를 평가하는 실무 방법론적인 관점에서 보면 표 V-7에서 정리한 바와 같이 IP가치평가는 비용접근법, 수익접근법 및 시장접근법으로서 크게 3가지 유형으로 구분해 볼 수 있으며 이는 통상적인 유·무형적인 재산가치를 평가함에 있어서 활용하는 접근방법과 그다지 다르지 않다.

표 V-7 지식재산의 가치평가 주요 방법 (예시)

	비용접근법Cost Approach	수익접근법Income Approach	시장사례법Market Value
핵심 가치	매몰(대체) 비용	순현재가치	시장거래가치
	Sunk (Replace) Cost	NPVNet Present Value	Market Value
의의	해당 IP를 창출하고 보호하기 위해 실제적으로 투입된 매몰비용 또는 대체 비용을 파악	해당 IP가 미래 존속기간 동안에 얼마나 많은 수익을 창출할 것인가를 산정하고 이를 현재가치로 파악	시장에서 해당 IP와 유사 거래 사례를 근거로 당해 IP 가치를 비교 산정하는 방법
장점	간단하게 IP가치를 추정 가능하며 회계장부 등에 의해 객관적 증빙이 가능	IP는 미래 효용가치가 핵심이므로 현금흐름 유입이 예측 가능한 경우 아주 좋은 방법임	시장 경쟁원리에 의해 공정한 IP가치를 도출할 수 있음
단점	IP가치가 평가 절하될 수 있음	예측 가능한 수익이 미 발생 시에는 적용이 어려움	동일 유사한 IP사례가 거의 없음
적용 시점	IP사업화 초기단계 → IP사업화 진행단계 → IP사업화 성숙단계		

먼저 상기 가치평가방법이 적용되는 바람직한 시점을 개괄적으로 살펴보면, 비용접근법이 적용되는 대다수의 경우는 주로 지식재산에 의해 보호받는 이노베이션이 사업화 관점에서 초기단계로서 사업화 가능성에 관한 검증이 미약한 경우이다. 하지만 만일 지식재산 이노베이션이 사업화 단계로 진입하여 미래 경제적 효용가치 창출을 통한 현금흐름 유입이 객관적으로 추정이 되는 경우에는 이를 근거로 수익접근법에 의한 가치평가를 진행하는 것이 바람직하다. 더 나아가서 지식재산에 보호받는 이노베이션이 사업화 성숙단계에 있다면 시장사례법을 적용하여 시장 원리와 유사 거래사례에 의해 지식재산의 가치평가가 이루어지는 것이 가장 바람직한 방법이라 할 수 있다.

상기에 언급한 대표적인 3가지 유형의 가치평가 접근방법에 의해 무형자산으로서 이노베이션을 보호하는 지식재산의 가치평가에 적용함에 있어 구체적인 논리적 근거와 함께 각각의 접근방법에 의한 장점과 단점들에 관해서 보다 세부적으로 살펴보기로 한다.

나. 비용접근법Cost Approach

지식재산이나 지식재산 포트폴리오를 획득하기 위한 비용에는 어떠한 것들이 있는가? 비용접근법이란 과거 투입비용에 대해서 추적하는 접근방법으로서 지식재산 소유주가 해당 지식재산을 창출하고 보호하기 위해 실제적으로 투입된 매몰비용이나 또는 해당 IP(지식재산)를 경쟁자가 시장에서 취득하기 위해 지불해야 하는 합리적인 비용으로써 대체비용을 파악하고 이를 계상함으로써 해당 지식재산에 대한 가치를 산정하는 방법이다.

비용접근법이란 과거 투입비용에 대해서 추적하는 접근방법으로서 지식재산 소유주가 해당 지식재산을 창출하고 보호하기 위해 실제적으로 투입된 매몰비용이나 또는 해당 IP(지식재산)를 경쟁자가 시장에서 취득하기 위해 지불해야 하는 합리적인 비용으로써 대체비용을 파악하고 이를 계상함으로써 해당 지식재산에 대한 가치를 산정하는 방법이다.

표 V-8과 같이 매몰비용에는 연구경비, 기자재, 재료 및 인건비, 마케팅 경비 그리고 간접비용까지 모두 포함이 될 수 있다. 비용접근법에 기초한 자산 가치평가는 실제적으로 유형 자산에 대하여 전통적으로 사용해오는 방식이라 할 수 있다. 즉 유형자산인 제품가격을 최종적으로 산정하기 위해서는 제품이 시장에 출시하기 이전까지 투입된 비용을 산정하고 이를 기초로 판매 마진인 이윤을 부가하여 제품가격을 산정하게 된다.

표 V-8 비용접근법에 의한 가치평가 시 주요관점 (예시)

지식재산	비용접근법	
	매몰비용	대체비용
• 영업비밀 • 특허 (디자인, 실용) • 저작권 • 상표	• 기밀유지 비용(영업비밀) • 연구개발(R&D) 소요비용 • IP 심의 및 자체 관리비용 • 출원, 등록 및 행정비용 • 법률 자문 및 소송비용 • 광고 브랜드 관리비용(상표) • 라이선스 추진비용 등	• IP침해로 인한 손해배상 금액 • 시장에서 해당 IP의 취득비용 • IP의 재창출 시 필요한 소요 비용

매몰비용Sunk Cost 산정기준은 지식재산 종류에 따라서 다르며 해당 국가별로도 많은 차이점이 있다. 영업비밀에서의 매몰비용이란 영업비밀을 창출하기 위한 연구개발R&D 비용뿐만 아니라 영업비밀로서 보호하기 위해 필요한 소프트웨어 및 하드웨어 투입비용은 물론 비밀유지 계약 작성 시 전문가 자문비용과 소송비용 등 외주경비와 아울러 관리비용이 포함될 수 있다. 영업비밀에 관한 매몰비용의 산출 수요가 그다지 많지 않을 수 있지만 영업비밀의 매몰비용에 의한 가치

산정이 침해소송 등에 있어 중요한 사안이 될 수 있다.

특허에 있어서의 매몰비용 또한 중요한 의미를 가진다. 특허에 있어서도 매몰비용은 영업비밀과 마찬가지로 연구개발에 소요되는 비용과 함께 특허로 등록받기 위해 필요한 모든 특허 행정비용이 포함이 된다. 특허로 보호받기 이전에 만일 영업비밀로 보호하기 위해 투입된 비용이 있다면 이 또한 특허의 매몰비용에 해당이 된다. 특허등록을 받기 위한 행정비용에는 다른 여타 지식재산과 비교하여 많은 금액이 필요하다. 조직 내부에 전문가 또는 매니저 등에 의해 이루어지는 발명에 대한 심의평가 비용은 제외하고서라도 외부의 특허 대리인을 통해 국내 특허출원 비용과 함께 해외 권리화를 위한 PCT국제출원 비용 그리로 파리조약에 의한 해외특허 비용 등 추가적인 특허 행정비용이 발생된다. 즉, 특허 심사과정에서 심사관의 거절이유 해소를 위한 의견서제출비용과 관납등록료 그리고 특허등록을 지속적으로 유지를 위한 연차등록료가 발생이 된다. 특허의 권리성 강화를 위해 패밀리 특허출원 또는 특허포트폴리오 구축을 하게 되면 보다 많은 매몰비용이 소요된다.

만일 특허 행정비용에 추가로 기술이전 등 라이선스 업무 추진비용 또는 특허 소송비용 등이 발생하였다면 이들 또한 특허 매몰비용에 포함이 될 수 있다. 대학 또는 연구소 등 공공기관에서는 주로 자신들의 보유 특허에 관해 라이선스 협상을 위한 특허가치 산정 시 주로 이러한 매몰비용을 기준으로 산정한다. 즉 매몰비용 추산은 공공기관의 라이선스 업무에 있어서 최초 일시불로 지급하는 선급기술료Initial Payment와 매출액 대비하여 판매 비율로 지급하는 경상기술료Running Royalty를 산정할 때 중요한 판단기준이 된다.

한편, 저작권에 있어서 매몰비용이란 저작물을 창출하는 비용과 이를 보호하는데 소요되는 비용 모두를 포함하는 것이다. 저작권은 특허와는 달리 실제적으로 저작물에 저작권리를 부여하기 위해 소요되는 행정 비용은 거의 없다고 보아도 무방하다. 저작권은 등록 공시하지 않아도 저작물의 창작과 동시에 저작자에게 권리가 자연적으로 발생하기 때문이다. 하지만 저작권 등록을 통한 공시효력을 확보하기 위해 저작권보호위원회에 등록을 한다고 하더라도 소요경비는 아주 미비한 수준이다. 저작권에서도 마찬가지로 라이선스 비용과 소송비용도 매몰비용에 포함된다.

상표의 경우 매몰비용에는 자사 상표로서 선택하는 데 소요되는 비용이 있다. 즉 등록하고자 하는 자사 상표와 동일 유사한 상표를 검색하는 데 소요되는 비용과 로고 디자인 제작에 소요되는 비용이 예상된다. 상표도 특허권과 마찬가지로 속지주의 권리이므로 개별 국가에 등록을 하지 않으면 효력이 발생하지 않는다. 최초 출원일로부터 6개월 이내로 제3국에 해외 상표출원과 등록비용이 소요되며 만일 상표에 이의신청 또는 취소심판 등이 제기되면 이를 해소하기 위한 비용이 추가적으로 소요될 것이며 다른 지식재산과 마찬가지로 라이선스 비용과 소송비용도 매몰비용에 포함된다.

아마도 매몰비용 추정을 통한 원가산정 접근방법의 가장 큰 장점은 단순하고 추정이 용이하다는 것이다. 이는 실질적으로 비용 지출에 관한 사실에 근거를 두고 있기 때문에 대부분 회사 또는 기관에서 회계장부를 통해 용이하게 파악하고 관리할 수 있는 방법이다.

매몰비용 추정을 통한 원가산정 접근방법의 가장 큰 장점은 단순하고 추정이 용이하다는 것이다. 이는 실질적으로 비용 지출에 관한 사실에 근거를 두고 있기 때문에 대부분 회사 또는 기관에서 회계장부를 통해 용이하게 파악하고 관리할 수 있는 방법이다.

비용접근법은 사업화 초기단계에 있는 이노베이션 즉, 제품이나 서비스에 대하여 지식재산 가치산정을 할 때 유용하게 적용할 수 있는 방법이다. 이러한 지식재산의 매몰비용 추정에 의한 원가산정은 이노베이션이 시장에 적응되고 확산이 이루어지기 전에 유용하며 시장확산이 이루어진 이후에는 새로운 부가가치 창출이 발생하게 되므로 수익접근법이나 시장접근법을 통해 원가를 산정하는 것이 바람직하다.

예상한 바와 같이, 이러한 매몰비용에 의한 현금가치 산정방법은 많은 약점을 보유하고 있다. 먼저 지식재산에 대하여 과소평가를 될 수 있다는 가장 큰 약점이 있다. 유능한 지식재산 매니저와 같이 합리적인 의사결정을 하는 사람이라면 투입비용 대비하여 지식재산은 그보다 많은 가치를 창출해야 한다는 가정에 동의할 수 있다. 이러한 가정이 옳다면 비용접근법은 지식재산의 가치를 평가절하하는 방법이라 하겠다.

두 번째로 비용접근법에 의한 지식재산 가치산정은 외부인 관점에서 볼 때에 이를 수긍할 이유가 없다. 즉, 라이선시 또는 바이어 입장에서 산정한 지식재산 매몰비용과는 많은 차이가 있을 수 있으며 산정금액이 아주 많을 수도 있고 아주 적을 수도 있을 것이다. 지식재산 매몰비용은 부동산의 매몰비용 산정과 비교하여 볼 때 유사하다. 우리는 종종 부동산 거래 시에 매몰비용 산정에 있어서 매도인과 매수인은 서로 다른 관점을 가지고 있다는 것을 쉽게 알 수 있다.

표 V-8과 같이 대체비용Replace Cost이란 또 다른 원가산정에 관한 접근방법이라 할 수 있겠다. 대체비용 산정을 통한 지식재산의 가치산정은 다음 질문을 통해 이해할 수 있다. 시장에서 경쟁자가 지식재산을 취득하기 위해서는 어느 정도 합리적 가격을 지불해야 하는 것인가? 이 질문에 대한 답변은 매몰비용 산정과 같이 현실적 지출비용 사실에 기초하여 산정할 수 없는 상황으로써 이에 대한 답변을 하기 위해서는 일부 가정을 토대로 별도 산정이 필요하다. 이러한 대체비용 산정은 손해배상금액산정에 유용하게 활용할 수 있다.

다. 수익접근법Income Approach

지식재산 가치산정을 위한 수익접근법은 해당 지식재산으로부터 획득할 수 있는 미래에 발생하는 현금수익에 기초하고 있다. 수익접근법이란 특정 지식재산이 존속기간 동안에 얼마나 많은 수익을 발생시킬 것인가에 대하여 현금가치로 파악하는 것이 중요하다. 즉 수익접근법에 의한 지식재산의 가치는 한 예시로써 제시한 표 V-9에서와 같이 해당 지식재산의 존속기간 동안 발생시킬 수 있는 미래의 현금수익 전부를 현재의 수익가치로서 환산하여 산정한 금액을 의미하며 이를 순현재가치Net Present Value: NPV라고도 한다.

지식재산의 활용을 통해서 미래에 창출되는 수익발생에 관한 현금흐름Cash Flow 시나리오가 얼마나 합리적 추정에 근거하고 있는 지를 확인하는 것이 핵심사안이다. 수익발생 추정에 있어서 매출과 원가의 추정, 이를 위한 시장규모와 점유율 추정 등 그리고 지식재산의 기여도 등이 종합적으로 수익접근 시나리오에 반영되어야 할 것이다.

지식재산의 활용을 통해서 미래에 창출되는 현금 수익 발생에 관한 시나리오가 얼마나 합리적 추정에 근거하고 있는 지를 확인하는 것이 핵심 사안이다. 현금 수익 발생 추정에 있어서 매출과 원가의 추정, 이를 위한 시장 규모와 점유율 추정 등 그리고 지식재산의 기여도 등이 종합적으로 시나리오에 반영되어야 한다.

매출추정은 해당 지식재산이 보호하고 있는 이노베이션의 시장규모와 시장점유율에 의해 추정되거나 또는 다양한 수요예측기법에 의해 예상매출이 추정될 수 있다.

매출추정으로부터 현금수익 발생을 추정하기 위해서 인건비, 재료비, 제조비용과 판매비, 관리비 등을 원가비용으로 추정하여 이를 차감한 액수에 IP기여도를 추정 반영한 결과로써 연간 발생되는 현금수익을 추정할 수 있다. 표 V-9와 같이 해당 이노베이션의 수명, IP의 존속기간 또는 필요 시 IP라이선스 계약기간 등을 고려하여 적용연수를 산정하고 이를 연간추정 현금수익에 곱하여 산출된 가액이 해당 지식재산에 의해 예상되는 미래 현금가치로서 추정할 수 있다.

표 V-9 수익접근법에 의한 순현재가치(NPV) 추정 (예시)

수익접근법			추정근거 (예시)	
순 현재 가치	미래 현금 가치	현금수익 발생 (연간)	매출추정	시장규모, 시장점유율, 수요예측 등
			원가 추정	인건비, 재료비, 제조비용, 판매관리비 등
			IP 기여도	라이선싱 IP의 수익 발생 기여도
		적용연수	이노베이션 수명, 지식재산(IP) 존속기간, 계약기간 등	
	할인율(환원율) 추정		평균이자율, 투자 수익률, 위험 부담률 등	

- 미래 현금가치 = 적용연수 x [연간 현금수익 = (매출 - 원가) x IP기여도]
- 순현재가치(NPV)) = 미래 현금가치 x 할인율

아울러 특히 미래 발생하는 현금 수익가치를 현재의 현금가치로 환원하기 위해서는 합리적인 근거에 의한 할인율 추정이 있어야 하는데 이는 수익발생 기간 동안 지배적인 평균이자율 또는 투자자가 예상하는 투자수익률 및 기타 위험부담률 등을 고려하여 할인율을 추정하여야 할 것이다.

그러므로 상기 표 V-9와 같이 수익접근법에 의한 지식재산의 가치는 앞서 언급한 절차에 의해 추정된 미래 현금가치에 할인율을 적용하여 순현재가치NPV로서 산정될 수 있다. 일반적으로 수익접근법에 의한 가치평가는 평가주체나 이론적 적용기법[250] 또는 다양한 추정 시나리오 등에 의해 매우 다른 결과로써 도출될 수 있음에 유의할 필요가 있다.

사례로써 FDA 승인된 약품 특허를 제약회사에서 경상기술료로서 매출액 대비 10% 금액으로 10년 동안 로열티를 지급하는 라이선스 계약 체결한다고 하자. 그리고 만일 제약회사가 해당 특허를 통해 발생되는 연간 매출액이 10억 불이라고 가정한다면 지급해야 하는 라이선스 대금은 연간 1억 불이 된다.

상기 라이선스 계약의 가치산정을 위해 순현재가치NPV를 산출하고자 한다. 만

250 가치평가의 대상이나 목적에 따라 세부적용기법들은 달라질 수 있으며 그 유형에는 현금흐름할인법Discount Cash Flow, 몬테카를로Monte Carlo시뮬레이션, 옵션트리Option Tree모형, 이항모형Binominal Option, 블랙-숄즈Black-Sholes옵션모형, 다이나믹DCF모형 등이 있다.

일 할인율을 10%로 가정한다면 해당 특허가치의 NPV 값은 6.14억 불이 된다. 상기 예는 실제적으로 2005년도 로열티파머RoyaltyPharma사가 에머리 대학Emory University에 5.25억불을 지불하고 항 HIV바이러스 약품에 관한 특허를 구매한 사례이다.[251] 에머리 대학의 결산 회계보고서에 의하면 발명자 인센티브 지급 금액을 제외하고 대학으로 순수하게 입금 완료된 특허 양도대금은 3.2억불로 보고된 바 있다.[252]

수익접근법의 약점은 당해 지식재산과 연관해서 지속적으로 발생되는 예측 가능한 연간 매출수익이 없다면 이를 적용할 수 없다는 것이다. 또한 미래에 발생되는 매출을 예측한다는 것은 비용접근법에서 과거에 지불한 매몰비용을 산출하듯이 쉬운 일이 아니며 더욱이 매출 발생에 있어 복합적으로 연계될 수 밖에 없는 다양한 지식재산을 독립적으로 분리해서 해당 지식재산에 적합한 미래수익을 분리 예측한다는 것은 더욱 어려운 작업이다.

지식재산의 NPV 값은 투자자, 구매자, 라이선시 또는 지식재산 취득을 통해 수익을 창출하고자 하는 모든 이들에게 가장 많이 관심을 가지는 숫자이며 지식재산의 가치평가에 있어서 수익접근법이 가지는 강점이기도 하다. 특히 지식재산은 미래의 효용가치가 핵심적인 가치이므로 지식재산의 라이선싱을 통해 현금흐름 유입이 예측 가능한 경우에 수익접근법은 아주 바람직한 가치산정 방법이라 할 수 있다.

라. 시장사례법Market Value

시장사례법이란 해당 지식재산에 대하여 공정한 시장경쟁 체제 내에서 형성된 유사 사례들을 분석하고 이를 근거로 해당 지식재산가치를 비교 산정하는 방법이다. 예를 들자면 맥도날드 프랜차이즈는 라이선스 계약 체결 시에 아치형 상표와 음식 준비와 서비스 제공을 위한 영업비밀, 각종 인쇄물 저작권, 음식 재료와 기기 공급 계약 등이 지식재산으로 라이선스 대상이 될 것이다. 특정 프랜차이즈

251 Joseph Agiato, "The Basics of Financing Intellectual Property Royalties," in From Ideas to Assets, chapter 19.

252 Michale A. Gollin (2008), Driving Innovation, Cambridge University Press, Chapter 12.

계약을 위한 상표 지식재산에 대한 가치는 유사한 프랜차이즈 계약 사례들을 분석함으로써 현금가치 산정이 이루어질 수 있다.

시장사례법의 강점 중에 하나로서 공정경쟁에 의한 시장경제 원리에 의해 지식재산가치가 도출이 된다는 것이다. 공정경쟁 시장에서의 비교 사례를 통한 가치 산정 방법론에 관한 이해를 돕기 위해 부동산 주택 구매에 관한 사례를 들 수 있다. 만일 최근 이웃하고 있는 동일한 층에 아파트가 10억 원에 판매된 거래 사례가 있다면 판매하고자 하는 아파트의 가치도 10억 원으로 추정된다. 부동산과 마찬가지로 동산으로서 자동차, 컴퓨터, 서적 등도 온라인 판매상에서는 다양하게 시장 거래가격이 형성되어 있으며 이를 근거로 하여 판매하고자 하는 자산의 가치가 결정이 된다. 주식이나 기타 증권도 이와 마찬가지로 시장에서 거래되는 사례가격에 기반으로 해서 자산의 가치가 결정이 된다.

하지만 지식재산을 시장사례법으로 적용함에 있어서 단점은 지식재산은 그 자체로서 고유한 독창적인 특성이 존재하여야 하기 때문에 공통적인 유사 시장사례로써 비교 분석한다는 것은 많은 문제점이 있다. 공통적인 특성을 가진 지식재산을 위한 거래시장이 활성화되어 있지 않으며 실제적인 시장사례 데이터도 거의 존재하지 않는다.

시장사례법의 적용에 있어서 단점은 지식재산은 그 자체로서 고유한 독창적인 특성이 존재하여야 하기 때문에 공통적인 유사 시장사례로서 비교 분석한다는 것은 많은 문제점이 있다. 공통적인 특성을 가진 지식재산을 위한 거래 시장이 활성화되어 있지 않으며 실제적인 시장사례 데이터도 거의 존재하지 않는다.

또 다른 문제점으로서 현실적으로 많은 지식재산 거래들이 그 특성상 비밀리에 전략적 거래가 이루어지고 있다. 지식재산 거래에 있어서 상호 당사자들은 대부분이 기술거래 계약이나 지식재산 활용계약 이면에는 영업비밀에 관한 거래가 내재하고 있다는 사실을 잘 인지하고 있기 때문이다. 그러므로 영업비밀 노출 방지를 위해서 이러한 지식재산 거래계약들을 일반 공중에 공개되지 않도록 각별한 노력을 한다.

대부분은 지식재산 거래 사례들은 지식재산 소송과정에서 알 수 있으며 자세한 세부내역은 실제적으로 비공개적으로 이루어진다. 세부적인 기술거래 내용은 확인이 어렵지만 개괄적으로 지식재산 거래에 관한 기초적 사실 내용은 신문기사, 기업 연감, 기술이전 보고서 또는 각종 산업조사 보고서 등을 통해 어느 정도는 확인할 수가 있다.

마. 기타 지식재산의 가치평가 방법

표 V-10 기타 지식재산 가치평가 방법 (예시)

	로열티 공제법	실물 옵션법
가치평가 방법	로열티 금액(요율)의 추정과 로열티 수입금액의 현재가치 산정	블랙–숄즈 옵션 이론에 기초한 리스크 대비 보상 비율을 산정
	대상거래와 유사사례의 차이점 고찰 반영	옵션 적용을 통한 수익 리스크의 고찰 반영
가치평가 관점	시장사례법과 수익접근법에 기초한 특수 관점	수익접근법에 기초한 특수 관점

로열티공제법

시장사례로부터 유사기술의 로열티 금액(요율)을 파악하고 이를 가치평가 대상기술과의 차이점들을 반영하여 이를 로열티 수입금액으로 산정하고 산정된 로열티 수입금액을 현재가치로서 환산하는 방법으로서 대상기술의 가치를 평가한다.

로열티를 산정하고자 하는 기술과 시장에서 동일한 기술 사례를 적용하기는 매우 어렵다. 그러므로 시장에서 유사기술에 관한 로열티 금액(요율)을 파악하고 이를 대상기술과 비교하여 로열티 금액을 추정하는 방법이다. 만일 유사기술에 관한 로열티 금액(요율)도 시장에서 파악이 어렵다면 동종 또는 유사업종에서 로열티 통계 또는 상거래 관행에 의해 지급하는 로열티 금액(요율)을 사용할 수 있다. 즉 시장사례로부터 유사기술의 로열티 금액(요율)을 파악하고 이를 가치평가 대상기술과의 차이점들을 반영하여 이를 로열티 수입금액으로 산정하고 산정된 로열티 수입금액을 현재가치로서 환산하는 방법으로서 대상기술의 가치를 평가한다. 로열티 금액을 현재가치로 환산 시에 수익접근법에 의한 기법이 적용되며 아울러 로얄티 금액은 시장사례법에 의해 추정되므로, 이를 수익접근법과 시장사례법이 함께 활용되는 관점에서 혼합접근법이라고도 한다.

실물옵션법

불확실성을 최소화할 수 있는 옵션권리라는 가치를 지식재산 가치에 반영하여 산정하는 방식으로서, 이는 블랙–숄즈이론에 기초한 실물옵션Real Option 모델[253]에 의해 옵션의 가치가 결정이 된다면 그 결과로부터 리스크 대비 보상금액

253 실물옵션 모델은 블랙–숄즈 옵션이론에 의해 콜옵션 및 풋옵션의 공정가격을 결정하는 방법에 기초하고 있다. 실물–옵션 이론을 지식재산 가치 평가에 적용하기 위해 적합한 산업 분야별로 이항모형, 옵션트리 모형, 옵션반영 DCF모형 등으로 다양한 방법으로 블랙–숄즈 옵션이론을 변형하여 활용하고 있다.

비율을 합리적으로 산출할 수 있다는 데 근거하고 있다. 시장에서 판매자, 구매자 또는 중개인에게 미래 불확실성과 연동된 옵션의 가치가 지식재산 가치의 결과로서 받아들여지게 되면 가치평가비용과 거래 비용을 상당히 절감할 수 있으며 특허 또는 기타 지식재산의 거래유동성을 획기적으로 높일 수 있을 것이다. 실물옵션법에 의한 가치평가는 구매자와 판매자가 각각 자신의 입장에서 가치평가를 하고 그 차이점에 대하여 논의하는 종래의 가치평가 방식과는 다르다는 점에서 그 복잡성에도 불구하고 여러 가지의 장점들이 있다.

구매자 또는 중개인에게 미래 불확실성과 연동된 옵션의 가치가 지식재산 가치의 결과로서 받아들여지게 되면 가치평가비용과 거래 비용을 상당히 절감할 수 있으며 특허 또는 기타 지식재산의 거래유동성을 획기적으로 높일 수 있을 것이다.

4. 지식재산 활용을 위한 라이선스 전략

가. 라이선스란?

무형자산으로서 지식재산권은 당사자 상호 간의 권리이전을 통해서 재무적 가치로서 유통될 수가 있고 권리이전을 위한 지식재산 거래에는 크게 2가지 유형이 있음을 앞에서 살펴본 바 있다. 즉, 지식재산권리가 당사자 간의 상호거래를 통해 소유권을 포함한 모든 권리가 전부이전되는 양도Assignment와 지식재산권의 일부만이 권리이전이 되는 라이선스License가 있다.

라이선스란 지식재산 소유권은 권리이전되지 않고 지식재산권을 실시 또는 사용하거나 이용할 수 있는 권리만이 이전되는 거래

라이선스란 지식재산 소유권은 권리이전되지 않고 지식재산권을 실시 또는 사용하거나 이용할 수 있는 권리만이 이전되는 거래로서 지식재산 소유권자인 라이선서Licensor로부터 이를 이용 · 수익하고자 하는 라이선시Licensee에게 지식재산권리가 일부가 이전되는 거래를 말하며 궁극적으로는 무형자산인 지식재산권을 실시하거나 사용 또는 이용할 수 있는 권리를 라이선시가 라이선서로부터 허가(허여 또는 면허)받는 당사자 간의 거래행위라 할 수 있다.

표 V-11 지식재산 라이선스 권리와 세부 유형 (예시)

지식재산 권리	라이선스 권리	라이선스 대상 (행위)	
특허권	실시권	생산, 사용, 양도, 대여, 수입, (수출)	실시행위
실용신안			
디자인			
상표	사용권	표시, 유통, 광고 … 등	사용행위
저작권	이용권	공연, 공중송신, 복제, 배포, 2차 저작물 작성, 대여, 전시	이용행위

IP소유자로부터 라이선스를 통해 권리이전이 되어 라이선시가 이를 사용 · 수익할 수 있는 용익권은 표 V-11에서와 같이 크게 실시권, 사용권 및 이용권으로 구분해 볼 수 있다.

실시권

라이선스 권리로서 허여되는 실시권은 산업재산권에 있어서 특허, 실용신안 그리고 디자인권과 연관하여 이를 사용·수익할 수 있는 권리이다. 특허 또는 실용신안으로 보호받는 물건발명의 대표적인 실시행위로서 생산, 사용, 양도, 대여 또는 수입 등이 있으며 디자인에 관한 물품의 대표적인 실시행위로서 생산, 양도, 대여, 수출 또는 수입 등이 있다.[254]

사용권

상표권과 연관하여 이를 사용·수익할 수 있는 라이선스 권리를 사용권이라 하며, 상표의 사용행위는 표시행위, 유통행위 및 광고행위 등으로 구분해 볼 수 있다. 표시행위란 상품 또는 상품의 포장에 상표를 표시하는 것이며, 유통행위란 상품 또는 상품의 포장에 상표가 표시된 것을 양도 또는 인도하거나 이를 목적으로 전시, 수출 또는 수입하는 행위를 말한다. 광고행위란 상품의 광고 또는 정가표, 거래서류 등 그 밖의 수단에 상표를 표시하고 전시하거나 널리 알리는 행위를 말한다.

이용권

저작권에는 저작인격권과 저작재산권이 있다. 저작인격권은 일신전속권으로서 라이선스의 대상이 아니며 저작재산권이 라이선스 대상 권리로서 이용·수익할 수 있는 권리이다. 저작재산권을 이용형태별로 분류하면 유형이용, 무형이용 및 변형이용으로 3가지 형태로서 구분할 수 있다. 유형적인 이용형태로는 복제권, 배포권, 전시권 및 대여권과 관련되어 있으며 무형적인 이용형태에는 공연권, 공중송신권이 있고 변형을 통한 이용형태에는 2차적저작물작성권이 있다.

유형적인 이용형태로는 복제권, 배포권, 전시권 및 대여권과 관련되어 있으며 무형적인 이용형태에는 공연권, 공중송신권이 있고 변형을 통한 이용형태에는 2차적저작물작성권이 있다.

표 V-12 저작물의 이용형태[255]

이용 형태	권리의 유형
유형이용	복제권, 배포권, 전시권, 대여권
무형이용	공연권, 공중송신권(방송권, 전송권, 디지털음성송신권)
변형이용	2차적저작물작성권

254 실시행위에는 양도 또는 대여의 청약을 물론 양도 또는 대여를 위한 전시행위도 포함된다.
255 최경수 (2010). 저작권법 개론. 한울 아카데미

나. 라이선스 대상에 따른 분류

대표적인 지식재산 권리인 산업재산권과 저작재산권이 권리이전되어 활용되는 라이선스 형태를 크게 3가지 유형으로서 분류할 수 있다. 첫째로 라이선스를 허여하는 대상물에 따른 분류로서 표 V-13과 같이 대상 이노베이션 유형에 따라 구분할 수 있으며, 둘째로 표 V-14와 같이 라이선스 허여되는 권리의 독점여부에 의해 분류할 수 있으며, 마지막 기타로서 표 V-15와 같이 라이선스를 허여하는 방식에 의해 구분할 수 있다.

표 V-13 지식재산의 라이선스 대상에 따른 구분 (예시)

라이선스 대상	내용
기술이전 (라이선스)	기술 이노베이션 관련 특허, 영업비밀(노하우) 등 실시계약
물질이전 (라이선스)	미생물, 식물신품종, 유전물질 등, 생물학적 물질 관련 사용 허가계약
소프트웨어 라이선스	컴퓨터SW프로그램의 사용 라이선스에 관한 계약
저작권 라이선스	어문, 음악, 연극, 미술, 건축, 영상 등의 저작권 라이선스
상표 라이선스	상표 (브랜드, 트레이드 드레스) 사용 라이선스 계약
프랜차이즈 라이선스	영업방식, 서비스 방법, 상표 등의 프랜차이즈 라이선스

기술이전 계약

기술이전 계약이란 기술 이노베이션과 관련되어 있는 다양한 지식재산 권리를 이용 · 수익할 수 있도록 당사자 간에 상호 약정하는 계약이다.

일반적으로 지식재산 법률로서 보호받는 기술 이노베이션에 관하여 라이선스 계약의 대상이 되는 권리는 특허(디자인, 실용신안 출원 및 등록 모두 포함), 영업비밀(노하우, 공정 제법과 조성 물질 포함) 또는 저작권(기술 관련 자료로서 컴퓨터소프트웨어, 데이터베이스, 공정 매뉴얼 등) 등이 있으며 필요 시 상표에 관한 사용권도 기술이전 계약에 포함될 수 있다. 그러므로 기술이전 계약이란 기술 이노베이션과 관련되어 있는 다양한 지식재산 권리를 이용 · 수익할 수 있도록 당사자 간에 상호 약정하는 계약이다.

물질이전 계약(Material Transfer Agreement: MTA

연구를 목적으로 식물 신품종 또는 미생물, DNA 유전물질 또는 동물 장기 등의 생물학적 물질을 수탁자에게 제공하는 것으로서 수탁자에 의한 물질연구가 종료되면 이전받은 물질은 파기토록 하고 일체의 해당 물질의 상업적 활용을 금지토록 한다. 통상적으로 연구결과로부터 수익이 발생하면 위탁자에게 로열티를 지급하도록 계약한다. 물질이전 계약은 일종의 영업비밀에 관한 라이선스 계약 형태로 이해할 수 있다. 아울러 위탁자는 제한된 조건 하에서 수탁자가 연구를 통해 확보한 연구개발 정보를 공유토록 약정하는 것이 일반적이다.

물질이전 계약은 일종의 영업 비밀에 관한 라이선스 계약 형태로 이해할 수 있다.

소프트웨어 라이선스

소프트웨어프로그램 사용과 관련된 저작권 라이선스 계약은 주로 인터넷 다운로드 또는 USB 등 전자적 매체에 의해 소프트웨어의 배포 및 전송행위에 관한 라이선스로서 소프트웨어라이선스 계약방식은 "클릭-랩"Click wrap 약정 방식으로 이루어진다.[256] 이는 소프트웨어 또는 데이터베이스의 최종사용자 라이선스 계약 시에 컴퓨터 화면 상에서 스크롤로 표시되는 약정문서를 읽고 "동의함"이라는 아이콘에 클릭함으로써 컴퓨터소프트웨어프로그램을 사용할 수 있는 허락과 함께 라이선스 계약이 이루어지는 방식이다.

저작권 라이선스

어문저작물, 음악저작물, 연극저작물, 미술저작물, 사진저작물, 영상저작물, 도형저작물, 컴퓨터프로그램 저작물, 데이터베이스 또는 편집저작물과 같은 저작권법상 보호되는 저작물을 이용 · 수익할 수 있는 권리를 저작권자로부터 허여받는 것을 말한다.

상표 라이선스

상표 라이선스란 상표권자로부터 허락받은 지정상품 또는 서비스 업종에 상표를 사용 · 수익할 수 있는 행위를 말하며 특허 라이선스와 유사하게 독점적인 라이선스 권리가 허여되는지 그 여부에 따라 전용사용권과 통상사용권으로 구분할 수 있다. 한편, 상표 라이선스와도 유사하지만 자타 식별력 있는 무형적 지식재산을 복합적으로 라이선스하는 방식으로 프랜차이즈 라이선스가 있다.

상표 라이선스와도 유사하지만 자타 식별력 있는 복합적인 무형적 자산가치를 라이선스하는 방식으로 프랜차이즈 라이선스가 있다.

256 과거 1980년대의 플로피 디스켓 또는 CD 디스켓 포장 해체를 함으로써 소프트웨어 사용자 라이선스에 동의를 하게끔 하는 "쉬링크-랩"Shrink wrap 방식과 비교할 수 있다.

프랜차이즈 라이선스

프랜차이즈 라이선스란 예를 들어, 레스토랑, 자동차 렌탈 대리점, 커피숍 등과 같은 서비스업종에서 본사가 가맹점에게 상표(브랜드) 라이선스는 물론 영업 방식 또는 서비스 방법 등의 영업비밀(노하우)과 함께 라이선스될 수 있으며 필요시에는 트레이드 드레스, 디자인권, 저작권, 발명 특허 등 다양한 지식재산도 함께 연계하여 복합적인 관점에서 포트폴리오 형태로써 본사가 보유하고 있는 무형자산이 가맹주에게 사용 · 수익될 수 있도록 라이선스되는 계약을 말한다.

다. 라이선스 독점 여부에 따른 분류

표 V-14 라이선스 독점 여부에 따른 구분

독점 여부	내용
전용라이선스	독점배타적인 (준물권적 효력) 실시권(사용권) 계약
통상라이선스	당사자 간 약정 (채권적 효력) 실시권(사용권) 계약

전용 라이선스Exclusive License

지식재산권 소유자로부터 독점배타적으로 이용 · 수익할 수 있는 권리를 허여하는 배타적 라이선스Exclusive License를 말하며 특허권의 실시를 허여하는 경우에는 전용실시권이라고 하며 상표권을 허여하는 경우에는 전용사용권이라고 한다. 이는 준 물권적 권리로서 특허권자도 전용실시권자(사용권자)의 허락 없이 해당 특허(상표)를 실시(사용)할 수가 없으며 특허(상표) 등록원부에 설정 등록하여야 효력이 발생한다.

통상실시권(사용권)은 전용실시권(사용권)에 대비되는 개념의 라이선스로서 비-배타적 라이선스Non-Exclusive License를 의미하며 지식재산소유자와 라이선스 받고자 하는 당사자 간의 상호약정에 의해 발생되는 채권적권리이다.

통상 라이선스Non-Exclusive License

통상실시권(사용권)은 전용실시권(사용권)에 대비되는 개념의 라이선스로서 비-배타적 라이선스Non-Exclusive License를 의미하며 지식재산소유자와 라이선스 받고자 하는 당사자 간의 상호약정에 의해 발생되는 채권적 권리이다. 특허권자(상표권자)는 다수의 제3자를 대상으로 특허권(상표권)을 이용 · 수익할 수 있는 권리인 실시권(사용권)을 허여할 수 있으며 이는 별도로 설정등록이 없어도 약정에 의해 효력이 발생한다.

라. 라이선스 허여 방식에 따른 분류

표 V-15 라이선스 허여 방식에 따른 구분 (예시)

허여 방식	내용
서브 라이선스	라이선스를 받은 자가 2차적으로 허여하는 라이선스
크로스 라이선스	라이선스 허여함과 동시에 상대에게 허여 받는 라이선스
법정 라이선스	관련 법률에서 정한 요건에 해당되면 허여 받는 라이선스
약정 라이선스	당사자 상호 협의를 통한 약정에 의해 허여되는 라이선스
개방형접근 라이선스	오픈이노베이션을 위해 일반 공중에 허여되는 라이선스

서브 라이선스

라이선스와 동일하나 단지 서브 라이선스를 부여하는 자는 지식재산 소유권을 가지고 있지 않고 별도의 지식재산 소유주로부터 라이선스 받은 지식재산권리 범위 내에서 재차로 라이선스를 허여하는 방식을 말한다. 부동산을 비유하자면 전세권자가 자신이 전세받은 부동산을 제3자에게 임대 또는 전전세하는 방식과 유사하다.

크로스 라이선스

지식재산 라이선스를 양 당사자가 상호 교환하는 방식으로서 라이선스를 허여함과 동시에 상대방으로부터 라이선스를 허여받는 것을 말한다. 당사자들은 지식재산을 가치평가하여 필요시에는 라이선스 대금을 상계처리하여 일부대금을 지급을 하거나 또는 무상으로 상호 라이선스 계약을 체결하는 것을 의미한다.

법정 라이선스[257]

관련 법률에서 공익 목적 또는 사익보호를 위해서 특별히 정한 요건에 해당이 되면 지식재산권을 이용 · 수익할 수 있는 권리를 허여토록 하고 있는데 이를 법정 라이선스라고 한다. 즉 관련법에서 정한 법정요건에 해당이 되면 지식재산 권리자의 의사와는 무관하게 법률로서 인정되는 라이선스를 말한다.

257 '법정실시권'과 일부 유사한 '강제실시권' 제도가 있다. 이는 국가 공권력이 개입하여 특허권을 수용하거나 심판 또는 재정을 통해 제3자에게 라이선스를 공공의 이익 차원에서 실시토록 강제하는 라이선스이다.

명시된 라이선스나 라이선스 약정이 없더라도 특허 라이선스 받을 수 있는 법정 라이선스의 경우에는 선사용에 의한 통상실시권, 직무발명에 의한 통상실시권, 디자인 존속기간 만료 후의 통상실시권 등과 같이 관련 법률에서 정한 요건에 해당이 되는 경우 실시권을 허여하는 경우이다.

약정 라이선스

라이선스를 허여하는 자인 라이선서Licensor와 라이선스를 허락받는 자인 라이선시Licensee 당사자가 라이선스 조건에 관한 협상을 통해 계약체결하는 방식으로 이루어지는 라이선스를 말한다. 일반적으로 서브 라이선스 또는 크로스 라이선스도 이해 당사자 간의 상호협의에 의해 계약의 형식으로 체결되는 약정 라이선스 방식이라 할 수 있다. 이와는 달리 관련법에서 정한 법정요건에 해당되면 라이선스를 허여하는 방식으로 법정 라이선스와 불특정 다수인 일반 공중에 대해 라이선스를 허여하는 방식인 개방형접근 라이선스와는 구분되는 방식의 라이선스이다.

개방형접근 라이선스Open Access License

권리의 다발이라 불리며 침해 문제가 많이 발생되는 저작권 분야에서 특히 이노베이션 창출 활성화를 위한 새로운 방식의 라이선스이다. 일정한 조건 하에 일반 공중을 대상으로 라이선스를 허여하는 방식으로서 당사자 간의 상호계약에 의해 폐쇄적으로 이루어지는 약정 라이선스와 대비되는 개념의 라이선스 방식이다. 컴퓨터소프트웨어 분야에서 최초로 활용된 라이선스 방식으로서 리눅스 소프트웨어 프로그램의 소스코드를 공개하고 이를 활용하여 새로운 이노베이션을 창출한 자는 동일한 조건으로 라이선스를 제공해야 하는 방식이다.

오늘날 개방형접근 라이선스 방식은 앞서 Chap. II-4(저작권 보호관점의 변화)에서 살펴본 바와 같이 다양한 산업분야에서 이노베이션 활성화를 위한 수단으로서 확산되고 있으며 콘텐츠 저작물 산업분야에서 '크리에이티브 커먼즈Creative Commons 라이선스' 방식이 주목받고 있다. 아울러 제약산업, ICT 산업분야 등에서도 R&D이노베이션 창출과 확산을 위해 개방형접근 라이선스 방식이 응용 확산되어가고 있다.

오늘날 개방형접근 라이선스 방식은 다양한 산업분야에서 이노베이션 활성화를 위한 수단으로서 확산되고 있으며 콘텐츠 저작물 산업분야에서 '크리에이티브 커먼즈Creative Commons 라이선스' 방식이 주목받고 있다.

마. 지식재산 라이선스 계약

라이선스 계약조항들은 계약자유의 원칙에 의해 당사자 상호 간의 협의를 통해 아주 다양하게 설정될 수 있지만 통상적인 라이선스 계약항목들은 라이선스 대가와 연관된 재무조항과 라이선스 대가와는 상관없는 일반조항으로 크게 2가지 유형으로 구분해 볼 수 있다.

통상적인 라이선스 계약항목들은 라이선스 대가와 연관된 재무조항과 라이선스 대가와는 상관없는 일반조항으로 크게 2가지 유형으로 구분해 볼 수 있다.

먼저 표 V-16과 같이 일반조항Non-economic Terms에는 라이선스 허여조항Granting Clause, 라이선스의 독점배타성Exclusivity, 라이선스의 효력범위Field of Use, 서브 라이선스 여부Sublicense, 라이선스 기간Duration, 라이선스 지역Territory, 권리이전 여부Transferability, 라이선스 종료Termination, 개량물의 권리귀속Improvements, 침해단속 또는 침해구제Policing or Enforcement, 이행보증 또는 면책조항Warranties or Indemnities 등이 있다.

라이선스 대가와 연관된 재무조항Financial Terms에는 라이선스 대상이 되는 지식재산권의 가치평가 결과와 연관되어 있으며 라이선스에 따른 대금지급 방법, 로열티 산정방식 또는 서브 라이선스 대금지급 등과 함께 필요시에 선납금, 특별납부금, 분납납부금 또는 최소납입금 등에 관해서도 별도로 협의된 사항이 있으면 재무조항에 포함이 된다.

라이선스 계약의 일반조항

표 V-16 라이선스 계약의 항목 분류 (예시)

항목		내용
일반 조항 (비-재무 조항)	정의조항	용어의 정의, 계약 당사자의 특정 등
	라이선스 유형	전용Exclusive 또는 통상Non-exclusive 등 유형 구분
	적용범위	업종별 vs 지역별 vs 실시 유형별 범위설정
	서브라이선스	제3자에게 2차적 라이선스 허여 여부 및 범위
	라이선스 기간 (종료)	라이선스 계약기간 및 갱신 등
	개량물 귀속[258]	(공동 업무영역) vs (공동 창출영역)
	비밀유지	비밀정보의 대상범위와 비밀 유출 시 보상 등
	침해구제	라이선서의 IP 침해 보호를 위한 행위
	보증, 면책	라이선서의 타 IP 침해에 관한 면책조항
	계약해지	계약해지 사유 등에 관한 조항
	기타 조항	비밀유지 조항, 불가항력 조항, 준거법 조항 등

라이선스 계약서에 사용되는 용어해석 차이에 의한 분쟁을 최소화하기 위해서는 정의조항에서는 계약서상에 언급되는 주요 용어들을 언급하고 이를 명확하게 정의하고 당사자 간 합의에 이르도록 함이 바람직하다.

• 정의조항

라이선스 계약서에 사용되는 용어해석 차이에 의한 분쟁을 최소화하기 위해서는 정의조항에서는 계약서상에 언급되는 주요 용어들을 언급하고 이를 명확하게 정의하고 당사자 간 합의에 이르도록 함이 바람직하다. 아울러 계약 당사자에 관한 사항은 전문Preamble에서 언급이 되는데 계약에 따른 권리와 의무의 주체는 개인 또는 법인이 될 수 있으며 아울러 계약주체로서 라이선시가 법인인 경우로서 모회사Parent Company가 자회사Subsidiary 또는 계열회사Affiliate를 두고 있는 경우에는 계약 당사자를 어느 범위로 정의하는지도 중요한 사안이다.

• 라이선스 유형

라이선스 유형은 앞서 살펴본 바와 같이 당사자 간의 약정에 의한 라이선스로서 배타적인 권리 허가 여부에 의해 전용Exclusive 라이선스와 통상Non-exclusive 라이선스로 구분하여 계약할 수 있다. 전용 라이선스란 라이선시 이외의 제3자에게는 라이선스를 허락하지 않으며 권리 등록원부에 등록함으로써 효력이 발생된다.

라이선스 대상이 되는 지식재산권이 특허(실용신안, 디자인)의 경우에는 전용실시권과 통상실시권으로 구분할 수 있으며 상표(저작권)인 경우에는 전용사용권(이용권)과 통상사용권(이용권)의 명칭으로 구분할 수 있다. 관련 법률로서 정한 요건에 해당되면 라이선스 허여하여야 하는 법정 라이선스는 통상실시권 유형으로써 라이선스 계약이 가능하다.

• 적용범위

라이선스 적용범위는 라이선스 대가(로열티)산정에 연계하여 당사자 간의 상호협의에 의해 정해진다. 지식재산 라이선스에 의해 배타적인 권리로서 보호받을 수 있거나 또는 실시, 사용 또는 이용할 수 있는 산업분야, 업종분야 또는 시장분야를 세부분류로 구분하고 이를 라이선스 적용범위로서 협의 약정할 수 있다. 라이선스 효력이 적용될 수 있는 지역적 범위를 상호협의에 의해 약정할 수 있다. 저작재산권은 물론 출원등록된 국가의 속지주의 권리로서 특허(실용신안) 디자인 또는 상표의 경우에도 해당 국가의 행정 지역별로 세분화하여 라

---

258 Chap. Ⅲ 연구실의 R&D특허 전략 – '공동 연구 성과물의 권리화 전략' 참조

이선스의 지역적 적용범위로서 협의 약정할 수 있다.

아울러 앞서 살펴본 특허(실용신안) 및 디자인의 실시행위 유형(예시: 생산, 사용, 양도, 대여 또는 수입 등)이나 상표의 사용행위의 유형(예시: 표시행위, 유통행위, 광고행위 등) 또는 저작권의 이용형태(공연, 공중송신, 복제, 배포, 2차저작물 작성, 대여, 전시 등)를 라이선스 대상에서 일부제한하거나 포괄허여하는 방식으로 라이선스 적용범위를 상호협의에 의해 약정할 수 있을 것이다.

- 서브 라이선스

라이선스 받은 라이선시가 2차적으로 라이선스를 허여할 수 있는지[259] 그 허락 여부에 관해 약정하고, 만일에 라이선시가 제3자에게 2차적 라이선스할 수 있는 서브 라이선스 권한을 허여받는다면 해당 서브 라이선스가 적용될 수 있는 범위와 요건에 관해서 협의 약정하는 것이다.

서브 라이선스를 허락하는 경우에 라이선서 입장에서는 자사의 이노베이션에 관한 통제력이 약화되거나 시장 지배력이 쇠퇴할 수 있는 리스크가 증대한다.

유의해야 할 사항은 서브 라이선스를 허락하는 경우에 라이선서 입장에서는 자사의 이노베이션에 관한 통제력이 약화되거나 시장지배력이 쇠퇴할 수 있는 리스크가 증대한다. 그러므로 원칙적으로 서브 라이선스를 금지하고 이를 위반하는 경우에 계약해지 또는 종료사유로 하는 경우도 많다.

유사개념으로서 'Have-Made 조항'이 있는데 이는 서브 라이선스와는 달리 라이선시가 라이선서의 별도의 허락 없이도 라이선스 받은 범위 내에서 제3자로부터 하청실시를 통해 계약 제품을 납품받을 수 있도록 협의하는 조항이다.

- 라이선스 기간

라이선스 계약기간이 라이선스 대상 이노베이션을 보호하는 지식재산권리의 존속기간 내에 유효한지를 확인하는 것이 중요하다. 특히 라이선스 대상권리가 복합적 라이선스로서 지식재산권 포트폴리오로 구성된 경우 각각의 지식재산의 존속기간들을 충분히 고려하여 라이선스 기간이 결정되어야 한다.

아울러 라이선스 기간만료 이후 갱신 가능성에 관해 상호검토하고 약정해야 한다. 라이선스 기간만료 이후의 계약갱신은 특별한 사정이 없는 한 묵시적으로

259 우리나라 특허법 100조 4항에 의하면 배타적권리를 허여받은 전용실시권자 일지라도 특허권자의 동의를 받아야만 그 전용실시권을 목적으로 하는 통상실시권을 허락할 수 있다고 규정하고 있다. 한편 통상실시권자의 서브 라이선스 허락에 관해서는 별도의 규정은 없지만 이는 채권적 권리로서 당연히 특허권자의 허락을 필요로 한다고 해석된다.

자동갱신하는 방안이나 일방적인 당사자의 결정에 의한 갱신이 있겠지만 양자가 상호협의에 의해 라이선스 기간을 협의 갱신토록 함이 현실적으로 가장 바람직할 것이다.

- 개량물의 귀속[260]

개량물 조항에서 다루어지는 주요한 이슈는 라이선스 대상 이노베이션을 기초로 창출되는 개량 이노베이션의 인정범위와 용어 정의가 필요하며 아울러 개량물이 창출이 되는 경우에 계약 당사자가 이를 어떻게 확인할 것이며, 당사자가 개량물에 관한 권리와 의무를 어떻게 분담할 것인지에 관해 상호협의하여 약정한다.

하지만 예를 들어 라이선서가 계약기술(제품) 등과 관련하여 개량기술을 창출하는 것을 금지하거나 사전동의 또는 승인을 받아 개량물을 창출토록 하는 것은 상대적인 우월적 지위에서의 불공정 계약행위로 볼 수 있다. 아울러 일방적인 의무로서 라이선시가 개량물을 창출 시에 라이선서에게 보고토록 하거나 또는 개량물의 지식재산 권리를 라이선서에게 양도토록 하는 등의 약정행위는 불공정 거래에 해당할 수 있는 우려가 크다.

- 비밀유지 조항

라이선서 입장에서는 가능한 비밀정보 대상의 범위를 포괄적으로 가능한 넓게 하는 것이 바람직하겠지만 라이선시 입장에서는 비밀유지 의무를 가능한 좁게 부담토록 비밀정보의 대상범위를 구체적으로 한정하는 협상전략이 필요할 것이다.

비밀유지토록 하는 정보 또는 대상물에 관해서 당사자 상호 간의 협의를 통해 특정하고 만일 비밀정보를 유출하는 경우에 피해 보상범위에 관해 규정한다. 라이선서 입장에서는 가능한 비밀정보 대상의 범위를 포괄적으로 가능한 넓게 하는 것이 바람직하겠지만 라이선시 입장에서는 비밀유지 의무를 가능한 좁게 부담토록 비밀정보의 대상범위를 구체적으로 한정하는 협상전략이 필요할 것이다.

- 보증 & 면책조항

통상적으로 라이선시의 입장에는 라이선스 받는 IP권리의 배타적인 보호범위가 강력하다는 것을 보증받고자 할 것이며, 하지만 라이선서의 입장에서는 허여하는 지식재산 권리의 유효성에 관해 아무런 책임지지 않는다는 면책을 받고

260 당사자 간의 계약을 통해 공동업무영역과 공동R&D 창출영역을 설정하고, 해당 영역에서 창출되는 개량물에 관한 권리귀속을 약정하는 것이 바람직하다. (참고: Chap. III 연구실의 R&D특허 전략)

자 한다. 이러한 보증 및 면책Warranties & Indemnities 조항은 각 국가의 법률이나 판례 등에 의해 상이하게 해석될 수 있으며 일반적으로 보증범위 또는 면책범위에 따라 로열티 대금 지급범위 또는 방법들이 연계되는 중요한 협상조항이라 할 수 있다.

- 계약해지 (조기종료)

계약해지 또는 조기종료가 되는 특정 사유들에 관해 당사자 간에 사전에 합의하고 해당 상황이 발생하는 경우에 계약해지 또는 조기종료토록 함으로써 지속적 계약 불이행으로 인해 발생하는 당사자의 피해를 사전방지할 수 있다. 예를 들어 로열티 대금의 채무불이행으로 인한 계약위반 또는 계약 당사자 일방이 조업중단, 파산, 인수 합병되거나 또는 법정관리에 이르는 등 중대사유가 발생하는 경우에 계약의 조기종료가 필요하다. 하지만 일반적으로 계약의 조기종료 사유가 발생하더라도 자동으로 계약을 종료하기보다 해지사유를 치유할 수 있는 기간을 유예하며 그 이후도 치유되지 않는 경우에 계약을 조기종료하는 것이 바람직하다.

일반적으로 계약의 조기종료 사유가 발생하더라도 자동으로 계약을 종료하기보다 해지사유를 치유할 수 있는 기간을 유예하며 그 이후도 치유되지 않는 경우에 계약을 조기종료하는 것이 바람직하다.

- 기타 조항

기타 상기에 언급되지 않은 조항으로서 천재지변 등의 원인으로 계약이행이 불가능한 경우에 면책이 되는 불가항력Force Majeure 조항, 계약 당사자 간에 분쟁이 발생하는 경우 적용하는 법률과 소송 관할지역에 관한 준거법Governing Law 조항 등이 있다.

라이선스 계약의 재무조항

표 V-17 라이선스 계약의 재무조항과 대금지급 방법

재무조항		내용
로열티 지급 방법	선급금Initial Payment	라이선스 계약 시점에 지급하는 계약금Down Payment 또는 착수대금
	분납금Milestone Payment	상호약정에 의해 일정 시점별로 지급하거나 또는 특정 과업 달성 시에 지급하는 로열티 대금
	러닝로열티Running Royalty	매출액 또는 수익금 대비(월간, 분기, 년간) 지급
서브 라이선스 대금		상호협의에 의해 2차적 라이선스의 로열티 금액 약정
최소로열티		러닝 로열티의 경우 최소로 납부해야 할 라이선스 금액

라이선스 계약의 본질은 지식재산의 라이선스(이용 허락) 급부에 대한 반대급부로서 라이선스 대금(로열티) 지급에 관한 사항을 당사자 상호협의를 통해 약정하는 것이다. 즉 라이선스 계약의 핵심적인 내용은 표 V-8과 같이 재무조항과 관련되어 있으며, 로열티 지급방법과 함께 구체적인 납부 대금에 합의하고 관련 사항을 약정한다.

- 대금지급 방법

정액로열티 납부방식은 라이선스 계약의 체결시점에 일시금으로 지급하는 선급금 납부와 상호합의된 특정시점이나 설정목표에 도달하면 로열티 대금을 분납금 방식으로 납부하는 마일스톤 납부로 구분해 볼 수 있다.

라이선스의 대금으로서 로열티 지급 방법에는 정액로열티 납부와 변액로열티 납부방식으로서 크게 2가지 형태로 구분해 볼 수 있다. 정액로열티 납부방식은 라이선스 계약의 체결시점에 일시금Lump sum Payment으로 지급하는 선급금 납부Initial Payment, Down Payment, Up-front Payment와 상호합의된 특정시점이나 설정목표에 도달하면 로열티 대금을 분납금 방식으로 납부하는 마일스톤 납부Milestone Payment로 구분해 볼 수 있다.

계약 시점에서 이미 합의하고 납부대금이 특정된 정액납부Fixed Payment방식과는 달리 실적변동에 따른 변액로열티 납부방식은 라이선시가 허가받은 지식재산권을 활용하여 합의한 특정기간을 기준으로 발생되는 매출액 또는 수익금과 연동 대비하여 일정한 퍼센티지(라이선스 요율)을 적용함으로써 변액으로 산정되는 경상기술료Running Royalties 방식이 있다.

실적변동에 따른 변액 로열티 대금으로서 러닝 로열티(경상기술료)는 라이선스 대금 협의 시에 로열티 산정기간을 월 단위별, 분기 단위별 또는 연간 단위별 등으로 협의하고 해당 기간 내에서의, 생산금액이나 판매금액 또는 수익금액 등 어떠한 금액을 회계기준으로 로열티요율을 부가할 것인지에 관해 협의한다.

로열티요율을 결정하는 것은 러닝 로열티 산정금액과 정액 로열티 협의금액에 따라 달라지며 아울러 라이선스 계약에 있어서 당사자 상호 간 핵심적인 협상 의제가 된다. 한편 로열티요율은 해당 시장사례의 조사를 통해 산업별 또는 업종별에 따라 추정해 볼 수 있으며 어림셈법에 의한 로열티 추정과 판례에 의한 합리적 로열티 추정 등도 로열티 협상에 있어서 출발점이 될 수 있다.

라이선싱 협상을 통해서 지식재산가치에 대한 합의를 하고 로열티 금액을 결정하였다고 하더라도 대금 지불방법은 여러 가지 방법이 있을 수 있다. 예를 들어 단 한번 일시불로 로열티 금액을 지불하는 총괄 지급하는 방식, 약정한 기간 동안에 매년 일정한 금액을 정기적으로 지불하는 방법, 그리고 매년 총 판매 대금에 로열티 퍼센티지를 곱하여 지급하는 방법, 또는 판매수량에 단위수량 로열티 금액을 곱하여 지급하는 방법 등 여러 가지 다양한 로열티 지불 방법들이 있을 수 있다. 또한 로열티 퍼센티지를 약정할 때에도 고정 로열티요율이 아니라 변동 로열티요율을 설정할 수 있다. 라이선시의 시장경쟁력을 이점을 주기 위해서 초기에는 낮은 로열티요율로 약정하고 향후 시장판매가 확대가 되면 높은 로열티요율을 약정할 수 있으며 이와는 반대로 지식재산창출자의 이익을 가능한 미리 확보하여 주기 위해서 로열티요율을 초기에 높게 약정하고 일정 기간 경과 후에 로열티요율을 낮게 약정할 수 있을 것이다. 아울러 라이선시의 매년 판매실적과는 상관없이 최소한의 납입해야 할 연간 최소 납입 로열티 금액을 약정함으로써 지식재산 소유자의 라이선스 리스크를 최소화할 수도 있다.

- 서브 라이선스 대금

라이선스를 허여받은 자가 자신이 허락받은 권리범위 내에서 제3자에게 2차적 라이선스를 허락을 함으로써 매출이 발생되는 경우에 최초 권리자가 일정 부분 서브 라이선스 대금의 명목으로 라이선스 대금을 확보하는 것을 말한다. 예를 들자면 라이선시가 제3자에게 재차 라이선스 허여를 통해 발생한 매출액 대비 2.5%를 라이선서가 서브 라이선스 대금약정을 통해 확보할 수 있을 것이다.

- 최소로열티

러닝로열티 지급을 위해 특정기간(월간별, 분기별, 반기별 또는 연간별) 기준으로 매출 또는 수익의 실적대비해서 라이선스 대금을 지급토록 약정하는 경우로서 로열티 총액이 해당 기간 동안의 실적 부족으로 로열티 대금수입이 급감하는 것을 방지하기 위해 라이선서가 최소로열티 약정금액에 합의토록 하는 경우이다. 만일 최소로열티를 충족시키지 못해 특정 기간 내에 이를 지급하지 못하는 경우에 라이선스 계약을 변경할 수 있도록 하거나 또는 계약해지하는 권리를 갖도록 약정할 수 있다.

> 만일 최소로열티를 충족시키지 못해 특정 기간 내에 이를 지급하지 못하는 경우에 라이선스 계약을 변경할 수 있도록 하거나 또는 계약해지하는 권리를 갖도록 약정할 수 있다.

라이선시 입장에서는 바람직하지 않으며 불리한 조항으로서 만일 반드시 삽입해야 한다면 현저히 낮은 금액으로 협의하거나 또는 최소 로열티 예외적용을 위한 불가항력 사유 또는 면책조항의 삽입에 관해서 합의함으로써 라이선스 계약에 의한 사업 리스크를 감소시킬 수 있을 것이다.

바. 기타 라이선스 계약을 위한 로열티 추정

합리적인 로열티 추정을 위해 라이선스 거래대상이 되는 지식재산의 가치를 평가하는 방법에 관해서 우리는 앞서 다양한 접근방법들에 관해 살펴보았다. 하지만 이러한 일반적인 가치평가를 통한 지식재산의 가치추정 이외에도 판례에 기초한 손해배상금액 산정을 통해 간접적으로 라이선스 대상이 되는 지식재산의 가치를 추정할 수 있으며 또한 로얄티 추정에 있어 손쉽게 관행적으로 활용되는 어림셈법에 의한 추정도 있다.

어림셈법에 의한 로열티 추정

어림셈법에 의한 추정으로 수익금 대비 "25% 룰Rule"이라는 것이 있다.

어림셈법에 의한 추정으로 수익금 대비 "25% 룰Rule"이라는 것이 있다. 이는 양 당사자가 라이선스 계약을 체결함에 있어서 로얄티 요율을 합의하고자 할 때 협상의 출발선으로서 널리 활용하고 있는 방법이다. 이 법칙의 기본원리는 라이선스 대상인 무형자산으로서 지식재산권을 활용함으로써 향후 얻을 수 있는 수익금액을 라이선스 계약의 양 당사자가 이를 일정비율로서 나누어 가지는 것이다.

로열티 어림셈법은 지식재산권의 라이선스 활용을 통해 수익금이 발생함에 있어서 지식재산권이 25% 기여하였다고 가정하고 라이선서 즉 지식재산 소유주가 이노베이션에 의해 창출된 수익금의 25%로 로열티로서 확보하며 지식재산 라이선시는 이를 제외한 75%를 자신의 순수익금으로 가져가는 것이다.

예를 들자면 어떤 출판사에서는 통상적으로 책 한 권의 판매가가 10,000원이라고 한다면 여기에는 편집비, 인쇄비, 재료비, 마케팅 비용 등의 비용이 6,000원 정도이고 이윤마진이 4,000원이라고 가정한다면 출판사가 저자와 라이선스 계약을 체결하여 로열티를 지급하고자 할 때 산정하는 로열티 요율은 수익금 대비 "25% 법칙"에서 확인하여 보면 이윤마진 4,000원에 대한 25%로서 1,000원이 될 것이며 이는 판매가 대비 10% 금액이다. 즉 이윤 마진율 40%에 대하여 수익금 대비 25% 법칙을 적용하면 매출액 대비 10%의 로열티 요율이 결정될 수 있다. 일반적으로 출판업계에서 지식재산 저작권 소유자인 저자와의 로열티 협상에 관한 출발점으로서 판매가 대비 10% 선이 통상적으로 그 기준으로 활용될 수 있다.

또 다른 예로서 어떤 대학에서 새로운 신약 조성물을 개발하여 이를 제약회사에게 라이선싱할 때 만일 제약회사의 수익금이 매출액 대비 80% 마진이라고 가정하고 이에 대하여 25% 법칙을 적용하게 되면 대학이 확보할 수 있는 로열티 요율은 20% 선이 되게 된다. 실제로 에머리 대학에서는 HIV 감염 치료제인 엠트라시티빈Emtracitibine에 관한 기술이전으로 로열티 파마 제약회사로부터 매출액 대비 20% 상당의 로열티를 매년 받고 있다

로열티 추정 - 판례

합리적인 로열티 추정이란 특허, 영업비밀, 저작권 또는 상표 등 지식재산의 침해로 인해 법정 소송과정에서 통상적인 추정하는 손해배상금액을 의미한다. 합리적인 로열티를 산정하기 위해서 법원에서는 호의적 판매자와 호의적 구매자 사이에서 가상의 로열티 협상 시나리오를 구성하고 이를 통해 로열티를 추정하게 된다. 즉, 호의 판매자와 호의 구매자 모델은 특허침해 소송에서 손해배상금액으로서 합리적인 로열티산정이 된다. 예를 들어 미국에서는 특허침해에 관한 손해배상산정을 위한 기준으로서 일반적으로 15개 항목으로 구성된 "조지아 퍼시픽"Georgia-Pacific 체크리스트를 활용한다.[261] 이를 통해서 소송 당사자 가상적인 협상을 구성하고 이로부터 특허 침해소송에 관한 합리적인 손해배상 금액을 산정함으로써 로열티 금액을 추정한다.

미국에서는 특허침해에 관한 손해배상산정을 위한 기준으로서 일반적으로 15개 항목으로 구성된 "조지아 퍼시픽" Georgia-Pacific 체크리스트를 활용한다.

체크리스트 항목은 다음과 같다.

(1) 실제 특허 소유자가 라이선싱을 통해 여타 다른 라이선시로부터 받은 로열티 금액
(2) 당해 특허와 유사한 특허에 관해 라이선시가 지불한 로열티 금액
(3) 라이선스범위: 라이선스 독점여부, 라이선스 적용 산업분야 및 지리적 효력범위
(4) 특허 소유자의 라이선스 업무상태 (활동적 라이선싱 또는 비-라이선싱 업무)
(5) 시장에서 특허권자와 라이선시와의 관계 (경쟁자, 협력자 또는 하청업체 등)
(6) 당해 침해사건이 다른 제품판매에 미치는 영향
(7) 특허의 존속기간 및 라이선스 계약기간

261 15개 항목은 최초로 "Georgia-Pacific Corp. v. U.S. Plywood Corp., 318 F. Supp. 1116 (S.D.N.Y. 1970)" 1차 법정에서 채택 사용되었으며 현재는 특허침해를 포함한 다양한 지식재산 침해 사건의 항소 법정에서도 조지아 퍼시픽 체크리스트를 채택 사용 중에 있다.

(8) 특허 제품의 수익성, 성공 가능성 및 대중 파급도
(9) 종래 제품과 비교하여 특허제품의 우월성
(10) 당해 특허발명과 그 상업적 성공요체에 관한 장점과 본질
(11) 라이선시가 당해 특허를 실시 활용 시에 그 한계점과 실시를 통해 얻는 가치
(12) 당해특허와 유사한 발명에 관해 당해 산업분야에서 부여하는 로열티 산정요율
(13) 당해특허와는 무관하게 침해자에 의해 창출된 이윤이 당해 발명에서 차지하는 비율
(14) 전문가의 증언
(15) 침해가 있기 바로 직전에 합리적인 라이선서와 라이선시가 상호동의할 수 있는 금액

사. 라이선스 전략의 위험성

라이선스를 허여함으로써 지식재산 소유자 입장에서 불리한 점은 자사 제품과 서비스에 대한 통제력이 약화되거나 또는 시장에서 지배력을 상실할 수 있다.

지식재산 소유자가 라이선스하고자 하는 이유 중 하나는 자신이 소유한 이노베이션이 새로운 시장으로 신속히 확산토록 하여 부가적인 경제적 이익을 가져오고 유관 시장에서 매출 파급 효과를 유발시키기 때문이다. 하지만 한편 라이선스를 허여함으로써 지식재산 소유자 입장에서 불리한 점은 자사 제품과 서비스에 대한 통제력이 약화되거나 또는 시장에서 지배력을 상실할 수 있다. 또한 새로운 혁신 제품과 서비스 개발을 위한 역량이 감소될 수 있으며 시장에서 경쟁자들을 많이 만들 수 있다는 단점이 있다. 우리는 라이선스 전략 추진에 관한 위험성(리스크)을 쉽게 간과할 수 있으므로 유의해야 할 것이며, 이에 관해 보다 자세히 살펴보기로 한다.

라이선스 전략 구현 시 라이선서의 리스크[262]

- 이노베이션에 대한 통제력 약화 (제조공정, 품질관리 등)
- 로열티 수입 의존성에 따른 경영 리스크 증대
- 라이선스 대상물의 개량 발명, 후속 개발 등 추진동력 약화
- 라이선시의 사업 포기 시에는 해당 시장의 퇴보
- 라이선스 대상 관련 분야에 자사의 인지도 약화

262 Michale A. Gollin (2008), Driving Innovation, Cambridge University Press, Chapter 15.

상기 박스에 요약한 바와 같이 우선 첫 번째로 라이선스를 허여한 자는 이노베이션이 개발되고 사업화되는 과정에서 라이선스로 제공한 이노베이션에 대한 통제력을 상실할 수 있다. 특히, 제조기술에 관한 라이선스인 경우에는 라이선스를 허여한 자는 제조공정과 품질관리에 대한 통제력을 상실하고 마케팅과 유통에 관해 라이선스를 허여하게 되면 광고 홍보, 유통채널 또는 가격산정 등에 대한 통제력을 상실할 위험성이 크다. 또한 양자 모두 고객 접점을 상실하게 되어 시장에서 피드백을 받을 수 있는 자원이 없어지게 됨으로 향후 추가적인 이노베이션 창출을 함에 있어서 문제가 될 가능성이 커진다는 것을 유념할 필요가 있다.

두 번째로 라이선스를 허여하게 되면 라이선스를 허여한 기업은 안정적 로열티 수익 확보를 통해 안주하게 되며 신규 제품과 서비스를 개발하고 새로운 영역으로 사업을 확장하고자 하는 인센티브와 이노베이션에 관한 추진동력을 상실할 수 있다.

라이선스를 허여하게 되면 라이선스를 허여한 기업은 안정적 로열티 수익 확보를 통해 안주하게 되며 신규 제품과 서비스를 개발하고 새로운 영역으로 사업을 확장하고자 하는 인센티브와 이노베이션에 관한 추진동력을 상실할 수 있다.

세 번째로 라이선스를 허여한 기업은 로열티 수입에 의존성이 커지며 만일 라이선스 받은 기업의 수익성 악화로 로열티 수입을 받을 수 없게 되면 법률 소송에 의존하는 길 외에 다른 생존 방법이 없다.

네 번째로 라이선스 받은 기업에서는 여러 가지 이유로서 라이선스 받은 기술 또는 서비스를 중단하거나 포기할 수 있으며 이는 라이선스 허여한 시장을 사장시킬 수 있다.

다섯 번째로 라이선스를 허여한 기업은 라이선스를 허여한 제품에서 인지도가 약화될 수밖에 없다. 라이선스 받은 회사는 제품 생산판매에 있어서 자신의 회사의 브랜드를 광고 홍보하게 되어 제품 인지도를 증대시킬 수 있으나 라이선스를 허여한 회사에서는 제품 매출이 증대되더라도 아무런 인지도를 얻을 수 없게 된다. 이러한 이유 때문에 인텔사에서는 "인텔 인사이드"Intel Inside라는 홍보용 문구를 라이선스 전략에 활용하고 있다. 이는 인텔사가 자사 제품이 컴퓨터 내부에 내장되어 있으며 라이선스를 받은 회사 컴퓨터 제품과의 식별성을 강조함으로써 기술의 인지도를 유지하고자 하는 전략이다.

끝으로 라이선스를 허여하게 되면 IP권리를 손실할 수 있는 큰 위험을 감수해야 한다. 라이선스를 받은 기업이 기술과 시장을 확보하게 되면 라이선스 받은 지식재산에 대항하는 새로운 이노베이션을 창출하여 독자적인 지식재산으로서 생존하고자 하는 강력한 유혹이 발생하게 되기 때문이다.

이러한 경우 라이선스 받은 기업에서는 주로 개량발명에 의한 지식재산 등록을 추진하여 독자적인 시장확보를 하게 된다. 상표의 경우에도 자사 제품을 취급하는 외국의 유통업체와 업무협력을 위한 계약체결 시점에 세심하게 유의하지 않으면 외국의 유통업체는 그 국가에 상표등록을 하여 비즈니스를 선점하거나 그 국가에 시장 진입을 방해할 수도 있으므로 유의하여야 한다. 이러한 경우는 기업의 시장성 확장에 따라 상표 소유주가 세계시장으로 진출 시에 반복적으로 경험하는 것으로서 현지 유통업체와 법률 소송 등이 빈번하게 발생되므로 유의하여야 한다.

5. 지식재산의 사업화 활용전략

R&D이노베이션을 사업화하는 과정에서 IP활용전략은 사업화 성공을 위해 반드시 고찰하여야 할 중요한 전략이다. R&D이노베이션을 사업화하는 방식은 크게 2가지로서 구분해 보면 스타트업 설립에 의하거나 또는 기존기업이 사업화 주체가 되는 경우이다.

R&D이노베이션을 사업화하는 방식은 크게 2가지로서 구분해 보면 스타트업 설립에 의하거나 또는 기존기업이 사업화 주체가 되는 경우이다.

R&D이노베이션은 이를 사업화하는 주체에 따라 IP활용전략의 관점은 달라질 수 있을 것이며, R&D이노베이션의 사업화 관점과 지식재산전략도 이노베이션의 유형과 시장여건에 의해 다양하게 추진될 수 있다.

특히, 신생기업으로서 스타트업은 이노베이션을 사업화하는 과정에서 자사가 보유하고 있는 IP(지식재산)를 활용하여 투자자로부터 시드자금Seed Fund과 성장자금Growth Fund 등을 유치하고 자사 R&D이노베이션의 고객시장과 수익 창출을 통해 궁극적으로 현금유동성 확보를 위한 출구전략Exit에 이르게 하는 것이 목표이다.

스타트업은 시장분할 및 합병 또는 시장 지배력 강화 등에 IP포트폴리오 전략을 적극적으로 활용한다. 특히 전략적 제휴협력을 위해 크로스 라이선스 계약을 체결하고자 하거나 또는 타 기업과의 인수 또는 합병M&A 과정을 위한 파트너링 과정에서의 IP의 중요성은 IP파트너링 활용계약을 통해 앞에서 살펴본 바 있다.

하지만 고객과 시장을 이미 확보하고 있는 기존기업은 Chap.Ⅲ의 R&D특허 보호전략에서 살펴본 바와 같이 보유IP를 활용한 방어전략과 공격전략을 통해 자사 이노베이션의 시장을 보호하고 확대함으로써 시장지배력 확보와 조직의 성장 발전을 도모하고자 할 것이다.

여기서는 R&D이노베이션의 사업화 성공을 위한 체계적인 고찰을 위해 스타트업의 사업화 과정과 IP활용전략을 중심으로 살펴보기로 한다.

가. R&D이노베이션의 사업화 관점

연구개발R&D성과물을 사업화 하는 관점은 사업화 대상기술의 속성에 따라 기술밀기Tech Push 방식과 시장끌기Market Pull 방식으로 그림 V-3과 같이 크게 2가지 유형으로 구분해 볼 수 있다.

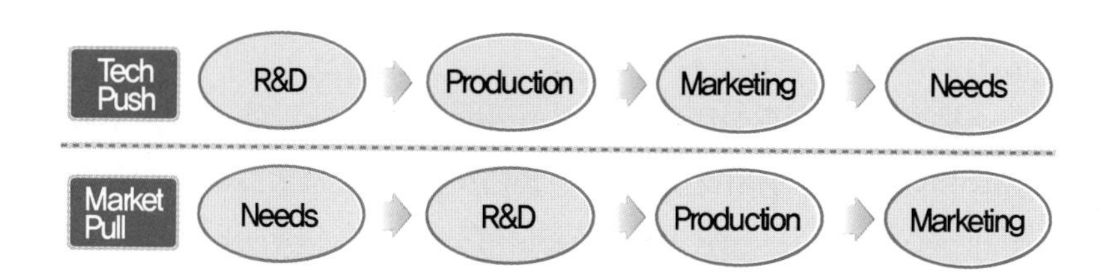

분류		기술유형	기술사업화 순서
Tech Push	기술 밀기	원천기술(플랫폼기술)	R&D → 제품 → 마케팅 → 수요
Market Pull	시장 끌기	개량기술	수요 → R&D → 제품 → 마케팅

그림 V-3 테크-푸시와 마켓-풀 사업화 방식의 비교

기술밀기Tech Push

사업화 대상 기술의 유형이 기초과학 또는 원천기술로서 다양한 산업분야로의 응용개발이 가능한 플랫폼기술인 경우에는 기술밀기 방식의 기술 사업화 관점이 요구된다.

사업화 대상 기술의 유형이 기초과학 또는 원천기술로서 다양한 산업분야로의 응용개발이 가능한 플랫폼기술인 경우에는 기술밀기 방식의 기술 사업화 관점이 요구된다. 기술밀기 즉 '테크푸시' 방식의 기술사업화는 주로 대학 또는 공공 연구소에서 개발된 가설기반 연구개발의 성과물로서 출발하는 경우가 많다. 이는 주로 스타트업 설립을 통해 상용화R&D를 추진하고 원천기술 또는 플랫폼기술을 토대로 한 혁신 제품 개발을 완성한 다음에 마케팅을 통해 시장과 고객수요를 창출해야 하는 사업화하는 방식이다. 그러므로 개발제품 또는 서비스에 기존에 시장 경쟁자가 거의 없는 반면에 고객시장 또한 없는 상태로서 기술마케팅을 통해 고객수요와 시장을 창출해야 하는 부담이 있다.

시장끌기Market Pull

'기술밀기' 방식과 대비되는 사업화 방식으로서 '시장끌기' 방식이 있다. 이는 원천기술에 관해 사업화 검증이 이루어진 분야에서 고객수요를 기반으로 창출된 개량기술이 기존시장을 중심으로 사업화가 이루어지는 방식이다.

'기술밀기' 방식과 대비되는 사업화 방식으로서 '시장끌기' 방식이 있다. 이는 원천기술에 관해 사업화 검증이 이루어진 분야에서 고객수요를 기반으로 창출된 개량기술이 기존시장을 중심으로 사업화가 이루어지는 방식이다. 주로 종래에 기술시장을 확보하고 있는 기존기업들이 자사시장을 중심으로 시장을 확장하거나 인근시장 고객 또는 틈새시장Niche Market을 확보하기 위한 방법으로서 신제품 기술을 사업화하는 방식을 말한다.

기존에 보유하고 있는 기술시장을 중심으로 신규시장을 점진적으로 확산하는 방식으로서 기술사업화 성공 가능성이 상대적으로 기술밀기 방식보다 높다는 장점이 있는 반면에 시장에서 동업종 경쟁자들이 많아 모방기술이나 개량기술에 의해 지속적 시장확보가 어려울 수 있다. 아울러 경쟁력 있는 대체기술이나 혁신적인 기술이 시장에 새롭게 등장하면 기존의 시장 보유기술은 경쟁력을 쉽게 상실할 수 있다는 단점이 있다.

지식재산의 관점에서 볼 때 기술밀기Tech Push와 시장끌기Market Pull이라는 2가지로 사업화 관점으로 구분하거나 또는 앞서 다룬 가설 및 비 가설 기반의 연구개발 유형으로 구분하여 2분법적인 접근법으로서 지식재산전략을 적용해야 할 이유는 없다.

하지만 기술밀기Tech Push 사업화 방식에서는 저작권, 디자인 특허 또는 상표 브랜드화 전략보다는 연구논문 창출, 영업비밀 보호전략 또는 원천특허 확보가 IP전략의 관점에서는 상대적으로 중요시될 수 있으며 이와는 상반되게 시장끌기Market Pull의 사업화 방식에서는 다양한 기술요체 관점에서의 개량특허와 디자인특허 확보가 상대적으로 중요시되며 아울러 IP포트폴리오 구축을 통한 라이선스 확보 전략이 동시에 중요한 IP전략이 될 수 있다.

그러므로 스타트업의 창업주로서 연구자는 이노베이션을 보호하는 지식재산 제도를 숙지하고 다음에 언급할 R&D성과물의 사업화 단계별 과정과 트랩을 이해함으로써 보다 유연성 있는 사업화전략을 추진할 수 있다.

나. R&D성과물의 사업화 단계

R&D(연구개발)라는 의미를 광의적 관점에서 볼 때 연구와 사업화를 추진하는 전 영역의 활동을 통칭하는 용어로서 기초연구와 실험검증은 물론 기술개발과 제품개발 단계에서 요구되는 실험검증과 상용화를 위한 개발 활동을 모두 포함하여 구분 없이도 종종 사용한다. 하지만 연구개발이란 용어의 고유한 의미가 주로 실험실Lab. 규모에서 수행되고 기술개발 또는 제품개발과는 또 다른 스케일과 사업화 관점이 요구되므로 이를 **표 V-18**과 같이 구분하여 살펴보기로 한다.

TRLTechnology Readiness Level이라고 함은 연구성과물의 기술성숙도 수준을 나타

> TRL(기술성숙도)이라고 함은 R&D에 의한 연구성과물의 사업화과정을 나타내고 있으며 이를 크게 연구개발, 기술개발 및 제품개발이라는 3단계로 나누어 볼 수 있으며 이러한 3가지 유형의 개발단계들은 다시 세부적으로 1~3단계로 구분하여 표 V-18과 같이 총 9단계로서 분류해 볼 수 있다.

표 V-18 R&D 성과 단계에 따른 기술성숙도TRL

R&D 성과 단계		TRL 단계	비고 (수행 내용)
연구개발	기초 연구	1단계	문제정의, 기초이론 검증 및 선행기술(연구)조사 분석
		2단계	R&D 목표, 주제 및 개념정립, 지식재산IP 전략수립
	실험 검증	3단계	실험실Lab. 수준의 문제해결 및 기본적인 성능 검증
기술개발	실험 검증	4단계	실험실Lab. 수준의 소재, 부품 및 시스템 성능평가
	시제품 단계	5단계	확정된 공정, 소재, 부품, 시제품 제작 및 성능 평가
		6단계	시험생산Pilot 규모의 시제품 제작 및 성능 평가
제품개발	상용화 단계 Scale-UP	7단계	대량생산 기반의 재현성, 안전성, 효능성 검증 평가
		8단계	초도품의 안전성 및 효능성 등 인증 및 표준화 작업
	사업화 단계	9단계	알파 버전 또는 베타 버전 제품의 시장 출시

내는 용어로서 이를 크게 연구개발, 기술개발 및 제품개발이라는 3단계로 나누어 볼 수 있으며 이러한 3가지 유형의 개발단계들은 다시 세부적으로 1~3단계로 구분하여 표 V-18과 같이 총 9단계로서 분류해 볼 수 있다.[263]

연구개발

TRL 1~3단계에 해당되는 연구개발 단계에서는 R&D이노베이션 창출을 위한 기초적 연구와 실험검증이 이루어지는 단계

TRL 1~3단계에 해당되는 연구개발 단계에서는 R&D이노베이션 창출을 위한 기초적 연구와 실험검증이 이루어지는 단계로서 선행기술(연구)의 조사분석을 통한 해결해야 할 과제도출, 사업화 아이디어(솔루션)에 관한 기초이론 검증 또는 실험실 수준에서 솔루션 개발을 통한 문제해결과 함께 기본적인 검증이 이루어지는 단계를 말한다.

기술개발

TRL 4~6단계에 해당되는 기술개발 단계에서는 연구개발 단계에서 솔루션 개발과 기본적 검증이 이루어진 과제에 대하여 소재, 부품 또는 시스템(장치) 등 제품 또는 서비스 개발을 위한 실험검증이 이루어지는 단계

TRL 4~6단계에 해당되는 기술개발 단계에서는 연구개발 단계에서 솔루션 개발과 기본적 검증이 이루어진 과제에 대하여 소재, 부품 또는 시스템(장치) 등 제품 또는 서비스 개발을 위한 실험검증이 이루어지는 단계를 말한다. 주로 확정된 공정, 소재, 부품, 또는 시스템(장치)에 관한 시제품Prototype 제작과 성능 평가와 함께 시험생산Pilot 규모의 시제품 제작 및 성능평가까지 이루어지는 단계로 볼

263 https://en.wikipedia.org/wiki/Technology_readiness_level

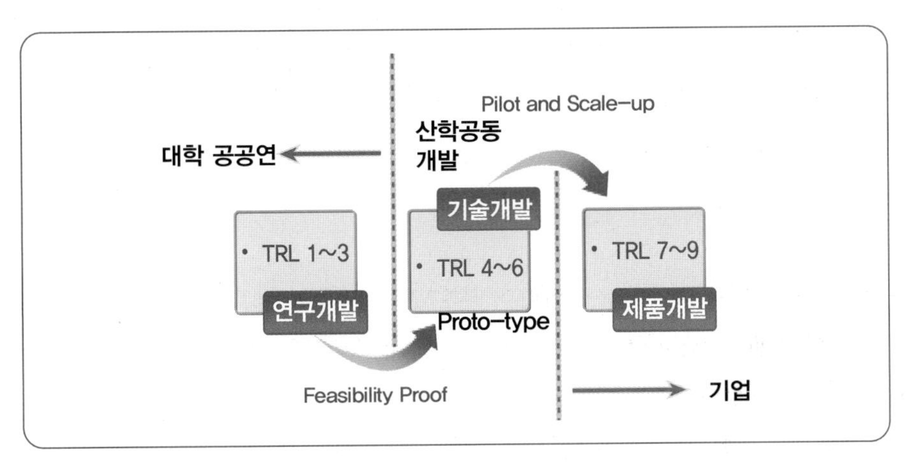

그림 V-4 연구개발R&D의 주체 분류에 따른 기술성숙도TRL

수 있다. 그림 V-4와 같이 제품개발 단계에서의 R&D가 중요한 산업체와 가설검증 또는 기초 연구개발 단계에서의 R&D를 중점으로 하는 대학 또는 공공 연구소가 상호협력해서 산학 공동개발에 의한 기술개발 R&D가 주로 많이 추진되는 단계로 볼 수 있다.

제품개발

TRL 7~9단계에 해당되는 제품개발 단계에서는 실험실 규모의 R&D성과물이 본격적으로 상용화가 가능토록 대량생산(스케일-업)기반의 재현성, 안전성 및 효능성 등에 관한 평가와 검증이 이루어지는 단계이다. 초도품의 성능에 관한 인증 또는 개발제품의 기술표준화가 이루어지는 단계이며 시장에서 양산화가 이루어지기 전 알파버전 제품이나 또는 베타버전 제품 출시를 통해 고객의 피드백을 받는 단계까지를 통상적으로 포함한다.

TRL 7~9단계에 해당되는 제품개발 단계에서는 실험실 규모의 R&D성과물이 본격적으로 상용화가 가능토록 대량생산(스케일-업)기반의 재현성, 안전성 및 효능성 등에 관한 평가와 검증이 이루어지는 단계

대학 또는 공공연 연구자들은 본인의 전공 분야에서 기초연구 및 실험검증에 관한 연구개발을 통한 논문 또는 특허가 중요한 R&D성과물로 평가되지만 실제로 R&D성과물은 고객들에게 제품과 시장 서비스로 평가받아 매출로 이어지게 해야 하는 기업관점에서는 서비스개발 또는 제품개발이 핵심과제가 된다.

그러므로 R&D이노베이션을 창출하고자 하는 기획자, 연구자 또는 경영인들은 자신이 추진하고자 하는 연구개발R&D과정이 상기 표 V-18 TRL(기술성숙도) 스펙트럼 상에 어디에 위치해 있고 어느 단계에서 R&D성과물을 확보하고자 하

는지에 관해 명확한 목표설정과 함께 사업화 성공의 관점에서 R&D가 수행되어야 것이다.

다. 스타트업의 사업화 트랩Trap

대학 · 공공연 또는 기업에 지원되는 정부R&D 과제를 통해 창출되는 R&D성과물을 시장에서 필요한 이노베이션으로 확산하고 성공에 이르게 하는 기술사업화 전략에 관한 고찰은 지식재산관점의 R&D전략을 논하기 전에 보다 더 큰 틀에서 연구자도 이해하여야 할 중요한 사안임에 틀림없다.

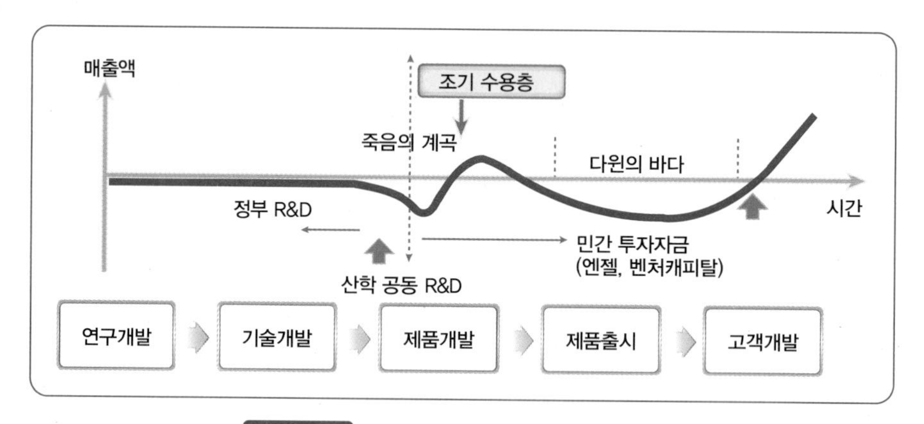

그림 V-5 기술사업화 과정에서의 사업화 트랩

순차적 TRL 단계로써 연구개발, 기술개발 및 제품개발이 진행되고 이후 최종적으로 제품 출시와 기술마케팅을 통한 고객개발이 이루어짐으로써 기술사업화가 완성이 된다.

시장분야 또는 R&D이노베이션의 특성에 의해 일부 다를 수 있지만 통상적으로 대학 · 공공 연구소에서 정부R&D 과제를 기반으로 창출한 R&D성과물을 사업화함에 있어서 **그림** V-5의 하단 박스와 같이 시간의 경과에 의한 순차적 TRL 단계로써 연구개발, 기술개발 및 제품개발이 진행되고 이후 최종적으로 제품 출시와 기술마케팅을 통한 고객개발이 이루어짐으로써 기술사업화가 완성이 된다.

대학 · 공공연이 창출한 R&D이노베이션을 사업화함에 있어서 주도적인 역할을 수행하는 사업화 주체로서 창업주인 연구자의 사업화 의지와 열정이 무엇보다도 중요하며, 아울러 해당 시장 관련분야의 전문 경영인의 영입과 함께 다양한 투자자들이 필요하게 된다. 특히 염두에 두어야 할 중요한 사안은 R&D이노베이션의 사업화 과정에서 수반되는 리스크를 스타트업의 참여 주체로서 창업주Founder, 경영인CEO 및 투자자Investor가 분담하고 사업화 성공 시에는 그 성과물과 인센티브를 함께 공유할 수 있는 내부 시스템을 만들어야 할 것이며, 아울러 스타트업의 사업화 과정에서 지식재산은 핵심 전략으로써 활용됨을 각별히 유념해야 할 것이다.

R&D이노베이션의 사업화성공을 위하여 스타트업Start-up이 반드시 극복해야 하는 2가지 위기상황으로 '죽음의 계곡'과 '다윈의 바다'라고 불리우는 사업화 트랩Trap이 있다.

한편, **그림 V-5**와 같이 R&D이노베이션의 사업화성공을 위하여 스타트업Start-up이 반드시 극복해야 하는 2가지 위기상황으로 '죽음의 계곡'과 '다윈의 바다'라고 불리우는 사업화 트랩Trap이 있다. 이노베이션의 사업화과정에서 이러한 사업화 트랩이 존재하는 이유와 함께 현실적으로 이를 극복하기 위한 방안에 관해 **표 V-19**의 내용 중심으로 살펴보기로 한다.[264]

표 V-19 사업화 트랩의 발생원인과 극복방안

	이노베이션 사업화 과정의 주요 트랩Trap	
	Death Valley	Darwinian Sea
발생원인	공공자금과 민간 투자의 간극	조기수용층과 다수고객층 사이 간극
	제품개발 및 양산 자금부족	시장제품의 지속 판매(서비스) 부진
극복방안	민간분야의 투자 자금 확보	다수 수용층의 고객 시장 확보
	MVP(최소기능제품) 관점의 IP 전략 & IP(지식재산) 관점의 R&D전략	

죽음의 계곡Death Valley

대학·공공연에서 연구개발 및 기술개발 과정을 통해 확보한 R&D이노베이션이 제품개발과 시장창출로 이어지는 것은 상당히 어려운 과제이다.

R&D이노베이션 사업화를 추진하는 스타트업의 첫 번째 위기는 양산화 기술 확보와 대량생산을 위한 민간분야의 투자자금 확보 문제에 직면하게 된다. 스타트업의 초기단계에 있어서 연구개발과 기술개발 자금은 주로 대학, 연구소 또는 정부 등 공공기관에서 지원된 R&D펀드는 공익적 자금으로써 신기술 개발에 그 목표를 두고 있다. 하지만 이렇게 창출된 신기술을 기반으로 제품 양산화와 새로운 시장창출에 필요한 사업화자금은 시장수요를 근거로 VC라고 일컫는 기업형 투자자인 벤처캐피털Venture Capital이나 개인(그룹) 투자자인 엔젤Angel투자자 또는 대기업 등으로부터 별도의 민간투자를 받아야 한다.

264 Don Rose (2016), Research to Revenue, University of North Carolina Press, Chapter 3.

죽음의 계곡이라고 불리는 '데스밸리'는 실제로 미국 캘리포니아 주에 존재하는 지역 명칭으로서 인근에는 사막화로 인해 인간이 살아가기 힘든 척박한 상황에 처해진다는 것을 비유한 것이다. 스타트업이 주로 정부R&D 자금을 받아 수년간 연구개발과 기술개발을 통해 연구성과물을 창출하며 생존해온 상황이 종료되면서 매출발생 없이는 더 이상 자력으로 생존하기가 어려운 상황에 처한다는 것을 의미한다.

대학, 연구소 또는 공공기관 등이 제공하는 신기술 창업보육센터에는 이러한 스타트업들이 정부R&D 과제 수주를 통해 수년간 생존을 이어갈 수는 있지만 지속적으로 정부R&D 자금 확보가 되지 않거나 궁극적으로 민간분야의 기술사업화 자금투자를 받지 못한다면 보유한 신기술은 데스밸리에 빠지게 되며 궁극적으로 스타트업은 좀비Zombie 기업화 됨으로써 사업화 실패로 귀착하게 된다.

양산화 기술이 확보되었다 하더라도 시장성 관점에서 제품양산에 필요한 민간영역의 투자자금이 확보가 되지 않는다면 아무리 뛰어난 혁신적 기술이라도 데스밸리라는 죽음의 계곡을 건너지 못하고 제품 양산화를 통한 매출 확보에 실패하게 된다.

제품개발 단계에서는 실험실 수준의 성능평가와는 달리 대량생산을 위한 재현성, 안전성 또는 신뢰성 등과 같은 새로운 관점에서 기술적 문제를 해결하지 못하거나 또는 설령 양산화 기술이 확보되었다 하더라도 시장성 관점에서 제품양산에 필요한 민간영역의 투자자금이 확보가 되지 않는다면 아무리 뛰어난 혁신적 기술이라도 데스밸리라는 죽음의 계곡을 건너지 못하고 제품 양산화를 통한 매출 확보에 실패하게 된다.

다윈의 바다Darwinian Sea

스타트업이 양산화 기술과 투자자금 확보를 통하여 제품개발에 성공하고 '데스밸리'를 넘어 제품 양산화를 통해 일부 매출이 발생한다 하더라도 그 다음 단계에서 직면할 수 있는 위기국면으로서 '다윈의 바다'라는 상황에 처할 수 있다.

'다윈의 바다'란 앞서 살펴본 신기술 보유 스타트업이 기술밀기Tech Push 방식의 사업화 과정에서 기존에 없는 고객시장을 창출하는 일련의 과정에서 필연적으로 발생하며 극복해야 하는 위기적 상황이다.

다윈의 바다는 호주 북부지역 끝에 위치한 열대지역에 실제 존재하는 곳으로서 이곳에는 야생 악어들과 해파리들에 서식하고 있어서 사람 접근조차 어려운 지역으로서 스타트업이 성공하기 위해서는 이 지역을 스스로 통과해야 한다는 의미이다.

데스밸리를 넘어 신제품 개발성공과 함께 시장에서 자사 제품출시에 성공을 하였다 하더라도 지속적인 매출과 성장을 통해서 생존을 위한 제품 시장을 확보하기 위해서는 고객개발이 지속적으로 이루어져야 다윈의 바다를 건널 수 있으며 새로운 고객시장을 창출할 수 있게 된다.

데스밸리를 넘어 신제품 개발성공과 함께 시장에서 자사 제품출시에 성공을 하였다 하더라도 지속적인 매출과 성장을 통해서 생존을 위한 제품 시장을 확보하기 위해서는 고객개발이 지속적으로 이루어져야 다윈의 바다를 건널 수 있으며 새로운 고객시장을 창출할 수 있게 된다.

다윈의 바다가 발생하는 주요 원인은 주로 '얼리어답터'Early Adopter라고 불리우는 조기수용층 고객[265]과 다수수용층 고객 사이에는 고객층 간극Chasm[266]이 존재하기 때문이며, 이러한 고객층의 단절현상에 의해 거의 대부분의 스타트업은 다윈의 바다를 건너지 못하고 사라지게 된다.

통상적으로 '얼리어답터'라고도 불리우는 '조기수용층'의 고객들은 혁신 신기술 제품에 구매력을 가지고 있어 죽음의 계곡을 넘어선 혁신 제품은 일정기간 매출을 올리는 데 기여는 하겠지만 궁극적으로 기술사업화 성공을 위해서는 고객층 간극Chasm을 넘어서는 지속적인 고객개발을 통해 '다수 수용층' 고객이 확보되어야만 R&D이노베이션이 사회에 확산이 되고 새로운 시장이 만들어지기 때문이다.

기술마케팅의 중요성

百聞不如一見: 백 번 듣는 것보다 한 번 보는 게 낫다
百見不如一行: 백 번 보는 것도 한 번의 행동보다 못하다
百行不如一注: 백가지 행동도 하나의 주문보다 못하다

서울대 벤처 1호 박희재 교수의 강연 중에서 "사방에 널리 깔려 있는 게 기술입니다. 소위 신기술이라는 거 말입니다. 문제는 팔지 못하는 겁니다. 훌륭한 기술은 넘치죠. 그러나 기술로 만든 제품을 팔 방법이 없는 거죠. 기술보다 중요한 건 마케팅입니다. 시장에서 성공하지 못하는 기술은 아무리 훌륭해도 소용이 없습니다."

라. 스타트업과 지식재산전략

스타트업이 R&D성과물을 지식재산으로 권리화하고 이노베이션을 사회에 확산

265 얼리어답터Early Adaptor라고도 하는 조기수용층은 혁신기술 제품에 반응하여 구매력이 있는 소비층을 말하며 이러한 조기수용층의 고객들에 의해 혁신 제품 또는 서비스 시장이 초기에 형성이 된다.
266 제프리 무어 '캐이즘 마케팅': Geoffrey Moore (2006), Crossing the Chasm, Haper Collins

하는 과정에서 매출발생 또는 고객확보실패에 의한 사업화 단절현상으로서 데스밸리와 다윈의 바다라는 사업화 트랩Trap을 확인하였다. 또한 스타트업의 사업화 과정에서 이러한 트랩들이 발생하는 원인들에 관해 알아보고 이를 극복하기 위한 방안에 관해서도 살펴보았다.

이러한 투자간극(데스밸리)과 고객간극(다윈의 바다)이라는 사업화 트랩을 시장 지배력이 취약한 스타트업이 극복할 수 있는 효과적인 R&D전략을 제시하자면 IP-R&D전략[267]이라 할 수 있다. IP-R&D전략 관점에 R&D성과물이 창출되었다면 R&D성과물로서 출시제품은 수요시장에서 전략적 지식재산 확보를 통한 사업화 경쟁력을 갖추고 보다 용이하게 민간시장 영역에서 투자를 받아 고객들의 수요를 창출할 수 있기 때문이다.

이노베이션 사업화 과정에서 실패 가능성을 획기적으로 줄일 수 있는 방안은 사업화 스펙트럼에서 '데스밸리'와 '다윈의 바다'라는 간극상황 발생을 근본적으로 차단하거나 배재하는 방향으로 이노베이션을 사업화하는 경우일 것이다.

이노베이션 사업화 과정에서 실패를 획기적으로 줄일 수 있는 방안은 사업화 스펙트럼에서 '데스밸리'와 '다윈의 바다'라는 간극상황 발생을 근본적으로 차단하거나 배재하는 방향으로 이노베이션을 사업화하는 경우일 것이다.

R&D이노베이션 사업화에 관한 새로운 관점은 린스타트업Lean Startup의 저자인 '에릭 리스'와 4단계 에피파니Four steps to Epiphany의 저자 '스티브 블랭크'에 의해 주도되었다. 이들은 저서에서 이노베이션이 시장매출로 이어지기 위해서는 무엇보다도 고객중심의 제품개발의 중요성을 강조하였다. 이를 위해서 최소기능만을 가진 제품을 개발하여 이에 대한 반응을 시장고객으로부터 피드백Feed back을 받도록 하였다. 고객피드백을 받을 때는 측정 가능한 평가지표Measurable Metrics를 통해 '최소기능제품'MVP의 수정 결과로써 반영토록하고 비즈니스 모델을 재정립함으로써 사업방향 전환을 위한 피보팅Pivoting의 필요성을 조언하고 있다.[268]

린스타트업은 기존 스타트업이 추구하는 제품개발에 있어서 보다 강력하게 고객시장 중심의 관점에서 사업화 전략으로 수정하는 것이다.

린스타트업은 기존 스타트업이 추구하는 제품개발에 있어서 보다 강력하게 고객시장 중심의 관점에서 사업화 전략으로 수정하는 것이다. 신제품개발과 고객확보의 관점에서 지식재산전략의 중요성이 강조되고 있지만 린스타트업의 전략에

267 IP-R&D전략은 이노베이션이 사업화 경쟁력을 가지기 위한 핵심전략으로서 지식재산관점의 연구개발전략이라고 하며 본 저서의 Chap. Ⅳ에서 실무내용을 상세히 다루고 있다.

268 Eric Ries (2011), The lean Startup: How Today's Entrepreneurs Use Continuous Innovation to Create Radically Successful Business, New York Crown Business

는 구체적으로 지식재산전략에 관해서는 언급하지는 않고 있다.

하지만 린스타트업에서 강조하고 있는 최소기능제품MVP이라는 새로운 관점의 이노베이션에 관해 기존의 지식재산IP전략을 창의적으로 적용함으로써 이노베이션의 사업화 성공 가능성을 제고할 뿐만 아니라 우리 사회가 필요한 이노베이션 사이클을 역동적으로 활성화할 수 있을 것이다.

MVP-IP 전략[269]

최소기능제품(MVP)Minimum Viable Product의 지식재산전략은 린스타트업의 사업화 과정에 적용할 수 있는 전략의 예시로써 기존 스타트업의 사업화 관점에서 시제품 또는 완제품에 적용되는 지식재산전략과는 차별화할 수 있는 전략이다.

최소기능제품은 표 V-20과 같이 완성도가 낮은Low-Fidelity 최소기능제품MVP과 완성도가 높은High-Fidelity 최소기능제품MVP으로 구분할 수 있다.

완성도 낮은 최소기능제품MVP이란 스타트업이 자사가 보유하고 있는 기술(이노베이션)의 시장성 검증과 경영진 영입을 위해 창업주가 사업화 초기단계에서 주로 개발하는 비즈니스 케이스[270]와도 개념적으로는 일맥상통한다. 완성도 낮은 MVP는 초기 고객개발과정에서 종래 기술의 문제점 피드백 확보를 위한 중요한 수단이 된다. 아이디어 검증과 고객피드백이 시장에서 이루어지도록 하는 것이 핵심사안이다. 완성도가 낮은 최소기능 제품에는 SMKSales Materials Kit, 3D-프린트 출력물 데모, 3D 랜더링, 골판지 목업Card-board Mock-up 등과 같이 경제적 비용이 절감되어 다양한 방법으로 고객들에게 최소보유 기능을 구현해 주는 MVP라 할 수 있다.

완성도 낮은 최소기능제품MVP이란 스타트업이 자사가 보유하고 있는 기술(이노베이션)의 시장성 검증과 경영진 영입을 위해 창업주가 사업화 초기단계에서 주로 개발하는 비즈니스 케이스와도 개념적으로는 일맥상통한다.

완성도가 높은 MVP는 시장고객들에게 솔루션을 제시하기 위한 목적으로 제공된다는 점에서 고객의 기존 문제점을 확보하고자 제공되는 완성도가 낮은 MVP와는 차이가 있다.

완성도가 높은 MVP는 시장고객들에게 솔루션을 제시하기 위한 목적으로 제공된다는 점에서 고객의 기존 문제점을 확보하고자 제공되는 완성도가 낮은 MVP와는 차이가 있다.

269 최소기능 제품과 관련된 지식재산 전략의 적용예시로써 저자에 의해 편이상 본 저서에서 새로운 영문 약칭을 사용한다.

270 스타트업의 비즈니스 케이스Business Case란 창업주가 사업화 초기에 신기술의 시장성 검증과 기술성 진단의 관점에서 작성하는 자료로서, SMKSales Material Kits자료, 발표 자료Pitch Deck, 서면 자료Reading Deck 등과 같은 홍보용 IR 자료로서 비즈니스 모델Business Model 등과 함께 사업계획서Business Plan 작성에 필요한 기초 자료가 된다.

표 V-20 스타트업의 MVP유형에 따른 주요 IP전략 (예시)

	완성도 낮은 MVP	완성도 높은 MVP
고객 피드백	문제점에 관한 고객 피드백	솔루션에 관한 고객 피드백
주요 IP 전략	영업비밀, 특허(제법) 중심 전략	디자인, 특허(실용신안) 중심 전략
	저작권 전략 중심	상표 전략 중심
	영업비밀 중심의 IP 포트폴리오 구축 전략 지식재산 정보 분석 관점의 R&D 추진전략	

제품개발 과정이라는 관점에서 볼 때 린스타트업의 지식재산전략 또한 기존 스타트업의 지식재산전략과는 크게 다르지는 않겠지만 린스타트업에 의한 최소기능제품MVP개발의 경우에는 상대적으로 지속적인 노하우 확보와 영업비밀 관리가 중요하다. 완성도가 낮은 MVP 개발과정에서 고객 피드백을 통해 확보되는 다양한 기술 노하우는 영업비밀로서 보호되어야 할 핵심적인 IP자산이다. 이를 기초로 보다 완성도가 높고 시장경쟁력이 있는 MVP개발을 원활히 할 수 있기 때문이다. MVP 개발과정에서도 일반적인 제품개발과 마찬가지로 지식재산(특허)정보분석의 관점에서 연구개발R&D 접근이 중요하다. MVP가 출시 목표로 하는 기술시장 중심으로 형성된 IP(특허)검색을 통해 시장 플레이어들의 동향과 핵심특허 분석을 함으로써 MVP보호와 시장 선점을 위한 지식재산 포트폴리오 구축을 할 수 있을 것이다.

MVP 개발과정에서도 일반적인 제품개발과 마찬가지로 지식재산(특허)정보분석의 관점에서 연구개발R&D 접근이 중요하다. MVP가 출시 목표로 하는 기술시장 중심으로 형성된 IP(특허)검색을 통해 시장 플레이어들의 동향과 핵심특허 분석을 함으로써 MVP보호와 활용을 위한 지식재산 포트폴리오 구축할 수 있다.

완성도가 낮은 MVP를 보호하기 위한 주요 지식재산전략의 예시로써 **표 V-20**과 같이 초기 단계의 MVP개발과 관련된 연구논문이나 SMKSale Material Kit자료, 시뮬레이션, 3D랜더링Rendering 등에 의해 이노베이션이 공지가 되는 경우에는 콘텐츠 보호 또는 소프트웨어 창작물 보호로서의 저작권 보호가 필요하며, 또한 완성도가 낮은 MVP가 다양한 Mock-UP(실물모형)이나 3D프린터의 모형 형태로서 구현되는 경우 소재의 특성, 제조공법 등에 관한 보호는 영업비밀 또는 제법특허, 물질특허 등으로 보호할 수 있을 것이다. 그러므로 완성도가 낮은 MVP 개발 과정에서는 저작권 보호, 영업비밀과 함께 원천특허 확보전략이 상대적으로 중요한 IP전략으로서 부상될 수 있다.

하지만 완성도가 높은 MVP의 경우에는 고객의 피드백을 받아 기존의 문제를 해결한 시장 솔루션에 관한 IP전략이 주요 사안이므로 **표 V-20**과 같이 이노베이션의 식별력과 시장고객의 흡입력을 확보할 수 있는 디자인 및 상표 브랜드 전략이 상대적으로 중요한 IP전략으로 부각될 수 있으며, 특히 앞선 단계로서 완성도가 낮은 MVP 개발과정에서 확보한 원천 특허성에 관련되거나 식별성이 있는 기능이나 기술적 특징 등을 브랜드 상표로서 선점하는 전략이 필요하다.

아울러 특허전략의 관점에서는 완성도가 높은 MVP제품과 관련된 구성과 기능 확보를 중심으로 특허(실용신안)와 완성 물품에 관한 디자인 특허를 확보하는 지식재산 포트폴리오 구축이 상대적으로 주요한 IP전략으로 대두될 수 있다.

만일 피보팅Pivoting을 통하여 사업방향을 전환하고자 하는 경우에는 앞서 영업비밀 중심의 IP포트폴리오 구축과 MVP 개발과정에서 확보한 다양한 관점에서의 원천특허들은 피보팅에 의한 사업화 리스크를 감소시키며 전략적 자산으로써 긴요하게 활용할 수 있을 것이다.

마. 기존 스타트업 vs 린스타트업의 사업화전략

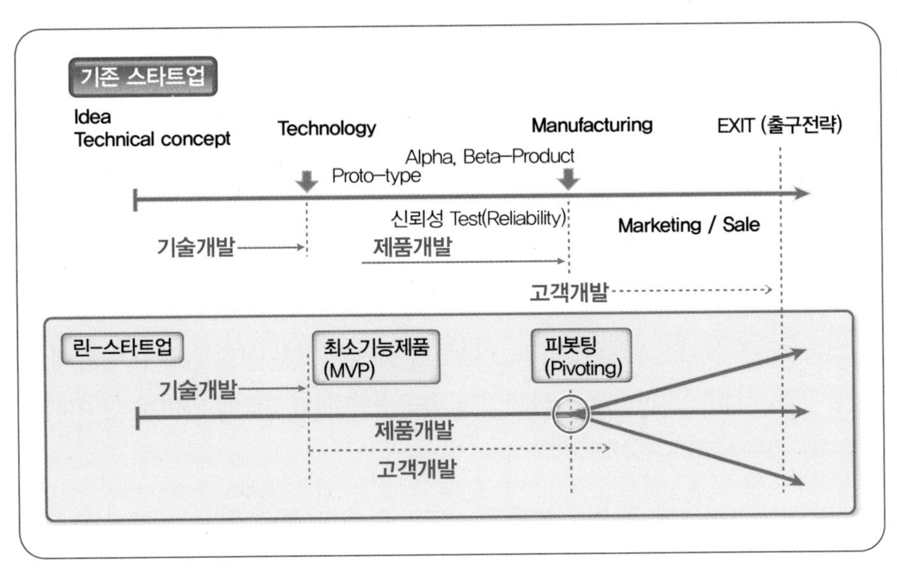

그림 V-6 기존 스타트업과 린스타트업의 사업화 방식 비교

기존 스타트업의 사업화 전략

일반적으로 기존 스타트업이 추구하는 사업화 과정을 고찰해보면 **그림 V-6**과

같이 기술개발과 제품개발 그리고 고객개발이 순차적으로 일어나는 일련의 과정이다. 스타트업은 사업화를 위한 새로운 아이디어 또는 기술적 사상을 착상하게 되고 이를 연구개발과 기술개발 과정을 통해 제품개발을 순차적으로 이루고 난 이후에 고객개발 과정을 통해 스타트업은 새로운 고객시장을 창출하게 된다.

하지만 앞서 살펴본 바와 같이 많은 스타트업은 실험실Lab. 수준에서 R&D이노베이션을 창출하고도 스케일업Scale Up 과정에서 재현성, 안전성 또는 신뢰성 등의 문제로 인해 제품개발에 실패하거나 양산화 자금 부족 등으로 인해 사업화를 포기하게 된다. 대다수 스타트업은 제품개발 과정에서 요구되는 성능평가에서 인증받지 못하거나 또는 어렵게 제품개발에 성공하더라도 양산화를 위한 투자자금을 확보하지 못해 매출발생을 하지 못하고 죽음의 계곡이라는 데스밸리에 빠져 궁극적으로 사업화 실패에 이르게 된다.

설령 스타트업이 어렵게 데스밸리를 넘어서 제품개발에 성공하고 양산화 투자자금을 유치하여 초도매출이 이루어진다 하더라도 앞서 언급한 바와 같이 지속적인 매출성장을 위한 고객시장 확보에 실패하여 다윈의 바다라는 또 다른 함정에 빠져 스타트업이 목표하는 출구전략Exit에[271] 이르지 못하는 경우가 많다.

스타트업과 투자자들은 현금유동성을 확보할 수 있는 스타트업의 출구전략의 시행이 사업화 성공의 목표이지만 사업화 과정에서 트랩을 극복하고 엑시트(출구전략)에 이르는 스타트업은 그다지 많지 않음이 현실이다.

린스타트업의 사업화 전략

린스타트업은 이러한 데스밸리 또는 다윈의 바다와 같은 사업화 트랩 상황에 처하는 것을 최대한 회피하고 스타트업이 출구전략을 이행함에 있어서 성공 가능성을 제고하기 위한 사업화 전략이다.

린스타트업은 이러한 데스밸리 또는 다윈의 바다와 같은 사업화 트랩 상황에 처하는 것을 최대한 회피하고 스타트업이 출구전략을 이행함에 있어서 성공 가능성을 제고하기 위한 사업화 전략이다.

린스타트업의 사업화 과정에서 핵심이 되는 아이디어는 **그림 V-6**에서와 같이 최소기능제품MVP 개발을 통해 제품개발과 고객개발을 동시에 추진하는 것이다. 고객개발을 제품개발 단계에서 동시에 추진하고 고객피드백에 의한 시장 제품

271 스타트업은 기존 기업의 사업화 방식과는 다르게 투자자로부터 지분투자 자금을 유치하여 기업 가치를 상승시킨 이후 출구전략으로서 M&A(인수합병) 또는 IPO(기업공개)를 통해 스타트업의 현금 유동성을 확보함에 있다.

경쟁력을 높이고 필요시 사업방향전환(피봇팅)을 통한 유연성을 강화함으로써 시장에서의 생존 가능성을 높이는 사업화 전략을 추구하는 것이다.

표 V-21 기존 스타트업과 린스타트업의 사업화 IP전략의 비교

	기존 스타트업	린스타트업
사업화 전략	양산화 제품	최소기능제품
	제품개발 이후 고객개발 순차진행	제품개발과 고객개발 동시진행
IP 전략	IP 포트폴리오 전략 중심	MVP-IP 전략 중심
	IP-R&D전략	

표 V-21과 같이 지식재산전략의 관점에서 기존 스타트업과 린스타트업의 차이점을 비교하자면 기존 스타트업은 IP포트폴리오 전략이 중심이 되는 반면에 린스사트업은 MVP-IP전략이 중심이 될 수 있다. 하지만 이들 모두에게는 Chap. Ⅳ에서 학습한 IP-R&D전략은 사업화 성공 가능성을 높이기 위해 공통적으로 요구되는 IP전략이라 하겠다. 예를 들어 기존 스타트업은 연구실Lab.에서 R&D 수행과정을 통해 창출하는 연구성과물을 영업비밀 또는 특허출원을 통해 보호하며 이후 진행되는 제품개발을 통해 시장 출시가 되면 디자인특허 또는 상표 브랜드화를 통해서 보다 강력한 IP포트폴리오 구축을 통해 사업화에 활용한다. 만일 기존 스타트업이 IP-R&D전략을 활용한다면 R&D기획단계에서 타사의 핵심IP와 특허동향분석을 우선적으로 추진하고 타사 IP의 회피전략과 자사 IP확보전략을 수립하여 영업비밀, 특허, 실용신안, 저작권, 디자인, 상표 등 다양한 관점과 적절한 시점에서 지식재산 포트폴리오를 확보할 수 있을 것이다.

린스타트업에 의한 사업화 관점에서도 상기 IP-R&D전략과 함께 IP포트폴리오 전략도 함께 창의적으로 적용이 될 수 있을 것이다. 하지만 기존 스타트업과는 달리 린스타트업에 의한 사업화 방식에는 최소기능제품MVP 개발 시 차별화된 IP전략 적용이 중요한 관점이 될 것이며, 이와 관련해서는 앞에서 이미 학습한 주제로서 완성도가 낮은 MVP와 완성도가 높은 MVP로 구분하여 예시로써 'MVP-IP전략' 적용을 통한 사업화 성공가능성 제고에 관해 구체적으로 살펴보았다.

6. 기업의 성장에 따른 지식재산전략

대학 · 공공연 또는 기업에서 연구개발을 통해 창출한 R&D이노베이션은 스타트업 또는 기존기업에서 지식재산의 가치로서 확보하고 사업화 과정에서의 험난한 트랩들을 극복함으로써 새로운 시장과 고객을 창출할 수 있음을 알았다.

특히, 이노베이션 사업화에 성공한 스타트업은 확보된 고객시장을 기반으로 지속적인 성장을 추구할 것이며, 기업조직으로서의 면모를 갖추면서 스타트업은 기존기업들과 또 다른 생존경쟁 상황에 처하게 된다.

팀 조직으로 출발한 스타트업이 소기업에서 중소기업으로 성장하고 중견기업을 거쳐 대기업으로 성장하는 단계별 과정에서 조직의 지식재산전략은 기업성장을 견인하는 주요한 핵심 경영전략으로 대두된다.

기업의 성장단계별로 요구되는 지식재산전략에 관해 표 V-22에서 정리된 내용을 중심으로 살펴보기로 한다.

표 V-22 기업의 성장에 따른 단계별 IP전략의 비교[272]

단계별 IP전략		주요 전략	전략 목표
5	비전전략	조직의 비즈니스에 부합하는 새로운 IP 시스템 창출	새로운 IP 패러다임 선도
4	통합전략	IP 부서차원을 넘어서 조직 전반에 IP전략 적용	조직 경영에 있어 IP전략이 최우선
3	수익전략	외부 모니터링을 통한 IP 소송전략 보유	로열티 수익 창출
2	비용전략	IP 비용 절감과 효율을 위한 예산확보 운영	IP-Committee (위원회) 구성운영
1	방어전략	잠재적 IP 침해 가능성에 대비전략 보유	IP-포트폴리오 구축운영
0	비전략	IP 인력, 예산 또는 전문가 부재	IP-전략 부재

272 Michale A. Gollin (2008), Driving Innovation, Cambridge University Press, Chapter 8.

0단계: 비전략

지식재산에 관한 전략부재는 궁극적으로 다음과 같은 결과를 초래한다. 먼저 조직의 스테프 또는 경영자가 지식재산활용을 통하여 조직을 성장시킴에 있어 아무런 기여를 하지 못하게 된다. 지식재산전략이 없는 조직들은 IP인력, 예산 또는 전문가가 없는 조직으로서 전반적으로 예측 불가한 사안들이 많을 수밖에 없다.

또한 지식재산전략이 없는 조직의 경우에 그들의 경쟁자들이 조직에서 이룬 이노베이션 성과물에 대하여 무임승차하는 결과를 초래한다. 즉, 경쟁자들이나 여타 다른 사람들이 연구개발 결과물이나 제품 또는 서비스에 아무런 대가의 지불이나 제한 없이 이를 사용할 수 있게 된다.

지식재산전략이 없는 조직의 경우에 그들의 경쟁자들이 조직에서 이룬 이노베이션 성과물에 대하여 무임승차하는 결과를 초래한다. 즉, 경쟁자들이나 여타 다른 사람들이 연구개발 결과물이나 제품 또는 서비스에 아무런 대가의 지불이나 제한 없이 이를 사용할 수 있게 된다.

표 V-22에 명시된 단계별 IP전략에 있어서 제로단계에 있는 조직은 제3자와의 법적 리스크에 아주 많이 노출이 되어 있으며 이러한 리스크를 통제하지 못하는 형태의 조직이라는 것이다. 지식재산이라는 보험에 전혀 들어있지 않기 때문에 이러한 조직들은 침해 위험에 아주 취약한 형태를 가지고 있을 수밖에 없다.

결론적으로 말하면 제로단계에 있는 조직들은 자신의 자산 보호에 취약할 뿐만 아니라 타인의 지식재산 권리도 존중하지 않는 형태의 조직이기 때문이다. 조직관리에 있어서 지식재산전략 부재로 인한 이러한 실패는 단순히 회사 자산의 손실 초래뿐만 아니라 주주들에 대해서 관리자로서의 계약 미준수와 의무위반을 의미하며 심각한 문제가 되는 것임을 알아야 한다.

1단계: 방어전략

1단계는 지식재산 방어전략을 구사하는 조직으로서, 핵심사업 보호와 사업운영을 원활하게 하기 위하여 특허 또는 여타 지식재산을 조직이 보유하고 있는 다양한 이노베이션 관점에서 확보함으로써 지식재산 포트폴리오 구축하는 것을 목표로 한다. 1단계에 있는 조직들의 방어전략은 그들이 출시한 새로운 서비스 또는 제품에 대해 잠재적인 특허 및 상표 침해 가능성에 대비하고자 함이며, 또한 발명 공개 프로그램을 통해 노출된 그들의 이노베이션을 시장에서의 보호를 강화하기 위함이고 추가적으로 필요하다면 보유한 지식재산권리를 활용하여 법적으로 행사하기 위함이다.

많은 창의적인 조직들이 이 분류에 속하며 이들은 제로단계에서 발생할 수 있는 최악의 문제들을 피할 수 있는 조직이다. 기술기반 기업에서 생산되는 대부분 제품들은 특허에 의해 보호될 수 있다. 문화예술 분야 또는 디지털 창작산업 기반의 조직들은 저작권 라이선스 또는 저작권등록을 정기적으로 모니터링함으로써 방어전략을 구사할 수 있다. 지식재산에 방어전략을 구사하는 기업들은 자사가 보유하고 있는 이노베이션 자산을 보호하기 위해 확실하게 지식재산보호와 관련된 절차를 충실히 진행시키며, 그들은 지식재산 침해에 의해 손해배상에 처해지거나 또는 이로 인해 조직이 파멸로 이어지지 않는다. 즉 방어전략을 구사하는 1단계에 속하는 조직들은 자사 이노베이션 관리에 있어서 최소한의 지식재산 정책을 보유하고 있다.

지식재산에 방어전략을 구사하는 기업들은 자사가 보유하고 있는 이노베이션 자산을 보호하기 위해 확실하게 지식재산보호와 관련된 절차를 충실히 진행시키며, 그들은 지식재산 침해에 의해 손해배상에 처해지거나 또는 이로 인해 조직이 파멸로 이어지지 않는다.

2단계: 비용전략

2단계에 해당되는 조직은 1단계에 해당하는 조직들이 가지고 있는 지식재산 방어 전략을 모두 가지고 있으며 이에 추가로 지식재산보호를 위해 우선적인 비용통제전략을 보유하고 있다. 이들 조직은 지식재산 매니저 차원에서 지식재산을 관리하는 것이 아니라 조직 내에 상호 통합기능을 가진 지식재산위원회가 구성되어 조직의 지식재산정책을 전략적으로 관리하는 형태의 조직이다. 이러한 지식재산위원회는 조직의 핵심자산과 비핵심자산을 구분하고 있으며 지식재산의 시장가치를 추정하며 어떻게 이를 활용할 것이며 전략적으로는 어떠한 지식재산을 우선적으로 보호할 것인가에 대해 결정하고 이에 관한 기준을 제시하는 역할을 해야 한다. 지식재산에 관한 가치평가란 과거, 현재 그리고 미래의 기대 가치에 관한 평가 모두를 포함하고 있다. 이러한 이유 때문에 기업들은 핵심사업 영역에 밀접한 지식재산에 관심이 집중이 된다. 빈약한 지식재산이란 조직의 미션에 부적합한 자산으로서 이는 곧 사라져 버린다. 경쟁기업에서 구사하고 있는 지식재산실무와도 비교하고 이를 벤치마킹함으로써 이러한 전략을 더욱 효과적으로 수행할 수 있다.

2단계인 비용-전략 단계에서는 조직의 전체적인 차원에서 지식재산 운영에 관해 포괄적으로 검토하는 관리 체제를 유지함으로써 조직 내에서 상대적으로 중요하지 않은 지식재산(예를 들자면 발명자에 대한 사적인 견해 또는 개별 취향에 의해 유지되는 지식재산)에 경비를 투자하면서 지속적으로 보호하는 관성을 극복할 수 있다. 이러한 지식재산 비용-절감에 관한 전략적 접근은 지식재산 경비가

지식재산 비용절감에 관한 전략적 접근은 지식재산 경비가 회사 운영에 있어서 중요한 사안으로 부각이 되며 실제적으로 지식재산 포트폴리오를 가지고 새로운 시장에 출범하고자 하는 신생기업에게는 아주 중요한 전략이다.

회사 운영에 있어서 중요한 사안으로 부각이 되며 실제적으로 지식재산 포트폴리오를 가지고 새로운 시장에 출범하고자 하는 신생기업에게는 아주 중요한 전략이다.

3단계: 수익전략

3단계인 수익전략에 속하는 조직은 2단계인 비용통제 모델을 포함하는 그 이상의 단계를 추구하고 있다. 지식재산 포트폴리오로부터 신속하고도 비용 절감적인 방법으로 수익적 가치를 도출할 전략을 보유하고 있으며 아울러 비핵심적인 지식재산에 관해서도 활용전략을 가지고 있다. 이 단계에서의 지식재산관리팀은 매우 공격적이며, 보유 지식재산에 관해 잠재적 침해가능한 조직들에 대하여 모니터링을 하며 필요시에는 특허소송을 진행시키고 라이선스 협상을 통해 적절한 로열티 수익을 창출을 한다.

3단계의 전략을 가지고 있는 이들 조직은 특히 신규 사업개발에 있어서 아주 적극적이며 라이선스 기회를 공격적으로 모색한다. 또한 계약 시에는 세심하게 현장실사를 하며 라이선스를 통한 매출을 창출하기 위해서 일반적이지 않는 다양한 IP전략들을 사용하기도 한다.

2단계와 마찬가지로 3단계에 속하는 조직들도 분산적 관리가 아니라 중앙집중적인 관리를 한다고 볼 수 있다. 하지만 복수 캠퍼스 대학이나 지사화 기업들과 같은 일부 조직들은 경쟁력을 높이기 위해 분산관리 방식으로 운영하는 경우도 있다.

많은 대학 또는 공공 연구소에서 지식재산 라이선스에 그들 역량을 집중함으로써 3단계 수익전략에 이르는 전략적 지식재산 관리를 할 수가 있다. 특히 지식재산 관리를 잘 하는 중견기업 또는 대기업들은 신규 사업개발과 상호협력에 아주 적극적으로 대응하여 라이선싱을 하는 기회를 포착한다. 하지만 대부분의 중소기업들은 라이선싱 추진함에 있어서 포괄적인 방법에 의해 접근을 하지 않고 단순 대응차원에서만 접근을 하여 3단계에 이르지 못하고 있는 것이 현실이다.

많은 대학 또는 공공 연구소에서 지식재산 라이선스에 그들 역량을 집중함으로써 3단계 수익전략에 이르는 전략적 지식재산 관리를 할 수가 있다.

4단계: 통합전략

4단계의 조직은 기업의 각종 전략들이 지식재산전략이라는 하나의 통합전략으로 운영되는 단계이다. 지식재산관리가 부서의 차원을 넘어서 조직 전반에 걸쳐 어우러져 있다. 통합전략을 갖춘 조직의 지식재산관리팀은 중앙 집중방식 또는 분산 방식으로 배치되어 운영이 될 수 있으나 지식재산관리의 전략적 계획에 기초하여 일관적으로 추진이 되는 형태이다. 가장 잘 운영되는 조직이 통합전략에 의해 운영되는 조직일 것이다.

5단계: 비전전략

비전전략은 가장 최상위에 존재하는 단계로서 조직이 자체적으로 지식재산 법률과 실무에 관해 향후 미래에 펼쳐지는 사안들을 면밀하게 내다보고 스스로 변화하는 전략을 수립한다.

비전전략은 가장 최상위에 존재하는 단계로서 조직이 자체적으로 지식재산 법률과 실무에 관해 향후 미래에 펼쳐지는 사안들을 면밀하게 내다보고 스스로 변화하는 전략을 수립한다. 지식재산 비전을 가진 조직들은 새로운 규율을 만들어 나가며 다가오는 미래가 그들이 원하는 목적에 부합토록 바뀌도록 하는 전략적인 업무 추진을 한다. 이들 조직은 그들이 이룩한 성과를 측정하기 위해 아주 정교한 수단을 이용하며 전략을 수시로 새롭게 변화시킨다.

한 사례로써 구글Google사를 들 수 있으며 구글은 정보공유에 관한 사회적 패러다임을 변화시키고 있으며 그들의 업무에 부합토록 저작권법을 변화시키는 비전전략을 구사하는 기업이라 할 수 있다.

7. 자사 및 타사의 IP활용전략

표 V-23 자사 IP활용 및 타사 IP활용 관점 (예시)

구분	활용 관점	비 고
자사 IP 활용	R&D과제(주제) 발굴	자사 IP분석을 통한 신규 R&D과제 발굴에 활용
	IP방어 및 공격	자사 IP를 방어 또는 시장 확보를 위한 공격수단으로 활용
	IP금융(증권)화	자사 IP담보대출, IP증권화 등 IP유동성 확보에 활용
	IP수익(거래)화	IP라이선스, IP양도, IP경매 등을 통한 IP수익화에 활용
	협상카드 수단	크로스 라이선스, M&A 또는 투자유치 등 협상카드로 활용
타사 IP 활용	기술성 (분석) 관점	원천기술, 개량기술, 공백기술 및 핵심기술 또는 유망기술 동향 분석 등
	사업성 (분석) 관점	주력시장 또는 틈새시장 정보, 시장플레이어 동향, 시장 성숙도 분석 등
	권리성 (분석) 관점	배타적 권리범위, 이용 또는 저촉권리 분석, 라이선스 전략수립 등

가. 자사IP 활용전략

자사가 보유하고 있는 IP는 표 V-23과 같이 무형자산으로써 다양한 수익창출을 위한 금융 또는 거래수단으로 활용 가능할 뿐만 아니라 자사의 R&D 방향 설정과 시장에서 자사의 이노베이션 확산과 보호를 위한 방어 또는 공격 수단으로써 활용될 수 있다. 자사 IP포트폴리오는 조직의 무형적 자산가치 제고는 물론 크로스 라이선스를 통한 시장파트너 확보 또는 시장지배력 강화를 위한 협상카드로도 활용된다.

다양한 수익창출을 위한 금융 또는 거래수단으로 활용 가능할 뿐만 아니라 자사의 R&D 방향 설정과 시장에서 자사의 이노베이션 확산과 보호를 위한 방어 또는 공격 수단으로써 활용될 수 있다.

R&D과제(주제) 발굴

신규 R&D과제(주제) 발굴 또는 R&D과제 기획 등을 위해 자사가 보유하고 있는 핵심 IP를 다양한 관점에서 분석함으로써 자사 시장을 기반으로 보다 경쟁력 있고 지속 가능한 R&D이노베이션 창출을 위해 활용할 수 있다. 예를 들어, 자사가 보유하고 있는 핵심 IP(지식재산)에 관한 SWOT(강점, 약점, 기회 및 위협 요인)

분석, 클레임 챠트 분석, TEMPEST, POWER, TRIZ, SCAMPER 특허분석 또는 OS-매트릭스 분석 등 다양한 아이디어 창출 기법을 적용함으로서 자사의 핵심 IP와 관련된 유관 R&D과제(주제) 발굴과 과제 기획은 물론 진행 중인 R&D 수행 과제의 수정 및 보완 등을 통해 지속 가능한 이노베이션 창출에 활용할 수 있다.[273]

IP방어 및 공격[274]

지식재산 IP를 보유하는 기본적인 목적은 시장에서 자사 이노베이션이 타사의 IP를 침해한다는 경고나 위협 또는 각종 소송이나 법률적 공격으로부터 1차적으로 방어할 수 있는 중요한 수단이 되기 때문이다. 아울러 특히 자사IP가 시장의 이노베이션을 보호하기 위한 수단으로써 IP포트폴리오가 잘 구축이 되어 있다면 방어적인 수단으로뿐만 아니라 시장 경쟁자를 대상으로는 물론 유관 시장에서 지배력을 강화하기 위한 효과적인 공격수단으로도 자사 IP를 유용하게 활용할 수 있을 것이다.

IP금융(증권)화

지식재산IP는 경제적 자산가치가 있는 이노베이션을 포착하여 배타적인 법적 소유 권리로서 확보함으로써 자사가 소유하고 있는 지식재산은 그 자체로서 무형적인 자산으로 활용된다. 자금조달을 위해 자사IP를 금융기관에 담보하고 대출 융자를 받을 수 있을 것이며 아울러 지식재산의 미래 수익가치 또는 효용가치를 담보로 하는 IP증권화 활용을 통해 현금유동성을 확보할 수 있다.

IP수익(거래)화

이는 통상적으로 가장 많이 활용이 되는 방식으로서 지식재산의 거래를 통해 수익창출에 활용하는 경우이다. 자사가 보유하고 있는 지식재산 라이선스 거래계약을 통해 라이선스 수익확보를 위해 지식재산를 이용 허락하거나 또는 지식재산 양도 또는 경매 거래 등을 통해 지식재산의 권리를 이전함으로써 수익창출에 활용할 수 있으며 앞절(IP활용 유형)에서 세부적으로 살펴본 바 있다.

---

273 Chap. IV IP(특허) 정보 관점의 R&D전략 - 특허 정량 및 정성 분석 유형 참조
274 Chap. III 연구실의 R&D특허 전략 - IP 공격전략 및 방어전략 참조

협상카드Bargaining Chip 수단

자사가 보유하고 있는 지식재산의 중요한 활용관점 중에 하나로서 협상카드로써 활용하는 방안이 있다. 자사가 보유하고 있는 IP는 파트너링 과정이나 시장에서 경쟁자들과 다양한 거래를 추진함에 있어서 시장지배력 또는 협상력을 강화함에 있어서 중요한 협상카드로써 활용할 수 있다. IP공격 및 IP방어전략 추진과 연계하여 협상카드로써 활용될 뿐 아니라 크로스 라이선스, M&A 또는 투자유치 등 전략적 제휴를 위한 파트너링 과정에서도 자사IP는 중요한 협상카드로 활용될 수 있다.

나. 타사IP 활용전략

경쟁사를 포함한 타사가 보유한 지식재산에 관한 정보를 분석하고 이를 지속 가능한 자사의 R&D이노베이션 창출과 조직경영에 활용하는 전략은 경쟁에서 승리하기 위한 중요한 사안이다. 우리는 앞서 Chap.Ⅳ IP(특허)정보관점의 R&D 전략에서 이에 관한 상세한 활용전략을 이미 학습한 바 있다. 여기서는 일반적으로 지식재산에 관한 정보분석을 위한 분류관점으로서 **표 V-23**과 같이 크게 기술성(전문성), 시장성 및 권리성이라는 3가지로 구분할 수 있으며 이들로부터 획득하여 활용할 수 있는 정보에 관해 개괄적으로 요약 정리하면 다음과 같다. 특히 아래와 같이 3가지 타사 IP(특허)의 활용관점은 지식재산의 가치평가를 위한 지식재산의 배타적인 권리와도 연계되어 있으며 IP가치평가에 있어서도 중요한 관점이 될 수 있다.

경쟁사를 포함한 타사가 보유한 지식재산에 관한 정보를 분석하고 이를 지속 가능한 자사의 R&D이노베이션 창출과 조직경영에 활용하는 전략은 경쟁에서 승리하기 위한 중요한 사안이다.

기술성 분석

지식재산(특허)정보는 IPC 등과 같은 특허분류코드에 의해 체계적으로 구분되어 기술성에 관한 정보분석이 용이하다. 특허출원 또는 등록기술과 관련된 인용도 정보분석을 통해 원천기술과 개량기술에 관한 현황분석뿐만 아니라 인용기술의 기술수명도 추정할 수 있다. 아울러 특허기술의 태동기, 성장기, 성숙기 또는 쇠퇴기 등 기술의 수명주기 분석과 타사IP 분석을 기반으로 한 시장에서의 틈새기술, 장벽기술, 핵심기술, 공백기술 등 다양한 관점에서 경쟁사의 기술성을 분석함으로써 자사 이노베이션의 경쟁력 강화를 위한 다양한 정책에 활용할 수 있다.

시장성 분석

Chap.Ⅳ에서 학습한 특허 데이터베이스 사이트에 접근하여 지식재산의 출원 및 등록 정보를 통계분석함으로써 타사IP와 관련된 시장규모와 함께 주력시장과 틈새시장 정보는 물론 해당 시장성장과 변화를 주도하는 플레이어들에 관한 유용한 정보를 파악할 수 있다. 특히 타사 IP시장의 독과점 여부는 물론 시장의 진입장벽과 경쟁구도 등 다양한 시장성 정보를 파악할 수 있다. 경쟁사 또는 타사IP와 융복합적으로 연관된 인근시장에 관한 정보를 분석할 수 있으며 미래 시장에 관한 전략수립에 활용할 수 있다.

권리성 분석

자사 이노베이션을 구현하거나 자사가 보유하고 있는 IP실시행위에 있어서 타사가 보유하고 있는 IP를 침해하거나 또는 이용 또는 저촉관계에 있어 침해의 문제를 발생하지는 않는지 등에 관해 사전 권리성 분석이 필요하다. 즉 타사가 보유하고 있는 IP의 배타적 권리범위를 침해하거나 또는 타사IP와 이용·저촉관계에 있는 자사IP를 실시하는 경우에는 라이선스 전략수립이나 별도의 타사 IP회피전략수립이 필요하기 때문이다.

다. 지식재산(특허) 실무전략 예시

표 V-24 지식재산(특허) 실무전략 (예시)

IP 실무 전략 (예시)		내 용
Blanket (Flood) 전략	홍수	1차 개발 특허기술 주위에 특허클러스터를 형성하여 핵심 특허기술을 방어하는 전략
Toll-gate 전략	톨게이트	Pioneer 특허 이후 2차 진입자가 주변 개량기술 분야에 특허 클러스터를 형성 압박함으로써 원천특허의 크로서 라이선싱 유도
Huddle 전략	장애물	연속적 개량 발명을 통해 지속적으로 특허출원을 진행함으로써 경쟁자의 추적을 방해하고 회피하는 전략
Trap 전략	함정	경쟁자의 기술추적을 회피하고 시장을 확대키 위해 쇠퇴기술을 의도적으로 기술이전 또는 라이선싱하는 전략

IP 실무 전략 (예시)		내 용
Submarine 전략	잠수함	국내 우선권 주장(한국), 계속 출원(미국) 등의 특허 제도를 활용하여 출원잠복 유지 후 필요 시 공개를 통해 부상하는 전략
Free access 전략	무상	이노베이션을 무상으로 확산시킴으로서 향후 플랫폼 기술 또는 기술표준 등이 되도록 유도하는 전략
Super-monopoly 전략	슈퍼 독점	기술 독점권이 확보된 표준기술 등에 특허권이 확보되도록 하여 슈퍼 독점시장을 형성토록 하는 전략
Burning Stick 전략	횃불	침해자에게 이노베이션에 IP가 부착되어 있음을 사전에 경고를 보내어 접근을 차단하고자 하는 방어전략
Patent Troll 전략	특허괴물	생산 또는 판매를 목적으로 하지 않고 순수 라이선싱을 목적으로 미래 수익 가능한 특허를 창출 관리하는 전략
TM transition 전략	상표화	특허 또는 저작권 만료 이후에도 이노베이션을 지속적으로 보호하기 위해 상표로 권리화하여 보호하는 전략
Invent around 전략	발명회피	선행 특허의 구성요소를 치환, 설계변경 등을 통해 특허 침해를 전략적으로 회피하여 발명을 추진하는 전략
Anti-Invent around 전략	발명 회피대비	예상 침해자의 회피 전략에 대비하여 권리청구범위 작성시 구성 요소와 결합 관계 등을 전략적으로 선택하여 작성함
Counter-attack 전략	반소	상대방의 특허 무효화 자료를 확보하여 침해 소송 시에 무효 소송 등을 제기함으로써 대응하는 방어전략
Fences 전략	울타리	해당 특허의 기술 주위로 큰 울타리를 만들고 내부도 별도의 울타리를 형성하여 발명요체를 견고히 보호하는 전략
Bargaing Chip 전략	협상카드	시장 경쟁자와의 비즈니스 협상력 강화를 위한 협상카드로써 IP를 보유하며 필요 시에 크로스라이선스등에 활용하는 전략
Shield 전략	방패	방패 기능을 할 수 있는 지식재산을 확보함으로써 지식재산 소송 등으로 부터 조직을 보호하고자 하는 방어전략
Thickets 전략	덤불	특정기술 또는 제품과 연관하여 다양한 유형의 특허를 확보하여 특허 덤불로서 울타리 보호 장벽을 만드는 방어전략
Portfolio 전략	포트폴리오	다양한 IP의 관점에서 지식재산 보호권리를 형성하여 권리의 다발로써 자사의 이노베이션을 보호하는 전략
Alleppo 전략	알래포	난공불락의 알래포 요새처럼 권리범위가 견고해서 무효될 가능성이 거의 없는 강한 특허로서 보호하는 전략

상기 **표 V-24**는 지식재산 실무전략에 관한 다양한 예시이다.[275] 지식재산 실무전략은 주로 특허전략을 중심으로 개발되어 비즈니스 현장에서 많이 활용이 되

275 Michale A. Gollin (2008), Driving Innovation, Cambridge University Press, Chapter 10.

고 있다. Chap.Ⅲ의 3장에서 상술한 바와 같이 'R&D특허 보호전략(표 Ⅲ-14)'을 추진함에 있어 방어 및 공격 전략에 공통적으로 적용되는 특허 포트폴리오전략에 기반을 둔 예시로써 홍수전략, 톨게이트전략, 방패전략, 덤불전략 등이 있으며, 한편 시장 경쟁자를 대상으로 특정의 목적을 가지고 IP전략을 구사하는 예시로는 장애물 전략, 함정전략, 잠수함전략, 협상카드전략 등을 열거할 수 있다.

특히 시장에서 우월적인 지배력을 지속적으로 확보하기 위한 전략으로서 알래포전략, 슈퍼독점전략, 무상전략, 발명회피 대비전략, 상표화전략 등이 있으며 상대적으로 시장경쟁력이 미약한 조직은 시장 확보와 방어적 관점에서 횃불전략, 발명회피전략, 방패전략 및 포트폴리오전략 등을 IP전략으로써 구사할 수 있다.

지식재산 실무(활용)전략의 목표는 타인(타사)의 이노베이션에는 접근성을 강화하여 이를 자사의 비즈니스 전략에 적극적으로 활용하고, 자사(자신)의 이노베이션은 지식재산을 기반으로 배타성을 강화함으로써 타인(타사)의 활용을 저지하는 것임을 숙지해야 할 것이다.

이 책을 정독한 독자들은 R&D이노베이션을 보호활용하기 위해 표 V-24에서 제시된 비즈니스 현장중심의 특허실무 예시들을 심도있게 이해함으로써 저작권을 비롯한 영업비밀 또는 상표 등과 같은 다양한 지식재산 유형에 있어서도 해당 지식재산 특성과 연관된 전략적 관점의 통찰력을 가지고 창의적으로 유추하여 응용할 수 있을 것이며, 궁극적으로 지식재산 실무(활용)전략의 목표는 타인(타사)의 이노베이션에는 접근성을 강화하여 이를 자사의 비즈니스 전략에 적극적으로 활용하고, 자사(자신)의 이노베이션은 지식재산을 기반으로 배타성을 강화함으로써 타인(타사)의 활용을 저지하는 것임을 숙지해야 할 것이다.

ㄱ

ㄴ

ㄷ

ㅅ

ㅈ

ㅊ

ㅋ

ㅌ

저자소개

이 책의 지은이 손봉균은 성균관대학교를 졸업하고 연세대학원에서 이학석사를 취득하였으며 미국 유타대학교(University of Utah) 물리학 박사과정을 이수하고 국립 부경대학교에서 공학박사를 취득하였다. 법학 부문에서는 영국 리버풀대학교(University of Liverpool) Technology Law & Intellectual Property Law 전공 분야에서 Post-Graduate Diploma를 취득하였다.

과학재단 부설 기초과학지원연구소(現, KBSI) 연구원, 유타대학교 Lab. 연구원 등을 거쳐 울산 테크노파크에서 책임연구원(기획운영실장)으로 근무하였으며 이후 한국지식재산전략원(現, KISTA) 전문위원으로 특허청의 전문가 파견사업을 지원받아 인제대학교 특허관리어드바이저, 재료연구소 및 부경대학교 특허경영전문가 파견교수로서 근무하였다. 現在, 경성대학교 지식재산 전담교원으로 근무하고 있다.

아울러 이 책과 함께 보면 좋을 저자의 (역)저서로서 『글로벌 지식재산전략 (원저: Driving Innovation)』, (한티미디어)와 『성공을 꿈꾸는 스타트업 사업화 전략 (원저: Research to Revenue)』, (카오스 북)과 『디지털 시대 승리하기 (원저: Wining in the Digital Age)』, (한티미디어)가 있다.